建筑工程造价

主 编 刘钟莹
副主编 单洁明 陈 峰

东南大学出版社
·南京·

内 容 提 要

本书系统阐述建设工程造价的基础知识、工程造价构成、工程造价计价原理、计价依据，重点介绍工程量清单及工程计量的原理与方法。对投资估算、设计概算、施工图预算和招标人预算等相关知识进行了介绍。对建筑工程施工招标投标及承包商投标报价作了较详细的论述。

本书可作为工程管理、土木工程等专业的教材，也可供建筑工程造价从业人员参考。

图书在版编目(CIP)数据

建筑工程造价/刘钟莹主编. —南京：东南大学出版社，
2008.1(2022.8重印)
　ISBN 978-7-5641-1080-2

　Ⅰ.建… Ⅱ.刘… Ⅲ.建筑工程—工程造价
Ⅳ.TU723.3

中国版本图书馆 CIP 数据核字(2007)第 204987 号

建筑工程造价

出版发行：东南大学出版社
社　　址：南京四牌楼2号　　邮编：210096　　电话：025-83793330
网　　址：http://www.seupress.com
电子邮件：press@seupress.com
经　　销：全国各地新华书店
印　　刷：苏州市古得堡数码印刷有限公司
版　　次：2008年1月第1版　2022年8月第6次印刷
开　　本：787mm×1092mm　1/16
印　　张：23
字　　数：560 000
书　　号：ISBN 978-7-5641-1080-2/TU·142
定　　价：36.00元

本社图书若有印装质量问题，请直接与营销部联系。电话：025-83791830

前　　言

　　自 2000 年《招标投标法》实施以来，建设工程招投标制度已在建设市场中占主导地位，特别是国有投资和国有资金为主体的建设工程实行公开招标，通过招标投标竞争成为形成工程造价的主要形式。

　　工程量清单计价是目前国际上通行的做法，如英联邦等许多国家、地区和世界银行等国际金融组织均采用这种模式。我国加入 WTO 后，建设市场进一步对外开放，为了引进外资，对外投资和国际间承包工程的需要，采用国际上通行的做法，实行招标工程的工程量清单计价，有利于增进国际间的经济往来，有利于促进我国经济的发展，有利于提高施工企业的管理水平和进入国际市场承包工程。实行工程量清单计价，工程量清单作为招标文件和合同文件的重要组成部分，对避免招标中弄虚作假和暗箱操作以及保证工程款的结算支付都会起到重要的作用。

　　《建设工程工程量清单计价规范》(GB 50500—2003) 于 2003 年 2 月 17 日以国家标准发布，自 2003 年 7 月 1 日起在全国范围内实施。《建设工程工程量清单计价规范》是统一工程量清单编制、规范工程量清单计价的国家标准，是调节建设工程招标投标中使用清单计价的招标人、投标人双方利益的规范性文件。"计价规范"是我国在招标投标工程中实行工程量清单计价的基础，是参与招标投标各方进行工程量清单计价应遵守的准则，是各级建设行政主管部门对工程造价计价活动进行监督管理的重要依据。

　　为了配合《建设工程工程量清单计价规范》的实施，江苏省建设厅组织编写了《江苏省建筑与装饰工程计价表》，本书以《建设工程工程量清单计价规范》及《江苏省建筑与装饰工程计价表》为基础，分两条思路展开：一是介绍计价表条件下的造价构成、计价表应用、工程量计算，进而掌握应用计价表计价的基本技能；二是介绍清单计价条件下工程计量、工程量清单编制、标底价格编制、承包商投标报价的基本方法。

　　为适应改革形势，作者收集了工程量清单计价规范、江苏省建筑与装饰工程计价表及招标投标的有关背景材料，结合作者的教学实践和工作体会，编写了《建筑工程造价》一书。

　　本书在编写中既重视理论概念的阐述，也注意工程实例的讲解，并尽量反映科学技术的最新成果。本书由刘钟莹编写第 1、7、8、9 章，参编第 5 章；单洁明编写第 3、4、10 章；陈峰编写第 2、5、6 章。全书由刘钟莹统稿。

　　本书编写中参考了由刘钟莹、卜龙章主编的建设工程工程量清单计价丛书，引用了《建设工程工程量清单计价》、《装饰工程工程量清单计价》两书中的部分实例资料，谨向原书实例作者茅剑、魏宪、卜宏马、李蓉、徐丽敏等表示感谢。

　　当前，我国工程造价管理正处于变革时期，新旧体制交替，不少问题还有待研究探讨，加之作者水平有限，书中存在的缺点和错误，恳请读者批评指正。

编　者

目 录

1 工程造价概论 ……………………… 1
  1.1 工程造价发展回顾 ………………… 1
    1.1.1 国际工程造价发展回顾 ……… 1
    1.1.2 新中国工程造价管理 ………… 2
  1.2 工程造价前沿 ……………………… 3
    1.2.1 全过程造价管理 ……………… 3
    1.2.2 全生命周期造价管理 ………… 3
    1.2.3 全面造价管理 ………………… 4
  1.3 工程建设产品 ……………………… 6
    1.3.1 工程建设内容 ………………… 6
    1.3.2 工程建设程序 ………………… 6
    1.3.3 工程建设产品分类与组成 …… 7
    1.3.4 工程建设产品的商品特征 …… 8
  1.4 建筑工程造价概述 ………………… 8
    1.4.1 工程造价的概念 ……………… 8
    1.4.2 工程造价的组成 ……………… 9
    1.4.3 工程造价项目划分 …………… 10
    1.4.4 工程造价计价特点 …………… 10
  1.5 工程建设各阶段造价管理 ………… 12
    1.5.1 投资决策阶段造价管理 ……… 12
    1.5.2 设计阶段造价管理 …………… 13
    1.5.3 建设工程施工招投标阶段造价
         控制 ……………………………… 14
    1.5.4 建设工程施工阶段造价控制 … 14
  复习思考题 ……………………………… 18

2 工程造价构成 ……………………… 19
  2.1 建设工程投资构成 ………………… 19
    2.1.1 设备及工器具购置费用 ……… 19
    2.1.2 工程建设其他费用的构成 …… 22
  2.2 建筑安装工程造价构成 …………… 26
    2.2.1 直接费 ………………………… 26
    2.2.2 间接费 ………………………… 27

    2.2.3 利润与税金 …………………… 29
  2.3 建筑与装饰工程费用计算规则 …… 29
    2.3.1 建筑与装饰工程费用项目组成
         与分类 ………………………… 29
    2.3.2 分部分项工程费 ……………… 30
    2.3.3 措施费 ………………………… 32
    2.3.4 其他项目费 …………………… 34
    2.3.5 规费 …………………………… 35
    2.3.6 税金 …………………………… 36
    2.3.7 建筑工程费用计算规则运用
         要点 …………………………… 37
    2.3.8 建筑工程造价计算程序 ……… 39
  复习思考题 ……………………………… 40

3 工程造价计价依据 ………………… 41
  3.1 概述 ………………………………… 41
    3.1.1 建设工程定额 ………………… 41
    3.1.2 施工定额 ……………………… 43
    3.1.3 企业定额 ……………………… 44
  3.2 资源消耗量测定 …………………… 46
    3.2.1 人工定额测定 ………………… 46
    3.2.2 机械消耗量测定 ……………… 48
    3.2.3 材料消耗量测定 ……………… 51
  3.3 基础单价 …………………………… 54
    3.3.1 人工单价测定 ………………… 54
    3.3.2 机械台班单价测定 …………… 58
    3.3.3 材料单价测定 ………………… 65
  3.4 工程计价定额 ……………………… 70
    3.4.1 预算定额 ……………………… 70
    3.4.2 概算定额或概算指标 ………… 71
    3.4.3 计价表 ………………………… 71
    3.4.4 工程计价定额的编制 ………… 72
  复习思考题 ……………………………… 78

4 建设工程计量 …… 79
4.1 建筑面积计算规范 …… 79
4.1.1 建筑面积计算规范简介 …… 79
4.1.2 建筑面积计算依据 …… 79
4.1.3 全部计算建筑面积的范围 …… 80
4.1.4 不计算建筑面积的范围 …… 85
4.2 工程量清单计价规范 …… 86
4.2.1 工程量清单概述 …… 86
4.2.2 工程量清单的内容和表现形式 …… 87
4.2.3 工程量清单的编制方法 …… 88
4.2.4 工程量清单格式 …… 91
4.2.5 工程量清单计价格式 …… 93
4.3 建筑工程计量 …… 97
4.3.1 土石方工程 …… 97
4.3.2 地基与桩基工程 …… 100
4.3.3 砌筑工程 …… 101
4.3.4 混凝土及钢筋混凝土工程 …… 106
4.3.5 厂库房大门、特种门、木结构工程 …… 111
4.3.6 金属结构工程 …… 112
4.3.7 屋面及防水工程 …… 115
4.3.8 防腐、隔热、保温工程 …… 118
4.4 装饰工程计量 …… 121
4.4.1 楼地面工程 …… 121
4.4.2 墙、柱面工程 …… 124
4.4.3 天棚工程 …… 129
4.4.4 门窗工程 …… 131
4.4.5 涂料、裱糊工程 …… 135
4.4.6 其他工程 …… 136
复习思考题 …… 137

5 工程计价表 …… 140
5.1 工程计价表概述 …… 140
5.2 土石方工程 …… 143
5.2.1 土石方工程计量 …… 143
5.2.2 土石方工程计价 …… 146
5.3 打桩及基础垫层工程 …… 148
5.3.1 打桩及基础垫层工程计量 …… 148
5.3.2 打桩及基础垫层工程计价 …… 150
5.4 砌筑工程 …… 153
5.4.1 砌筑工程计量 …… 153
5.4.2 砌筑工程计价 …… 155
5.5 钢筋工程 …… 156
5.5.1 钢筋工程计量 …… 156
5.5.2 钢筋工程计价 …… 160
5.6 混凝土工程 …… 162
5.6.1 混凝土工程计量 …… 162
5.6.2 混凝土工程计价 …… 165
5.7 金属结构工程 …… 166
5.7.1 金属结构工程计量 …… 166
5.7.2 金属结构工程计价 …… 168
5.8 构件运输及安装工程 …… 169
5.8.1 构件运输及安装工程计量 …… 169
5.8.2 构件运输及安装工程计价 …… 170
5.9 木结构工程 …… 171
5.9.1 木结构工程计量 …… 171
5.9.2 木结构工程计价 …… 172
5.10 屋面、防水及保温隔热工程 …… 172
5.10.1 屋面、防水及保温隔热工程计量 …… 172
5.10.2 屋、平、立面防水及保温工程计价 …… 174
5.11 防腐耐酸工程 …… 177
5.11.1 防腐耐酸工程计量 …… 177
5.11.2 防腐耐酸工程计价 …… 178
5.12 厂区道路及排水工程 …… 180
5.12.1 厂区道路及排水工程计量 …… 180
5.12.2 厂区道路及排水工程计价 …… 182
5.13 楼地面工程 …… 183
5.13.1 楼地面工程计量 …… 183
5.13.2 楼地面工程计价 …… 185
5.14 墙柱面工程 …… 188
5.14.1 墙柱面工程计量 …… 188
5.14.2 墙柱面工程计价 …… 190
5.15 天棚工程 …… 192
5.15.1 天棚工程计量 …… 192
5.15.2 天棚工程计价 …… 193
5.16 门窗工程 …… 194
5.16.1 门窗工程计量 …… 194

5.16.2　门窗工程计价……………… 195
5.17　油漆、涂料、裱糊工程…………… 197
　　5.17.1　油漆、涂料、裱糊工程计量… 197
　　5.17.2　油漆、涂料、裱糊工程计价… 198
5.18　其他零星工程……………………… 199
　　5.18.1　其他零星工程计量…………… 199
　　5.18.2　其他零星工程计价…………… 199
5.19　措施费及其他项目费计算………… 200
　　5.19.1　建筑物超高增加费用………… 200
　　5.19.2　脚手架费……………………… 202
　　5.19.3　模板工程……………………… 208
　　5.19.4　施工排水、降水、深基坑支护… 212
　　5.19.5　建筑工程垂直运输…………… 214
　　5.19.6　场内二次搬运………………… 221
　　5.19.7　其他措施费…………………… 222
　　5.19.8　其他项目费计算……………… 224
复习思考题………………………………… 227

6　建设工程计价 228
6.1　建设工程投资估算………………… 228
　　6.1.1　投资估算概述………………… 228
　　6.1.2　投资估算编制的内容及要求… 229
　　6.1.3　投资估算的编制依据及编制
　　　　　方法………………………… 229
6.2　建设工程设计概算………………… 232
　　6.2.1　设计概算的基本概念…………… 232
　　6.2.2　编制设计概算的基本方法……… 234
　　6.2.3　单位工程设计概算的编制
　　　　　方法………………………… 235
　　6.2.4　工程建设项目设计总概算的
　　　　　编制………………………… 238
6.3　建设工程施工图预算………………… 240
6.4　招标人预算编制……………………… 241
　　6.4.1　招标人预算编制概述…………… 241
　　6.4.2　招标人预算的编制……………… 242
6.5　分项工程清单计价…………………… 244
　　6.5.1　土石方工程清单计价…………… 244
　　6.5.2　地基及桩基础工程清单计价…… 249
　　6.5.3　砌筑工程清单计价……………… 250
　　6.5.4　混凝土及钢筋混凝土工程清单

　　　　　计价………………………… 257
　　6.5.5　厂库房大门、特种门、木结构工程清单
　　　　　计价………………………… 260
　　6.5.6　金属结构工程清单计价………… 263
　　6.5.7　屋面及防水工程清单计价……… 265
　　6.5.8　楼地面工程清单计价…………… 268
　　6.5.9　墙柱面工程清单计价…………… 271
　　6.5.10　天棚工程清单计价……………… 273
　　6.5.11　门窗工程清单计价……………… 274
　　6.5.12　油漆、涂料、裱糊工程清单
　　　　　 计价………………………… 276
　　6.5.13　其他零星工程清单计价………… 276
6.6　招标人预算的审查与应用…………… 276
复习思考题………………………………… 278

7　施工招标投标报价 279
7.1　概　　述…………………………… 279
　　7.1.1　投标工作机构与工作内容……… 279
　　7.1.2　投标文件的编制原则…………… 281
　　7.1.3　投标中应注意的问题…………… 282
7.2　承包商投标报价准备工作…………… 282
　　7.2.1　研究招标文件…………………… 282
　　7.2.2　工程现场调查…………………… 286
　　7.2.3　确定影响投标报价的其他
　　　　　因素………………………… 287
7.3　工程询价及价格数据维护…………… 289
　　7.3.1　生产要素询价…………………… 289
　　7.3.2　分包询价………………………… 290
　　7.3.3　价格数据维护…………………… 292
7.4　工程估价……………………………… 293
　　7.4.1　分项工程单价计算……………… 293
　　7.4.2　措施项目费的估算……………… 294
7.5　投标报价……………………………… 295
　　7.5.1　标价自评………………………… 295
　　7.5.2　投标报价决策…………………… 298
复习思考题………………………………… 300

8　建设工程实施阶段计价 301
8.1　建设工程施工合同的签订与履行…… 301
　　8.1.1　合同签订前的审查分析………… 301
　　8.1.2　签订工程承包合同……………… 306

8.1.3 履行工程承包合同 …………… 306
8.1.4 建设工程承包合同纠纷的
解决 ……………………………… 307
8.2 建设工程标后预算 ………………… 309
8.2.1 建设工程标后预算概述 ……… 309
8.2.2 标后预算与合同价对比分析 … 311
8.2.3 合同价与实际消耗对比分析 … 311
8.2.4 建设工程成本项目分析方法 … 313
8.3 工程变更价款处理 ………………… 313
8.3.1 工程变更的控制 ……………… 313
8.3.2 工程变更价款的确定 ………… 314
8.3.3 工程签证 ……………………… 314
8.4 索 赔 ……………………………… 315
8.4.1 索赔管理 ……………………… 315
8.4.2 索赔费用的计算 ……………… 318
8.4.3 业主反索赔 …………………… 319
8.5 建设工程价款结算 ………………… 319
8.5.1 工程备料款 …………………… 320
8.5.2 工程进度款 …………………… 321
8.5.3 建设工程竣工结算 …………… 322
8.6 工程竣工决算 ……………………… 322
8.6.1 竣工决算的作用 ……………… 323
8.6.2 竣工决算的主要内容 ………… 323
复习思考题 ……………………………… 323

9 建设工程交易与定价 …………………… 324
9.1 建设工程交易 ……………………… 324
9.1.1 建设工程交易概述 …………… 324
9.1.2 建设工程交易模式 …………… 325
9.1.3 建设工程交易费用 …………… 329
9.1.4 建设工程交易模式的选择 …… 330
9.2 建筑市场体系 ……………………… 331
9.2.1 建筑市场概述 ………………… 331
9.2.2 建筑市场的主体 ……………… 332
9.2.3 建筑市场的客体 ……………… 333
9.2.4 建筑市场宏观管理 …………… 334
9.2.5 建筑市场运行管理 …………… 335
9.2.6 建筑市场资质管理 …………… 338
9.3 推行经评审的最低投标价法 ……… 340
9.4 工程造价审核 ……………………… 346
9.4.1 工程造价审核方法 …………… 346
9.4.2 工程造价审核程序 …………… 347
复习思考题 ……………………………… 349

10 工程造价信息技术 …………………… 350
10.1 概 述 …………………………… 350
10.1.1 现状 ………………………… 350
10.1.2 应用计算机编制工程造价的
优点 ………………………… 350
10.1.3 工程造价软件应具备的功能 … 351
10.2 工程造价计价依据管理 ………… 351
10.2.1 计价依据管理系统 ………… 351
10.2.2 造价确定系统 ……………… 353
10.2.3 造价控制系统 ……………… 354
10.2.4 工程造价资料积累系统 …… 355
10.3 建筑工程计价软件应用示例 …… 356
10.3.1 电子表格辅助编制工程造价 … 356
10.3.2 工程计量的计算机应用 …… 357
10.3.3 工程计价计算机应用 ……… 358
10.3.4 招标投标计算机应用 ……… 358
10.3.5 网络技术在工程造价管理中的
应用 ………………………… 359
复习思考题 ……………………………… 359

主要参考文献 ………………………………… 360

1 工程造价概论

1.1 工程造价发展回顾

1.1.1 国际工程造价发展回顾

人们对工程造价的认识是一个不断进步和发展的过程,从最初的家居建设到三峡工程这样的特大型工程,至今人们还在不懈地创新,以期工程造价的理论和方法不断适应社会生产的进步。

1) 我国古代工程造价

春秋战国时期的科技名著《考工记》就创立了工程造价管理的雏形,认识到在建造工程之前要计算工程造价的重要性;北宋李诫所著的《营造法式》共三十四卷,第十六至二十五卷谈功限,第二十六至二十八卷谈料例,功限和料例即工料定额,这是人类采用定额进行工程造价管理的最早的文字记录之一。明清两代,工程造价也随工程建设而发展,清工部《工程做法则例》主要就是一部算工算料的书。

2) 国外工程造价管理的产生

16世纪初,英国资本主义发展,需要兴建大批厂房,农民失去土地拥进城里,需要大量住房,促进了建筑业的发展。工程数量和规模的扩大,要求对已完工程进行测量、算料、估价,从事这些工作的人员逐渐专门化,最终被称为工料测量师,并沿用至今。

3) 工程造价管理的发展

历时23年的英法战争(1793—1815)几乎耗尽了英国的财力,军营建设不仅数量多,还要求速度快,价格便宜,建设中逐渐摸索出了通过竞争报价选择承包商的管理模式,这种方式有效地控制了造价,并被认为是物有所值的最佳方法。

竞争性招标要求业主和承包商分别进行工料测算和估价,后来,为避免重复计算工程量,参与投标的承包商联合雇佣一个测量师。到19世纪30年代,计算工程量,提供工程量清单成为业主方工料测量师的职责,投标人基于清单报价,使投标结果具有可比性,工程造价管理逐渐成为独立的专业。1881年英国皇家特许测量师学会成立,实现了工程造价管理的第一次飞跃。

4) 工程造价管理的第二次飞跃

业主为了使投资更明智,迫切要求在初步设计阶段,甚至投资决策阶段进行投资估算,并对设计进行控制。20世纪50年代,英国皇家特许测量师协会的成本研究小组提出了成本分析与规划方法;英国教育部控制大型教育设施成本,采用了分部工程成本规划法,从而使造价管理从被动变为主动。即在设计前作出估算,影响决策,设计中跟踪控制,实现了工程估价的第二次飞跃。承包商为适应市场,也强化自身的成本控制和造价管理。至20世纪70年代,造价管理涉及到工程项目决策、设计、招标、投标及施工各阶段,工程造价从事后算账发展到事先算账,从被动地反映设计和施工,发展到能动地影响设计和施工,实现工程造价管理的第二次飞跃。

5) 全生命周期工程造价管理

20世纪70年代末,建筑业有了一种普遍的认识,认为仅仅关注工程建设的初始(建造)成本是不够的,还应考虑到工程交付使用后的维修和运行成本。20世纪80年代,以英国工程造价管理学界为主,提出了"全生命周期造价管理(Life Cycle Costing,LCC)"的工程项目投资评估和造价管理的理论与方法。英国皇家特许测量师协会为促进这一先进的工程造价管理的理论与方法的研究、完善和提高作出了很大的努力。

6) 全面造价管理

1991年美国造价工程师协会学术年会上,提出了"全面造价管理(Total Cost Management,TCM)"的概念和理论,为此该协会于1992年更名为"国际全面造价管理促进协会(AACE-I)"。20世纪90年代以来,人们对全面造价管理的理论与方法进行了广泛的研究,可以说20世纪90年代是工程造价管理步入全面造价管理的开始。但直到今天,全面造价管理的理论及方法的研究依然处在初级阶段,建立全面造价管理系统的方法论尚待时日。

1.1.2 新中国工程造价管理

1) 新中国工程造价管理历史回顾

1950年到1957年是我国在计划经济条件下,工程造价管理体制的基本确立阶段。1958年到1966年工程造价管理的方法和支持体系受到重创,1967年到1976年工程造价管理体系遭受了毁灭性的打击。1977年后至90年代初,工程造价管理工作得到恢复、整顿和发展。自1992年开始,工程造价管理的模式、理论和方法开始了全面的变革,变革的核心是顺应社会主义市场经济体系的建立与完善。1997年开始了造价工程师执业资格考试与认证及工程造价咨询单位资质审查等工作,这些工作促进了造价咨询服务业的迅猛发展。

2) 工程造价管理现状分析

2000年1月发布并实施的招标投标法,允许采用经评审的最低投标价法选择中标人,这从本质上触及了工程造价管理模式的灵魂,低价中标的实践既产生了巨大的经济效益,也暴露了现有社会经济环境存在的诸多问题。2003年发布实施的建设工程工程量清单计价规范,对促进我国工程造价管理体制与国际惯例接轨产生了强大的推动作用。但是从更广更高的角度来看,我国的工程造价管理与发达国家相比还存在相当大的差距,这些差距表现在以下几个方面:

(1) 上世纪50年代引进的前苏联以标准定额为主的工程造价管理体制仍有着强大的惯性作用,而国际上大多数发达国家都已采用基于工程项目的特性、同类工程统计数据、建筑市场行情来确定和控制造价。

(2) 在理论研究方面,我们多数还是围绕标准定额管理体系进行,而发达国家则寻求按照工程造价和市场需求的客观规律开展研究,我们在工程造价管理理论和方法的研究方面有很大的差距。

(3) 在我国,全过程造价管理,全生命周期造价管理,全面造价管理等理念和方法还仅为少数人理解,将这些理论方法应用于工程实践,并不断加深理解,进而发展成为具有中国特色的工程造价理论体系还有待我们艰苦的努力。

1.2 工程造价前沿

1.2.1 全过程造价管理

20世纪80年代中后期,我国工程造价管理领域的实际工作者,先后提出了对工程项目进行全过程管理的思想。有人指出:造价管理与定额管理的根本区别就在于对工程造价开展全过程跟踪管理,从定额管理到造价管理,并不是单纯的名称变更,而是任务、职责的扩大和增加,要从可行性研究报告开始,到结算全过程进行跟踪管理,把握工程造价的方向、标准,处理出现的纠纷。在此期间,国内外有很多学者从不同角度阐述和丰富了全过程造价管理的理论。相对而言,我国学者对工程造价全过程管理思想和观念给予了极高的重视,并将这一思想作为工程造价管理的核心指导思想,这是我们中国工程造价管理学界对工程造价管理科学的重要贡献。

我国学者虽然对全过程造价管理的理论和方法进行了一定的探索和研究,但至今未提出全面系统的全过程造价管理的理论和方法体系,还没有形成全过程造价管理的具体的技术方法。我们需要借助成本核算和控制的新方法,尽快建立起适用于全过程造价管理的方法。

1.2.2 全生命周期造价管理

全生命周期造价管理(LCC)主要由英美造价工作者于20世纪70年代末80年代初提出。几十年来,人们对全生命周期造价管理的理论、方法、计算机仿真、实例应用进行了较为广泛的探讨,主要结论可概括为:

(1) 全生命周期造价管理是工程项目投资决策的一种分析工具。这既是一种投资决策思想,也是一种决策支持工具,可以采用数学的方法实现。其实,传统的财务评价体系中,已经不自觉地考虑到了使用期的成本,全生命周期造价管理的新思想、新方法可以指导人们更全面地综合考虑建造成本、维护成本和使用成本,从而使投资决策更科学。

(2) 全生命周期管理是建筑设计方案比选的指导思想和手段。在比选设计方案时,我们应该综合考虑工程项目建造、维护、使用三方面的直接的、间接的、社会的、环境的全部成本。这一描述,不仅促使设计者更自觉地综合考虑建造、维护和使用成本,更加合理地选择建筑材料,还促使设计者关注社会、环境等因素,从而实现在保证设计质量的前提下,降低项目全生命周期成本的目标。

(3) 全生命周期造价管理关注项目建设前期、建设期、使用期、翻修改造期和拆除期等各个阶段的总造价最小化的方法。实现"总造价"最小,必须在投资决策、设计方案比选、招投标、施工方案优化、施工阶段造价控制、运营维护阶段成本管理等各项内容上加强管理。

由于全生命周期造价的不确定因素太多,全生命周期造价管理主要应用于投资决策和设计方案比选。这一思想得到许多国际性投资组织的认可和大力推广,但是寻找适用和实用的全生命周期造价的方法是十分困难的。

1.2.3 全面造价管理

1) 工程项目全面造价管理的产生与发展

(1) 全面造价管理的诞生

全面造价管理的理念在20世纪70年代末提出,主要针对加工制造企业、电力、煤炭等行业。基本观点是:对已有经营过程进行全面再造,这是战略层面的全面造价管理;从持续改善的角度,全面、持续地改进经营与工作中所使用的具体方法,这是战术层面的全面造价管理;从造价(成本)核算与管理的技术、方法的角度,应用基于活动的核算和管理方法,这是具体的技术、方法层面的全面造价管理。战略、战术和技术方法三个层面相结合,进而实现企业的全面造价(成本)管理。

(2) 工程项目全面造价管理的产生与发展

原美国造价工程师协会主席 R. E. Westney 于20世纪90年代初提出了工程项目全面造价管理的理念。美国造价工程师协会更名为国际全面造价管理促进协会。

1993年11月国际全面造价管理促进协会会刊 COST ENGINEERING(《造价工程》)给出的全面造价管理的定义是:全面造价管理是一种用于任何企业、作业、设施、项目、产品或服务的全生命周期造价管理的系统方法。它在造价管理过程中以造价工程及造价管理的科学原理,已获验证的技术方法和最新的作业技术支持而得以实现。

十多年来,全面造价管理的理论、方法和实践不断进步,上世纪90年代中期,我国也有部分学者开展了全面造价管理的理论研究。但是由于国际全面造价管理促进协会把工作重点放在利用全面造价管理名称促进协会的发展方面,没有在全面造价管理的理论和实践方面推出系统性的理论与方法体系。由于我国的工程实践与国际惯例有较大的差距,我国的工程造价管理体制尚未完全摆脱计划经济体制的束缚,未能很好地追踪和开展国际先进的工程项目全面造价管理的理论与方法的研究与实践。

2) 全面造价管理的含义

(1) 全面造价管理是指在全部战略资产的全生命周期造价管理中采用全面的方法对投入的全部资源进行全过程的造价管理。例如,开发商开发一幢写字楼,既要关注大楼建造、维护、使用成本,更要关注投资机遇、规划方案、建设计划、投资控制,所有这些都是全面造价管理的内容。

(2) 全面造价管理中的造价包括时间、资金、人力资源和物质资源。资源的投入可以建成项目,项目的主要内容可以形成战略资产,战略资产是指对企业具有长期和未来价值的,达到一定规模、数量的物质或知识财产。

(3) 全面造价管理的"全面"至少包括以下几个方面的含义:

① 全过程、全生命周期造价管理:决策、前期、实施、使用等过程。
② 全要素造价管理:工期要素、质量要素、成本要素、安全要素、环境要素等。
③ 全风险造价管理:确定性造价因素、完全不确定性造价因素、风险性造价因素等。
④ 全团队造价管理:与项目造价相关各方建立合作伙伴关系,争取双赢、多赢。

3) 全面造价管理的基本原理与方法

(1) 全过程、全生命周期造价管理

工程项目建设过程被划分为几个阶段,每个阶段包含若干项活动,每项活动消耗若干种、若干数量的资源,全面造价管理必须从两方面入手,一是合理确定各项活动的造价构成;二是科学控制各项活动的造价构成。基于活动与过程的全过程、全生命周期造价管理是全面造价管理的基础和出发点。

(2) 全要素造价管理

工程项目造价不仅受造价要素的影响,还受到工期质量等要素的影响,必须对造价(成本)、工期、质量、安全等要素进行集成管理,分析、预测各要素的变动和发展趋势,研究如何控制各要素的变动,从而实现全面造价管理的目标。

(3) 全风险造价管理

工程项目建设过程存在许多风险和不确定因素,这些都会造成工程项目造价的变动。我们可以将造价划分为确定性造价因素,其资源消耗相对稳定;风险性因素,可以研究其发生概率及不同发生概率下的造价分布;另一部分是完全不确定性造价,我们不知道是否会发生,也不知道发生概率的分布。工程项目造价的不确定性表现为三个方面:一是工程项目具体活动或过程的不确定性;二是各项活动或过程的规模及所消耗资源的数量、质量的不确定性;三是所消耗的各项资源的价格的不确定性。由此可见,工程项目造价的不确定性是绝对的,确定性是相对的,我们必须研究一整套全风险造价管理的技术方法。

(4) 全团队造价管理

工程项目建设中的各方主体有着各自相关的利益,其中业主是工程项目的投资者,是购买设施建设和建筑服务的一方;其他各方是各种不同的建设与服务的提供者。卖方与买方存在着利益冲突,任何一方过分强调了己方的利益,另一方都会以不同的方式寻求对损失的补偿。全团队成员之间应建立合作伙伴关系,并将全面造价管理的收益合理分配到每一个合作方。各方真诚的合作,有利于实现项目造价的全面降低。

全过程、全要素、全风险都侧重于技术层面,全团队造价管理侧重于宣传新理念,强调合作伙伴关系,共同建立工程项目造价管理合作团队,约定协调各方造价管理是理念,全生命周期造价管理是基础,全要素造价管理是要点,全风险造价管理是重点,全团队造价管理是核心,相辅相成,共同构成全面造价管理的方法体系。

全面造价管理的基本原理和方法可以绘制成下列逻辑框架表 1.2.1。

表 1.2.1 全面造价管理逻辑框架表

全过程、全生命周期造价管理	投资决策 投资时机选择 投资过程控制	设计方案比选 合理的招标方法 科学的合同管理系统	实施过程造价控制	使用阶段成本控制
全要素造价管理	造价要素的分析、确定、控制	工期要素的分析、变动、控制	质量要素的分析、变动、控制	安全、环保等要素的分析、控制
全风险造价管理	确定性因素的分析、确定、控制	工程项目、活动的不确定性的分析、控制	各项活动消耗资源的不确定性的分析、控制	各项资源的价格的不确定性的分析、控制
全团队造价管理	强调合作产生效益的理念	合作促进人以第三者身份充当团队造价管理的合作促进者	业主方只是合作伙伴之一,与其他团队成员是完全平等的协作关系	设计单位、承包商、咨询单位、供应商、分包商等团队各方都是平等的合作伙伴关系

广义的造价管理包含了造价工程和造价管理的双重含义,要求我们关注造价的科学性和

艺术性,处理造价问题,要将工程技术与管理艺术相结合;全过程造价管理关注工程项目实现过程的造价,全生命周期造价管理还要关注维护和使用成本,这是两种不同性质的造价管理思想和方法;全面造价管理包含全过程、全生命周期造价管理、全要素造价管理、全风险造价管理和全团队造价管理等理论和方法,国际全面造价管理促进协会的全面造价管理思想还包括有利于企业形成全面有效战略资产的内容。

　　清单计价的全面推行,必将促进建筑业管理模式的深层次变革,全过程、全生命周期、全面造价管理将立体地影响工程造价管理改革的深化,造价工作者必将认识到只有通过全团队的合作,工程造价管理才能达到科学和艺术的顶峰。

1.3　工程建设产品

1.3.1　工程建设内容

　　工程建设是实现固定资产再生产的一种经济活动。是建筑、购置和安装固定资产的一切活动及与之相联系的有关工作。如:工厂、商店、住宅、医院、学校等的建设。

　　工程建设的最终成本表现为固定资产的增加,它是一种涉及生产、流通和分配等多个环节的综合性的经济活动,其工作内容包括建筑安装工程、设备和工器具的购置及与其相联系的土地征购、勘察设计、研究试验、技术引进、职工培训、联合试运转等其他建设工作。

　　在工程建设中,建筑安装工程是创造价值的生产活动,由建筑工程和安装工程两部分组成。

　　1) 建筑工程内容

　　(1) 各类房屋建筑工程和列入房屋建筑工程的供水、供暖、供电、卫生、通风、煤气等设备及其安装工程,以及列入建筑工程的各种管道、电力、电信和电缆导线敷设工程。

　　(2) 设备基础、支柱、工作台、烟囱、水塔、水池等附属工程。

　　(3) 为施工而进行的场地平整,工程和水文地质勘察,原有建筑物和障碍物的拆除以及施工临时用水、电、气、路和完工后的场地清理、环境绿化、美化等工作。

　　(4) 矿井开凿、井巷延伸、石油、天然气钻井,以及修建铁路、公路、桥梁、水库、堤坝、灌渠及防洪等工程。

　　2) 安装工程内容

　　(1) 生产、动力、起重、运输、传动和医疗、实验等各种需要安装的机械设备的装配,与设备相连的工作台、梯子、栏杆等装设工程以及附设于被安装设备的管线敷设工程和被安装设备的绝缘、防腐、保温、油漆等工作。

　　(2) 为测定安装工程质量,对单个设备进行单机试运行和对系统设备进行系统联动无负荷试运转而进行的调试工作。

1.3.2　工程建设程序

　　工程建设程序是指工程建设工作中必须遵循的先后次序。它反映了工程建设各个阶段之间的内在联系,是从事建设工作的各有关部门和人员都必须遵守的原则。

　　一般工程建设项目的建设程序为:

(1) 提出项目建议书,为推荐的拟建项目提出说明,论述建设它的必要性;

(2) 进行可行性研究,对拟建项目的技术和经济的可行性进行分析和论证;

(3) 编制可行性研究报告,选择最优建设方案;

(4) 编制设计文件。项目业主按建设监理制的要求委托工程建设监理,在监理单位的协助下,组织开展设计方案竞赛或设计招标,确定设计方案和设计单位;

(5) 签订施工合同进行开工准备,包括征地、拆迁、平整场地、通水、通电、通路以及组织设备、材料订货,组织施工招标,选择施工单位,报批开工报告等项工作;

(6) 施工和动用前准备,按设计进行施工安装。与此同时,业主在监理单位协助下做好项目建成动用的一系列准备工作,例如:人员培训、组织准备、技术准备、物资准备等;

(7) 试车验收,竣工验收。

(8) 后评价。项目建成投产后,对建设项目进行后评价。

以上工程建设程序可以概括为:先调查、规划、评价,而后确定项目、投资;先勘察、选址,而后设计;先设计,而后施工;先安装试车,而后竣工投产;先竣工验收,而后交付使用。工程建设程序顺应了市场经济的发展,体现了项目业主责任制、建设监理制、工程招标投标制、项目咨询评估制的要求,并且与国际惯例基本趋于一致。

1.3.3 工程建设产品分类与组成

1) 按工程建设产品对象分类

工程建设产品通常可以分成以下三类:

(1) 土木工程:包括铁路工程、公路工程、桥梁工程、水利工程、港口工作、航空工程、通讯工程、地下工程等。

(2) 市政工程:包括城市交通设施、城市集中供热工程、燃气工程、给水工程、排水工程、道路工程、园林绿化工程等。

(3) 建筑安装工程:包括工业建筑、农业建筑、民用建筑等(包括本类建筑物内的生产和生活设备的安装)。

2) 按工程建设项目的组成划分

为便于工程建设管理、确定建设产品的价格,人们将建设项目整体根据其组成进行科学的分解,划分为若干个单项工程、单位工程,每个单位工程又划分为若干分部工程、分项工程等。

(1) 建设项目

建设项目一般是指在一个场地或几个场地上,按照一个总体设计或初步设计建设的全部工程。如一个工厂,一个学校,一所医院,一个住宅小区等均为一个建设项目。一个建设项目可以是一个独立工程,也可以是包括几个或更多个单项工程。建设项目在经济上实行统一核算,行政上具有独立的组织形式。

(2) 单项工程

单项工程亦称"工程项目",一般是指具有独立的设计文件,建成后能够独立发挥生产能力或效益的工程,即建筑产品,它是建设项目的组成部分。如一所大学中包括教学楼、办公楼、宿舍楼、图书馆等,每栋教学楼或宿舍楼或图书馆都是一个单项工程。

(3) 单位工程

单位工程一般是在单项工程中具有单独设计文件,具有独立的施工图,并且单独作为一个施工对象的工程。单项工程中的单位工程包括：一般土建工程、电气照明、给水排水、设备安装工程等。单位工程一般是进行工成本核算的对象。

（4）分部工程

分部工程是指单位工程中按工程结构、所用工种、材料和施工方法的不同而划分为若干部分，其中的每一部分称为分部工程。一般房屋的单位工程中包括：土石方工程、打桩工程、砖石工程、脚手架工程、砼及钢筋砼工程、木结构工程、楼地面工程、抹灰与油漆工程、金属结构工程、构筑物工程、装修工程等。分部工程是单位工程的组成部分，同时它又包括若干个分项工程。

（5）分项工程

分项工程一般是指通过较为单纯的施工过程就能生产出来，并且可以用适当计量单位计算的建筑或设备安装工程。如10立方米砖基础砌筑、一台某型号的设备安装等。分项工程是建筑与安装工程的基本构成要素，是为了便于确定建筑及设备安装工程费用而划分出来的一种假定产品。这种产品的工料消耗标准，作为建筑产品预算价格计价的基础，即预算定额中的子目。

综上所述，一个建设项目由一个或几个单项工程组成，一个单项工程又是由几个单位工程组成，一个单位工程又可划分为若干个分部工程，分部工程还可以细分为若干个分项工程。

1.3.4 工程建设产品的商品特征

工程建设产品的范围和内涵具有一定的不确定性，可以是涵盖范围很大的一个建设项目，也可以是一个单项工程，甚至也可以是整个建设工程中的某个阶段，如土地开发工程、建筑安装工程、装饰工程，或者其中的某个组成部分。

在市场经济条件下，作为商品的工程建设产品具有各种表现形态。传统体制下，投资者主要追求工程建设产品的使用功能，如生产产品或商业经营，但在市场经济条件下，产品的价值尺度职能赋予产品价格，一旦投资者不再需要它的使用功能，产品可以立即进入流通，成为真实的商品，抵押、拍卖、租赁以及企业兼并等是产品实现价值的不同形式。

随着技术进步，分工细化及市场完善，工程建设的中间产品会越来越多，如土地开发产品、标准厂房等均可直接进入流通领域；工程建设的最终产品，如写字楼、商业设施、住宅等都是投资者为卖而建的工程，它们的交易价格不同于工程价格。

1.4 建筑工程造价概述

1.4.1 工程造价的概念

概念的研究是学科发展的基础性工作，上世纪90年代以来，有关工程造价概念的争议没有间断过，不论是国内还是国外，有关工程造价的概念的研究与争论都在不断地推进着工程造价管理向前发展。

1）工程造价的两种含义

1995年中国建设工程造价管理协会（CAMCC）对建设工程造价给出的定义为：建设工程造价系指完成一项建设工程所需花费的费用总和。其中建筑安装工程费，也即建筑、安装工程的造价,在涉及承发包的关系时,与建筑、安装工程造价含义相同。这实际给建设工程造价赋予了建设投资(费用总和)和工程价格两个不同的内涵,由此在中国工程造价学界引起了一场争论。争论使得我们对工程造价的理解不断深化,从单纯的费用观点,逐步向价格和投资的观点转化,并且出现了对建设投资和工程价格的分别定义,进而引导我国工程造价管理向着建设投资管理和工程价格管理两个方向分别深入下去。

投资方开展建设投资管理的目标是完善功能,提高质量,降低投资,按期或提前交付。工程价格管理是业主与承包商双方关注的问题。建设投资管理应遵照投资的规律和科学,开展市场调研、投资决策和投资管理。工程价格管理应遵循市场经济下的价格规律,强化市场定价的原则。这是两个不同的研究方向。

中文的造价与英文的 cost 相对应,cost 可以表示费用、成本、价格、造价等含义,国际学术团体对 cost 的理解也有不同的定义和争论,这使得许多人在展开对工程造价的研讨之前首先要对 cost 作出具体的定义。

2) 造价工程与造价管理

(1) 造价工程(Cost Engineering,CE)

国际造价工程联合会对于"造价工程"的定义是:"造价工程是涉及造价预算,造价控制和经营规划与管理科学的工程领域,它包括对工程项目和过程的管理、计划、排产及盈利分析"。相对造价管理而言,造价工程从工程科学的角度出发,更注重采用工程的方法,更强调造价管理的科学性。

(2) 造价管理(Cost Management,CM)

中国建设工程造价管理协会对造价管理的定义是:"建设工程造价管理系指运用科学、技术原理和经济与法律等管理手段,解决工程建设活动中的造价的确定与控制、技术与经济、经营与管理等实际问题,从而提高投资效益和经济效益。"造价管理从管理科学的角度出发,在注重管理方法科学性的同时,兼顾工程造价管理的艺术性,即注意到工程造价管理中的沟通、全团队协作等内容,因为任何管理都必须由人来完成。

(3) 广义的造价管理

国内普遍意义上的造价管理,兼有上述"造价工程"和"造价管理"两方面的含义,即包含工程科学的科学性,也兼顾了管理科学所特有的艺术性。造价工程和造价管理的客体都是工程项目的造价,主体是业主、设计者、承包商以及中介机构,核心内容是对工程项目造价的确定和控制。

1.4.2 工程造价的组成

建设工程造价是指建设项目从筹建到竣工验收交付使用的整个建设过程所花费的全部费用。它主要由建筑安装工程造价、设备工器具费用和工程建设其他费用等组成。

1) 建筑安装工程造价

建筑安装工程造价是指建设单位用于建筑和安装工程方面的投资,包括用于建筑物的建造及有关准备、清理等工程的费用,用于需要安装设备的安置、装配工程的费用。

2) 设备工器具购置费

设备工器具购置费是指按照建设项目设计文件要求,建设单位(或其委托单位)购置或自制达到固定资产标准的设备和新、扩建项目配置的首套工器具及生产家具所需的费用。它由设备工器具原价和包括设备成套公司服务费在内的运杂费组成。

3）工程其他费用

工程建设其他费用是指未纳入以上两项的由项目投资支付的为保证工程建设顺利完成和交付使用后能够正常发挥效用而发生的各项费用总和。它可分为五类，第一类为土地转让费，包括土地征用及迁移补偿费，土地使用权出让金；第二类是与项目建设有关的费用，包括建设单位管理费、勘察设计费、研究试验费、财务费用（如建设期贷款利息）等；第三类是与未来企业生产经营有关的费用，生产准备费等费用；第四类为预备费，包括基本预备费和工程造价调整预备费；第五类是应缴纳的固定资产投资方向调节税。

1.4.3 工程造价项目划分

为了更有效地控制工程造价，在编制业主预算时，常将建设项目的各项费用划分为四个部分。

1）业主管理项目

主要指业主直接予以管理和不通过建设单位直接拨付工程费用的项目，如建设期贷款利息、业主管理费等。

2）建设单位管理项目

主要指由建设单位管理（不含主体建安工程、设备采购工程和一般建筑工程）的项目和费用。如建设管理费、生产准备费、科研勘测费、工程保险费、基本预备费等。

3）招标项目

主要指进行招标的主体建安工程和设备采购工程。该部分造价在整个建设项目造价中占有很大的比例，是工程建设中最活跃的部分，其价格由招投标双方在市场竞争中形成。

4）其他项目

主要指不包括上述一至三部分项目内容，由建设单位直接管理的其他建安工程项目。

1.4.4 工程造价计价特点

建设工程的生产过程周期长、规模大、造价高，可变因素多，因此工程造价具有下列特点：

1）单件计价

建设工程是按照特定使用者的专门用途，在指定地点逐个建造的。每项建筑工程为适应不同使用要求，其面积和体积、造型和结构、装修与设备的标准及数量都会有所不同。而且特定地点的气候、地质、水文、地形等自然条件及当地政治、经济、风俗习惯等因素必然使建筑产品实物形态千差万别。再加上不同地区构成投资费用的各种价值要素（如人工、材料）的差异，最终导致建设工程造价的千差万别。所以建设工程和建筑产品不可能像工业产品那样统一地成批定价，而只能根据它们各自所需的物化劳动和活劳动消耗量，按国家统一规定的一整套特殊程序来逐项计价，即单件计价。

2）多次计价

建设工程周期长，按建设程序要分阶段进行，相应地也要在不同阶段多次计价，以保证工程造价确定与控制的科学性。多次计价是一个逐步深化、逐步细化和逐步接近实际造价的过程，其过程如图1.4.1所示。

1 工程造价概论

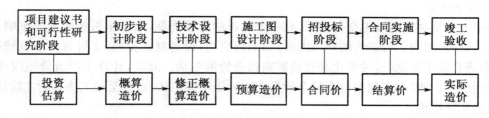

图 1.4.1 工程多次性计价示意图

(1) 投资估算

在编制项目建议书和可行性研究阶段,对投资需要量进行估算是一项不可缺少的组成内容。投资估算是指在项目建议书和可研阶段对拟建项目所需投资,通过编制估算文件预先测算和确定的过程。也可表示估算出的建设项目的投资额,或称估算造价。就一个工程来说,如果项目建议书和可行性研究分不同阶段,例如分规划阶段、项目建议书阶段、可行性研究阶段、评审阶段,相应的投资估算也分为 4 个阶段。投资估算是决策、筹资和控制造价的主要依据。

(2) 概算造价

指在初步设计阶段,根据设计意图,通过编制工程概算文件预先测算和确定的工程造价。概算造价较投资估算造价准确性有所提高,但它受估算造价的控制。概算造价的层次性十分明显,分建设项目概算总造价、各个单项工程概算综合造价、各单位工程概算总造价。

(3) 修正概算造价

指在采用三阶段设计的技术设计阶段,根据技术设计的要求,通过编制修正概算文件预先测算和确定的工程造价。它对初步设计概算进行修正调整,比概算造价准确,但受概算造价控制。

(4) 预算造价

指在施工图设计阶段,根据施工图纸通过编制预算文件,预先测算和确定的工程造价。它比概算造价或修正概算造价更为详尽和准确。但同样要受前一阶段所确定的工程造价的控制。

(5) 合同价

指在工程招投标阶段通过签订总承包合同、建筑安装工程承包合同、设备材料采购合同,以及技术和咨询服务合同确定的价格。合同价属于市场价格的性质,它是由承发包双方,也即商品和劳务买卖双方根据市场行情共同议定和认可的成效价格,但它并不等同于实际工程造价。按现行有关规定的三种合同价形式是:固定合同价、可调合同价和工程成本加酬金确定合同价。

(6) 结算价

是指在合同实施阶段,在工程结算时按合同调价范围和调价方法,对实际发生的工程量增减、设备和材料价差等进行调整后计算和确定的价格。结算价是该结算工程的实际价格。

(7) 实际造价

是指竣工决算阶段,通过为建设项目编制竣工决算,最终确定的实际工程造价。

以上说明,多次性计价是一个由粗到细、由浅入深、由概略到精确的计价过程,也是一个复杂而重要的管理系统。

3) 动态计价

一项工程从决策到竣工交付使用，有一个较长的建设周期，由于不可控因素的影响，在预计工期内，许多影响工程造价的动态因素，如工程变更，设备材料价格，工资标准以及费率、利率、汇率等会发生变化，这种变化必然会影响到造价的变动。此外，计算工程造价还应考虑资金的时间价值。所以，工程造价在整个建设期中处于不确定状态，直至竣工决算后才能最终确定工程的实际造价。

静态投资是以某一基准年、月的建设要素的价格为依据所计算出的建设项目投资的瞬时值。但它会因工程量误差而引起工程造价的增减。静态投资包括：建筑安装工程费，设备和工、器具购置费，工程建设其他费用，基本预备费。

动态投资是指为完成一个工程项目的建设，预计投资需要量的总和。它除了包括静态投资所含内容之外，还包括建设期贷款利息、投资方向调节税、涨价预备金、新开征税费以及汇率变动部分等。

静态投资和动态投资虽然内容有所区别，但二者有密切联系。动态投资包含静态投资，静态投资是动态投资最主要的组成部分，也是动态投资的计算基础。

4) 组合计价

一个建设项目可以分解为许多有内在联系的独立和不能独立工程，从计价和工程管理的角度，分部分项工程还可以分解。由此可以看出，建设项目的这种组合性决定了计价的过程也是一个逐步组合的过程。这一特征在计算概算造价和预算造价时尤为明显，所以也反映到合同价和结算价。其计算过程和计算顺序是：分部分项工程单价→单位工程造价→单项工程造价→建设项目总造价。

5) 市场定价

工程建设产品作为交易对象，通过招投标、承发包或其他交易方式，在进行多次预估的基础上，最终由市场形成价格。交易对象可以是一个建设项目，可以是一个单项工程，也可以是整个建设工程的某个阶段或某个组成部分。常将这种市场交易中形成的价格称为工程承发包价格，承发包价格或合同价是工程造价的一种重要形式，是业主与承包商共同认可的价格。

1.5　工程建设各阶段造价管理

1.5.1　投资决策阶段造价管理

在投资决策阶段，项目的各项技术经济决策，对建设工程造价以及项目建成后的经济效益有着决定性的影响，是建设工程造价控制的重要阶段，这一阶段建设工程造价控制的难点是：第一，项目模型还没有，估算难以准确；第二，投资估算所选用的数据资料信息有时难以真实地反应实际情况，所以误差较大，一般误差在正百分之三十到负百分之二十之间。

因此，这一阶段建设工程造价控制的重点有两个方面：一是协助业主或接受业主委托编制可行性研究报告，并对拟建项目进行经济评价，选择技术上可行，经济上合理的建设方案；二是在优化建设方案的基础上，编制高质量的项目投资估算，使其在项目建设中真正起到控制项目总投资的作用。编制投资估算分两部分。写项目建议书时应编制初步投资估算，做可行性研究报告时应编制投资估算,为避免在建设项目的实施中出现超支和补充投资计划的情况,确定投资额应由工程造价专业人员进行,按科学的方法,根据掌握的大量已完工的工程数据,结合建筑市场和材料市场的发展趋势,力求把投资打足。

1.5.2 设计阶段造价管理

拟建项目经过决策确定后,设计就成为工程造价控制的关键。在设计阶段,设计单位应根据业主的设计任务委托书的要求和设计合同的规定,努力将概算控制在委托设计的投资内。在设计阶段内作为控制建设工程造价来说,一般又分为三或四个设计的小阶段:①方案阶段,应根据方案图纸和说明书,作出含有各专业的详尽的建安造价估算书。②初步设计阶段,应根据初步设计图纸和说明书及概算定额编制初步设计总概算;概算一经批准,即为控制拟建项目工程造价的最高限额。③技术设计阶段,应根据技术设计的图纸和说明书及概算定额编制初步设计修正总概算。这一阶段往往是针对技术比较复杂,工程比较大的项目而设立的。④施工图设计阶段,应根据施工图纸和说明书及预算定额编制施工图预算,用以核实施工图预算为基础招标投标的工程,则是以中标的施工图预算作为以经济合同形式确定的承包合同价的依据,同时也是作为结算工程价款的依据。由此可见,施工图预算是确定承包合同价,结算工程价款的主要依据。设计阶段的造价控制是一个有机联系的整体,各设计阶段的造价相互制约,相互补充,前者控制后者,后者补充前者,共同组成工程造价的控制系统。

在设计阶段造价控制是一个全过程的控制,同时,又是一个动态的控制。在设计阶段,由于针对的是单体设计,是从方案到初步设计,又从初步设计到施工图,使建设项目的模型显露出来,并使之可以实施。因此,这一阶段控制造价比较具体、直观,似乎有看得见、摸得着的感觉。首先,在方案阶段,可以利用价值工程对设计方案进行经济比较,对不合理的设计提出意见,从而达到控制造价,节约投资的目的。例如在实际工作中,就曾提出过,多层住宅的基础一般就没有必要采用大口径扩孔桩;高层建筑可利用架空层作为辅助用房,而没必要回填大量的土方,这样做既节省了资金又增加了面积。因此,能否做好优化工作,不仅关系到工程建设的整体质量和建成后的效益,而且直接关系到工程建设的总造价。

其次,设计阶段是项目即将实施而未实施的阶段,为了避免施工阶段必要的修改,减少设计洽商造成的工程造价的增加,应把设计做细、做深入。因为,设计的每一笔每一线都是需要投资来实现,所以在没有开工之前,把好设计关尤为重要,一旦设计阶段造价失控,就必将给施工阶段的造价控制带来很大的负面影响。由于设计阶段毕竟是纸上谈兵,建设项目还没有开始施工,因此,无论是调整还是改动都比较容易,而施工阶段改起来就麻烦多了。长期以来,我国普遍忽视工程建设项目设计阶段的造价控制,结果出现有些设计粗糙,初步设计深度不够,设计概算质量不高,有些项目甚至不要概算。而该阶段的造价控制不只是表面意义上的控制估算、概算、预算,而其实际意义在于通过控制三算,达到提高设计质量,降低工程成本的目的,即取得真正意义上的控制造价。

现在,有的业主往往为了赶周期、压低设计费,人为造成设计质量不高,结果到施工阶段给造价控制造成困难。据西方一些国家分析,设计费一般只相当于建设工程全寿命费用的百分之一以下,但正是这少于百分之一的费用对工程造价的影响度占到百分之七十五以上。由此可见,设计质量对整个工程建设的效益是至关重要的,提高设计质量,对促进施工质量的提高,加快进度,高质优效地把工程建设好,降低工程成本也是大有益处的。

虽然在设计阶段控制造价比在施工阶段的效果好得多,但它并不是无条件的,设计阶段控制造价依然需要主客观条件。没有条件就根本谈不上控制造价。

设计阶段控制造价的主观条件是:业主非常真诚而且迫切需要控制造价,设计单位不但有水平非常高的设计师而且还有非常精通造价业务的造价师。这样,业主、设计师、造价师三方密切配合才有可能在设计阶段控制好造价,而缺一方都是不可能的。设计单位应有完善的造价控制系统,每一建设项目都有一套完整的估算、概算、预算。

设计阶段控制造价的客观条件是:要有资质的单位和人才能编估算、概算、预算,不能是什么人都能干。同时,要赋予造价师一定的权力,还要建立责任追究制度。

只有在主客观条件都具备的前提下,设计阶段控制造价才能实现,也才能做到真正意义上的造价控制。

1.5.3 建设工程施工招投标阶段造价控制

施工招投标阶段也是签订建设工程合同的阶段。建设工程合同包括工程范围和内容、工期、物资供应、付款和结算方式、工程质量标准和验收、安全生产、工程保修、奖罚条款、双方的责任等重要内容,是项目法人单位与建筑企业进行工程承发包的主要经济法律文书,是进行双方实施施工、监理和验收,享有权利和承担义务的主要法律依据,直接关系到建设单位和建筑企业的根本利益。招标、投标、定标实际是承发包双方合同的签订过程。业主发出的招标文件是要约邀请,投标人提交投标文件是要约,经过评标,定标是一个承诺的过程,最后签订施工合同,成为该工程质量、工期、价格为主要内容的法律文件。

施工招标文件是由招标单位或受其委托的招标代理机构编制,并向投标单位提供的为进行招标工作所必需的重要文件,它的基本内容包括:投标须知、合同条件、合同协议条款、合同格式、技术、投标书及投标书附录、工程量清单与报价表、辅助资料表、资格审查表、施工图纸等。

从中我们可以看出,施工招投标文件中的主要条款,例如材料供应的方式,计价依据,付款方式等都是造价控制的直接影响因素。招标文件规定的合同条件和协议条款是投标单位中标后与甲方签订合同的依据,签订的合同内容与招标文件实质性内容不得相违背。合同中的定价,就是该工程的承发包价格,一旦甲乙双方在工程造价上出现争议,合同条款就是索赔的依据,所以招标文件的编制直接影响最终的工程造价。

1.5.4 建设工程施工阶段造价控制

1) 做好施工前期工作

(1) 加强图纸会审工作

加强图纸会审,尽早发现问题,并在施工之前解决,也就是做好主动控制,从而尽量减少变更和洽商。如在设计阶段发现问题,则只须改图纸,损失有限;如果在采购阶段发现问题,不仅需要修改图纸,而且设备、材料还须重新采购;若在施工阶段发现问题,除上述费用外,已施工的工程还须部分拆除,势必造成重大损失。

(2) 慎重地选择施工队伍

施工队伍的优劣关系到建设单位工程造价控制的成败。选择承担过此类工程的项目经理,特别要求施工队伍资信可靠和有足够的技术实力,从而使建筑工程施工做到高效、优质、低耗，并在工程造价上给予业主合理优惠。

（3）要签订好施工合同

中标单位确定后，建设单位要根据中标价及时同中标单位签订合同，合同条款应严谨、细致，工期合理，尽量减少甲乙双方责任不清，以防引起日后扯皮。对直接影响工程造价的有关条款，要有详细的约定，以免造价失控。

2）充分认识工程变更对工程造价的影响

（1）工程变更对建设各方的影响分析

频繁的工程变更往往会增加业主和监理工程师的组织协调工作量，打乱业主和监理工程师正常的工作程序，同时也对承包商的现场管理增加难度。例如，为处理工程变更，尤其是处理关系项目全局的一些变更，业主和监理工程师需要召集一系列的专题协调会议，组织业主、监理、勘察、设计、总承包商及分包商对工程变更事项进行研究和协商。一些重大的设计变更还需增加施工现场补充勘察和调研环节。总之，由于工程变更的复杂性和不确定性，处理工程变更会耗用建设项目参与各方的管理资源，降低项目管理效率，增大业主的管理费用和监理费用支出，对建设项目管理带来不利的影响。

由于工程变更会影响工期和造价，一旦业主和监理工程师确定的变更价款和变更工期达不到承包商的期望值，而双方又协商不成或久拖不决，势必会带来承包商的施工索赔，若索赔不成，进而会发展为合同纠纷和争端，这将会加剧承包商、业主和监理工程师之间的矛盾，损坏承发包双方的共同利益。

（2）工程变更管理存在的问题

① 建设项目管理机构中变更管理职能虚空。工程变更有广义和狭义之分，广义的工程变更包含合同变更的全部内容，狭义的工程变更包括传统的以工程变更令形式变更的内容，如建筑物标高的变动、道路线形的调整、施工技术方案的变化等等。大多数业主和监理对于工程变更的受理、评估和确认以及变更工程量的计量和变更价款的商定，大都缺乏规范明确的组织职责、岗位职责和处理程序。

② 缺乏对工程变更的科学评审。大多数项目的工程变更均缺乏对其技术、经济、工期、安全、质量、工艺性等诸多因素的综合评审，不能对工程变更方案进行有效的价值分析和多方案比选，使得一些没有意义的工程变更得以发生，或者是工程变更方案未经优化，造成不必要的费用和工期损失。由于对工程变更缺乏有效的评审环节，甚至会出现一些错误的变更。

③ 缺乏对工程变更责任的追究制度和激励机制。大多数建设项目对工程变更管理的绩效缺乏严格而科学的考评。由于没有制定完善的建设项目工程变更控制指标体系及相应的责任追究制度和激励机制，项目管理人员既没有管理工程变更的压力，也没有控制工程变更的动力，造成工程变更管理的失控，容易给职业道德较差的项目管理人员和信誉度较低的承包商以可乘之机。这也是我国建设项目长期以来投资失控，"三超"现象频频发生的症结所在。

④ 合同变更条款有待扩充和细化。建设部和国家工商行政管理局于1999年发布的《建设工程施工合同》(GF—1999—0201)示范文本中，工程变更仅包括设计变更、其他变更和确定变更价款三项内容，对工程变更管理实践中出现的诸多问题缺乏规范和约定。如监理工程师在工程变更管理中的责任、权利和地位；工程变更的评审程序；工程变更文件的格式内容；计日工单价使用范围等等。此外，现行建设工程委托监理合同和勘察设计委托合同标准文本中同样缺乏关于承发包双方工程变更管理责任和义务的相关条款，不利于业主方约束监理单位和

勘察设计单位的工程变更行为。

⑤ 现阶段建设工程变更管理的信息化程度低。我国建设项目工程变更管理基本上还处于传统的手工作业状态,工程变更管理流程缺乏计算机和网络支持。业主、承包商、设计方和监理方内部及相互之间有关工程变更的文档处理仍采用纸介质进行,运行效率低,传递时间长,容易发生工程变更信息的丢失,造成工程管理的混乱。此外,迄今为止国内还没有一个成熟的建设项目工程变更管理软件问世,致使项目实施过程中,大量的工程变更信息无法及时反馈到项目各级管理部门和决策者手中。

3) 加强建设工程变更管理

(1) 分类控制工程变更

在建设项目工程变更的管理实践中,按照工程变更的性质和费用影响实施分类控制,有利于合理区分业主和监理工程师在处理不同属性变更问题上的职责、权限及其工作流程,有助于提高工程变更管理的效率和效益。实施分类控制可把工程变更分为三个重要性不同的等级,即重大变更;重要变更;一般变更。

① 重大变更是指一定限额以上的涉及设计方案、施工措施方案、技术标准、建设规模和建设标准等内容的变动。重大变更一般由监理工程师初审,总监理工程师复审,报送业主后,由业主组织勘察、设计、监理共同商定。

② 重要变更是指一定限额区间内的不属于重大变更的较大变更。如建筑物局部标高的调整,工序作业方案的变动等。重要变更一般由监理工程师初审,总监理工程师批准后实施。

③ 一般变更系指一定限额以下的设计差错,设计遗漏、材料代换以及施工现场必须立即作出决定的局部修改等。一般变更由监理工程师审查批准后实施。

三类变更的限额依建设项目投资规模,合同控制目标和两级监理工程师执业能力等因素综合设定。

(2) 合理确定工程变更价款

工程变更价款的确定,既是工程变更方案经济性评审的重要内容,也是工程变更发生后调整合同价款的重要依据。一般情况下,承包商在工程变更确定后规定的时间内应提出工程变更价款的报告,经监理工程师批准后方可调整合同价款。

国内现行建设工程施工合同条件和相关研究文献均有关于工程变更价款确定方法和原则的论述,其确定原则一般包括以下内容:

① 合同中已有适用于变更工程的价格,按合同已有的价格变更合同价款;

② 合同中只有类似于变更工程的价格,可以参照类似价格变更合同价款;

③ 合同中没有适用或类似于变更工程的价格,由承包商提出适当的变更价格,经监理工程师确认后执行;

④ 承包商在双方确定变更后 14 天内不向监理工程师提出变更工程价款报告时,视为该项变更不涉及合同价款的变更;

⑤ 监理工程师应在收到变更工程价款报告之日起 14 天内予以确认,监理工程师无正当理由不确认时,自变更工程价款报告送达之日起 14 天后视为变更工程价款报告之被确认;

⑥ 监理工程师不同意承包商提出的变更价款,按关于合同争议的约定处理;

⑦ 因承包商自身原因导致的工程变更,承包商无权要求追加合同价款。

确定工程变更的价格可包括如下四种方法:

① 采用工程量清单中的综合单价或费率;

② 参考工程所在地工程造价管理机构发布的计价表,工程量清单项目综合单价定额或工程量清单项目工、料、机消耗量定额确定;

③ 根据现场施工记录和承包商实际的人工、材料、施工机构台班消耗量以及投标书中的工料机价格、管理费率和利润率综合确定。但是,由于承包商管理不善,设备使用效率降低以及工人技术不熟练等因素造成的成本支出应从变更价格中剔除。

④ 采用计日工方式。此方式适用于规模较小,工作不连续,采用特殊工艺措施,无法规范计量以及附带性的工程变更项目。合同中未包括计日工清单项目的,不宜采用计日工方式。

工程变更价格确定过程可用图 1.5.1 表示。

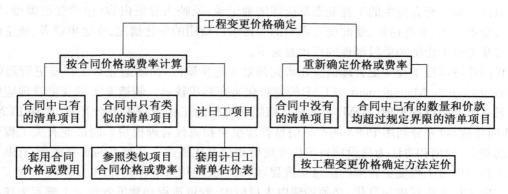

图 1.5.1 工程变更价格的确定过程

4) 重视工程项目的风险管理

工程风险是随机的,不以人的意志为转移,风险在任何工程项目中都有存在。工程项目作为集经济、技术、管理、组织等方面于一体的、综合性社会活动,在各方面都存在着不确定性,这些不确定性会造成工程项目实施的失控现象,因此,项目管理人员必须充分重视工程项目的风险管理。

(1) 加强合同风险管理

工程合同即是项目管理的法律文件,也是项目全面风险和管理的主要依据。项目管理者必须具有强烈的风险意识。学会从风险分析与风险管理的角度研究合同的每一个条款,对项目可能遇到的风险因素有全面深刻的了解,否则将给项目带来巨大的损失。这就要做好以下四方面的防范措施:

① 在指导思想上,力争签订一个有利的合同,这是减少或转移风险最重要的方式;

② 在人员配备上,让熟悉和知情的专业人员参与商签合同,要求合同谈判人员既懂工程技术,又懂法律,既懂管理,又懂估价和财务等方面专业知识,以增强谈判力量;

③ 在策略安排上,善于在合同中限制风险和风险转移,达到风险在双方中合理分配;

④ 在合同正式签订前应进行严格的审查把关,使合同条款无懈可击。

(2) 控制索赔减少工程风险

因为索赔是合同主体对工程风险的重新界定,工程索赔贯穿项目实施的全过程,重点在施工阶段,涉及范围相当广泛,比如工程量变化、设计有误、加速施工、施工图变化、不利自然条件或非乙方原因引起的施工条件的变化和工期延误等,都会使工程造价发生变化。利用合同条款成功控制索赔不仅是减少工程风险的手段,也反映项目合同管理的水平。

(3) 利用合同进行风险控制

根据工程项目的特点和实际,适当选择计价合同形式,降低工程项目的风险,例如:对于地质条件稳定且承包单位有类似施工经验的中小型工程项目,实际造价突破计划造价的可能性不大,其风险量较小,可以采用总价合同的报价方式。对于工程量变化的可能性及变化幅度均较大的工程项目,其风险量较大,应采用风险转移策略,用单价合同报价方式,使双方共担风险。对于无法预测成本状况的工程,贸然估价将导致极大风险,可以采用成本加酬金合同。

5) 工程造价控制及变更管理信息化

如何准确地反映动态的市场价格,最主要的因素在于及时、全面地收集现有市场价格信息。项目实施中所有发生的工程变更都应详细地记录,反映出变更内容(包括变更类型、变更范围)、变更原因、变更估算、受此变更影响的关键事件费用的变化情况、变更申请者、业主认可方式以及主管工程师和项目经理的审批意见等。

我国建设项目工程变更管理信息化研究尚处于起步阶段,而制造业对工程变更管理(Engineering Change Management, ECM)的信息化研究起步较早。制造业工程变更管理应用系统一般基于产品数据管理(PDM)系统和支持团队工作的工作流技术平台开发,实现ECM与PDM的集成,以充分利用PDM的产品信息管理模块和流程管理模块。制造业有关工程变更管理的概念、模型和方法为建设项目工程变更管理信息化搭建了高起点的研究平台,有助于加速我国建设项目工程变更管理的信息化进程,缩短相关应用系统开发周期。

实现工程变更管理信息化,必须构建以人员组织、变更流程和数据管理三大要素为核心的工程变更管理信息系统。建立以数据管理系统为基础,以变更流程为主线的工程变更管理策略是实施有效工程变更管理的关键所在。

复习思考题

1. 简述国际工程造价发展历程。
2. 简述我国工程造价发展历程。
3. 什么是全过程造价管理?
4. 什么是全生命周期造价管理?
5. 全面造价管理的"全面"至少包括哪四个方面的含义?
6. 什么是工程建设,工程建设包括哪些主要内容?
7. 建设项目如何按组成由大到小进行分解?
8. 什么是工程造价? 工程造价由哪几部分组成?
9. 工程造价的计价特点主要表现在哪几方面?
10. 在建设项目的生产过程中,为什么要对建设工程进行多次计价和动态计价?
11. 建设工程市场定价的含义是什么? 市场定价的交易对象是什么?
12. 简述不同建设阶段造价控制的要点。

2 工程造价构成

2.1 建设工程投资构成

建设项目总投资含固定资产投资和流动资产投资两部分,其中,建设项目总投资中的固定资产投资与建设项目的工程造价在量上相等。**工程造价**是工程项目按照确定的建设内容、建设标准、建设规模、功能要求和使用要求等全部建成并验收合格交付使用所需的全部费用,包括用于购买土地所需费用,用于委托工程勘察设计所需费用,用于购买工程项目所含各种设备的费用,用于建筑安装施工所需费用,用于建设单位自身项目进行项目筹建和项目管理所花费费用。

目前我国现行工程造价的构成主要划分为建筑安装工程费、设备及工器具购置费、工程建设其他费用、预备费、建设期贷款利息、固定资产投资方向调节税等几项。具体构成内容如图2.1.1所示。

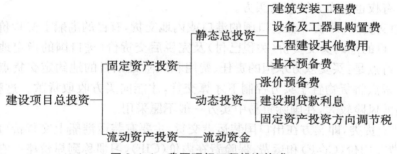

图 2.1.1 我国现行工程投资构成

根据建标[2003]206 号《建筑安装工程费用项目组成》,将建筑安装工程费分为直接费、间接费、利润和税金四个部分。建筑安装工程费用构成详见 2.2 节。

2.1.1 设备及工器具购置费用

设备及工、器具购置费用由设备购置费和工具、器具及生产家具购置费组成,是固定资产投资中的积极部分。在生产性工程建设中,设备及工、器具购置费用占工程造价比重的增大,意味着生产技术的进步和资本有机构成的提高。

1) 设备购置费的构成及计算

设备购置费是指为建设项目购置或自制的达到固定资产标准的各种国产或进口设备、工具、器具的购置费用。它由设备原价和设备运杂费构成,可用下式表示:

$$\text{设备购置费} = \text{设备原价} + \text{设备运杂费} \qquad (2.1.1)$$

上式中,设备原价指国产设备或进口设备的原价;设备运杂费指除设备原价之外的关于设备采购、运输、途中包装及仓库保管等方面支出费用的总和。

(1) 国产设备原价的构成及计算

国产设备原价一般指的是设备制造厂的交货价,即出厂价,或订货合同价。它一般根据生产厂或供应商的询价、报价、合同价确定,或采用一定的方法计算确定。国产设备原价分为国产标准设备原价和国产非标准设备原价。

① 国产标准设备原价。国产标准设备是指按照主管部门颁布的标准图纸和技术要求,由我国设备生产厂批量生产的,符合国家质量检测标准的设备。有的国产标准设备原价有两种,即带有备件的原价和不带有备件的原价。在计算时,一般采用带有备件的原价。

② 国产非标准设备原价。国产非标准设备是指国家尚无定型标准,各设备生产厂不可能在工艺过程中采用批量生产,只能按一次订货,并根据具体的设计图纸制造的设备。非标准设备原价有多种不同的计算方法,如成本计算估价法、系列设备插入估价法、分部组合估价法、定额估价法等。

(2) 进口设备原价的构成及计算

进口设备原价是指进口设备的抵岸价,即抵达买方边境港口或边境车站,且交完关税为止形成的价格。

① 进口设备的交货类别。可分为内陆交货类、目的地交货类、装运港交货类。

a. 内陆交货类,即卖方在出口国内陆的某个地点交货。在交货地点,卖方及时提交合同规定的货物和有关凭证,承担交货前的一切费用和风险,并自行办理出口手续和装运出口。交货后货物的所有权也由卖方转移给买方。

b. 目的地交货类,即卖方在进口国的港口或内地交货,有目的港船上交货价、目的港船边交货价(FOS)、目的港码头交货价(关税已付)及完税后交货价(进口国的指定地点)等几种交货价。它们的特点是:买卖双方承担的责任、费用和风险是以目的地约定交货点为分界线,只有当卖方在交货点将货物置于买方控制下才算交货,才能向买方收取货款。这种交货类别对卖方来说承担的风险较大,在国际贸易中卖方一般不愿采用。

c. 装运港交货类,即卖方在出口国装运港交货,主要有装运港船上交货价(FOB),习惯称**离岸价格**;运费在内价(C&F)和运费、保险费在内价(CIF),习惯称**到岸价格**。它们的特点是:卖方按照约定的时间在装运港交货,只要卖方把合同规定的货物装船后提供货运单据便完成交货任务,可凭单据收回货款。

装运港船上交货价(FOB)是我国进口设备采用最多的一种货价。采用船上交货价时卖方的责任是:在规定的期限内,负责在合同规定的装运港口将货物装上买方指定的船只,并及时通知买方;负担货物装船前的一切费用和风险;负责办理出口手续;提供出口国政府或有关方面签发的证件;负责提供有关装运单据。买方的责任是:负责租船或订舱,支付运费,并将船期、船名通知卖方;负担货物装船后的一切费用和风险;负责办理保险及支付保险费,办理在目的港的进口和收货手续;接受卖方提供的有关装运单据,并按合同规定支付货款。

② 进口设备抵岸价的构成及计算。进口设备抵岸价的构成可概括为

$$\text{进口设备抵岸价} = 货价 + 国际运费 + 运输保险费 + 银行财务费 + \\ 外贸手续费 + 关税 + 增值税 + 消费税 + \\ 海关监管手续费 + 车辆购置附加费 \quad (2.1.2)$$

a. 货价。一般指装运港船上交货价(FOB)。设备货价分为原币货价和人民币价,原币货价一律折算为美元表示,人民币货价按原币货价乘以外汇市场美元兑换人民币中间价确定。进口设备货价按有关生产厂商询价、报价、订货合同价计算。

b. 国际运费。即从装运港(站)到达我国抵达港(站)的运费。我国进口设备大部分采用海洋运输,小部分采用铁路运输,个别采用航空运输。

c. 运输保险费。对外贸易货物运输保险是由保险人(保险公司)与被保险人(出口人或进口人)订立保险契约,在被保险人交付议定的保险费后,保险人根据保险契约的规定对货物在运输过程中发生的承保责任范围内的损失给予经济上的补偿。这是一种财产保险。计算公式为

$$运输保险费 = \frac{[原币货价(FOB价) + 国外运费] \times 保险费率}{1 - 保险费率} \quad (2.1.3)$$

其中,保险费率按保险公司规定的进口货物保险费率计算。

d. 银行财务费。一般是指中国手续费,可按下式简化计算:

$$银行财务费 = 人民币货价(FOB价) \times 银行财务费率 \quad (2.1.4)$$

式中,银行财务费率一般为 0.4%~0.5%。

e. 外贸手续费。指按商务部规定的外贸手续费率计取的费用,外贸手续费率一般取 1.5%。计算公式为

$$外贸手续费 = (装运港船上交货价(FOB)价 + 国际运费 + \\ 运输保险费) \times 外贸手续费率 \quad (2.1.5)$$

f. 关税。由海关对进出国境的货物、其他物品征收的一种税。计算公式为

$$关税 = 到岸价格(CIF价) \times 进口关税税率 \quad (2.1.6)$$

其中,到岸价格(CIF)包括离岸价格(FOB价)、国际运费,运输保险费等费用,它作为关税完税价格。

g. 增值税。是对从事进口贸易的单位和个人,在进口商品报关进口后征收的税种。我国增值税条例规定,进口应税产品均按组成计税价格和增值税税率直接计算应纳税额。即

$$进口产品增值税额 = 组成计税价格 \times 增值税税率 \quad (2.1.7)$$

$$组成计税价格 = 关税完税价格 + 关税 + 消费税 \quad (2.1.8)$$

增值税税率根据规定的税率计算,目前进口设备适用税率为 17%。

h. 消费税。对部分进口设备(如轿车、摩托车等)征收,一般计算公式为

$$应纳消费税额 = \frac{到岸价 + 关税}{1 - 消费税税率} \times 消费税税率 \quad (2.1.9)$$

其中,消费税税率根据规定的税率计算。

i. 海关监管手续费。指海关对进口减税、免税、保税货物实施监督、管理、提供服务的手续费。对于全额征收进口关税的货物不计本项费用。其公式如下:

$$海关监管手续费 = 到岸价 \times 海关监管手续费率(一般为 0.35\%) \quad (2.1.10)$$

j. 车辆购置附加费。进口车辆需缴进口车辆购置附加费。其公式如下:

$$进口车辆购置附加费 = (到岸价 + 关税 + 消费税) \times \\ 进口车辆购置附加费率 \quad (2.1.11)$$

(3) 设备运杂费的构成及计算

① 设备运杂费的构成。设备运杂费通常由下列各项构成：

a. 运费和装卸费。国产设备由设备制造厂交货地点起至工地仓库(或施工组织设计指定的需要安装设备的堆放地点)止所发生的运费和装卸费；进口设备则由我国到岸港口或边境车站起至工地仓库(或施工组织设计指定的需安装设备的堆放地点)止所发生的运费和装卸费。

b. 包装费。在设备原价中没有包含的，为运输需进行的包装支出的各种费用。

c. 设备供销部门的手续费。按有关部门规定的统一费率计算。

d. 采购与仓库保管费。指采购、验收、保管和收发设备所发生的各种费用，包括设备采购人员、保管人员和管理人员的工资、工资附加费、办公费、差旅交通费，设备供应部门办公和仓库的占固定资产使用费、工具用具使用费、劳动保护费、检验试验费等。这些费用可按主管部门规定的采购与保管费费率计算。

② 设备运杂费的计算。设备运杂费按设备原价乘以设备运杂费率计算，其公式为

$$设备运杂费 = 设备原价 \times 设备运杂费率 \qquad (2.1.12)$$

其中，设备运杂费率按各部门及省、市等的规定计取。

2) 工具、器具及生产家具购置费的构成及计算

工具、器具及生产家具购置费是指新建或扩建项目初步设计规定的，保证初期正常生产必须购置的没有达到固定资产标准的设备、仪器、工卡模具、器具、生产家具和备品备件的购置费用。一般以设备购置费为计算基数，按照部门或行业规定的工具、器具及生产家具费率计算。计算公式为

$$工具、器具及生产家具购置费 = 设备购置费 \times 定额费率 \qquad (2.1.13)$$

2.1.2 工程建设其他费用的构成

工程建设其他费用按其内容大体可分为五类：第一类为土地转让费，由于工程项目固定于一定地点与地面相连接，必须占用一定量的土地，也就必然要发生为获得建设用地而支付的费用；第二类是与项目建设有关的费用；第三类是业主费用；第四类为预备费，包括基本预备费和工程造价调整预备费等；第五类是依照《中华人民共和国固定资产投资方向调节税暂行条例》规定应缴纳的固定资产投资方向调节税。

1) 土地使用费

土地使用费是指建设项目通过划拨或土地使用权出让方式取得土地使用权，所需土地征用及迁移的补偿费或土地使用权出让金。

(1) 土地征用及迁移补偿费

土地征用及迁移补偿费是指建设项目通过划拨方式取得无限期的土地使用权，依照《中华人民共和国土地管理法》等所支付的费用。其总和一般不得超过被征土地年产值的 20 倍，土地年产值按该地被征日前 3 年的平均产量和国家规定的价格计算，内容包括：土地补偿费；青苗补偿费和被征用土地上的房屋、水井、树木等附着物补偿费；安置补助费；缴纳的耕地占用税或城镇土地使用税、土地登记费及征地管理费；征地动迁费；水利水电工程水库淹没处理补偿费。

(2) 土地使用权出让金

土地使用权出让金是指建设项目通过土地使用权出让方式取得有限期的土地使用权,依照《中华人民共和国城镇国有土地使用权出让和转让暂行条例》规定支付的土地使用权出让金。城市土地的出让和转让可采用协议、招标、公开、拍卖等方式。

2) 与项目建设有关的其他费用

(1) 建设单位管理费

建设单位管理费指建设项目从立项、筹建、建设、联合试运转到竣工验收交付使用及后评估等全过程所需的费用。内容包括:

① 建设单位开办费。指新建项目为保证筹建和建设工作正常进行所需办公设备、生活家具、用具、交通工具等的购置费用。

② 建设单位经费。包括工作人员的基本工资、工资性津贴、职工福利费、劳动保护费、劳动保险费、办公费、差旅交通费、工会经费、职工教育经费、固定资产使用费、工具用具使用费、技术图书资料费、生产人员招募费、工程招标费、合同契约公证费、勤务员质量监督检测费、工程咨询费、法律顾问费、审计费、业务招待费、排污费、竣工交付使用清理及竣工验收费、后评估等费用。

(2) 勘察设计费

勘察设计费指为本建设项目提供项目建议书、可行性报告、设计文件等所需的费用。内容包括:

① 编制项目建议书、可行性报告及投资估算、工程咨询、评价以及为编制上述文件所进行的勘察、设计、研究试验等所需费用;

② 委托勘察、设计单位进行初步设计、施工图设计、概预算编制等所需的费用;

③ 在规定范围内由建设单位自行完成的勘察、设计工作所需的费用。

(3) 研究试验费

研究试验费是指为本建设项目提供或验证设计参数、数据资料等进行必要的研究试验,以及设计规定在施工中必须进行的试验、验证所需的费用。

(4) 临时设施费

临时设施费包括临时宿舍、文化福利及公用事业房屋与构筑物、仓库、办公室、加工厂以及规定范围内的道路、水、电、管线等临时设施和小型临时设施所需的费用。

(5) 工程监理费

工程监理费是指委托工程监理单位对工程实施监理工作所需的费用。

(6) 工程保险费

工程保险费是指建设项目在建设期间根据需要实施工程保险所需的费用。包括建筑工程一切险、安装工程一切险,以及机器损坏保险等。

(7) 供电贴费

供电贴费是指建设项目按照国家规定应交付的供电工程贴费、施工临时用电贴费,是解决电力建设资金不足的临时对策。供电贴费用于为增加或改善用户用电而必须新建、扩建和改建的电网建设以及有关的业务支出,由建设银行监督使用。

(8) 施工机构迁移费

施工机构迁移费是指施工机构根据建设任务的需要,经有关部门决定成建制地由原驻地迁移到另一个地区的一次性搬迁费用。费用内容包括:职工及随同家属的差旅费、调迁期间的工资和施工机械、设备、工具、用具、周转性材料的搬运费。

(9) 引进技术和进口设备其他费

引进技术和进口设备其他费包括：

① 为引进技术和进口设备派出人员进行设计、联络、设备材料监检、培训等的差旅费、置装费、生活费用等；

② 国外工程技术人员来华的差旅费、生活费和接待费用等；

③ 国外设计及技术资料费、专利和专有技术费、延期或分期付款利息；

④ 引进设备检验及商检费。

(10) 财务费用

财务费用是指为筹措建设项目资金而发生的各项费用，包括：建设期间投资贷款利息、企业债券发生费、国外借款手续费和承诺费、汇兑净损失、金融机构手续费以及其他财务费用等。

3) 与未来企业生产有关的费用

(1) 联合试运转费

联合试运转费是指新建企业或新增加生产工艺过程的扩建企业在竣工验收前，按照设计规定的工程质量标准，进行整个车间的负荷或无负荷联合试运转发生的费用支出大于试运转收入的亏损部分。不包括应由设备安装工程费项目开支的单台设备调试费及试车费用。

(2) 生产准备费

生产准备费是指新建企业或新增生产能力的企业，为保证竣工交付使用进行必要的生产准备所发生的费用。费用内容包括：

① 生产人员培训费，自行培训、委托其他单位培训人员的工资、工资性补贴、职工福利费、差旅交通费、学习资料费、学习费、劳动保护费等；

② 生产单位提前进厂参加施工、设备安装、调试以及熟悉工艺流程与设备性能等人员的工资、工资性补贴、职工福利费、差旅交通费、劳动保护费等。

(3) 办公和生活家具购置费

办公和生活家具购置费是指为保证新建、改建、扩建项目初期正常生产、使用和管理所需购置的办公和生活家具、用具的费用。改、扩建项目所需的办公和生活用具购置费，应低于新建项目。

(4) 经营项目铺底流动资金

经营项目铺底流动资金指经营性建设项目为保证生产和经营正常进行，按规定应列入建设项目总资金的铺底流动资金。

4) 预备费

预备费又称不可预见费，包括基本预备费和工程造价调整所引起的涨价预备费。

(1) 基本预备费

基本预备费是指在初步设计及概算内难以预料的工程费用。费用内容包括：

① 在批准的初步设计范围内，技术设计、施工图设计及施工过程中所增加的工程费用，设计变更、局部地基处理等增加的费用；

② 一般自然灾害造成的损失和预防自然灾害所采取的措施费用。实行工程保险的工程项目费用应适当降低；

③ 竣工验收时为鉴定工程质量对隐蔽工程进行必要的挖掘和修复费用。

$$基本预备费 = (建筑安装工程费 + 设备及工器具购置费 + \\ 工程建设其他费用) \times 基本预备费率 \qquad (2.1.14)$$

(2) 涨价预备费

涨价预备费是指建设项目在建设期间由于价格等变化引起工程造价变化的预测、预留费用。费用内容包括：人工、设备、材料、施工机械价差，建筑安装工程费及工程建设其他费用调整，利率、汇率调整等。其计算方法一般根据国家规定的投资综合价格指数，按估算年份价格水平的投资额为基数，采用复利方法计算。涨价预备费的计算公式为

$$PF = \sum_{t=1}^{n} I_t [(1+f)^t - 1] \qquad (2.1.15)$$

式中：PF——涨价预备费估算额；

I_t——建设期中第 t 年的投资计划数；

n——项目的建设期年份数；

f——平均价格预计上涨指数。

【**例 2.1.1**】 某项目的静态投资为 35 230 万元，按本项目进度计划，项目建设期为 3 年，3 年的投资分年使用比例为第一年 20%，第二年 55%，第三年 25%，建设期内年平均价格变动率预测为 6%，估计该项目建设期的涨价预备费。

解 第一年投资计划用款额：

$$I_1 = 35\ 230 \times 20\% = 7\ 046(万元)$$

第一年涨价预备费：

$$PF_1 = I_1[(1+f) - 1] = 7\ 046 \times [(1+6\%) - 1] = 422.76(万元)$$

第二年投资计划用款额：

$$I_2 = 35\ 230 \times 55\% = 19\ 376.5(万元)$$

第二年涨价预备费：

$$PF_2 = I_2[(1+f)^2 - 1] = 19\ 376.5 \times [(1+6\%)^2 - 1] = 2\ 394.94(万元)$$

第三年投资计划用款额：

$$I_3 = 35\ 230 \times 25\% = 8\ 807.5(万元)$$

第三年涨价预备费：

$$PF_3 = I_3[(1+f)^3 - 1] = 8\ 807.5 \times [(1+6\%)^3 - 1] = 1\ 682.37(万元)$$

所以，建设期的涨价预备费：

$$PF = PF_1 + PF_2 + PF_3 = 422.76 + 2\ 394.94 + 1\ 682.37 = 4\ 500.07(万元)$$

5) 建设期贷款利息

建设期贷款利息包括向国内银行和其他非银行金融机构贷款、出口信贷、外国政府贷款、国际商业银行贷款以及在境内外发行的债券等在建设期内应偿还的借款利息。

一般按下式计算：

$$建设期每年应计利息 = \left(年初借款累计 + \frac{1}{2} \times 当年借款额\right) \times 年利率 \quad (2.1.16)$$

【例 2.1.2】 某工程项目估算的静态投资为 15 620 万元,根据项目实施进度规划,项目建设期为三年,三年的投资分年使用比例分别为 30%、50%、20%,其中各年投资中贷款比例为年投资的 20%,预计建设期中三年的贷款利率分别为 5%、6%、6.5%,试求该项目建设期内的贷款利息。

解 第一年的利息:$\left(0 + \frac{1}{2} \times 15\,620 \times 30\% \times 20\%\right) \times 5\% = 23.43(万元)$

第二年的利息:$\left(15\,620 \times 30\% \times 20\% + 23.43 + \frac{1}{2} \times 15\,620 \times 50\% \times 20\%\right) \times 6\% = 104.5(万元)$

第三年的利息:$\left(15\,620 \times 80\% \times 20\% + 23.43 + 104.5 + \frac{1}{2} \times 15\,620 \times 20\% \times 20\%\right) \times 6.5\% = 191.07(万元)$

建设期贷款利息合计为 319 万元。

6) 固定资产投资方向调节税

为了贯彻国家产业政策,控制投资规模,引导投资方向,调整投资结构,加强重点建设,促进国民经济持续稳定协调发展,对在我国境内进行固定资产投资的单位和个人(不含中外合资经营企业、中外合作经营企业和外商独资企业)征收固定资产投资方向调节税(简称投资方向调节税)。

投资方向调节税根据国家产业政策和项目经济规模实行差别税率,税率为 0%、5%、10%、15%、30% 五个档次,各固定资产投资项目按其单位分别确定适用的税率。

固定资产投资方向调节税的计算公式为

$$应纳税额 = (建筑安装工程费 + 设备及工器具购置费 + 工程建设其他费用及预备费) \times 适用税率 \quad (2.1.17)$$

目前,固定资产投资方向调节税已停征。

2.2 建筑安装工程造价构成

在工程建设中,建筑安装工作是创造价值的生产活动。建筑安装工程费用作为建筑安装工程的货币表现,被称为建筑安装工程造价。

为了适应工程计价改革工作的需要,国家建设部、财政部按照国家有关法律、法规,并参照国际惯例在原建标[1993]894 号文的基础上于 2003 年 10 月 15 日制定了《建筑安装工程费用项目组成》,同时还制定了《建筑安装工程费用参考计算方法》、《建筑安装工程计价程序》,明确规定自 2004 年 1 月 1 日起执行。

根据建标[2003]206 号《建筑安装工程费用项目组成》,将建筑安装工程费分为直接费、间接费、利润和税金四个部分。

2.2.1 直接费

由直接工程费和措施费组成。

1) 直接工程费

直接工程费是指施工过程中耗费的构成工程实体的各项费用,包括人工费、材料费、施工机械使用费。

① **人工费**是指直接从事建筑安装工程施工的生产工人(包括现场水平、垂直运输等辅助工人和附属辅助生产单位工人)开支的各项费用。

注意人工费中不包括:材料管理、采购及保管员、驾驶或操作施工机械及运输工具的工人、材料到达工地仓库或施工地点存放材料的地方以前的搬运、装卸工人和其他由管理费支付工资的人员的工资。以上人员的工资应分别列入采购保管费、材料运输费、机械费等各相应的费用项目中去。

② **材料费**是指施工过程中耗费的构成工程实体的原材料、辅助材料、构配件、零件、半成品的费用。

③ **施工机械使用费**是指施工机械作业所发生的机械使用费以及机械安拆费和场外运费。

2) 措施费

措施费是指为完成工程项目施工,发生于该工程施工前和施工过程中非工程实体项目的费用。

2.2.2 间接费

由规费、企业管理费组成。

1) 规费

(1) 规费的概念及组成

规费是指政府和有关权力部门规定必须缴纳的费用(简称规费)。该部分费用为不可竞争费用。建标[2003]206号《建筑安装工程费用项目组成》中规费包括:

① **工程排污费**是指施工现场按规定缴纳的工程排污费。

② **工程定额测定费**是指按规定支付工程造价(定额)管理部门的定额测定费。

③ **社会保障费**由**养老保险费**(指企业按规定标准为职工缴纳的基本养老保险费)、**失业保险费**(指企业按照国家规定标准为职工缴纳的失业保险费)和**医疗保险费**(指企业按照规定标准为职工缴纳的基本医疗保险费)组成。

④ **住房公积金**是指企业按规定标准为职工缴纳的住房公积金。

⑤ **危险作业意外伤害保险**是指按照建筑法规定,企业为从事危险作业的建筑安装施工人员支付的意外伤害保险费。

(2) 规费的计算方法

规费的计算方法按取费基数的不同一般分为以下三种:

① 以直接费为计算基础

$$规费 = 直接费合计 \times 规费费率(\%)$$

② 以人工费和机械费合计为计算基础

$$规费 = 人工费和机械费合计 \times 规费费率(\%)$$

③ 以人工费为计算基础

$$规费 = 人工费合计 \times 规费费率(\%)$$

(3) 规费费率

一般根据典型工程发承包价的分析资料综合取定如下规费计算中所需的数据：

① 每万元发承包价中人工费含量和机械费含量。
② 人工费占直接费的比例。
③ 每万元发承包价中所含规费缴纳标准的各项基数。

(4) 规费费率的计算公式

① 以直接费为计算基础

$$规费费率(\%)=\frac{\sum 规费缴纳标准 \times 每万元发承包价计算基数}{每万元发承包价中的人工费含量} \times 人工费占直接费的比例(\%)$$

② 以人工费和机械费合计为计算基础

$$规费费率(\%)=\frac{\sum 规费缴纳标准 \times 每万元发承包价计算基数}{每万元发承包价中的人工费含量和机械费含量} \times 100\%$$

③ 以人工费为计算基础

$$规费费率(\%)=\frac{\sum 规费缴纳标准 \times 每万元发承包价计算基数}{每万元发承包价中的人工费含量} \times 100\%$$

2) 企业管理费

企业管理费是指建筑安装企业组织施工生产和经营管理所需费用。内容包括：

① 管理人员工资：是指管理人员的基本工资、工资性补贴、职工福利费、劳动保护费等。
② 办公费：是指企业管理办公用的文具、纸张、账表、印刷、邮电、书报、会议、水电、烧水和集体取暖(包括现场临时宿舍取暖)用煤等费用。
③ 差旅交通费：是指职工因公出差、调动工作的差旅费、住勤补助费，市内交通费和误餐补助费，职工探亲路费，劳动力招募费，职工离退休、退职一次性路费，工伤人员就医路费，工地转移费以及管理部门使用的交通工具的油料、燃料、养路费及牌照费。
④ 固定资产使用费：是指管理和试验部门及附属生产单位使用的属于固定资产的房屋、设备仪器等的折旧、大修、维修或租赁费。
⑤ 工具用具使用费：是指管理使用的不属于固定资产的生产工具、器具、家具、交通工具和检验、试验、测绘、消防用具等的购置、维修和摊销费。
⑥ 劳动保险费：是指由企业支付离退休职工的易地安家补助费、职工退职金、六个月以上的病假人员工资、职工死亡丧葬补助费、抚恤费、按规定支付给离休干部的各项经费。
⑦ 工会经费：是指企业按职工工资总额计提的工会经费。
⑧ 职工教育经费：是指企业为职工学习先进技术和提高文化水平，按职工工资总额计提的费用。
⑨ 财产保险费：是指施工管理用财产、车辆保险。
⑩ 财务费：是指企业为筹集资金而发生的各种费用。包括企业经营期间发生的短期贷款利息净支出、汇兑净损失、调剂外汇手续费、金融机构手续费，以及筹集资金发生的其他财务费用。

■ 税金：是指企业按规定缴纳的房产税、车船使用税、土地使用税、印花税等。
■ 其他：包括技术转让费、技术开发费、业务招待费、绿化费、广告费、公证费、法律顾问费、审计费、咨询费等。

2.2.3 利润与税金

利润是指施工企业完成所承包工程获得的盈利。是施工单位劳动者为社会和集体劳动所创造的价值,应计入建筑工程造价。

目前,由于建筑施工队伍生产能力大于建筑市场需求,使得建筑施工企业与其他行业的利润水平之间存在着较大的差距,并且可能在一段时间内不能有大幅度的提高,但从长远发展趋势来看,随着建设管理体制的改革和建筑市场的完善和发展,这个差距一定会逐步缩小的。

税金是指国家税法规定的应计入建筑安装工程造价内的营业税、城市维护建设税及教育费附加等。

2.3 建筑与装饰工程费用计算规则

建筑与装饰工程费用是建设工程投资构成的主要组成部分,也是招投标阶段工程价格的主要内容。现阶段可采用建筑与装饰工程费用计算规则作为计算建筑与装饰工程造价的重要依据,在承包商投标报价时,建筑与装饰工程费用计算规则也可以作为参考依据。由于各地区的建筑水平不一致,费用计算规则没有全国统一的标准,一般是以国家有关部门颁发的"建筑安装工程费用项目组成"为依据,结合各地区的实际情况,编制费用计算规则。本节以《江苏省建筑与装饰工程费用计算规则》(2004)为例,介绍建筑与装饰工程费用的计算方法。

2.3.1 建筑与装饰工程费用项目组成与分类

1) 费用项目组成

建筑工程造价由分部分项工程费、措施项目费、其他项目费、规费和税金组成。分部分项工程费包括人工费、材料费、机械费、管理费、利润。管理费包括企业管理费、现场管理费。

2) 费用项目分类

(1) 按限制性规定分为两类

① **不可竞争费用**包括:现场安全文明施工措施费、工程定额测定费、安全生产监督费、建筑管理费、劳动保险费、税金、有权部门批准的其他不可竞争费用。

② **可竞争费用**:除不可竞争费用以外的其他费用。

(2) 按工程取费标准划分为四种情况

① 建筑工程按工程类别划分一类、二类、三类工程。

② 单独装饰工程按企业资质等级划分一级、二级、三级企业。

③ 包工不包料。

④ 点工。

(3) 按计算方式分为三种情况

① 按照计价表定额子目计算的内容

a. 分部分项工程费;

b. 措施项目中的脚手架费,模板费用,垂直运输机械费,二次搬运费,施工排水降水、边坡支护费,大型机械进(退)场及安拆费等。

② 按照费用计算规则系数计算的内容

a. 措施项目中的环境保护费,临时设施费,夜间施工增加费,检验试验费,工程按质论价费,赶工措施费,现场安全文明施工措施费,特殊条件下施工增加费等;

b. 其他项目费。

③ 按照有关部门规定标准计算的内容

a. 规费;

b. 税金。

2.3.2 分部分项工程费

1) 分部分项工程费

分部分项工程费是指列入工程计价表中列出的分部分项工程量所需费用。包括人工费、材料费、机械使用费、管理费和利润。

(1) 人工费

人工费是指应列入计价表的直接从事建筑与装饰工程施工工人(包括现场水平、垂直运输等辅助工人)和附属辅助生产单位(非独立经济核算单位)工人的基本工资、工资性津贴、流动施工津贴、房租补贴、职工福利费、劳动保护费。可用下式计算:

$$人工费 = 计价表中人工消耗量 \times 人工单价$$

《江苏省建筑与装饰工程费用计算规则》中人工工资标准分为三类:一类工标准为28元/工日;二类工标准为26元/工日;三类工标准为24元/工日。单独装饰工程的人工工资可在计价表单价基础上调整为30~45元/工日,具体在投标报价或由双方在合同中予以明确。

包工不包料、点工分别按35元/工日、29元/工日计算,其中包括了管理费、利润和劳动保险费。

(2) 材料费

材料费是指应列入计价表的材料、构件和半成品材料的用量以及周转材料的摊销量乘以相应的预算价格计算的费用。可用下式计算:

$$材料费 = 计价表中材料消耗量 \times 材料单价$$

(3) 施工机械使用费

施工机械使用费是指应列入计价表的施工机械台班消耗量按相应的江苏省施工机械台班单价计算的建筑与装饰工程施工机械使用费以及机械安、拆和进(退)场费。可用下式计算:

$$机械费 = 计价表中施工机械台班消耗量 \times 机械台班单价$$

2) 管理费

管理费是指施工企业为组织施工生产和经营管理过程中所需费用,内容包括企业管理费、现场管理费、冬雨季施工增加费、生产工具用具使用费、工程定位复测点交场地清理费、远地施工增加费、非甲方所为4h以内的临时停水停电费。

(1) **企业管理费**是指企业管理层为组织施工生产经营活动所发生的管理费用。内容包括:

① 管理人员基本工资、工资性补贴、流动施工津贴、房租补贴、职工福利费、劳动保护费。

② 差旅交通费:指企业职工因公出差、调动工作的差旅费、住勤补助费,市内交通费和误

餐补助费,职工探亲路费,劳动力招募费,离退休职工一次性路费及交通工具油料、燃料、养路费及牌照费。

③ 办公费:指企业办公用的文具、纸张、账表、印刷、邮电、书报、会议、水、电、燃煤、燃气等费用。

④ 固定资产折旧、修理费:指企业属于固定资产的房屋、设备、仪器等的折旧及维修费用。

⑤ 低值易耗品摊销费:指企业管理使用的不属于固定资产的工具、用具、家具、交通工具、检验、试验、消防等的摊销及维修费用。

⑥ 工会经费及职工教育经费:工会经费是指企业按职工工资总额计提的工会经费;职工教育经费是指企业为职工学习先进技术和提高文化水平按职工工资总额计提的费用。

⑦ 职工待业保险费:指按规定标准计提的职工待业保险费。

⑧ 保险费:指企业财产保险、管理用车辆等保险费用。

⑨ 税金:指企业按规定缴纳的房产税、车船使用税、土地使用税、印花税及土地使用费等。

⑩ 其他:包括技术转让费、技术开发费、业务招待费、绿化费、广告费、公证费、法律顾问费、审计费、咨询费、联防费等。

(2) **现场管理费**指现场管理人员组织工程施工过程中所发生的费用。内容包括:

① 现场管理人员的基本工资、工资性补贴、流动施工津贴、房租补贴、职工福利费、劳动保护费。

② 差旅交通费:指职工因公出差的旅费、住勤费、补助费,市内交通费和误餐补助费,职工探亲路费,劳动力招募、职工离退休一次性路费、工伤人员就医路费、工地转移费以及现场管理使用的交通工具油料、燃料、养路费及牌照费等。

③ 办公费:指现场管理办公用的文具、纸张、账表、印刷、邮电、书报、会议、水、电、燃煤、燃气等费用。

④ 固定资产使用费:指现场管理及试验部门使用的属于固定资产的设备、仪器等的折旧大修理、维修和租赁费等。

⑤ 低值易耗品摊销费:指现场管理使用的不属于固定资产的工具、器具、家具、交通工具、检验、试验、测绘、消防用具等的购置、维修和摊销费。

⑥ 保险费:指施工管理用财产和车辆保险费用、高空作业等特殊工种的安全保险等费用。

⑦ 其他费用。

(3) **冬雨季施工增加费**指在冬雨季施工期间所增加的费用。包括冬季作业、临时取暖、建筑物门窗洞口封闭及防雨措施、排水、工效降低等费用。

(4) **生产工具用具使用费**指施工生产所需不属于固定资产的生产工具、检验用具、仪器仪表等的购置、摊销和维修费,以及支付给工人自备工具的补贴费。

(5) **工程定位、复测、点交、场地清理费**。

(6) **远地施工增加费**指远离基地施工所发生的管理人员和生产工人的调迁旅费、工人在途工资、中小型施工机具、工具仪器、周转性材料、办公和生活用具等的运杂费。

包工包料工程不论施工单位基地与工程所在地的距离远近,均由施工单位包干使用;包工不包料工程按承发包双方的合同约定计算。

(7) **非甲方所为 4 h 以内的临时停水停电费**。

建筑工程管理费计算标准:建筑工程计价表中的管理费是以三类工程的标准列入子目,其计算基础为人工费加机械费,计算标准按表 2.3.1 规定计算。

单独装饰工程管理费取费标准:装饰工程的管理费按装饰施工企业的资质等级划分计取,其计算基础为人工费加机械费,计算标准按表 2.3.1 规定计算。

3) 利润

指按国家规定应计入建筑与装饰工程造价的利润。

建筑工程利润计算标准:建筑工程计价表中的利润不分工程类别按规定计算,其计算基础为人工费加机械费,计算标准按表 2.3.1 规定计算。

表 2.3.1 建筑工程管理费、利润取费标准

序号	工程名称	计算基础	管理费费率(%)			利润费率(%)
			一类工程	二类工程	三类工程	
一	建筑工程	人工费+机械费	35	30	25	12
二	预制构件制作	人工费+机械费	17	15	13	6
三	构件吊装	人工费+机械费	12	10.5	9	5
四	制作兼打桩	人工费+机械费	19	16.5	14	8
五	打预制桩	人工费+机械费	15	13	11	6
六	机械施工大型土石方	人工费+机械费	7	6	5	4

单独装饰工程利润取费标准:装饰工程的利润不分企业资质等级按规定计算,其计算基础为人工费加机械费,计算标准按表 2.3.2 规定计算。

表 2.3.2 单独装饰工程管理费、利润取费标准

项目	计算基础	管理费费率(%)			利润费率(%)
		一级企业	二级企业	三级企业	
单独装饰工程	人工费+机械费	56	48	40	15

2.3.3 措施费

措施费是指为完成工程项目施工,发生于该工程施工前和施工过程中非工程实体项目的费用。措施费原则上由编标单位和投标单位根据工程的实际情况和施工组织设计中的施工方法分别计算,除了不可竞争费用必须要按规定计算外,其余费用可以参考企业定额或省计价表计算。

措施费包括如下内容:

1) 环境保护费

是指在正常施工条件下,环保部门按规定向施工单位收取的噪音、扬尘、排污等费用和施工现场为达到环保部门要求所需要的各项费用。

江苏省规定该费用按环保部门的有关规定计算,由双方在合同中约定。

2) 现场安全文明施工费

是指施工现场安全文明施工所需要的各项费用。包括脚手架挂安全网、铺安全竹笆片、洞口五临边及电梯井护栏费用、电气保护安全照明设施费、消防设施及各类标志牌摊销费、施工现场环境美化、现场生活卫生设施、施工出入清洗及污水排放设施、建筑垃圾清理外运等内容。

此项费用是为了切实保护人民生产生活的安全,保证安全和文明施工措施落实到位,江苏

省规定此费用作为不可竞争费用,建设单位不得任意压低费用标准,施工单位不得让利。建筑工程按分部分项工程费的 1.5%～3.5% 计算;单独装饰工程按分部分项的 0.5%～1.5% 计算。此项费用的计取由各市造价管理部门根据工程实际情况予以核定,并进行监督,未经核定不得计取。

3) 临时设施费

是指施工企业为进行建筑与装饰工程施工所必须搭设的生活和生产用的临时建筑物、构筑物和其他临时设施费用等。

临时设施包括:临时宿舍、文化福利及公用事业房屋与构筑物,仓库、办公室、加工厂以及规定范围内道路、水、电、管线等临时设施和小型临时设施。

临时设施费用包括:临时设施的搭设、维修、拆除费或摊销费。

江苏省规定该费用建筑工程按分部分项工程费的 1%～2% 计算;单独装饰工程按分部分项的 0.3%～1.2% 计算。由施工单位根据工程的具体情况报价,发承包双方在合同中约定。

4) 夜间施工费

是指按施工规范、规程要求或施工组织设计要求,为了确保工期和工程质量,因需要夜间施工而发生的夜班补助费、夜间施工降效、夜间施工照明设备摊销及照明用电等费用。此费用由施工单位根据工程的具体情况报价,发承包双方在合同中约定。

5) 二次搬运费

是指因施工场地狭小等特殊情况而发生的二次搬运费用。

例如:场内堆置材料有困难的沿街建筑;单位工程的外边线有一长边自外墙边线向外推移小于 3 米或单位工程四周外边线往外推移平均小于 5 米的建筑;汽车不能直接进入巷内的城镇市区建筑;不具备施工组织设计规定的地点堆放材料的工程,所需的材料需用人工或人力车二次搬运到单位工程现场的,其所需费用可考虑列为材料二次搬运费。由施工单位根据工程的具体情况报价或可参考计价表计算,发承包双方在合同中约定。

6) 大型机械设备进出场及安拆费

是指机械整体或分体自停放场地运至施工现场或由一个施工地点运至另一个施工地点,所发生的机械进出场运输及转移费用及机械在施工现场进行安装、拆卸所需的人工费、材料费、机械费、试运转费和安装所需的辅助设施的费用。由施工单位根据工程的具体情况报价或参考计价表计算。

7) 混凝土、钢筋混凝土模板及支架费

是指混凝土施工过程中需要的各种钢模板、木模板、支架等的制作、安装、拆除、维护、运输费用及模板、支架等周转材料的摊销(或租赁)费用。由施工单位根据施工组织设计进行计算。

8) 脚手架费

是指施工需要的各种脚手架搭设、加固、拆除、运输费用及脚手架的摊销(或租赁)费用。

9) 已完工程及设备保护费

是指竣工验收前,对已完工程及设备进行保护所需费用。此费用由施工单位根据工程的具体情况报价,发承包双方在合同中约定。

10) 施工排水、降水费

是指为确保工程在正常条件下施工,采取各种排水、降水措施所发生的各种费用。由施工单位根据施工组织设计进行计算。

11) 垂直运输机械费

指在合理工期内完成单位工程全部项目所需的垂直运输机械台班费用。由施工单位根据施工组织设计并参考相应的定额进行计算。

12) 室内空气污染测试

指对室内空气相关参数进行检测发生的人工和检测设备的摊销等费用。由施工单位根据工程的具体情况，发承包双方在合同中约定。

13) 检验试验费

是指根据有关国家标准或施工验收规范要求对建筑材料、构配件和建筑工程质量检测检验发生的费用，江苏省规定该部分费用按分部分项工程费的 0.4% 计算。除此以外发生的检验试验费，如已有质保书材料，而建设单位或质监部门另行要求试验所发生的费用，及新材料、新工艺、新设备的试验费等应另行向建设单位收取，该部分费用由施工单位根据工程实际情况报价，发承包双方在合同中约定。

14) 赶工措施费

若建设单位对工期有特殊要求，则施工单位必须增加的施工成本费。

江苏省规定：现行定额工期按苏建定(2000)283 号《关于贯彻执行〈全国统一建筑安装工程工期定额〉的通知》执行，赶工措施费由发承包双方在合同中约定。

住宅工程：比现行定额工期提前 20% 以内，按分部分项工程费的 2%～3.5% 计算。

高层建筑工程：比现行定额工期提前 25% 以内，按分部分项工程费的 3%～4.5% 计算。

一般框架、工业厂房等其他工程：比现行定额工期提前 20% 以内，按分部分项工程费的 2.5%～4% 计算。

15) 工程按质论价

指建设单位要求施工单位完成的单位工程质量达到经有权部门鉴定为优良工程所需增加的施工成本费。江苏省规定该费用由发承包双方在合同中约定。

住宅工程：优良级增加分部分项工程费的 1%～2.5%。一次、二次验收不合格的，除返工合格，尚应按分部分项工程费的 0.8%～1.2% 扣罚工程款。

一般工业与公共建筑：优良级增加分部分项工程费的 1%～2%。一次、二次验收不合格的，除返工合格，尚应按分部分项工程费的 0.5%～1% 扣罚工程款。

16) 特殊条件下施工增加费

① 地下不明障碍物、铁路、航空、航运等交通干扰而发生的施工降效费用。

② 在有毒有害气体和有放射性物质区域范围内的施工人员的保健费，与建设单位职工享受同等特殊保险津贴，享受人数根据现场实际完成的工作量(区域外加工的制品不应计入)的计价表耗工数，并加计百分之十的现场管理人员的人工数确定。

该部分费用由施工单位根据工程实际情况报价，发承包双方在合同中约定。

2.3.4 其他项目费

1) 总承包服务费

适用于建设项目从开始立项至竣工投产的全过程承包的"交钥匙"工程，包括建设工程的勘察、设计、施工、设备采购等阶段的工作。此费用应根据总承包的范围、深度按工程总造价的 2%～3% 向建设单位收取。

遇建设单位单独分包时总分包的配合费由建设单位、总包单位、分包单位三方在合同中约定;当总包单位自行分包时,总包管理费由总分包单位之间解决;安装单位与土建单位的施工配合费由双方协商确定。

2) 预留金

该费用为招标人为以后工程施工中可能发生的工程量变更或其他用途而预留的金额,投标单位对该费用只要投标时照样列入即可,不许参与让利等。

3) 零星工作项目费

指完成招标人提出的,工程量暂估的零星工作所需的费用。一般适用于施工现场建设单位零星用工或其他可能发生的零星工作量,待工程竣工结算时再根据实际完成的工作量按投标时报的单价进行调整。

2.3.5 规费

1) 规费组成

《江苏省建筑与装饰工程费用计算规则》中的规费由工程定额测定费、安全生产监督费、建筑管理费、劳动保险费组成。

(1) **工程定额测定费**包括预算定额编制管理费和劳动定额测定费。应按江苏省物价局、江苏省财政厅苏房(1999)13 号、苏财综(1999)5 号《关于工程定额编制管理费、劳动定额测定费合并为工程(劳动)定额测定费的通知》等文件的规定收取工程定额测定费。该费用列入工程造价,由施工单位代收代缴,上交工程所在地的定额或工程造价管理部门。

(2) **安全生产监督费**指有权部门批准的由施工安全生产监督部门收取的安全生产监督费。

(3) **建筑管理费**指建筑管理部门按照经有权部门批准的收费办法和标准向施工单位收取的建筑管理费。

(4) **劳动保险费**指施工单位支付离退休职工的退休金、价格补贴、医药费、职工退职金及六个月以上的病假人员工资、职工死亡丧葬补助费、抚恤费,按规定支付给离、退休干部的各项经费;以及在职职工的养老保险费用等。

2) 规费计算

规费应按照有关文件的规定计取,招投标中作为不可竞争费用,不得让利,也不得任意调整计算标准。

(1) 工程定额测定费:根据江苏省物价局、江苏省财政厅苏房(1999)13 号、苏财综(1999)5 号《关于工程定额编制管理费、劳动定额测定费合并为工程(劳动)定额测定费的通知》等文件的规定,工程定额测定费应按工程不含税造价的 1‰ 收取。

(2) 安全生产监督费:由各市规定执行,以不含税工程造价为计算基础。

(3) 建筑管理费:应按江苏省物价局、江苏省财政厅苏价服(2003)101 号、苏财综(2003)32 号《关于统一规范建筑管理费的通知》的规定执行。

(4) 劳动保险费:

① 未实行建筑行业劳保统筹的市(县),按《江苏省建筑与装饰工程费用计算规则》表 2.3.3 中的费率计取。

② 实行建筑行业劳保统筹的市(县),根据各市测定的劳动保险费率计算。

③ 包工不包料、点工的劳动保险费已包含在人工工日单价中。

表 2.3.3　建筑与装饰工程劳动保险费取费标准

序号	工程名称	计算基础	劳动保险费率(%)
一	建筑工程	分部分项工程费+措施项目费+其他项目费	12
二	预制构件制作	分部分项工程费+措施项目费+其他项目费	6
三	构件吊装	分部分项工程费+措施项目费+其他项目费	5
四	制作兼打桩	分部分项工程费+措施项目费+其他项目费	8
五	打预制桩	分部分项工程费+措施项目费+其他项目费	6
六	机械施工大型土石方工程	分部分项工程费+措施项目费+其他项目费	4
七	单独装饰工程	分部分项工程费+措施项目费+其他项目费	4
八	包工不包料、点工	人工工日	4

2.3.6　税金

税金是指国家税法规定的应计入建筑安装工程造价内的营业税、城市维护建设税及教育费附加等。

1) 营业税

是指对从事建筑业、交通运输业和各种服务行业的单位和个人,就其营业收入征收的一种税。营业税应纳税额的税率为3%,计征基数为直接工程费、间接费、利润等全部收入(即工程造价)。

2) 城市维护建设税

是国家为了加强城市的维护建设,扩大和稳定城市维护建设资金来源,而对有经营收入的单位和个人征收的一种税。城市维护建设税应纳税额的税率按纳税人工程所在地不同分为三个档次,纳税人工程所在地在市区的,税率为7%,纳税人工程所在地在县城镇的,税率为5%,纳税人工程所在地不在市区、县城镇的,税率为1%,计征基数为营业税额。

3) 教育费附加

是指对加快发展地方教育事业,扩大地方教育资金来源的一种地方税。教育费附加应纳税额的税率按工程所在地政府规定执行,一般情况下为3%,计征基数为营业税额。

4) 税金计算

(1) 税金计算公式

$$税金 = (税前造价+利润) \times 税率(\%)$$

(2) 税率

① 纳税地点在市区的企业

$$税率(\%) = \frac{1}{1-3\%-(3\%\times 7\%)-(3\%\times 3\%)} - 1 = 3.41\%$$

② 纳税地点在县城、镇的企业

$$税率(\%) = \frac{1}{1-3\%-(3\%\times 5\%)-(3\%\times 3\%)} - 1 = 3.35\%$$

③ 纳税地点不在市区、县城、镇的企业

$$税率(\%) = \frac{1}{1-3\%-(3\%\times 1\%)-(3\%\times 3\%)} - 1 = 3.22\%$$

【例 2.3.1】 江苏省××市×××工程税前造价为 1 500 万元,该市的营业税税率为 3%,城市维护建设税税率为 3%,教育费附加税率为 4%,请计算该市的税率和该工程的税金?

解

$$税率(\%) = \frac{1}{1-3\%-(3\%\times 7\%)-(3\%\times 4\%)} - 1 = 3.445\%$$

税金 = 1 500 × 3.445% = 51.675 万元

2.3.7 建筑工程费用计算规则运用要点

1) 计价表应用

《江苏省建筑与装饰工程计价表》中定额子目与以往的定额子目有了很大的区别,计价表中的综合单价与原定额中的基价包含的内容不同,以往定额的基价由人工费、材料费、机械费构成,而计价表中的综合单价在原基价的组成上增加了管理费、利润两项。计价表中一般建筑工程、单独打桩与制作兼打桩项目的管理费与利润是按照三类工程计入综合单价内的,若工程类别实际是一二类工程和单独装饰工程的,其费率与计价表中三类工程费率不符的,应根据《江苏省建筑与装饰工程费用计算规则》的规定,对管理费和利润进行调整后再计入综合单价内。

2) 工程分类及类别

江苏省根据建筑市场历年来的实际施工项目,按施工难易程度,对不同的单位工程划分了类别,建筑工程的类别划分标准见表 2.3.4,各单位工程按核定的类别取费。

表 2.3.4 建筑工程的类别划分标准

项 目			单 位	一 类	二 类	三 类
工业建筑	单 层	檐口高度	m	≥20	≥16	<16
		跨 度	m	≥24	≥18	<18
	多 层	檐口高度	m	≥30	≥18	<18
		建筑面积	m²	≥8 000	≥5 000	<5 000
民用建筑	住 宅	檐口高度	m	≥62	≥34	<34
		建筑面积	m²	≥10 000	≥6 000	<6 000
		层 数	层	≥22	≥12	<12
	公共建筑	檐口高度	m	≥56	≥30	<30
		建筑面积	m²	≥10 000	≥6 000	<6 000
		层 数	层	≥18	≥10	<10
构筑物	烟 囱	砼结构高度	m	≥100	≥50	<50
		砖结构高度	m	≥50	≥30	<30
	水 塔	高 度	m	≥40	≥30	<30
		容 积	m³	≥80	≥60	<60
	筒 仓	高 度	m	≥30	≥20	<20
	储水(油)池	容积(单体)	m³	≥2 000	≥1 000	<1 000

(续 表)

项 目		单位	一 类	二 类	三 类
大型机械吊装工程	檐口高度	m	≥20	≥16	<16
	跨度	m	≥24	≥18	<18
桩基础工程	预制砼桩长	m	≥30	≥15	<15
	灌注砼桩长	m	≥50	≥30	<30
单独土(石)方工程 大型土(石)方工程	挖或填土(石)方容量	m³	≥10 000	≥5 000	<5 000

(1) 工程分类

① **工业建筑工程**指从事物质生产和直接为生产服务的建筑工程,主要包括生产(加工)车间、实验车间、仓库、独立实验室、化验室、民用锅炉房、变电所和其他生产用建筑工程。

② **民用建筑工程**指直接用于满足人们的物质和文化生活需要的非生产性建筑,主要包括:商住楼、综合楼、办公楼、教学楼、宾馆、宿舍及其他民用建筑工程。

③ **构筑物工程**指与工业与民用建筑工程相配套且独立于工业与民用建筑的工程,主要包括烟囱、水塔、仓类、池类等。

④ **桩基础工程**指天然地基上的浅基础不能满足建筑物、构筑物和稳定要求而采用的一种深基础。主要包括各种现浇和预制桩。

⑤ **大型土石方和单独土石方工程**指单独编制概预算或在一个单位工程内挖方或填方在5 000 立方米(不含 5 000 立方米)以上的工民建土石方工程。包括土石方挖或填等。

(2) 工程类别划分指标设置

① **工业建筑**单层按檐口高度、跨度两个指标划分;多层按檐口高度、建筑面积两个指标划分。

② **民用建筑**分住宅和公共建筑,按檐口高度、建筑面积、层数三个指标划分。

③ **构筑物**分烟囱、水塔、筒仓、贮池。

④ **大型机械吊装工程**按檐口高度、跨度两个指标划分。

⑤ **桩基础工程**分预制砼(钢板)桩和灌注砼桩,按桩长指标划分。

⑥ **单独、大型土石方工程**根据挖或填的土(石)方容量划分。

注意:凡以上工程类别标准中,有两个指标控制的,只要满足其中一个指标即可按该指标确定。工程类别有三个指标控制的,必须满足两个及两个以上指标才可按该指标确定工程类别。

(3) 不同层数组成的单位工程,当高层部分的面积(竖向切分)占总面积30%以上时,按高层的指标确定工程类别,不足 30%的按低层指标确定工程类别。

(4) 以建筑面积、檐高、跨度确定工程类别时,如该工程指标达不到高类别的指标,但工程施工难度很大的(如建筑复杂、有地下室、基础要求高、采用新的施工工艺的工程等),其类别由各市工程造价管理部门根据实际情况予以核定。

(5) 单独承包地下室工程的按二类标准取费,如地下室建筑面积指标达到一类标准的则按一类标准取费。

(6) 建筑物、构筑物高度系指设计室外地面标高至檐口顶标高(不包括女儿墙,高出屋面电梯间、楼梯间、水箱间等的高度),跨度系指轴线之间的宽度。

(7) 强夯法加固地基、基础钢管支撑均按二类标准执行。深层搅拌桩、粉喷桩、基坑锚喷护壁按打灌注桩基工程三类标准执行。专业预应力张拉施工如主体为一类工程按一类工程取费;主体为二、三类工程均按二类工程取费。

(8) 预制构件制作工程类别划分按相应的建筑工程类别划分标准执行。

(9) 轻钢结构的单层厂房按单层厂房的类别降低一类标准计算。

(10) 在计算层数指标时,半地下室和层高小于2.2米的均不计算层数。

(11) 与建筑物配套的零星项目,如化粪池、检查井、分户围墙按相应的主体建筑工程类别标准确定外,其余如厂区围墙、道路、下水道、挡土墙等零星项目,均按三类标准执行。

(12) 关于建筑物加层扩建时套用类别的方法:

① 当选用面积和跨度指标时,以新增的实际面积和跨度套用类别标准。

② 当选用檐高和层数指标时,要与原建筑物一并考虑套用类别标准。

(13) 工程类别标准中未包括的特殊工程,如影剧院、体育馆、游泳馆、别墅、别墅群等,由工程造价管理部门根据具体情况确定,报省定额总站备案。

2.3.8 建筑工程造价计算程序

1) 费用计算

(1) 分部分项费用=综合单价×工程量

其中:综合单价=人工费+材料费+机械费+管理费+利润

管理费=(人工费+机械费)×费率

利润=(人工费+机械费)×费率

(2) 措施项目费用

① 措施项目费=分部分项工程费×费率

② 措施项目费=综合单价×工作量

(3) 其他项目费用可双方约定

(4) 规费=(分部分项费用+措施项目费用+其他项目费用)×费率

(5) 税金=(分部分项费用+措施项目费用+其他项目费用+规费)×税率

(6) 工程造价=分部分项费用+措施项目费用+其他项目费用+规费+税金

2) 费用说明

机械施工大型土石方工程、单独基础打桩工程造价计算程序同建筑与装饰工程造价计算程序如表2.3.5、表2.3.6。

表2.3.5 建筑与装饰工程造价计算程序(包工包料)

序号	费用名称		计算公式	备注
一	分部分项工程量清单费用		综合单价×工程量	
	其中	1. 人工费	计价表人工消耗量×人工单价	按《计价表》
		2. 材料费	计价表材料消耗量×材料单价	
		3. 机械费	计价表机械消耗量×机械单价	
		4. 管理费	(1+3)×费率	
		5. 利润	(1+3)×费率	

(续表)

序号	费用名称		计算公式	备注
二	措施项目清单费用		分部分项工程费×费率 或综合单价×工程量	按《计价表》或费用计算规则
三	其他项目费用			双方约定
四	规费		(一+二+三)×费率	
	其中	1. 工程定额测定费		按规定计取
		2. 安全生产监督费		
		3. 建筑管理费		
		4. 劳动保险费		按各市规定计取
五	税金		(一+二+三+四)×费率	按各市规定计取
六	工程造价		(一+二+三+四+五)	

表 2.3.6　建筑与装饰工程造价计算程序(包工不包料)

序号	费用名称		计算公式	备注
一	分部分项工程量清单人工费		计价表人工消耗量×35元/工日	按《计价表》
二	措施项目清单费用		(一)×费率或按计价表	按《计价表》或费用计算规则
三	其他项目费用			双方约定
四	规费		(一+二+三)×费率	
	其中	1. 工程定额测定费		按规定计取
		2. 安全生产监督费		
		3. 建筑管理费		
		4. 劳动保险费		按各市规定计取
五	税金		(一+二+三+四)×费率	按各市规定计取
六	工程造价		(一+二+三+四十五)	

复 习 思 考 题

1. 建设工程投资由哪几部分组成?
2. 按现行规定,我国建筑安装工程造价可分解为哪几部分性质不同的费用?
3. 工程建设其他费用主要包括哪几方面?
4. 什么是预备费? 它包括哪些内容?
5. 按现行费用定额的规定,建筑工程费用由哪几部分组成?
6. 按现行费用定额的规定,哪些费用属于不可竞争费用?
7. 按现行费用定额的规定,规费包括哪些内容? 如何计算规费?
8. 按现行费用定额的规定,税金包括哪些内容? 如何计算税金?
9. 按现行费用定额的规定,其他项目费包括哪些内容?
10. 如何划分工程类别?
11. 简述现行建筑安装工程造价的计算程序。

3 工程造价计价依据

工程造价计价是建设工程造价的主要工作，计价依据主要是工程建设各类定额，包括定额单价确定以及费用定额确认。要想确定定额单价，首先必须研究资源消耗量和人工、机械、材料单价的确定。

3.1 概 述

3.1.1 建设工程定额

建设工程定额是指在工程建设中单位产品的人工、材料、机械、资金消耗的规定额度。建设工程定额可以按照不同的原则和方法对它进行科学的分类。

1) 按定额反映的生产要素消耗内容分类

按定额反映的生产要素消耗内容分类，可以把工程建设定额划分为劳动消耗定额，机械消耗定额和材料消耗定额三种。

(1) **劳动定额**也称人工定额，是指在正常施工技术组织条件下，生产单位合格产品所需要的劳动消耗量标准。

(2) **材料消耗定额**是指在合理和节约使用材料的前提下，生产单位合格产品所必需消耗的建筑材料(半成品、配件、燃料、水、电)的数量标准。

(3) **机械台班消耗定额**是指在正常的施工、合理的劳动组织和合理使用施工机械的条件下，生产单位合格产品所必需的一定品种、规格施工机械作业时间的消耗标准。

2) 按定额的编制程序和用途分类

按定额的编制程序和用途分类，可以把工程建设定额分为施工定额、预算定额、概算定额、概算指标、投资估算指标等五种。

(1) **施工定额**是指施工企业(建筑安装企业)组织生产和加强管理在企业内部使用的一种定额，属于企业定额的性质。这是工程建筑定额中分项最细，定额子目最多的一种定额，也是基础性定额。施工定额本身由劳动定额、机械定额和材料定额三个相对独立的部分组成。

(2) **预算定额**是以建筑物或构筑物各个分部分项工程为对象编制的定额。内容包括劳动定额、机械台班定额、材料消耗定额三个基本部分，并列有工程费用，是一种计价性定额。预算定额是编制概算定额的基础。

(3) **概算定额**是以扩大的分部分项工程为对象编制的，计算和确定该工程项目的劳动、机械台班、材料消耗量所使用的定额，同时它也列有工程费用，也是一种计价性定额。概算定额是编制扩大初步设计概算、确定建设项目投资额的依据。

(4) **概算指标**是概算定额的扩大与合并，是以整个建筑物和构筑物为对象，以更为扩大的计量单位来编制的。概算指标的内容包括劳动、机械台班、材料定额三个基本部分,同时还列出了各结构分部的工程量及单位建筑工程(以体积计或面积计)的造价,是一种计价定额。

(5) **投资估算指标**是在项目建议书和可行性研究阶段编制投资估算、计算投资需要量时使用的一种定额,但其编制基础仍然离不开预算定额和概算定额。

3) 按照投资的费用性质分类

按照投资的费用性质分类,可以把工程建设定额分为建筑工程定额、设备安装工程定额、建筑安装工程定额、建筑安装工程费用定额、工器具定额以及工程建筑其他费用定额等。

(1) **建筑工程定额**是建筑工程的施工定额、预算定额、概算定额和概算指标的统称。建筑工程一般理解为房屋和构筑物工程。建筑工程定额在整个建设工程定额中占有突出的地位。

(2) **设备安装工程定额**是安装工程在施工定额、预算定额、概算定额和概算指标的统称。设备安装工程一般是指对需要安装的设备进行定位、组合、校正、调试等工作的工程。在通用定额中有时把建筑工程定额和安装工程定额合二为一,称为建筑安装工程定额。建筑安装工程定额属于直接费定额,仅仅包括施工过程中人工、材料、机械台班消耗的数量标准。

(3) **建筑安装工程费用定额**包括措施费定额和间接费定额。

(4) **工器具定额**是为新或扩建项目投产运转首次配置的工具、器具数量标准。工具和器具是指按照有关规定不够固定资产标准而起劳动手段作用的工具、器具和生产用具。

(5) **工程建设其他费用定额**是指从工程筹建起到工程竣工验收交付使用的整个建设期间,除了建筑安装工程费用和设备、工器具购置费以外的,为保证工程建设顺利完成和交付使用后能够正常发挥效用而发生的各项费用开支的标准。

4) 按照专业性质划分

按照专业性质划分,工程建设定额分为全国通用定额、行业通用定额和专业专用定额三种。

(1) **全国通用定额**是指部门间和地区间都可以使用的定额。

(2) **行业通用定额**是指具有专业特点在行业部门内可以通用的定额。

(3) **专业专用定额**是特殊专业的定额,只能在指定的范围内使用。

5) 按主编单位和管理权限分类

工程建设定额可以分为全国统一定额、行业统一定额、地区统一定额、企业定额、补充定额五种。

(1) **全国统一定额**是由国家建设行政主管部门综合全国工程建设中技术和施工组织管理的情况编制,并在全国范围内执行的定额。

(2) **行业统一定额**是由行业建设行政主管部门考虑到各行业部门专业工程技术特点以及施工生产和管理水平所编制的,一般只在本行业和相同专业性质的范围内使用。

(3) **地区统一定额**是由地区建设行政主管部门考虑地区性特点和全国统一定额水平作适当调整和补充而编制的,仅在本地区范围内使用。

(4) **企业定额**是指由施工单位考虑本企业具体情况,参照国家、部门或地区定额的水平制定的定额。企业定额指建设、安装企业在其生产经营过程中用自己积累的资料,结合本企业的具体情况自行编制的定额,供本企业内部管理使用和企业投标报价用,是企业素质的一个标志。企业定额水平一般应高于国家现行定额,只有这样,才能满足生产技术发展、企业管理和市场竞争的需要。

(5) **补充定额**是指随着设计、施工技术的发展,现行定额不能满足需要的情况下,为了补充缺陷所编制的定额。补充定额只能在指定的范围内使用,可以作为以后修订定额的基础。

3.1.2 施工定额

1) 概念

施工定额是指具有合理资源配置的专业生产班组在正常施工条件下,为完成单位合格工程建设产品所需人工、机械消耗的数量标准。施工定额是一种作业性定额,反映具有合理资源配置的专业生产班组在开展相应施工活动时必须达到的生产率水平,它是考核施工单位劳动生产率的标尺和确定工程施工成本的依据。

施工定额是计量定额。

2) 施工定额的作用

施工定额是施工企业进行生产管理的基础,也是工程建设定额体系中最基础性的使用定额,它在施工企业生产管理工作过程中所发挥的主要作用如下:

(1) 施工定额是施工企业编制施工组织设计和施工作业计划的依据。各类施工组织设计的内容一般包括三个方面,即拟建工程的资源需要量、使用这些资源的最佳时间安排和施工现场平面规划。确定拟建工程的资源需要量,要依据施工定额;排列施工进度计划以确定不同时间上的资源配置也要依据施工定额。

施工作业计划的内容一般也包括三个方面:本月(旬)应完成的施工任务、完成施工任务的资源需要计划、提高劳动生产率和节约措施计划。编制施工作业计划要用施工定额提供的数据作为依据。

(2) 施工定额是组织和指挥施工生产的有效工具。施工企业组织和指挥施工生产应按照施工作业计划下达施工任务书。施工任务书列明应完成的施工任务,也记录班组实际完成任务的情况,并且据以进行班组工人的工资结算。施工任务书上的工程计量单位、产量定额和计件单位,均需取自施工定额,工资结算也要根据施工定额的完成情况计算。

(3) 施工定额是计算工人劳动报酬的根据。社会主义的分配原则主要是按劳分配,所谓"劳"主要是指劳动的数量和质量、劳动的成果和效益。施工定额是衡量工人劳动数量和质量的标准,是计算工人计件工资的基础,也是计算奖励工资的依据。完成定额好,工资报酬就多;达不到定额,工资报酬就少,真正实现多劳多得,少劳少得。

(4) 施工定额有利于推广先进技术。作业性定额水平中包含着某些已成熟的先进的施工技术和经验,工人要达到和超过定额,就必须掌握和运用这些先进技术,注意改进工具和改进技术操作方法,注意原材料的节约,避免浪费。当施工定额明确要求采用某些较先进的施工工具和施工方法时,贯彻作业性定额就意味着推广先进技术。

(5) 施工定额是编制施工预算,加强成本管理和经济核算的基础。**施工预算**是施工企业用以确定单位工程人工、机械、材料和资金需要量的计划文件,它以施工定额为编制基础,既反映设计图纸的要求,也考虑在现实条件下可能采取的提高生产效率和降低施工成本的各项具体措施。严格执行施工定额不仅可以起到控制消耗、降低成本和费用的作用,同时为贯彻经济核算制度、加强班组核算和增加盈利创造了良好的条件。

由此可见,施工定额在施工企业生产管理的各个环节中都是不可缺少的,对施工定额的管理是有效开展施工管理的重要基础工作。

3.1.3 企业定额

1) 企业定额概念

(1) 企业定额的性质

企业定额是企业直接生产工人在合理的施工组织和正常条件下,为完成单位合格产品或完成一定量的工作所耗用的人工、材料和机械台班使用量的标准数量。企业定额是施工企业根据本企业的施工技术和管理水平,以及有关工程造价资料制定的,并供本企业使用的人工、材料和机械台班消耗量标准,供企业内部进行经营管理、成本核算和投标报价的企业内部文件。

(2) 企业定额的作用

企业定额不仅能反映企业的劳动生产率和技术装备水平,同时也是衡量企业管理水平的标尺,是企业加强集约经营、精细管理的前提和主要手段,其主要作用有:

① 是编制施工组织设计和施工作业计划的依据;

② 是企业内部编制施工预算的统一标准,也是加强项目成本管理和主要经济指标考核的基础;

③ 是施工队和施工班组下达施工任务书和限额领料、计算施工工时和工人劳动报酬的依据;

④ 是企业加强工程成本管理,进行投标报价的主要依据。

2) 企业定额的构成及表现形式

企业定额的编制应根据自身的特点,遵循简单、明了、准确、适用的原则。企业定额的构成及表现形式因企业的性质、取得资料的详细程度、编制的目的、编制的方法等内容的不同而不同,其构成及表现形式主要有以下几种:

① 企业劳动定额;

② 企业材料消耗定额;

③ 企业机械台班使用定额;

④ 企业施工定额;

⑤ 企业定额估价表。

3) 企业定额编制的程序

(1) 明确企业定额编制的目的

因为编制目的决定了企业定额的适用性,同时也决定了企业定额的表现形式,例如,企业定额的编制目的如果是为了控制工耗和计算工人劳动报酬,应采取劳动定额的形式;如果是为了企业进行工程成本核算,以及为企业走向市场参与投标报价提供依据,则应采用施工定额或定额估价表的形式。

(2) 确定企业定额的水平

企业定额水平的确定,是企业定额能否实现编制目的的关键。定额水平过高,背离企业现有水平,使定额在实施过程中,企业内多数施工队、班组、工人通过努力仍然达不到定额水平,不仅不利于定额在本企业内推行,还会挫伤管理者和劳动者双方的积极性;定额水平过低,不仅起不到鼓励先进和督促落后的作用,而且不利于项目成本核算和企业参与市场竞争。

(3) 进行基础资料的收集

定额在编制时要搜集大量的基础数据和各种法律、法规、标准、规程、规范文件、规定等,这些资料都是定额编制的依据。所以,在编制计划书中,要制定一份按门类划分的资料明细表。在明细表中,除一些必须采用的法律、法规、标准、规程、规范资料外,应根据企业自身的特点,选择一些能够取得适合本企业使用的基础性数据资料。

(4) 对资料进行分析整理

资料收集后,要对上述资料进行分类整理、分析、对比、研究和综合测算,提取可供使用的各种技术数据。内容包括:企业整体水平与定额水平的差异,现行法律、法规,以及规程、规范对定额的影响;新材料、新技术对定额水平的影响等。

(5) 企业定额的形成

根据企业定额编制的目的,按照对应定额的形成,结合上述的整理数据从而形成所需的企业定额。

(6) 企业定额的动态调整

企业定额不像国家定额,它相对稳定的时间较短,只有结合企业的具体情况及时地进行动态调整,才具有竞争性与适用性。

4) 企业定额的组成

企业定额的组成根据各自的需要确定。一般情况下包括企业内部人工定额、材料消耗定额和机械台班消耗定额以及在此基础上扩大综合而成的单位估价表等。

企业定额的制定是根据企业自身的技术水平、机械设备情况、劳动人员素质和综合技术等级,参考全国或行业定额的形式及项目组成,通过资料收集、统计分析、试验、现场测定综合确定并在实际工程中不断调整和完善而成。其制定的方法与社会定额基本相同,只是编制水平不同,社会定额按平均先进水平编制而企业定额按实际水平编制。

5) 编制企业定额需搜集的资料

编制企业定额需搜集的资料包括:

(1) 现行定额,包括基础定额和预算定额;工程量计算规则。

(2) 国家现行的法律、法规、经济政策和劳动制度等与工程建设有关的各种文件。

(3) 有关建筑安装工程的设计规范、施工及验收规范、工程质量检验评定标准和安全操作规程。

(4) 现行的全国通用建筑标准设计图集、安装工程标准安装图集、定型设计图纸、具有代表性的设计图纸,地方建筑配件通用图集和地方结构构件通用图集,并根据上述资料计算工程量,作为编制定额的依据。

(5) 有关建筑安装工程的科学实验、技术测定和经济分析数据。

(6) 高新技术、新型结构、新研制的建筑材料和新的施工方法等。

(7) 现行人工工资标准和地方材料预算价格。

(8) 现行机械效率、寿命周期和价格;机械台班租赁价格行情。

(9) 本企业近几年各工程项目的财务报表、公司账务总报表,以及历年收集的各类经济数据;目前拥有的机械设备状况和材料库存状况;目前工人技术素质、构成比例、家庭状况和收入水平;工程结算资料。

(10) 本企业近几年各工程项目的施工组织设计、施工方案、主要施工方法;近几年发布的合理化建议和技术成果。

3.2 资源消耗量测定

3.2.1 人工定额测定

1) 人工定额的概念

人工定额也称劳动定额,它是在正常的施工技术组织条件下,完成单位合格产品所必需的劳动消耗量标准。这个标准是企业对工人在单位时间内完成产品数量、质量的综合要求。

人工定额反映生产工人在正常施工条件下的劳动效率,表明每个工人在单位时间内为生产合格产品所必须消耗的劳动时间,或者在一定的劳动时间中所生产的合格产品数量。

(1) 人工定额的编制

编制人工定额主要包括拟订正常的施工条件以及拟订定额时间两项工作。

拟订正常的施工作业条件,就是要规定执行定额时应该具备的条件,正常条件若不能满足,则可能达不到定额中的劳动消耗量标准,因此,正确拟订正常施工的条件有利于定额的实施。

拟订正常施工的条件包括:拟订施工作业的内容;拟订施工作业的方法;拟订施工作业地点的组织;拟订施工作业人员的组织等。

拟订施工作业的定额时间,是以拟订基本工作时间、辅助时间、准备与结束时间、不可避免的中断时间及休息时间的基础上编制的。

上述各项时间是以时间研究为基础,通过时间测定方法,得出相应的观测数据,经加工整理计算后得到的。计时测定的方法有许多种,如测时法、写实记录法、工作日写实法等。

(2) 人工定额的形式

人工定额按表现形式的不同,可分为时间定额和产量定额两种形式。

时间定额就是某种专业、某种技术等级工人班组或个人,在合理的劳动组织和合理使用材料的条件下,完成单位合格产品所必需的工作时间,包括准备与结束时间、基本工作时间,辅助工作时间、不可避免的中断时间及工人必需的休息时间。时间定额以工日为单位,每一工日按八小时计算。其计算方法如下:

$$单位产品时间定额(工日) = \frac{1}{每工产量}$$

或

$$单位产品时间定额(工日) = \frac{小组成员工日数总和}{机械台班产量}$$

产量定额就是在合理的劳动组织和合理使用材料的条件下,某种专业、某种技术等级的工人班组或个人在单位工日中所应完成的合格产品的数量。其计算方法如下:

$$每工产量 = \frac{1}{单位产品时间定额(工日)}$$

时间定额与产量定额互为倒数,即

$$时间定额 \times 产量定额 = 1$$

$$时间定额 = \frac{1}{产量定额}$$

或

$$产量定额 = \frac{1}{时间定额}$$

按定额的标定对象不同,人工定额又分单项工序定额和综合定额两种。**综合定额**表示完成同一产品中的各单项(工序或工种)定额的综合。按工序综合的用"综合"表示,按工种综合的一般用"合计"表示。其计算方法如下:

$$综合时间定额 = \sum 各单项(工序)时间定额$$

$$综合产量定额 = \frac{1}{综合时间定额(工日)}$$

时间定额和产量定额都表示统一人工定额项目,它们是同一人工定额项目的两种不同的表现形式。时间定额以工日为单位表示,综合计算方便,时间概念明确。产量定额则以产品数量为单位表示,具体、形象,劳动者的奋斗目标一目了然,便于分配任务。人工定额用复式表同时列出时间定额和产量定额,以便于各部门、企业根据各自的生产条件和要求选择使用。

复式表示法有如下形式:

$$\frac{时间定额}{产量定额} \quad 或 \quad \frac{人工时间定额}{机械台班产量}$$

2) 工作时间的研究

(1) 动作研究和时间研究

动作研究也称为工作方法研究。它包括对多种过程进行描写、系统分析和对工作方法的改进,目的在于制定出一种最可取的工作方法。

时间研究也称为时间衡量,是在一定标准测定的条件下,确定人们作业活动所需时间总量的一套程序和方法。时间研究的直接结果是制定时间定额。

(2) 施工过程及其分类

施工过程就是在建设工地范围内进行的生产过程。根据需要对施工过程进行不同分类。

① 根据施工过程组织上的复杂程度,可以分解为工序、工作过程和综合工作过程。

工序是在组织上不可分割的,在操作过程中技术上属于同类的施工过程。在用计时观察法来编制施工定额时,工序是基本的施工过程,是主要的研究对象。测定定额时只要分解到标定的工序为止。

工作过程是同一工人或同一小组完成的在技术操作上相互有机联系的工序的综合体。

综合工作过程是同时进行的组织上有机的联系在一起的,并且最后能获得一种产品的施工过程的总和。

② 按照工艺特点,施工过程可以分为循环施工过程和非循环施工过程两类。

③ 根据使用的工具设备的机械化程度,施工过程有可分为手动施工过程和机械施工过程两类。

④ 按施工过程的性质不同,可以分为建筑过程、安装过程和建筑安装过程。

3) 工作时间的分类

工作时间是指工作班延续时间。对工作时间消耗的研究,可以分为两个系统进行,即工作时间的消耗和工人所使用的机械工作时间消耗。

4) 测定时间消耗的基本方法——计时观察法

计时观察法也称为现场观察法,是研究时间消耗的一种技术测定方法。它以研究工时消耗为对象,以观察测时为手段,通过密集抽样和粗放抽样等技术进行直接的时间研究。

(1) 测时法

测时法主要适用于测定那些定时重复的循环工作的工时消耗,是精确度比较高的一种计时观察法,有选择法和接续法两种。

(2) 写实记录法

写实记录法是一种研究各种性质的工作时间消耗的方法。采用这种方法可以获得分析工作时间消耗的全部资料,是一种值得提倡的方法。写实记录法按记录时间的方法不同分为数示法、图示法和混合法三种。

(3) 工作日写实法

工作日写实法是一种研究整个工作班内的各种工时消耗的方法。

5) 人工定额的制定方法

人工定额是根据国家的经济政策、劳动制度和有关技术文件及资料制定的。制定人工定额常用的方法有如下四种:

(1) 技术测定法

技术测定法是根据生产技术和施工组织条件,对施工过程中各工序采用测时法、写实记录法、工作日写实法,测出各工序的工时的消耗等资料,再对所获得的资料进行科学的分析,制定出人工定额的方法。

(2) 统计分析法

统计分析法是指过去施工生产中的同类工程或同类产品的工时消耗的统计资料,与当前生产技术和施工组织条件的变化因素结合起来,进行统计分析的方法。这种方法简单易行,适用于施工条件正常、产品稳定、工序重复量大和统计工作制度健全的施工过程。然而,过去的记录,只是实耗工时,不反映生产组织和技术的状况;所以,在这样条件下求出的定额水平,只是已达到的劳动生产率水平,而不是平均水平。实际工作中,必须分析研究各种变化因素,使定额能真实地反映施工生产平均水平。

(3) 比较类推法

比较类推法是以同类型工序和同类型产品的实耗工时为标准,类推法相似项目定额水平的方法。此法必须掌握类似的程度和各种影响因素的异同程度。对于同类型产品规格多,工序重复、工作量小的施工过程,常用比较类推法。

(4) 经验估计法

经验估计法是根据定额专业人员、经验丰富的工人和施工技术人员的实际工作经验,参考有关定额资料,对施工管理组织和现场技术条件进行调查、讨论和分析而制定定额的方法。经验估计法通常用于一次性定额。

3.2.2 机械消耗量测定

1) 机械消耗定额的概念及表达形式

(1) 概念

机械消耗定额是指在正常的生产条件下,完成单位合格施工作业过程(工作过程)的施工任务所需机械消耗的数量标准。由于我国习惯上是以一台机械一个工作班(台班)为机械时间消耗的计量单位,所以又称为机械台班消耗定额。

(2) 机械消耗定额的表达形式

机械消耗定额以"台班"为计量单位,按反映机械台班消耗的方式不同,机械消耗定额同样有机械时间定额和机械产量定额二种形式。

从数量上看,机械时间定额与机械产量定额同样是互为倒数的关系。

① **机械时间定额**是指在合理劳动组织与合理使用机械条件下,完成单位合格产品所必须的工作时间,包括有效工作时间(正常负荷下的工作时间和降低负荷下的工作时间)、不可避免的中断时间、不可避免的无负荷工作时间。机械时间定额以"台班"表示,即一台机械,工作一个作业班时间。一个作业班时间为8小时。可用下式表示:

$$机械台班时间定额(台班) = \frac{1}{机械台班产量定额}$$

② **机械产量定额**是指在合理劳动组织与合理使用机械条件下,机械在每个台班时间内,应完成合格产品的数量。可用下式表示:

$$机械台班产量定额 = \frac{1}{机械台班时间定额(台班)}$$

③ 由于机械必须由工人小组配合,所以完成单位合格产品的时间定额,需同时列出人工时间定额。即

$$单位产品人工时间定额(工日) = \frac{小组成员班组总工日数}{每台班产量}$$

$$机械台班产量定额 = \frac{每台班产量}{班组总工日数}$$

(3) 机械台班定额的编制

① 拟订机械工作的正常施工条件,包括工作地点的合理组织,施工机械作业方法的拟定;确定配合机械作业的施工小组的组织;以及机械工作班制度等。

② 确定机械净工作率,即确定出机械纯工作一小时的正常生产率。

③ 确定机械的正常利用系数,是指机械在施工作业班内对作业时间的利用率。即

$$机械利用系数 = \frac{作业班净工作时间}{机械工作班时间}$$

④ 计算施工机械定额台班。可用下式表示:

$$施工机械台班产量定额 = 机械生产率 \times 工作班延续时间 \times 机械利用系数$$

$$施工机械时间定额 = \frac{1}{施工机械台班产量定额}$$

⑤ 拟订工人小组的定额时间,是指配合施工机械作业的工人小组的工作时间总和。即

$$工人小组定额时间 = 施工机械时间定额 \times 工人小组的人数$$

2) 机械消耗定额的编制原则

机械消耗定额的编制原则与劳动定额的编制原则一样,包括:

(1) 取平均先进水平的原则

平均先进水平即在正常的施工条件及合理的生产组织条件下,大多数机械(在工人的操作下)经过努力可以达到或超过的水平。

(2) 成果要符合质量要求的原则

完成后的施工作业过程(工作过程),其质量要符合国家颁发的有关工种工程的施工及验

收规范和现行《建筑安装工程质量检验评定标准》的质量要求。

(3) 采用合理劳动组织的原则

根据施工过程的技术复杂程度和工艺要求,合理地组织机械和与其配套的劳动力形成有效的生产能力,力求施工过程中各机械、各人工的有效匹配。

(4) 明确劳动手段与对象的原则

不同的劳动手段(设备、工具等)和劳动对象(材料、构件等)得到不同的生产率,因此,必须规定设备、工具,明确材料与构件的规格、型号等。

(5) 简明适用的原则

劳动定额的内容和项目划分,需满足施工管理的各项要求,如计件工资的计算、签发任务单、制定计划等。对常用的、主要的工程项目要求划分较细,适用、简明。

3) 定额消耗量的确定方法

(1) 拟定施工机械工作的正常条件

机械操作与人工操作相比,其劳动生产率在更大的程度上要受到施工条件的影响,编制机械消耗定额时更应重视确定机械工作的正常条件。

首先,对工作地点的组织安排、对施工地点机械和材料的放置位置、工人从事操作的场所等,均应作出科学合理的平面布置和空间安排。

其次,应拟定合理的工人编制,根据施工机械的性能和设计能力、工人的专业分工和劳动工效,合理确定操纵机械的工人和直接参加机械化施工过程的工人人数,确定维护机械的工人人数及配合机械施工的工人人数。工人的编制往往要通过观察测时、理论计算和经验资料来合理确定,应保持机械的正常生产率和工人正常的劳动效率。

(2) 确定机械的基本时间消耗

机械基本时间消耗的确定,应采用时间研究的方法通过现场观察测时获得各工序的时间消耗数据,并按机械施工的工艺及组织要求将各工序的时间消耗进行综合,最终得到为完成一个计量单位施工作业过程(工作过程)的施工任务所需的基本时间消耗。机械的基本时间消耗,包括在满载和有根据地降低负荷下的工作时间、不可避免的无负荷工作时间等工序作业过程上的时间消耗。

确定机械基本时间消耗的具体方法,详见本章 3.2 节所述时间研究方法的相关内容。

(3) 确定施工机械的正常利用系数

考虑到不可避免的中断时间,在确定机械消耗定额时必须适当考虑机械在工作班中的正常利用系数。施工机械的正常利用系数指机械在工作班内对工作时间的利用率。机械的利用系数与机械在工作班内的工作状况有着密切的关系。

拟定机械工作班的正常状况,关键是保证合理利用工时。其原则是:必须注意尽量利用不可避免中断时间以及工作开始前与结束后的时间进行机械的维护保养,尽量利用不可避免中断时间作为工人休息时间,根据机械工作的特点,对担负不同工作的工人规定不同的工作开始与结束时间,合理组织施工现场,排除由于施工管理不善造成机械停歇等。

施工机械正常利用系数是指机械在一个工作班内有效工作时间与工作班延续时间的比值。计算公式如下:

$$机械正常利用系数 = \frac{机械在一个工作班内纯工作时间}{一个工作延续时间(8 小时)}$$

机械在一个工作班内有效工作时间的取得,应采用本章 3.2 节所述时间研究方法中的相关技术,通过现场观察测时并进行相应的整理分析来实现。

(4) 确定机械定额消耗量

在获得完成一个计量单位施工作业过程(工作过程)的施工任务所需的基本时间消耗数据和机械正常利用系数之后,采用下列公式计算**施工机械定额消耗量**:

$$机械定额消耗量 = \frac{机械基本时间消耗}{机械正常利用系数}$$

3.2.3 材料消耗量测定

1) 材料消耗定额的概念

材料消耗定额是指在合理使用材料的条件下,完成单位合格施工作业过程(工作过程)的施工任务所需消耗一定品种、一定规格的建筑材料(包括半成品、燃料、配件、水、电等)的数量标准。

在我国建设工程(特别是房屋建筑工程)的直接成本中,材料费平均占 70% 左右。材料消耗量的多少、消耗是否合理,关系到资源的有效利用,对建设工程的造价确定和成本控制有着决定性影响。

材料消耗定额是编制材料需要量计划、运输计划、供应计划、计算仓库面积、签发限额领料单和经济核算的根据。制定合理的材料消耗定额,是组织材料的正常供应,保证生产顺利进行,以及合理利用资源,减少积压、浪费的必要前提。

工程施工中所消耗的材料,按其消耗的方式可以分成二种,一种是在施工中一次性消耗的、构成工程实体的材料,如砌筑砖墙用的标准砖、浇筑混凝土构件用的混凝土等,我们一般把这种材料称为**实体性材料**;另一种是在施工中周转使用,其价值是分批分次地转移到工程实体中去的,这种材料一般不构成工程实体,而是在工程实体形成过程中发挥辅助作用,它是为有助于工程实体的形成而使用并发生消耗的材料,如砌筑砖墙用的脚手架、浇筑混凝土构件用的模板等,我们一般把这种材料称为**周转性材料**。

定额材料消耗指标的组成,按其使用性质、用途和用量大小划分为三类,即

主要材料是指直接构成工程实体的材料;

辅助材料是指直接构成工程实体,但比重较小的材料;

零星材料是指用量小,价值不大,不便计算的次要材料,可用估算法计算。

2) 实体性材料定额消耗量的构成分析

(1) 材料定额消耗量

施工中材料的消耗,一般可分为必需消耗的材料和损失的材料两类。其中**必需消耗的材料**是确定材料定额消耗量所必须考虑的消耗;**损失的材料**则属于施工生产中不合理的耗费,可以通过加强管理来避免,所以在确定材料定额消耗量时一般不考虑损失材料的因素。

所谓必需消耗的材料,是指在合理用料的条件下,完成单位合格施工作业过程(工作过程)施工任务所必需消耗的材料。它包括直接用于工程(即直接构成工程实体或有助于工程形成)的材料、不可避免的施工废料和不可避免的材料损耗。其中:直接用于工程的材料数量,称为**材料净耗量**;不可避免的施工废料和材料损耗数量,称为**材料合理损耗量**。可用下式表示:

$$材料消耗量 = 材料净用量 + 材料合理损耗量$$

材料合理损耗量是不可避免的损耗,例如:在操作面上运输及堆放材料时,在允许范围内不可避免的损耗、加工制作中的合理损耗及施工操作中的合理损耗等。常用计算方法如下:

$$材料损耗率 = \frac{材料损耗量}{材料消耗量} \times 100\%$$

$$材料合理损耗量 = 材料净耗量 \times 材料损耗率$$

(2) 材料净用量

材料净用量的确定,一般有以下几种方法:

① **理论计算法**是根据设计、施工验收规范和材料规格等,从理论上计算材料的净用量。如砖墙的用砖数和砌筑砂浆的用量,可用下列理论计算公式计算各自的净用量。

用砖数:

$$A = \frac{1}{墙厚 \times (砖长 + 灰缝) \times (砖厚 + 灰缝)}$$

式中:$K = $ 墙厚的砖数 $\times 2$(墙厚的砖数 0.5 砖墙、1 砖墙、1.5 砖墙)。

砂浆用量:

$$B = \frac{1 - 砖净用量 \times 每块砖体积}{1 - 砂浆损耗率}$$

② 利用**实验室实验法**主要是编制材料净用量定额,是专业材料实验人员通过实验仪器设备确定材料消耗定额的一种方法。

(3) 材料损耗量

材料损耗量通过观测和统计而确定。在定额的编制过程中,一般可以使用观测法、试验法、统计法和理论计算法等四种方法来确定材料的定额消耗量。

① 观测法

观测法亦称现场测定法,是在合理使用材料的条件下,在施工现场按一定程序对完成合格施工作业过程(工作过程)施工任务的材料耗用量进行测定,通过分析、整理,最后得出材料消耗定额的方法。

利用现场测定法主要是确定材料的合理损耗率,也可以提供确定材料净耗量的数据。观测法的优点是能通过现场观察、测定,取得完成工作过程的数量和与之相应的材料消耗情况的数据,为编制材料消耗定额提供技术根据。

观测法的首要任务是选择典型的工程项目,其施工技术、组织及产品质量,均要符合技术规范的要求;材料的品种、型号、质量也应符合设计要求;产品检验合格,操作工人能合理使用材料和保证产品质量。

在观测前要充分做好准备工作,如选用标准的运输工具和衡量工具,采取减少材料损耗措施等。

观测的成果是取得完成单位合格施工作业过程(工作过程)施工任务的材料消耗量。观测中要区分不可避免的材料损耗和可以避免的材料损耗,后者不应包括在定额的合理损耗量内。必须经过科学的分析研究以后,确定确切的材料消耗标准,列入定额。

② 试验法

试验法是指在材料试验室中进行试验和测定数据。例如:以各种原材料为变量因素,求得不同强度等级混凝土的配合比,从而计算出每立方米混凝土的各种材料耗用量。

利用试验法,主要是确定材料净耗量。通过试验,能够对材料的结构、化学成分和物理性能以及按强度等级控制的混凝土、砂浆配比作出科学的结论,为编制材料消耗定额提供有技术根据的、比较精确的计算数据。

但是,试验法不能取得在施工现场实际条件下,由于各种客观因素对材料耗用量影响的实际数据,这是该法的不足之处。

试验室试验必须符合国家有关标准规范,计量要使用标准容器和称量设备,质量要符合施工与验收规范要求,以保证获得可靠的定额编制依据。

③ 统计法

统计法是指通过对现场进料、用料的大量统计资料进行分析计算,获得材料消耗的数据。这种方法由于不能分清材料消耗的性质,因而不能作为确定材料净耗量和材料合理损耗量的精确依据。

对积累的各分部分项工程结算的产品所耗用材料的统计分析,是根据各分部分项工程拨付材料数量、剩余材料数量及总共完成产品数量来进行计算。

采用统计法,必须要保证统计和测算的耗用材料和相应产品一致。在施工现场中的某些材料,往往难以区分用在各个不同部位上的准确数量。因此,要有意识地加以区分,才能得到有效的统计数据。

④ 理论计算法

理论计算法是根据施工图,运用一定的数学公式,直接计算材料耗用量。计算法只能计算出单位产品的材料净耗量,材料的合理损耗量仍要在现场通过实测取得。这是一般板块类材料计算常用的方法。

3) 周转性材料定额消耗量的计算

周转性材料是指在施工过程中能多次周转使用,经过修理、补充而逐渐消耗尽的材料。如:模板、钢板桩、脚手架等,实际上它是作为一种施工工具和措施性的手段而被使用的。

周转性材料的定额消耗量是指每使用一次摊销的数量,按周转性材料在其使用过程中发生消耗的规律,其摊销量的计算公式如下:

$$一次使用量 = 材料净用量 \times (1 - 材料损耗量)$$

$$材料摊销量 = 一次使用量 \times 摊销系数$$

$$摊销系数 = 周转使用次数 - \frac{(1-损耗率) \times 回收价值率}{周转次数} \times 100\%$$

$$摊销量 = 一次使用量 \times 损耗率 + 一次使用量 \times \frac{(1-回收折价率) \times (1-损耗率)}{周转次数}$$

上述公式反映了摊销量与一次使用量、损耗率、周转次数及回收折价率的数量关系。

一次使用量是指周转性材料一次使用的基本量,即一次投入量。周转性材料的一次使用量根据施工图计算,其用量与各分部分项工程部位、施工工艺和施工方法有关。

例如:现浇钢筋混凝土构件模板的一次使用量的计算,需先求构件混凝土与模板的接触面积,再乘以该构件每平方米模板接触面积所需要的材料数量。计算公式如下:

$$一次使用量 = 混凝土模板接触面积 \times 每平方米接触面积需模量 \times (1 + 制作损耗率)$$

混凝土模板接触面积应根据施工图计算;每平方米接触面积的需模量应根据不同材料的

模板及模板的不同安装方式通过计算确定;制作损耗率也应根据不同材料的模板及模板的不同制作方式通过统计分析确定。

损耗率是周转性材料每使用一次后的损失率。为了下一次的正常使用,必须用相同数量的周转性材料对上次的损失进行补充,用来补充损失的周转性材料的数量称为周转性材料的"补损量"。按一次使用量的百分数计算,该百分数即为损耗率。

周转性材料的损耗率应根据材料的不同材质、不同的施工方法及不同的现场管理水平通过统计工作来确定。

周转次数是指周转性材料从第一次使用起可重复使用的次数。它与不同的周转性材料、使用的工程部位、施工方法及操作技术有关。

周转次数的确定要经现场调查、观测及统计分析,取平均合理的水平。正确规定周转次数,对准确计算用料,加强周转性材料管理和经济核算起着重要作用。

回收折价率是对退出周转的材料(周转回收量)作价收购的比率。其中**周转回收量**指周转性材料在周转使用后除去损耗部分的剩余数量,即尚可以回收的数量;而回收折价率则应根据不同的材料及不同的市场情况来加以确定。

从上述计算周转性材料摊销量的公式可以看出,周转性材料的摊销量由二部分组成:一部分是一次周转使用后所损失的量,用一次使用量乘以相应的损耗率确定;另一部分是退出周转的材料(报废的材料)在每一次周转使用上的分摊,其数量用最后一次周转使用后除去损耗部分的剩余数量(再考虑一些折价回收的因素)除以相应的周转次数确定。

在确定计价定额中材料消耗量时,还必须充分考虑分项工程或结构构件所包括的工程内容、分项工程或结构构件的工程量计算规则等因素对材料消耗量的影响。例如在编制预算定额时规定:砌砖墙这一分项工程的工程内容,除了砌筑一般的实体砖墙外,还包括砌筑与砖墙相关的突出墙面的腰线、砖垛、砖过梁等工程内容,而砌筑腰线、砖垛、砖过梁等构件时砖的损耗率一般来讲比砌筑实体砖墙时砖的损耗率要高;再如,如果与预算定额相应的工程量计算规则规定计算墙体工程量时,其厚度一律按实体砖墙的厚度计算,不计突出墙面三皮砖以下的腰线所占的体积,在此情况下,为了不少算砌筑腰线所需砖的消耗量,在确定预算定额中砖的消耗量时必须充分考虑上述因素的影响,在计算实体砖墙砖的消耗量的同时,再计算相应的砌筑三皮砖以下的腰线所需的砖的消耗量,二者之和即为预算定额中砖的消耗量。

3.3 基础单价

3.3.1 人工单价测定

1) 人工单价的概念

人工单价是指一个生产工人一个工作日在工程估价中应计入的全部人工费用。

在理解上述概念时,必须注意如下问题:

(1) 人工单价是指生产工人的人工费用,而施工企业经营管理人员的人工费用不属于人工单价的概念范围。

(2) 在我国人工单价一般是以"工日"来计量的,属于计时工资制度条件下的人工工资标准。

(3) 人工单价是指在工程估价时应该并且可以计入工程成本的人工费用,所以,在确定人工单价时,必须根据具体的工程估价方法所规定的核算口径来确定其费用。

2) 人工单价的费用构成

在确定人工单价时可以考虑计算如下费用:

(1) 生产工人的工资。生产工人的工资一般由雇佣合同的具体条款确定,不同的工种、不同的技术等级以及不同的雇佣方式(如固定用工、临时用工等),其工资水平是不同的。在确定生产工人工资水平时,必须符合政府有关劳动工资制度的规定。

(2) 工资性补贴。生产工人工资性补贴是指为了补偿工人额外或特殊的劳动消耗以及为了保证工人的工资水平不受特殊条件影响,而以补贴形式支付给工人的劳动报酬,它包括按规定标准发放的交通费补贴、住房补贴、流动施工津贴及异地施工津贴等。

(3) 生产工人辅助工资。生产工人辅助工资是指在生产工人年有效施工天数以外非作业天数的工资,包括职工学习、培训期间的工资,调动工作、探亲、休假期间的工资,因气候影响的停工工资,女工哺乳时间的工资,病假在六个月以内的工资及产、婚、丧假期的工资等。

(4) 有关法定的费用。法定费用是指政府规定的有关劳动及社会保障制度所要求支付的各项费用。如职工福利费、生产工人劳动保护费等。

(5) 生产工人的雇佣费、有关的保险费及辞退工人的安置费等。

至于在确定具体人工单价时应考虑那些费用,应根据具体的工程估价方法所规定的造价费用构成及其相应的计算方法来确定。

3) 影响人工单价的因素

(1) 政策因素

如政府指定的有关劳动工资制度、最低工资标准、有关保险的强制规定等。确定具体工程的人工工资单价,必须充分考虑为满足上述政策而应该发生的费用。

(2) 市场因素

如市场供求关系对劳动力价格的影响、不同地区劳动力价格的差异、雇佣工人的不同方式(例如在工程所在地临时雇佣与长期雇佣的人工单价可能不一样)以及不同的雇佣合同条款等。在确定具体工程的人工单价时,同样必须根据具体的市场条件确定相应的价格水平。

(3) 管理因素

如生产效率与人工单价的关系、不同的支付系统对人工单价的影响等。不同的支付系统在处理生产效率与人工单价的关系方面是不同的,例如,在计时工资制的条件下,不论施工现场的生产效率如何,由于是按工作时间发放工资,所以其生产工人的人工单价是一样的;但是,在计件工资制的条件下,由于工人一个工作班的劳动报酬与其在该工作班内完成的成果数量成正比关系,所以施工现场的生产效率直接影响到人工单价的水平。在确定具体工程的人工单价时,必须结合一定的劳动管理模式,在充分考虑所使用的管理模式对人工单价的影响的基础上,确定人工单价水平。

4) 综合人工单价的确定

所谓**综合人工单价**是指在具体的资源配置条件下,某具体工程上不同工种、不同技术等级的工人的平均人工单价。综合人工单价是进行工程估价的重要依据,其计算原理是将具体工程上配置的不同工种、不同技术等级的工人的人工单价进行加权平均。

在实际工作中,一般可按如下步骤计算综合人工单价:

第一步,根据确定的人工单价的费用构成标准,在充分考虑影响单价各因素的基础上,分别计算不同工种、不同技术等级的工人的人工单价。

第二步,根据具体工程的资源配置方案,计算不同工种、不同技术等级的工人在该工程上的工时比例。

第三步,把不同工种、不同技术等级工人的人工单价按其相应的工时比例进行加权平均,即可得到该工程的综合人工单价。

下面举例说明综合人工单价的确定。

【例 3.3.1】 临时雇佣工作综合人工单价的确定。

雇佣条件:

① 正常工作时间,技术工作 20 元/工日,普通工作 15 元/工日。
② 加班工作时间,按正常工作时间工资标准的 1.5 倍计算。
③ 如工人的工作效率能达到定额的标准,则除按正常工资标准支付外,还可得到基本工资的 30%作为奖金。
④ 法定节假日按正常工资支付。
⑤ 病假工资 10 元/天。
⑥ 工器具费为 2 元/工日。
⑦ 劳动保险费为工资总额的 10%。
⑧ 非工人原因停工照正常工作工资标准计算。

工作时间的设定:

① 每年按 52 周计,每周正常工作 5 天,每周双休日加班。
② 节假日规定:除 10 天法定节假日外,每年放假 15 天,均安排在双休日休息。
③ 非工人原因停工 35 天,5 天病假,全年 40 天,其中 35 天在正常上班时间,5 天在双休日。

工作时间计算:

① 正常工作时间:

    日历天数/天   52×5＝260
    法定节假期/天   10
    非工人原因停工/天   35
    合计/天   215

② 加班工作时间

    日历天数/天   52×2＝104
    法定节假期/天   15
    非工人原因停工/天   5
    合计/天   84

③ 非工人原因停工/天   35
④ 法定节假日/天   10
⑤ 病假/天   5

年人工费计算如下表。

费用项目	公式	技工	普工
① 正常工作工资(元)	215×工资标准	4 300	3 225
② 非工人原因停工工资(元)	35×工资标准	700	525
基本工资合计(元)		5 000	3 750
③ 奖金(元)	基本工资×30%	1 500	1 125
④ 加班工资(元)	81×工资标准×1.5	2 520	1 890
⑤ 法定节假日工资(元)	7×工资标准	200	150
⑥ 病假工资(元)	5×病假工资	50	50
⑦ 工日费(元)	工作天数×2	598	598
⑧ 劳动保险费(元)	工资总额×10%	986.8	756.3
人工费合计(元)		10 854.9	8 319.3
人工单价(元/工日)	人工费÷215	50.49	38.70

4) 我国现行体制下的人工单价

我国现行体制下的人工单价即预算人工工日单价，又称人工工资标准或工资率。合理确定人工工资标准，是正确计算人工费和工程造价的前提和基础。

人工工日单价是指一个建筑安装工人一个工作日在预算中应计入的全部人工费用。目前我国的人工单价均采用综合人工单价的形式，即根据综合取定的不同工种、不同技术等级的工人的人工单价以及相应的工时比例进行加权平均所得的、能够反映工程建设中生产工人一般价格水平的人工单价。根据我国现行的有关工程造价的费用划分标准，人工单价的费用组成如下：

（1）生产工人基本工资

根据有关规定，生产工人基本工资应执行岗位工资和技能工资制度。

（2）生产工人工资性补贴

是指为了补偿工人额外或特殊的劳动消耗及为了保证工人的工资水平不受特殊条件的影响，而以补贴形式支付给工人的劳动报酬，它包括按规定标准发放的物价补贴，煤、燃气补贴，交通费补贴，住房补贴，流动施工津贴及地区津贴等。

（3）生产工人辅助工资

是指生产工人年有效施工天数以外非作业天数的工资，包括职工学习、培训期间的工资，调动工作、探亲、休假期间的工资，因气候条件影响的停工工资，女工哺乳时间的工资，病假在六个月以内的工资及产、婚、丧假期的工资。

（4）职工福利费

是指按规定标准计提的职工福利费。

（5）生产工人劳动保护费

是指按规定标准发放的劳动保护用品的购置费及修理费，徒工服装补贴，防暑降温费，在有碍身体健康环境中施工的保健费用等。

目前我国人工工日单价的组成内容，在各部门、各地区之间并不完全相同，但其中每一项内容都是根据有关法规、政策文件的精神，结合本部门、本地区的特点，通过反复测算最终确定的。例如根据"江苏省建筑与装饰工程计价表"的规定，江苏省建筑工程综合人工单价分为三类:一类工综合人工单价为 28 元/工日;二类工综合人工单价为 26 元/工日;三类工综合人工单价为 24 元/工日。

3.3.2 机械台班单价测定

1) 机械台班单价的概念

机械台班单价是指一台机械一个工作日(台班)在工程估价中应计入的全部机械费用。根据不同的获取方式,工程施工中所使用的机械设备一般可分为外部租用和内部租用二种情况。

外部租用是指向外单位(如设备租赁公司、其他施工企业等)租用机械设备,此种方式下的机械台班单价一般以该机械的租赁单价为基础加以确定。

内部租用是指使用企业自有的机械设备,由于机械设备是一种固定资产,从成本核算的角度看,其投资一般是通过折旧的方式来加以回收的,所以此种方式下的机械台班单价一般可以在该机械折旧费(及大修理费)的基础上再加上相应的运行成本等费用因素通过企业内部核算来加以确定。但是,如果从投资收益的角度看,机械设备作为一种固定资产,其投资必须从其所实现的收益中得到回收。施工企业通过拥有机械设备实现收益的方式一般有两种,其一是装备在工程上通过计算相应的机械使用费从工程造价中实现收益;其二是对外出租机械设备通过租金收入实现收益。考虑到企业自备机械具有通过出租实现收益的机会,所以,即使是采用内部租用的方式获取机械设备,在为工程估价而确定机械台班单价的过程中也应该以机械的租赁单价为基础加以确定。

虽然施工机械的租赁单价可以根据市场情况确定,但是不论是机械的出租单位还是机械的租赁单位在计算其租赁单价时,均必须在充分考虑机械租赁单价的组成因素基础上通过计算得到可以保本的边际单价水平,并以此为基础根据市场策略增加一定的期望利润来最终确定租赁单价。

2) 机械租赁单价的费用构成

在计算机械租赁单价时,一般应考虑以下费用因素:

(1) 购置成本

用于购买施工机械设备的资金通常通过贷款筹集,贷款要支付利息,因此在计算租赁单价时应考虑计入该费用。即使该机械设备是利用本公司的保留资金购置的,也应该考虑到这笔费用,因为这笔钱如果不用于购买机械设备本可以存入银行赚取利息。

(2) 使用成本

对于不同类型的机械设备、工作条件以及工作时间,保养和修理成本相差悬殊,从类似机械设备的使用中获得经验,并详细保存记录该经验是估算这种费用的唯一办法。其数额通常以该机械设备初值的一个百分比表示,但这方法并不理想,因为大多数施工机械使用年限越长,要做的保养工作也就越多。

燃料和润滑油的费用因设备的大小、类型和机龄而异,同样,经验是最好的参考,但是制造厂家的资料确实也提供了一些数据,可通过合理的判断估算出该机械设备上述物料的消耗量。

(3) 执照和保险费

机械设备保险的类型和保险费多少取决于该机械设备是否使用公共道路,不在公共道路上使用的施工机械设备,其保险费非常少,只需保火灾和失窃险;使用公路的施工机械当然同其他道路使用者一样必须根据最低限度的法规要求进行保险。同样,如果施工机械不在公共道路上使用,执照费也很少,反之其数额就很可观。

(4) 管理机构的管理费

施工企业一般组建相应的内部管理部门来管理施工机械,随着社会分工的不断细化,施工企业也可能将机械设备交于独立的盈利部门管理。不论怎样管理,均必须发生管理费用。因此在确定机械设备租赁单价时需列入所有一般行政管理和其他管理的费用。

(5) 折旧

折旧就是由使用期长短而造成的价值损失。施工企业一般按施工过程中(内部租用)或租出设备时(出租给其他单位)的机械租赁单价的比率增加一笔相当折旧费用的金额以收回这种损失。在一般实践中,收回的折旧费常用于许多其他方面,而不允许呆滞地积累下来。当该项资产最终被替代完毕时,这笔资金就从公司现金余额中借出或提出。

3) 影响机械租赁单价的因素

(1) 核算机械租赁单价的费用范围

核算机械租赁单价时所规定的费用范围直接影响其单价水平。例如,机械租赁单价中是否应包括该机械司机的人工费用及机械使用中的动力燃料费等,不同的费用组成决定着不同的租赁单价水平。

(2) 机械设备的采购方法

施工企业如果决定采购施工机械而不是临时租用机械,则可利用下列若干采购方法,不同的采购方法带来不同的资金流量。

① 现金或当场采购

采购施工机械设备时可以马上付现款,从而在资产负债表上列入一项有形资产。显然,仅在手头有现金时才能采用这种方式,因此采用这种做法的前提条件是以前的经营已有利润积累或者可从投资者处弄到资金,例如股东、银行贷款等等;此外,大型或技术特殊的合同有时也列有专款供施工企业在工程项目开始时购买必需的施工机械。

用现金采购机械设备可能会享受避税的好处,因为有关税法可能会允许于购置施工机械的年度在公司盈利中按采购价格的一定比例留出一笔资金作为投资贴补,也可能会允许对新购置的施工机械进行快速折旧从而使成本增大。作为政府的一项鼓励措施,其作用是鼓励投资,因此在决定采购之前应考虑这笔投资的预期收益率,保证这种利用资金的方式是最有利可图的投资方法。

② 租购

利用租购方式购置施工机械设备要由购买者和资金提供者签订一份合同,合同规定购买者在合同期间支付事先规定的租金。合同期满时该项资产的所有权可以按事先商定的价钱转让给购买者,其数额仅仅是象征性的。租购方法特别有用,可以避免动用大笔资金,而且可以分阶段逐步归还借用的资金。然而,租购常常要支付很高的利息,这是它不利的方面。

③ 租赁

租赁安排与当场购买或租购根本就不是同一种做法,因此从理论上讲,施工机械所有权永远不会转到承租人(用户)手中。租约可以认为是一种合同,据此合同承租人取得另一方(出租人)所有的某项资财的使用权,并支付事先规定的租金。但是,根据这种理解,就产生若干种适合有关各方需要的租赁形式,其中融资租赁和经营租赁是适合施工机械设备置办的两种形式。

融资租赁:这种租赁形式一般由某个金融机构,例如贷款商号安排。收取的租金包括资产购置成本减去租约期满时预期残值之差,以及用于支付出租人管理费、利息、维修成本开销和一定利润的服务费。租借期限通常分为两个阶段,在基本租期内,通常为3到5年,租金定在能够收回上列各项成本的水平。附加租期(又叫续租期),可以按固定期限续订。延长租期是为了适合承租人的需要,在延长期间可能只收取一笔象征性的租金。

因为出租人对租出去的设备常常没有直接的兴趣,所以租约直到出租人于基本租期末将投资变现时才能取消。在这期间承租人可以充分利用该项设备,就如同使用自己所有的一样。然而,租赁与当场购买不同,不能让承租企业利用该项资产投资获得有关避税方面的好处。

经营租赁:融资租赁一般由金融机构提供,而经营租赁的出租人很可能是该项设备的制造厂家或供应商,后者的目的就是协助推销这种设备。基本租期租约可能不允许中途取消,租金常常也低于融资租赁,因为这类机械设备可能是价廉物美的二手货,或者附带对出租人有利可图的维修协议或零配件供应协议。实际上,出租人期望的利润可能就要取自这些附带的服务,这些服务有可能延续到租约的附加租期。很显然,这种形式的安排最适合于厂家有熟练的人才,能够进行必要的维修和保养的大型或技术复杂的机械设备的出租。如果有健全的二级市场存在,某些货运卡车制造厂愿意利用这种方式。

经营租赁对承租人的另一个好处是所有权一直掌握在出租人手中,但是与融资租赁不同,不要求在承租人的资产负债表上列项。结果,资本运作情况将保持不变,因此对资金高速周转的公司特别方便。否则,为直接购买,甚至租购施工设备而借贷资金时就会遇到困难。租赁费用被看作是经营开支,因此可作为成本列入损益账户。

(3) 机械设备的性能

机械设备的性能决定着施工机械的生产能力、使用中的消耗、需要修理的情况及故障率等状况,而这些状况直接影响着机械在其寿命期内所需的大修理费用、日常的运行成本、使用寿命及转让价格等。

(4) 市场条件

市场条件主要是指市场的供求及竞争条件,市场条件直接影响着机械出租率的大小、机械出租单位的期望利润水平的高低等。

(5) 银行利率水平及通货膨胀率

银行利率水平的高低直接影响着资金成本的大小及资金时间价值的大小,如果银行利率水平高,则资金的折现系数大,在此条件下如需保本则要达到更大的内部收益率,而如要达到更高的内部收益率则必须提高租赁单价。通货膨胀即货币贬值,其贬值的速度(比率)即为通货膨胀率,如果通货膨胀率高,则为了不受损失就要以更高的收益率扩大货币的账面价值,而如要达到更高的内部收益率则必须提高租赁单价。

(6) 折旧的方法

折旧的方法有直线折旧法、余额递减折旧法、定额存储折旧法等不同的种类,同一种机械以不同的方法提取折旧,其每次计提的费用是不同的。

(7) 管理水平

不同的管理水平有不同的管理费用,管理费用的大小取决于不同的管理水平。

4) 机械租赁单价的确定

机械租赁单价的确定一般有两种方法,一种是静态的方法,另一种是动态的方法。

(1) 静态方法

静态方法是指不考虑资金时间价值的方法,其计算租赁单价的基本思路是:首先根据所规定的构成租赁单价的费用项目,计算施工机械在单位时间里所必须发生的费用总和作为该施工机械的边际租赁单价(即仅仅保本的单价),然后增加一定的利润即成确定的租赁单价。

下面举例说明采用静态方法确定某施工机械租赁单价的计算方法。

【例 3.3.2】 用静态方法对某施工机械租赁单价进行确定。
已知:

机械购置费用	44 050 元
该机械转售价值	2 050 元
每年平均工作时数	2 000 小时
设备的寿命年数	10 年
每年的保险费	200 元
每年的执照费和税费	100 元
燃料费(每小时耗 20 升)	0.10 元/升
机油和润滑油	燃料费的 10%
修理和保养费	每年为购置费用的 15%
要求达到的资金利润率	15%

说明:为简化起见管理费未计入。

解 首先计算边际租赁单价,计算过程如下表。

费 用 项 目	金额(元/年)
折旧(直线法)＝42 000 元/10 年	4 200
贷款利息(年利率 9.9%):44 050×0.099	4 361
保险和税款	300
该机械拥有成本	8 861
燃料:20×0.1×2 000	4 000
机油和润滑油:4 000×0.1	400
修理费:0.15×44 050	6 608
该机械使用成本	11 008
总成本	19 869

由上可知该机械的边际租赁单价:

$$\frac{19\ 869}{2\ 000} = 9.93(元/小时)$$

折合成台班租赁单价:

$$9.93 \times 8 = 79.44(元/台班)$$

边际租赁单价的计算考虑了创造足够的收入以便更新资产、支付使用成本并形成初始投入资金的回收,实现了简单再生产。在此基础上,加上一定的期望利润即成为该施工机械的租赁单价,计算过程如下:

$$79.44 \times (1+0.15) = 91.36(元/台班)$$

(2) 动态方法

动态方法即在计算租赁单价时考虑资金时间价值的方法,一般可以采用"折现现金流量法"来计算考虑资金时间价值的租赁单价。

【例 3.3.3】 用动态方法对某施工机械租赁单价进行确定。

解 现结合上述例题中的数据计算如下:

一次性投资	44 050 元
每年的使用成本	11 008 元
每年的税金及保险	300 元
机械的寿命期	10 年
到期的转让费	2 050 元
期望的收益率	15%

根据上述资料,采用"折现现金流量法"计算得到当净现值为零时所必需的年机械租金收入为 20 024 元,折合成台班租赁单价为 80.1(元/台班)。

5) 机械台班单价的计算

在计算确定施工机械租赁单价的基础上,结合具体的工程估价方法对计算该机械台班单价时应计入费用内容的要求,加上一些必要的费用项目(如机械司机的人工费,当租赁单价中不包括该费用时,由于该费用属于机械台班单价,所以必须在租赁单价的基础上加上该费用共同组成机械台班单价)即成所要的机械台班单价。

6) 现行体制下的机械台班单价

我国现行体制下施工机械台班单价由七项费用组成,包括:折旧费、大修理费、经常修理费、安拆费及场外运费、燃料动力费、人工费、养路费及车船使用税等。

(1) 折旧费

折旧费指机械设备在规定的使用年限内,陆续收回其原值及所支付贷款利息的费用。计算公式如下:

$$台班折旧费 = \frac{机械预算价格 \times (1-残值率) \times 贷款利息系数}{耐用总台班}$$

其中:机械预算价格包括国产机械预算价格和进口机械预算价格两种情况。国产机械预算价格是指机械出厂价格加上从生产厂家(或销售单位)交货地点运至使用单位机械管理部门验收入库的全部费用。包括出厂价格、供销部门手续费和一次运杂费。进口机械预算价格是由进口机械到岸完税价格加上关税、外贸部门手续费、银行财务费以及由口岸运至使用单位机械管理部门验收入库的全部费用。

残值率是指施工机械报废时其回收的残余价值占机械原值(即机械预算价格)的比率,依据《施工、房地产开发企业财务制度》规定,残值率按照固定资产原值的 2%~5%确定。各类施工机械的残值率综合确定如下:

运输机械	2%
特、大型机械	3%
中、小型机械	4%
掘进机械	5%

贷款利息系数是指为补偿施工企业贷款购置机械设备所支付的利息,从而合理反映资金的时间价值,以大于 1 的贷款利息系数,将贷款利息(单利)分摊在台班折旧费中。即

$$贷款利息系数 = 1 + \frac{n+1}{2} \cdot i$$

式中:n——机械的折旧年限;

i——设备更新贷款年利率。

折旧年限是指国家规定的各类固定资产计提折旧的年限。设备更新贷款年利率是以定额编制当年的银行贷款年利率为准。

耐用总台班是指机械在正常施工作业条件下,从投入使用起到报废止,按规定应达到的使用总台班数。机械耐用总台班的计算公式为:

$$耐用总台班 = 大修间隔台班 \times 大修周期$$

大修间隔台班是指机械自投入使用起至第一次大修止或自上一次大修后投入使用起至下一次大修止,应达到的使用台班数。

大修周期即使用周期,是指机械在正常的施工作业条件下,将其寿命期(即耐用总台班)按规定的大修理次数划分为若干个周期。计算公式为:

$$大修周期 = 寿命期大修理次数 + 1$$

(2) 大修理费

大修理费指机械设备按规定的大修间隔台班必须进行大修理,以恢复机械正常功能所需的费用。**台班大修理费**则是机械使用期限内全部大修理费之和在台班费中的分摊额。其计算公式如下:

$$台班大修理费 = \frac{一次大修理费 \times 寿命期内大修理次数}{耐用总台班}$$

一次大修理费是指机械设备按规定的大修理范围和修理工作内容,进行一次全面修理所需消耗的工时、配件、辅助材料、机油燃料以及送修运输等全部费用。

寿命期大修理次数是指机械设备为恢复原机功能按规定在使用期限内需要进行的大修理次数。

(3) 经常修理费

经常修理费指机械设备除大修理以外必须进行的各级保养(包括一、二、三级保养)以及临时故障排除和机械停置期间的维护保养等所需各项费用;为保障机械正常运转所需替换设备、随机工具附具的摊销及维护费用;机械运转及日常保养所需润滑、擦拭材料费用。机械寿命期内上述各项费用之和分摊到台班费中,即为**台班经常修理费**。其计算公式如下:

$$台班经常修理费 = \frac{\sum(各级保养一次费用 \times 寿命期各级保养总次数)}{耐用总台班} +$$

$$临时故障排除费用 + 替换设备台班摊销费 +$$
$$工具附具台班摊销费 + 例保辅料费$$

各级保养一次费用分别指机械在各个使用周期内为保证机械处于完好状况,必须按规定的各级保养间隔周期、保养范围和内容进行的一、二、三级保养或定期保养所消耗的工时、配件、辅料、油燃料等费用,计算方法同一次大修费计算方法。

寿命期各级保养总次数分别指一、二、三级保养或定期保养在寿命期内各个使用周期中保养次数之和。

机械临时故障排除费用指机械除规定的大修理及各级保养以外,临时故障所需费用以及机械在工作日以外的保养维护所需润滑擦拭材料费。经调查和测算,按各级保养(不包括例保辅料费)费用之和的 3% 计算。

替换设备及工具附具台班摊销费指轮胎、电缆、蓄电池、运输皮带、钢丝绳、胶皮管、履带板等消耗性物品和按规定随机配备的全套工具附具的台班摊销费用。

例保辅料费即机械日常保养所需润滑擦拭材料的费用。

(4) 安拆费及场外运费

安拆费是指机械在施工现场进行安装、拆卸所需人工、材料、机械和试运转费用以及安装所需的机械辅助设施(如:基础、底座、固定锚桩、行走轨道、枕木等)的折旧、搭设、拆除等费用。

场外运费是指机械整体或分体自停置地点运至施工现场或一工地运至另一工地的运输、装卸、辅助材料以及架线等费用。

定额台班基价内所列安拆费及场外运输费,均分别按不同机械、型号、重量、外形、体积、安拆和运输方法测算其工、料、机械的耗用量综合计算取定。除地下工程机械外,均按年平均 4 次运输、运距平均 25 km 以内考虑。

安拆费及场外运输费的计算公式如下:

$$台班安拆费 = \frac{机械一次安拆费 \times 年平均安拆次数}{年工作台班} + 台班辅助设施摊销费$$

$$台班辅助设施摊销费 = \frac{辅助设施一次费用 \times (1 - 残值率)}{辅助设施耐用台班}$$

$$台班场外运输费 = \frac{(一次运输及装卸费 + 辅助材料一次摊销费 + 一次架线费) \times 年平均场外运输次数}{年工作台班}$$

在定额基价中未列此项费用的项目有:一是金属切削加工机械等,由于该类机械系安装在固定的车间房屋内,不需经常安拆运输;二是不需要拆卸安装自身能开行的机械,如水平运输机械;三是不适合按台班摊销本项费用的机械,如特大型机械,其安拆费及场外运输费按定额规定另行计算。

(5) 燃料动力费

燃料动力费指机械设备在运转施工作业中所耗用的固体燃料(煤炭、木材)、液体燃料(汽油、柴油)、电力、水等费用。

定额机械燃料动力消耗量,以实测的消耗量为主,以现行定额消耗量和调查的消耗量为辅的方法确定。计算公式如下:

$$台班燃料动力消耗量 = \frac{实测数 \times 4 + 定额平均值 + 调查平均值}{6}$$

$$台班燃料动力费 = 台班燃料动力消耗量 \times 相应的单价$$

(6) 人工费

人工费指机上司机、司炉和其他操作人员的工作日以及上述人员在机械规定的年工作台班以外的人工费用。

工作台班以外机上人员人工费用,以增加机上人员的工日数形式列入定额内,按下式计算:

$$台班人工费 = 定额机上人工工日 \times 日工资单价$$

$$定额机上人工工日 = 机上定员工日 \times (1 + 增加工日系数)$$

$$增加工日系数 = \frac{年度工日 - 年工作台班 - 管理费内非生产天数}{年工作台班}$$

(7) 养路费及车船使用税

养路费及车船使用税指按照国家有关规定应交纳的运输机械养路费和车船使用税,按各省、自治区、直辖市规定标准计算后列入定额。其计算公式为

$$台班养路费及车船使用税 = \frac{载重量(或核定吨位) \times \frac{养路费}{[元/(t \cdot 月)]} \times 12 + \frac{车船使用税}{[元/(t \cdot 年)]}}{年工作台班}$$

在我国现行体制条件下,政府授权部门根据以上所述的机械台班单价的费用组成及确定方法,经综合平均后统一编制,并以《全国统一施工机械台班费用定额》的形式作为一种经济标准要求在编制工程估价(如施工图预算、设计概算、标底报价等)及结算工程造价时必须按该标准执行,不得任意调整及修改。所以,目前在国内编制工程估价时,均以《全国统一施工机械台班费用定额》或该定额在某一地区的单位估价表所规定的台班单价作为计算机械费的依据。

3.3.3 材料单价测定

1) 材料单价的概念

工程施工中所用的材料按其消耗的不同性质,可分为实体性消耗材料和周转性消耗材料两种类型。

(1) 实体性材料单价

实体性消耗材料是指在工程施工中直接消耗的并构成工程实体的材料,如砌筑砖墙所用的砖、浇筑混凝土构件所用的水泥等。由于实体性消耗材料和周转性消耗材料的消耗性质不同,所以其单价的概念和费用构成均不尽相同。

实体性材料的单价是指通过施工单位的采购活动到达施工现场时的材料价格,该价格的大小取决于材料从其来源地到达施工现场过程中所需发生费用的多少。从该费用的构成看,一般包括采购该材料时所支付的货价(或进口材料的抵岸价)、材料的运杂费和采购保管费用等费用因素。

从实体性材料的概念可以看出,其单价的费用构成一般包括:
① 采购该材料时所支付的货价(或进口材料的抵岸价);
② 材料的运杂费;
③ 采购保管费用。

(2) 周转性消耗材料单价

周转性消耗材料是指在工程施工中周转使用,并不构成工程实体的材料,如搭设脚手架所用的钢管、浇筑混凝土构件所用的模板等。

由于周转性材料不是一次性消耗的,所以其消耗的形式一般为按周转次数进行分摊。

摊销量有二部分组成:一部分为周转性材料经过一次周转的损失量;另一部分为周转性材料按周转总次数的摊销量。

对于经过一次周转的损失量,由于其消耗的形式与实体性材料的消耗形式一样,所以其价格的确定也和实体性材料一样;对于按周转总次数摊销的周转性材料,如果将其一次摊销量乘以相应的采购价格即得该周转性材料按周转总次数计提的折旧费。

折旧是从成本核算的角度计算收回投资的方法,而周转性材料作为施工企业的一种固定资产,如果从投资收益的角度看,其投资必须从其所实现的收益中得到回收。

考虑到企业自备的周转性材料同样具有通过出租实现收益的机会,所以,即使是采用企业自备的周转性材料来装备工程,但在为工程估价而确定企业自备的周转性材料的单价时也应该以周转性材料的租赁单价为基础加以确定。

租赁单价一般可以理解为由于承租人占用出租人的资产而支付给出租人的报酬。占用资产的规模一般用占用量与占用时间的乘积来表示,所以租赁单价一般用单位时间的租金水平来表示。

综上所述,在确定周转性材料的单价时应考虑两个部分。从投资收益的角度出发,其摊销量的第一部分即周转性材料经一次周转的损失量的单价的确定与实体性材料的单价确定相同;其摊销量的第二部分应从原公式的按周转次数摊销改为按占用时间摊销,相应的单价应该以周转性材料租赁单价的形式表示。

从以上对周转性材料单价概念的论述可以看出,周转性材料的单价由二部分组成:

第一部分,即周转性材料经一次周转的损失量,其单价的概念及组成均与实体性材料的单价相同。

第二部分,即按占用时间来回收投资价值的方式,其相应的单价应该以周转性材料租赁单价的形式表示,而确定周转性材料租赁单价时必须考虑如下费用:

① 一次性投资或折旧;
② 购置成本(即贷款利息);
③ 管理费;
④ 日常使用及保养费;
⑤ 周转性材料出租人所要求的收益率。

2) 实体性材料单价的确定

(1) 货价

货价指购买材料时支付给该材料生产厂商或供应商的货款。货价一般由原价、供销部门手续费、包装费等因素组成。

① 材料原价

材料原价是指材料生产单位的出厂价格或者材料供应商的批发牌价和市场采购价格。

在确定材料原价时,一般采用询价的方法确定该材料的供应单位,在此基础上通过签定材料供销合同来确定材料原价。从理论上讲,凡不同的材料均应分别确定其原价。

② 供销部门手续费

供销部门手续费是指根据国家现行的物资供应体制,不能直接向生产厂商采购、订货,需通过物资部门供应而发生的经营管理费用。不经物资供应部门的材料,不计供销部门手续费。

随着商品市场的不断开放,需通过国家专门的物资部门供应的材料越来越少,相应地,需要计算供销部门手续费的材料也越来越少。

③ 包装费

凡原价中没有包括包装费用的材料,当该材料又需包装时,应计算其包装费用。**包装费**是为便于材料运输和保护材料进行包装所发生和需要的一切费用,包括水运、陆运的支撑、篷布、包装袋、包装箱、绑扎材料等费用。材料运到现场或使用后,要对包装材料进行回收并按规定从材料价格中扣回包装品回收的残值。

(2) 运杂费

运杂费是指材料由采购地点或发货地点至施工现场的仓库或工地存放点,含外埠中转运输过程中所发生的一切费用。其费用一般包括:

① 运费(包括市内和市外的运费);

② 装卸费;

③ 运输保险费;

④ 有关过境费及上交必要的管理费等。

运杂费的费用标准的取定,应根据材料的来源地、运输里程、运输方法,并根据国家有关部门或地方政府交通运输管理部门规定的运价标准分别计算。

材料运杂费通常按外埠运费和市内运费两段计算。

外埠运费是指材料由来源地(交货地)运至本市仓库的全部费用,包括调车费、装卸费、车船运费、保险费等。一般是通过公路、铁路和水路运输,有时是水路、铁路混合运输。公路、水路运输按交通部门规定的运价计算;铁路运输,按铁道部门规定的运价计算。

市内运费是由本市仓库至工地仓库的运费。根据不同的运输方式和运输工具,运输费也应按不同的方法分别计算。运费的计算按当地运输公司的运输里程示意图确定里程,然后再按货物所属等级,从运价表上查出运价,两者相乘,再加上必要的装卸费用即为该材料的市内运杂费。

需要指出的是,在材料价格的运杂费中应考虑一定的场外运输损耗费用。这是指材料在装卸和运输过程中所发生的合理损耗。

(3) 采购及保管费

采购及保管费是指施工企业的材料供应部门(包括工地仓库及其以上各级材料管理部门)在组织采购、供应和保管材料过程中所需的各项费用。采购及保管费所包含的具体费用项目有采购保管人员的人工费、办公费、差旅及交通费、采购保管该材料时所需的固定资产使用费、工具用具使用费、劳动保护费、检验试验费、材料储存损耗及其他。

采购及保管费一般按材料到库价格以费率取定。该费率由施工企业通过以往的统计资料经分析整理后得到。

在分别确定了材料的货价、单位运杂费及单位采购保管费后,把三种费用相加即得实体性材料的单价。

3) 周转性材料单价的确定

通过对周转性材料单价概念及其费用组成的分析可知,周转性材料按消耗方式的不同可分为经一次周转的损失量和按周转次数(或按使用时间)的摊销量两个部分。其中经一次周转损失量的材料单价,其概念及确定方法同实体性材料的单价;而对于按周转次数(或按使用时间)摊销的部分,如果从成本核算的角度考虑,其摊销材料单价同实体性材料的单价,相应地,这部分摊销量的材料费为按周转次数计算的摊销量与相应的摊销材料单价的乘积;如果从投资收益的角度考虑,其材料单价应按周转性材料租赁单价的形式表示,相应地,这部分摊销量的材料费为周转材料的一次使用量与相应的周转性材料租赁单价再与使用时间的乘积。

有关实体性材料单价的问题前面已作讨论,下面主要讨论周转性材料租赁单价的确定方法。

(1) 影响周转性材料租赁单价的因素

从周转性材料租赁单价的费用构成分析得知,在确定周转性材料租赁单价时应考虑包括购买周转性材料时的一次性投资或折旧、购置成本(即贷款利息)、管理费、日常使用及保养费及周转性材料出租人所要求的收益率在内的费用。而决定这些费用大小的因素与影响机械租赁单价的因素基本相同,包括:

① 周转性材料的采购方式

施工企业如果决定采购周转性材料而不是临时租用,则可在众多的采购方式中选择一种方式进行购买,不同的采购方式带来不同的资金流量,从而影响周转性材料租赁单价的大小。

② 周转性材料的性能

周转性材料的性能决定着周转性材料可用的周转次数、使用中的损坏情况、需要修理的情况等状况,而这些状况直接影响着周转性材料的使用寿命及在其寿命期内所需的修理费用、日常使用成本(如给钢模板上机油等)及到期的残值。

③ 市场条件

市场条件主要是指市场的供求及竞争条件,市场条件直接影响着周转性材料出租率的大小、周转性材料出租单位的期望利润水平的高低等。

④ 银行利率水平及通货膨胀率

银行利率水平的高低直接影响着资金成本的大小及资金时间价值的大小,如果银行利率水平高,则资金的折现系数大,在此条件下如需保本则需达到更大的内部收益率,而如要达到更高的内部收益率则必须提高租赁单价。通货膨胀即货币贬值,其贬值的速度(比率)即为通货膨胀率,如果通货膨胀率高,则为了不受损失就要以更高的收益率扩大货币的账面价值,而如要达到更高的内部收益率则必须提高租赁单价。

⑤ 折旧的方法

折旧的方法有直线折旧法、余额递减折旧法、定额存储折旧法等不同的种类,同一种周转性材料以不同的方法提取折旧,其每次计提的费用是不同的。

⑥ 管理水平及有关政策上的规定

不同的管理水平有不同的管理费用,管理费用的大小取决于不同的管理水平。有关政策上的规定也能影响租赁单价的大小,如规定的税费、按规定必须办理的保险费等。

(2) 周转性材料租赁单价的确定

和施工机械租赁单价的确定方法一样,周转性材料租赁单价的确定一般也有两种方法,一种是静态的方法,另一种是动态的方法。

① 静态方法

静态方法即不考虑资金时间价值的方法,其计算租赁单价的基本思路是,首先根据租赁单价的费用组成,计算周转性材料在单位时间里所必须发生的费用总和作为该周转性材料的边际租赁单价(即仅仅保本的单价),然后增加一定的利润即成确定的租赁单价。

② 动态方法

动态方法即在计算租赁单价时考虑资金时间价值的方法,一般可以采用"折现现金流量法"来计算考虑资金时间价值的租赁单价。

4) 我国现行体制下的材料单价

材料预算价格是指材料(包括构件、成品及半成品等)从其来源地(或交货地点供应者仓库提货地点)到达施工工地仓库(施工地点内存放材料的地点)后出库的综合平均价格。

在现行体制下,材料预算价格由材料原价、材料运杂费、运输损耗费、采购及保管费和检验试验费共五项费用组成。

(1) 材料原价

材料原价是指材料的出厂价格,或者是销售部门(如材料金属公司等)的批发牌价和市场采购价格(或信息价)。预算价格中的材料原价按出厂价、批发价、市场价综合考虑。

在确定原价时,凡同一种材料因来源地、交货地、供货单位、生产厂家不同,而有几种价格(原价)时,根据不同来源地供货数量比例,采取加权平均的方法确定其综合原价。

(2) 材料运杂费

材料运杂费的取费标准,应根据材料的来源地、运输里程、运输方法,并根据国家有关部门或地方政府交通运输管理部门规定的运价标准分别计算。同一品种的材料如果有若干个来源地,材料运杂费应加权平均计算。

材料运杂费通常按外埠运费和市内运费两段计算。

外埠运费是指材料由来源地(交货地)运至本市仓库的全部费用,包括调车费、装卸费、车船运费、保险费等。一般是通过公路、铁路和水路运输,有时是水路、铁路混合运输。公路、水路运输按交通部门规定的运价计算;铁路运输,按铁道部门规定的运价计算。

市内运费是由本市仓库至工地仓库的运费。由于各个城市运输方式和运输工具不一样,因此运输费的计算也不统一。运费的计算按当地运输公司的运输里程示意图确定里程,然后再按货物所属等级,从运价表上查出运价,两者相乘,再加上装卸费即为运杂费。

在一些量重价低材料的预算价格中,运杂费所占比重很大,有的甚至超过原价。运输费用一般占材料预算价格的15%～20%。

(3) 运输损耗费

运输损耗费是指材料在运输装卸过程中不可避免的损耗。

需要指出的是,在材料预算价格的运杂费中应考虑一定的场外运输损耗费用。这是指材料在装卸和运输过程中所发生的合理损耗。

(4) 采购及保管费

采购及保管费是指为组织采购、供应和保管材料过程中所需要的各项费用,包括采购费、仓储费、工地保管费和仓储损耗。

采购及保管费所包含的具体费用项目有工资、职工福利费、办公费、差旅及交通费、固定资产使用费、工具用具使用费、劳动保护费、检验试验费、材料储存损耗及其他。采购保管费一般按材料到库价格以费率取定。

(5) 检验试验费

检验试验费是指对建筑材料、构件和建筑安装物进行一般鉴定和检查所发生的费用,包括自设试验室进行试验所耗用的材料和化学药品等费用;不包括新结构、新材料的试验费,也不包括建设单位对具有出厂合格证明的材料进行检验,对构件做破坏性试验及其他特殊要求检验试验的费用。

单位工程量材料费的计算公式如下:

材料费 = $\sum$(材料消耗量 × 材料基价) + 检验试验费

材料基价 = [(供应价格 + 运杂费) × (1 + 运输损耗率)] × (1 + 采购保管费率)

检验试验费 = $\sum$(单位材料量检验试验费 × 材料消耗量)

3.4 工程计价定额

量,即指定额生产要素消耗量,包括直接和间接消耗在工程上的人工、材料和机械台班的数量。价,是指与定额"量"相对应的、随着市场变化而不断波动的要素单价。

当工程量已定,那么,决定建筑产品价格的重要因素就是计价定额。计价定额,是对建筑产品生产与消耗之间的客观规律在量、价方面,在一定生产力发展水平上的真实反映。计价定额,是以量、价的有机结合的形式,计算和确定建筑产品价值和价格的计价基础。

常见的计价定额主要有预算定额、概算定额或概算指标。在实行工程量清单计价方式后,主要计价定额是"计价表"。目前江苏省工程计价定额主要采用《江苏省建筑与装饰工程计价表》。

3.4.1 预算定额

预算定额是指在合理的劳动组织和正常的施工条件下,为完成单位合格工程建设产品所需人工、机械、材料消耗的数量标准。预算定额是一种计价性定额,反映在合理劳动组织和正常施工条件下生产单位合格建筑构件所需在施工现场发生的所有消耗,它是采用单价估算法估算工程造价的主要依据。

预算定额作为计价性定额,应该由施工企业自行编制并作为本企业确定投标报价的直接依据。预算定额的主要作用是:

(1) 预算定额是确定工程造价的重要依据

工程造价具有单件性的特点,为有效地确定工程的承包造价,根据我国现行工程造价计价办法的规定,每个工程均应根据其不同的工程特点并依据相应的预算定额单独进行工程造价的计价活动,从工程造价的计价程序看,无论是施工图设计阶段编制施工图预算、工程发包阶段编制标底或报价、工程施工阶段确定中间结算造价、还是工程竣工阶段编制竣工结算,都离不开预算定额。

(2) 预算定额是施工企业控制工程造价的基础

施工企业进行工程造价控制的内容包括两个方面,其一是通过对外正确核算工程造价以确保企业的合理的收入,其二是通过对内实施费用控制以确保合理降低施工成本,不论是对外核算工程造价还是对内实施费用控制均需要依据预算定额。

(3) 预算定额是投资决策的重要依据

建设项目投资决策部门可以利用预算定额估算项目所需的投资额,在此基础上预测建设项目的现金流量,有效提高项目决策的科学性,优化投资行为。

3.4.2 概算定额或概算指标

概算定额或概算指标是指在一般社会平均生产力发展水平及一般社会平均生产效率水平的条件下,为完成单位合格工程建设产品所需人工、机械、材料消耗的数量标准。

概算定额或概算指标作为计价性定额,反映在一般社会平均生产力发展水平及一般社会平均生产效率水平的条件下完成单位合格工程建设产品所需人工、材料、机械的消耗标准,它是在项目建议书可行性研究和编制设计任务书阶段编制投资估算、计算投资需要量的重要依据;也是在编制扩大初步设计概算阶段计算和确定工程概算造价、计算劳动力、机械台班、材料需要量的重要依据。

概算定额或概算指标非常概略,其定额项目划分很粗,定额对象所包括的工程内容很综合,一般以完成工程扩大结构构件甚至整个单位工程的施工任务为计算对象,以适应在项目建议书可行性研究和编制设计任务书阶段编制投资估算或在扩大初步设计阶段编制扩大初步设计概算的需要。概算定额或概算指标是建设项目的投资主体控制项目投资的重要依据,在工程建设的投资管理中发挥着重要作用。

3.4.3 计价表

商品的价格与其社会生产价格相符,是以商品供求平衡为先决条件的,在市场经济条件下,由于竞争的存在,商品的供求关系经常发生变化,商品的价格也会经常背离其社会生产价格。恩格斯曾经说过:"只有通过竞争的波动,从而通过商品价格的波动,商品生产的价值规律才能得到贯彻,社会必要劳动时间决定商品价值这一点才能成为现实。"

预算定额按必要劳动量原则确定的生产要素消耗量,决定了定额"量";由建设行政主管部门确定的、与"量"对应的人工单价,材料预算价格和机械台班费定额,决定了定额"价"。显然,即使在"量、价分离"且调价按市场要求非常到位的情况下,其所确定的建筑产品价格,也只有代表部门内平均水平的社会生产价格,它是建筑产品价格的转化形式。这种价格,用于投标报价,就等于建筑产品的每一次具体的交换,都使其价格与社会生产价格相符,不仅淡化了价格机制在建筑市场中的调节作用,而且还因价格触角缺乏灵敏度从而导致企业按市场机制运行能力的退化,不利于企业的发展。

企业的个别成本加企业利润形成的建筑产品价格,是企业的个别生产价格,它必然可能高于或低于社会生产价格。当供过于求时,业主总是选择低价者中标;这时,中标的不同建筑产品的价格的平均值,将低于社会生产价格。当供小于求时,施工企业总是选择出价较高的业主;这时,不同建筑产品的价格的平均值,将高于社会生产价格。但在较长的时期内,这低于和高于社会生产价格的部分将会互相抵消。在动态中实现了个别生产价格以社会生产价格为中心,围绕着社会生产价格波动,达到以社会生产价格与其他产品进行交换的目的。

建筑产品价格随供求形势,围绕社会生产价格波动的必要条件是:价格形成机制必须符合市场经济的要求,计价办法要与国际接轨,使我国的建筑产品价格由过去的计划形成转变为市场形成。即

(1) 允许由市场形成的价格在一定的供求形势下,低于或高于预算定额的确定的价格。

(2) 允许企业以个别生产成本加企业利润计价。

实行工程量清单计价是允许企业自主定价的有效方式。工程量清单计价的目的,是用分项工程计量的规定,来规范建安工程施工招投标活动中的计价行为。

实施工程量清单计价办法,是要匡定可变和不变工程量范围。不变的工程量由工程量清单提出,使在招标同一工程量基础上,判别各报价中由"不变的工程量"引起的费用的合理性;投标单位也能在同工程量基础上组价、并通过组价展示企业的综合生产能力。可变的工程量最好由投标单位根据企业的施工技术和组织措施自主确定,以促进各投标企业之间,在综合生产能力方面的竞争更加充分。

3.4.4 工程计价定额的编制

1) 编制原则

为了保证工程计价定额的编制质量,充分发挥计价定额的作用并使其使用简便,在编制计价定额的工作中应遵循以下原则:

(1) 平均合理的原则

平均合理是指计价定额的定额水平应平均合理。即在定额的适用范围内,在正常的施工生产条件下,大部分工人不需作出努力就能达到的水平。定额水平与各项消耗成反比,与劳动生产率成正比。定额水平高,完成单位合格施工作业过程所需的人工、材料和机械台班消耗少,劳动生产率高。

计价定额的水平以施工定额水平为基础。但是,计价定额绝不是简单地套用施工定额的水平。首先,在比施工定额的工作内容综合扩大了的计价定额中,包含了更多的可变因素,需要保留合理的幅度差,例如人工幅度差、机械幅度差、材料的超运距、辅助用工及材料堆放、运输、操作损耗和由细到粗综合后的量差等。其次,由于计价定额是计价性的定额,所以其定额水平应当是平均水平,而施工定额是平均先进水平,两者相比,计价定额水平要相对低一些,但应限制在一定范围内。

(2) 简明适用的原则

简明适用是指在编制计价定额时,对于那些主要的、常用的、价值量大的项目,其分项工程划分宜细;而对于那些次要的、不常用的、价值量相对较小的项目则可以放粗一些。

定额项目的多少,与定额的步距有关。步距大,定额项目就会减少,精确度就会降低;步距小,定额项目则会增加,精确度也会提高。所以,确定步距时,对主要工种、主要项目、常用项目,定额步距要小一些;对次要工种、次要项目、不常用项目,定额步距可以适当大一些。

计价定额要项目齐全。如果项目不全,缺项多,就会使计价工作缺少充分的、可靠的依据。补充定额一般因受资料所限,费时费力,可靠性较差,容易引起争执。对定额的活口也要设置适当。所谓活口,即在定额中规定当符合一定条件时,允许该定额另行调整。在编制中要尽量不留活口,对实际情况变化较大、影响定额水平幅度大的项目,确需留的,也应从实际出发尽量少留;即使留有活口,也要注意尽量规定换算方法,避免采取按实计算。

简明适用,还要求合理确定计价定额的计量单位,简化工程量的计算,尽可能避免同一种材料用不同的计量单位和一量多用。尽量减少定额附注和换算系数。

(3) 一切在内的原则

一切在内是指在确定计价定额的消耗量标准时,应考虑施工现场为完成某一分项工程的施工任务所必需发生的所有消耗,也即在确定计价定额的消耗量时应考虑包括施工现场范围内的一切直接的消耗因素。由于计价定额是计价性定额,所以按定额计算的消耗量必须包括现场范围内的一切直接的消耗,只有这样,才能确保在计算工程造价时包括施工过程中的所有消耗而不至漏算。

2) 编制的步骤

(1) 准备阶段。根据国家主管部门对编制计价预算定额的要求,组织各地区建委、建行、设计、施工等部门人员参加编制。经过广泛调查分析研究,收集有关资料,确定定额项目和拟订编制方案。

(2) 编制初稿阶段。审查、熟悉和修改收集到的预算资料,按编制方案确定定额项目,综合确定人工幅度差、机械幅度差、材料损耗率等,并计算出一个定额单位所消耗的人工、材料、机械台班数量,再根据本地区人工工资标准、材料预算价格、机械台班使用费,计算出计价定额基价,最后编制出相应的计价定额项目表初稿。

(3) 测定定额水平。计价定额项目表初稿编制完成后,应将新旧定额进行比较,测算出新定额的定额水平,分析研究定额水平提高或降低的原因,从而对新定额初稿进行必要的修正。

(4) 审定阶段。组织有关基建部门征求意见,讨论、修改定额初稿,最后再报送有关部门批准。

3) 编制方法

(1) 确定定额项目的工程内容。根据计价定额必须简明、适用的原则,结合一般计价专业和所处的计价工程部位特点来确定定额的项目和所包括的工程内容。

(2) 确定各个定额项目的计量单位。定额项目的计量单位,应当能准确地反映对应的分项工程的工料机的实物消耗指标,有利于减少定额子目、简化工程量的计算和计价定额的编制,真正做到定额的准确性和适用性。

(3) 确定人工、材料、机械台班消耗量。确定计价定额项目的各种消耗量,一般是根据有代表性的图纸或资料、典型的施工方法,先按照规定的计算规则计算出某定额项目的工程量,再计算出这个工程量所对应的人工、材料、机械台班消耗量,最后再折算成一个定额单位所消耗的人工、材料、机械台班消耗量。

(4) 确定计价定额基价。将本地区人工工资标准、材料预算价格、机械台班使用单价分别乘以一个定额单位所消耗的人工、材料、机械台班消耗量,即得到一个定额单位所需的人工费、材料费和机械费,三者之和即为定额基价。

(5) 编制定额项目表。即将计算出的"三量"和"三价"分别填入规定的定额项目表内。

(6) 编写计价定额说明。包括计价定额的总说明、分部工程说明、工程量计算规则、工程内容、施工方法、附注等内容。要求文字简明扼要、使用方便、少留活口。

4) 计价定额"三量"的确定

(1) 人工消耗量确定

工程计价定额中的人工消耗指标,主要根据工程计价定额的时间定额来确定,其内容是指完成一个定额单位的计价产品所必需的各种用工量的总和。包括基本用工量和其他用工量。

基本用工量是指完成一个定额单位的计价产品所必需的主要用工量。计算公式如下:

$$基本用工量 = \sum(工序工程量 \times 对应的时间定额)$$

其他用工量是指劳动定额中没有包括而在编制预算定额时必须考虑的工时消耗。包括超运距用工、辅助用工和人工幅度差三部分。

① 超运距用工

超运距用工是指编制计价预算定额时,材料运输距离超过劳动定额规定的距离而需增加的工日数量。计算公式如下:

$$超运距 = 计价预算定额的运距 - 劳动定额规定的运距$$

$$超运距用工量 = \sum(超运距材料数量 \times 对应的时间定额)$$

② 辅助用工

辅助用工是指基本用工以外的材料加工等所需要的用工量。计算公式如下:

$$辅助用工量 = \sum(材料加工数量 \times 对应的时间定额)$$

③ 人工幅度差

人工幅度差是指劳动定额中没有包括,而在计价预算定额中应考虑到的正常情况下不可避免的零星用工量。如各工种间的工序搭接及交叉作业互相配合或影响所发生的停歇用工;施工机械在单位工程之间转移及临时水电线路移运所造成的停工;质量检查和隐蔽工程验收工作的影响;班组操作地点转移用工;工序交接时对前一工序不可避免的修整用工;施工中不可避免的其他零星用工。人工幅度差的计算公式如下:

$$人工幅度差 = (基本用工 + 超运距用工 + 辅助用工) \times 人工幅度差系数$$

人工幅度差系数一般为 10%~15%,在预算定额中,人工幅度差列入其他用工中。

综上所述,计价工程预算定额中的人工消耗指标,可按下式计算:

$$综合人工工日数 = (基本用工 + 超运距用工 + 辅助用工) \times (1 + 人工幅度差系数)$$

(2) 材料消耗指标的确定

计价定额项目中的材料消耗指标,应以施工定额中的材料消耗指标为计算基础。如果某些材料查不到材料消耗指标时,则应选择有代表性的图纸,经计算分析求得材料消耗指标。

计价预算定额项目中的材料消耗指标,包括净用量和合理损耗量(如场内运输、堆放、操作损耗)等内容。计算公式如下:

$$计价材料消耗量 = 材料净用量 + 损耗量 = (1 + 材料损耗率) \times 材料净用量$$

(3) 机械台班消耗指标的确定

计价定额项目中的机械台班消耗指标,是以"台班"为单位计量的。它是根据全国统一劳动定额中各种机械施工项目所规定的台班产量加上机械幅度差进行计算的。若按实际需要计算施工机械台班消耗时,不应再加机械幅度差。

机械幅度差是指劳动定额中没有包括,而在编制计价定额时必须考虑的机械停歇引起的机械台班损耗量。其内容包括:机械转移工作面的损失时间、配套机械相互影响的损失时间、开工或结尾工作量不饱满的损失时间、临时停水停电影响的时间、检查工程质量影响机械操作的时间等。

5) 计价定额"三价"的确定

计价定额中的"三价"是指人工、材料和机械三者的定额预算价格。

我国现行体制下的材料预算价格是编制施工图预算、确定工程预算造价的主要依据。因此,合理确定材料预算价格构成,正确编制材料预算价格,有利于合理确定和有效控制工程造价。

材料预算价格按适用范围划分,有地区材料预算价格和某项工程使用的材料预算价格。地区材料预算价格是按地区(城市或建设区域)编制的,供该地区所有工程使用;某项工程(一般指大中型重点工程)使用的材料预算价格,是以一个工程为编制对象,专供该工程项目使用。

地区材料预算价格与某项工程使用的材料预算价格的编制原理和方法是一致的,只是在材料来源地、运输数量权数等具体数据上有所不同。

以地区材料预算价格的编制为例,我国地区材料预算价格是由造价管理部门统一编制的,作为确定和控制本地区工程造价的一种指导性标准。造价管理部门在统一编制本地区材料预算价格时,一般采用综合平均的方法,通过抽样调查并计算分析,以本地区的平均价格作为材料的预算价格。

具体计算方法已在上节讨论。

6) 计价定额编制

编制计价表就是将"量"和"价"结合起来,计算分项工程或结构构件的直接费和(或)其他相关费用,在此基础上汇总成工程单价的过程。

(1) 直接费单价的计算

直接费单价可用如下公式进行计算:

$$直接费单价 = \sum(直接人工费 + 直接材料费 + 直接机械费)$$

其中:

$$直接人工费 = \sum(预算定额人工消耗量 \times 人工单价)$$

$$直接材料费 = \sum(预算定额材料消耗量 \times 材料单价)$$

$$直接机械费 = \sum(预算定额机械消耗量 \times 机械台班单价)$$

(2) 全费用单价的计算

全费用单价是指在直接费单价的基础上,加上其他直接费、现场经费、间接费所形成的工程单价,可用如下公式进行计算:

$$全费用单价 = 直接费单价 + 应分摊的其他相关费用$$

其中:应分摊的其他相关费用包括其他直接费、现场经费、间接费等,这些费用可根据一定的取费率采用系数估价法进行计算。例如由江苏省建设厅编制的《江苏省建筑与装饰工程计价表》所规定工程单价中的相关费用,就是以直接人工费与直接机械费之和作为计算基础,乘以相应的费率来计算的。

(3) 综合单价的计算

综合单价是指在全费用单价的基础上,加上期望利润所形成的工程单价,可用如下公式进行计算:

$$综合单价 = 全费用单价 + 期望利润$$

其中:期望利润的计算方法同其他直接费、现场经费、间接费等费用的计算。

由于价格总是处于不断地变化之中,所以在使用计价表对具体工程进行估价时,必须核对编制计价表时所取定的价格水平与具体估价工程的价格水平,只有当两者相同时才能直接套用单位估价表,否则必须采用计算"价差"的方法对价格水平进行适当的调整以确保所计算的工程造价符合当前价格水平的要求。

7) 计价定额"三费"的调整方法

在工程造价中,人工费、材料费、机械费占有很大比重,如何正确确定它们的数值显得非常重要。由于目前大多采用地区计价定额(或地区单位估价表),其中的"三费"确定是采用某中心城市的人工工资标准、材料和机械台班预算价格进行编制的,同时,该定额具有一定的使用年限,所以,随着施工地点的不同和时间的推移,定额中的人工费、材料费、机械费必须随之调整,即按套定额计算出来的定额直接费,还应再加上此三者的市场价(或合同价)与定额价之间的差值。即

调整后的直接费＝总的定额基价＋人工费调整＋材料费调整＋机械费调整

(1) 人工费的调整

在定额使用年限内,由于人工工资标准的变化,定额中的人工费必须相应进行调整。由于计价定额中的人工消耗指标皆为综合工日,故仅需根据合同人工单价或规定的现行人工单价标准进行调整。计算公式如下:

人工费的调整＝定额总的人工工日数×(合同人工单价－定额人工单价)

【例 3.4.1】 某计价工程,经工料分析得出的总的综合工日数为 3 000 工日,已知定额人工单价为 28 元/工日,合同人工单价为 45 元/工日,试求人工费调整值。

解 人工费调整值 = 3 000×(45－28) = 51 000(元)

(2) 机械费的调整

从现行施工机械台班费组成的构成分析可知,只要机械使用制度、人工工资单价、有关机械使用的材料(燃料、动力等)预算价格中任何一项发生变化,施工机械费就有可能要调整。机械费的调整方法一般有综合系数调整法和单项调整法 2 种。

① 综合系数调整法

机械费调整值＝定额机械费×综合调整系数

综合调整系数由各地造价管理部门根据《全国统一施工机械台班使用定额》,并结合本地区的现行人工工资标准、动力燃料价格、养路费和车船使用税等确定。

② 单项调整法

机械费调整值＝∑(某机械的现行单价－该机械定额单价)×机械台班数量

机械的现行单价应根据施工期间的各地区的现行施工机械台班费用定额查用。

究竟采用何种方法来调整机械预算价格,则应根据各地区的具体规定。大多数地区通常只对主要机械采用单项调整(定额中列出的机械),其他机械(在定额中通常以其他机械费出现,不列出具体机械的名称和数量)在一定时期内不进行调整或按系数调整。

(3) 材料费的调整

材料费调整,一般称为材料价差调整。**材料价差**简称材差,它是指建筑计价工程材料的实际价格与定额取定材料价格之间的差额。其调整的方法主要有如下两种:

① 综合系数调整法

调整时,一般选定若干种主要材料作为调整的范围,并按材料差异占定额直接费(或定额材料费)的百分比确定调价幅度,此调价幅度即为调价系数,这种调整方法称为**综合系数调整法**。此调整系数由各地造价管理部门测定并定期公布。其计算公式如下:

$$材料价差 = 定额直接费(或材料费) \times 综合调整系数$$

在工程计价中,由于计价材料品种繁多,影响因素较多,即使是同种材料也可因规格、产地、厂家不同而不同,故一般不用综合系数调整法来调整材差。

② 单项调整法

采用**单项调整法**时,通常是按照调整材料的规格、品种只划定调价范围,不规定调价幅度,其调整方法是按主要材料调整前后的价格差异(材料市场价或合同价与材料定额价)来进行单项材差调整。其计算公式如下:

$$材料价差 = \sum(某材料的现行的单价 - 该材料定额单价) \times 该材料的数量$$

在工程计价中,由于影响计价材料价格的因素较多,一般采用单项调整法来调整主要材料的材差。其他辅助材料在一定时期内不调整或按规定的系数进行调整。

8) 编制计价定额应该注意的问题

(1) 对于"不变的工程量"可按如下顺序判断:

① 该分项工程是否构成产品实体,是否以其工程实体参与产品实体的形成过程。

② 在构成产品实体时,这个量是否是必要的量。

例如:施工铁件、钢筋马凳、螺栓固定架,通过施工将凝结在混凝土里,是构成产品实体的分项工程,但它们是由施工单位的施工组织设计决定的、随施工单位的综合生产能力的不同而有差异的量,不是必要的量。

又如脚手架工程,虽然有些定额规定,凡能计算建筑面积的单位工程,一律以建筑面积的工程量,执行综合脚手架定额。但在施工实践中,不同的施工企业发生的、属于综合脚手架内容的外脚手架、里脚手架、满堂脚手架等单项脚手架的数量是不同的,也不会和综合脚手架定额取定的数量一致,因此,是可变的量。

(2) 表示不变和可变的工程量的价值量的分项工程单价,均由投标者自行组成,包括组价方式和组价基础两个方面。

① 组价方式:包括单位估价法、综合单价法和其他组价方法等。可由投标者自主确定。

② 组价基础:采用平均水平的计价定额、计价定额加调整系数或采用企业定额均可,可根据企业具备的条件和竞争形势来决定。

(3) 实施工程量清单计价,必须解决"中标价格"与"竣工结算价格"的关系。

① 关于建筑产品中标价格中的量与价

建筑产品中标价格中的量,包括工程量清单提供的量和投标单位根据施工组织设计自主确定的量;建筑产品中标价格中的价,是与量相对应的,在投标时施工单位自主确定的单位量的价格(或基价)。根据招标投标原则,凡属于"中标价"范畴的量和价,除工程量清单提供有误的量和工料机差价因素(投标价中已考虑了差价风险系数者除外)之外,一般不得在竣工结算时调整。

② 其他因素

包括施工过程中的设计变更、技术经济签证以及由于政策性变化所引起的工程价格的变动等,可根据施工合同的约定进行处理。

9) 工程量清单计价模式下,建立企业计价定额应注意的问题

(1) 实施工程量清单计价,必须有统一的工程量计算规则、统一的分项工程项目划分和统

一的分项工程的工作内容。

① 工程量计算规则,是确定建筑产品分项工程数量的基本规则,是实施工程量清单计价提供工程量数据的最基础的资料之一,不同的计算规则,会有不同的分项工程量。

统一工程量计算规则的目的有三:一是为了避免不变的工程量因计算规则不同而引起不同的工程量;二是通过工程量计算规则的统一,达到分项工程项目划分和分项工程所包括的工作内容的统一;三是使工程量清单中的"工程量"调整有统一的计算口径。

我国的统一的工程量计算规则,宜在现有基础定额工程量计算规则的基础上适当综合确定。

② 分项工程项目划分和分项工程的工作内容,是在一定的工程量基础上自行组价和编制企业定额的依据。只有统一的分项工程项目划分和统一的分项工程的工作内容,才能使企业定额之间,由企业定额确定的建筑产品价格之间具有可比性。

(2) 企业定额必须在统一的工程量计算规则、统一的分项工程划分、统一的分项工程内容的指导下进行编制。编制原则如下:

① 必须在现行施工及验收规范、质量评定标准和安全操作规程的基础上,使企业定额的人工、机械和材料消耗量及其单价真实反映企业的个别生产力水平。

② 企业定额的水平必须随着我国的科学技术进步引起的规范变化和企业的生产力的发展而变化。

③ 构成建筑产品价格的各项费用的组成,必须和国家关于工程造价管理改革的统一规定相一致。

复习思考题

1. 简述工程建设定额的基本概念。
2. 简述工程建设定额的分类及作用。
3. 简述时间研究的概念及作用。
4. 简述工作时间分析的概念及其内容。
5. 时间研究的目的是测量完成一项工作所需消耗的时间,请任选施工过程中的某项工作,并设计对其进行时间研究的程序。
6. 简述施工定额的概念、性质与编制原理。
7. 简述预算定额的概念及其性质,概括在施工定额的基础上编制预算定额的基本原理。
8. 简述概算定额的概念及其性质,概括在预算定额的基础上编制概算定额的基本原理。
9. 简述人工单价的概念、构成及影响人工单价的因素。
10. 简述我国现行体制下的机械台班单价的概念及取定其价格水平的原则。
11. 简述材料单价的概念及其费用构成,并简述确定周转性材料单价的基本原理。

4 建设工程计量

4.1 建筑面积计算规范

建筑面积是指房屋建筑的水平平面面积。建筑面积是表示建筑技术效果的重要依据,同时也是计算某些分项工程量的依据。

建筑面积的组成包括使用面积、辅助面积和结构面积。其中,**使用面积**是指建筑物各层平面布置中可直接为生产或生活使用的净面积总和。**辅助面积**是指建筑物各层平面布置中为辅助生产或生活所占净面积的总和。**结构面积**是指建筑物各平层平面布置中的墙体、柱等结构所占面积的总和。

4.1.1 建筑面积计算规范简介

我国的《建筑面积计算规则》是在 20 世纪 70 年代依据前苏联的做法结合我国的情况制订的。1982 年国家经委基本建设办公室(82)经基设字 58 号印发的《建筑面积计算规则》是对 20 世纪 70 年代制订的《建筑面积计算规则》的修订。1995 年建设部发布《全国统一建筑工程预算工程量计算规则》(土建工程 GJDGZ—101—95),其中含"建筑面积计算规则"(以下简称"原面积计算规则"),是对 1982 年的《建筑面积计算规则》的修订。

一直以来,《建筑面积计算规则》在建筑工程造价管理方面起着非常重要的作用,是建筑房屋计算工程量的主要指标,是计算单位工程每平方米预算造价的主要依据,是统计部门汇总发布房屋建筑面积完成情况的基础。目前,建设部和国家质量技术监督局颁发的《房产测量规范》的房产面积计算,以及《住宅设计规范》中有关面积的计算,均依据的是《建筑面积计算规则》。随着我国建筑市场的发展,建筑的新结构、新材料、新技术、新的施工方法层出不穷,为了解决建筑技术的发展产生的面积计算问题,使建筑面积的计算更加科学合理,完善和统一建筑面积的计算范围和计算方法,对建筑市场发挥更大的作用,因此,对原《建筑面积计算规则》予以修订。考虑到《建筑面积计算规则》的重要作用,此次将修订的《建筑面积计算规则》改为《建筑工程建筑面积计算规范》(GB/T 50353—2005)。

《建筑工程建筑面积计算规范》(GB/T 50353—2005)的适用范围是新建、扩建、改建的工业与民用建筑工程的建筑面积的计算,包括工业厂房、仓库、公共建筑、居住建筑,农业生产使用的房屋、粮种仓库、地铁车站等的建筑面积的计算。

4.1.2 建筑面积计算依据

《建筑工程建筑面积计算规范》适用于工业、民用房屋建筑及构筑物施工图设计阶段编制工程预算及工程量清单,也适用于工程设计变更后的工程量计算。与《全国统一建筑工程基础定额》(CJD—101—95)相配套,作为确定建筑工程造价及其消耗量的依据。除依据《定额》及本规范各项规定外,尚应依据以下文件:

① 经审定的施工设计图纸及其说明;
② 经审定的施工组织设计或施工技术措施方案;
③ 经审定的其他有关技术经济文件。

本规范的计算尺寸,以设计图纸表示的尺寸或设计图纸能读出的尺寸为准。除另确有规定外,工程量的计量单位应按下列规定计算:

① 以体积计算的为立方米(m^3);
② 以面积计算的为平方米(m^2);
③ 以长度计算的为米(m);
④ 以重量计算的为吨或千克(t 或 kg);
⑤ 以件(个或组)计算的为件(个或组)。

汇总工程量时,其准确度取值:立方米、平方米、米以下取两位;吨以下取三位;千克取整数。

计算工程量时,应依施工图纸顺序,分部、分项,依次计算,并尽可能采用计算表格及计算机计算,简化计算过程。

4.1.3 全部计算建筑面积的范围

1) 顶面为平面的建筑面积计算

(1) 对高度的规定

平屋面:高度在 2.20 m 及以上者应计算全面积;
高度不足 2.20 m 者应计算 1/2 面积。

(2) 单层建筑物的建筑面积,应按其外墙勒脚以上结构外围水平面积计算。如图 4.1.1。

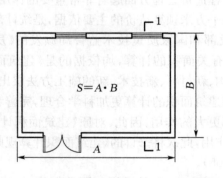
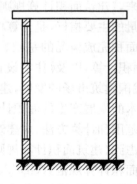

图 4.1.1

(3) 单层建筑物内设有局部楼层者,局部楼层的二层及以上楼层,有围护结构的应按其围护结构外围水平面积计算,无围护结构的应按其结构底板水平面积计算。如图 4.1.2。

(4) 多层建筑物首层应按其外墙勒脚以上结构外围水平面积计算,二层及以上楼层应按其外墙结构外围水平面积计算。如图 4.1.3。

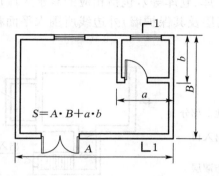 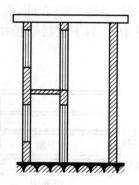

图 4.1.2

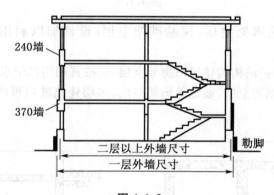

图 4.1.3

2) 顶面为坡面的建筑面积计算
(1) 对高度的规定
坡屋面:净高超过 2.10 m 的部位应计算全面积;
　　　　净高在 1.20 m 至 2.10 m 的部位应计算 1/2 面积;
　　　　净高不足 1.20 m 的部位不应计算面积。如图 4.1.4。
(2) 适用范围
① 多层建筑坡屋顶内和场馆看台下。

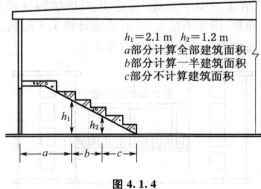

图 4.1.4

② 地下室、半地下室(车间、商店、车站、车库、仓库等)，包括相应的有永久性顶盖的出入口，应按其外墙上口(不包括采光井、外墙防潮层及其保护墙)外边线所围水平面积计算。如图 4.1.5。

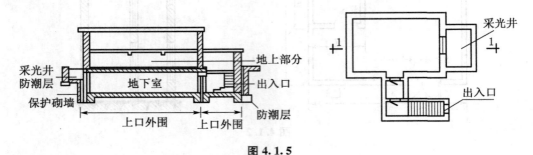

图 4.1.5

③ 坡地的建筑物吊脚架空层、深基础架空层，设计加以利用并有围护结构的。如图 4.1.6。

设计加以利用、无围护结构的建筑吊脚架空层，应按其利用部位水平面积的 1/2 计算。

设计不利用的深基础架空层、坡地吊脚架空层、多层建筑坡屋顶内、场馆看台下的空间不应计算面积。

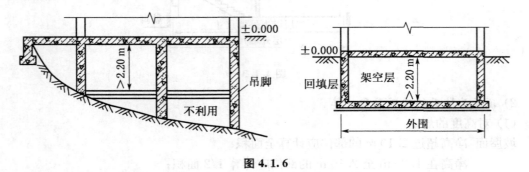

图 4.1.6

3) 走廊、回廊等的建筑面积计算

(1) 建筑物的门厅、大厅按一层计算建筑面积。门厅、大厅内设有回廊时，应按其结构底板水平面积计算。层高在 2.20 m 及以上者应计算全面积；层高不足 2.20 m 者应计算 1/2 面积。

(2) 建筑物间有围护结构的架空走廊，应按其围护结构外围水平面积计算。层高在 2.20 m 及以上者应计算全面积；层高不足 2.20 m 者应计算 1/2 面积。有永久性顶盖无围护结构的应按其结构底板水平面积的 1/2 计算。如图 4.1.7。

图 4.1.7

(3)立体书库、立体仓库、立体车库,无结构层的应按一层计算,有结构层的应按其结构层面积分别计算。层高在 2.20 m 及以上者应计算全面积;层高不足 2.20 m 者应计算 1/2 面积。

(4)有围护结构的舞台灯光控制室,应按其围护结构外围水平面积计算。层高在 2.20 m 及以上者应计算全面积;层高不足 2.20 m 者应计算 1/2 面积。

(5)建筑物外有围护结构的落地橱窗、门斗、挑廊、走廊、檐廊,应按其围护结构外围水平面积计算。层高在 2.20 m 及以上者应计算全面积;层高不足 2.20 m 者应计算 1/2 面积。有永久性顶盖无围护结构的应按其结构底板水平面积的 1/2 计算。如图 4.1.8。

图 4.1.8

4)雨篷、阳台、楼梯等的建筑面积计算

(1)有永久性顶盖无围护结构的场馆看台应按其顶盖水平投影面积的 1/2 计算。

(2)建筑物顶部有围护结构的楼梯间、水箱间、电梯机房等,层高在 2.20 m 及以上者应计算全面积;层高不足 2.20 m 者应计算 1/2 面积。如图 4.1.9。

(3)建筑物内的室内楼梯间、电梯井、观光电梯井、提物井、管道井、通风排气竖井、垃圾道、附墙烟囱应按建筑物的自然层计算。如电梯井面积可用下式计算:

电梯井面积 = 电梯井长 × 电梯井宽 × 楼层数

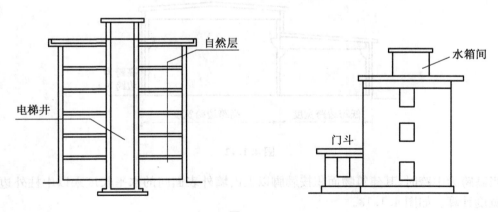

图 4.1.9

(4)雨篷结构的外边线至外墙结构外边线的宽度超过 2.10 m 者,应按雨篷结构板的水平投影面积的 1/2 计算。如图 4.1.10。

(5)有永久性顶盖的室外楼梯,应按建筑物的水平投影面积的 1/2 计算。

(6)建筑物的阳台均应按其水平投影面积的 1/2 计算。如图 4.1.11。

(7)有永久性顶盖无围护结构的车棚、货棚、站台、加油站、收费站等,应按其顶盖水平投影面积的 1/2 计算。

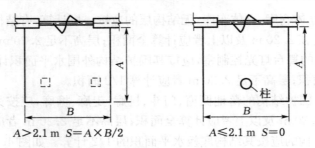

图 4.1.10

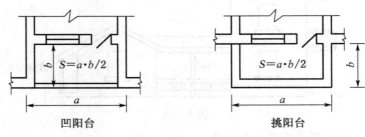

图 4.1.11

5) 其他情况的建筑面积计算

(1) 高低联跨的建筑物,应以高跨结构外边线为界分别计算建筑面积;其高低跨内部连通时,其变形缝应计算在低跨面积内。

当高跨为边跨时,其建筑面积是按勒脚以上两端山墙外表面的水平长度乘以勒脚以上外墙外表面至跨中柱外边线的水平宽度计算。如图 4.1.12。

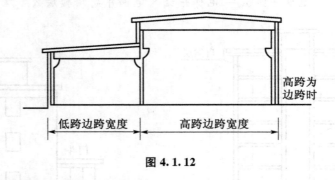

图 4.1.12

当高跨为中跨时,其建筑物面积按勒脚以上山墙外表面间的水平长度乘以中柱外边线的水平宽度计算。如图 4.1.13。

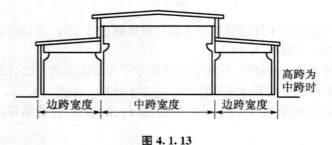

图 4.1.13

(2) 以幕墙作为围护结构的建筑物,应按幕墙外边线计算建筑面积。

(3) 建筑物外墙外侧有保温隔热层的,应按保温隔热层外边线计算建筑面积。

(4) 建筑物内的变形缝,应按其自然层合并在建筑物面积内计算。

① 缝两侧建筑物高度相同,层数不同时,取自然层多的一侧建造物层数为缝的层数。则

$$\text{缝的面积} S = 层数 \times d \times l$$

其中:d——缝宽;

l——建筑物总长。

② 缝两侧建筑物高度不同时,取低的一侧层数为缝的层数。则

$$\text{缝的面积} S = d \times l \times 低的一侧层数$$

(5) 设有围护结构不垂直于水平面而超出底板外沿的建筑物,应按其底板面的外围水平面积计算。层高在 2.20 m 及以上者应计算全面积;层高不足 2.20 m 者应计算 1/2 面积。

4.1.4 不计算建筑面积的范围

(1) 建筑物通道(骑楼、过街楼的底层)。

(2) 建筑物内的设备管道夹层。

(3) 建筑物内分隔的单层房间,舞台及后台悬挂幕布、布景的天桥、挑台等。

(4) 屋顶水箱、花架、凉棚、露台、露天游泳池。

(5) 建筑物内的操作平台、上料平台、安装箱和罐体的平台。

(6) 勒脚、附墙柱、垛、台阶、墙面抹灰、装饰面、镶贴块料面层、装饰性幕墙、空调机外机搁板(箱)、飘窗、构件、配件、宽度在 2.10 m 及以内的雨篷以及与建筑物内不相连通的装饰性阳台、挑廊。如图 4.1.14。

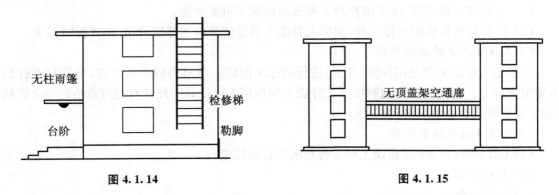

图 4.1.14　　　　　　　　　　　图 4.1.15

(7) 无永久性顶盖的架空走廊、室外楼梯和用于检修、消防等的室外钢楼梯、爬梯。如图 4.1.14、图 4.1.15 与图 4.1.16。

(8) 自动扶梯、自动人行道。

(9) 独立烟囱、烟道、地沟、油(水)罐、气柜、水塔、贮油(水)池、贮仓、栈桥、地下人防通道、地铁隧道。

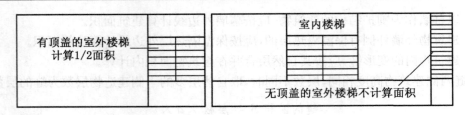

图 4.1.16

4.2 工程量清单计价规范

4.2.1 工程量清单概述

1) 工程量清单的作用

工程量清单作为招标文件的组成部分,一个最基本的功能是作为信息的载体,为潜在的投标者提供必要的信息。除此之外,还具有以下作用:

(1) 为投标者提供了一个公开,公平,公正的竞争环境。工程量清单由招标人统一提供,统一的工程量避免了由于计算不准确,项目不一致等人为因素造成的不公正影响,使投标者站在同一起跑线上,创造了一个公平的竞争环境。

(2) 是计价和询标,评标的基础。工程量清单由招标人提供,无论是标底的编制还是企业投标报价,都必须在清单的基础上进行。同样也为今后的询标、评标奠定了基础。当然,如果发现清单有计算错误或是漏项,也可按招标文件的有关要求在中标后进行修正。

(3) 为施工过程中支付工程进度款提供依据。与合同结合,工程量清单为施工过程中的进度款支付提供依据。

(4) 为办理工程结算,竣工结算及工程索赔提供了重要依据。

(5) 没有标底价格的招标工程,招标人利用工程量清单编制标底价格,供评标时参考。

2) 工程量清单的编制单位

工程量清单的编制是招标方(业主)进行招标之前的一项重要的准备工作,是招标文件的重要组成部分。它应由具有编制招标文件能力的招标人或受其委托具有相应资格的中介机构(即工程造价咨询企业)进行编制。

3) 工程量清单编制依据

(1) GB 50500—2003《建设工程工程量清单计价规范》;

(2) 招标文件;

(3) 设计文件;

(4) 有关的工程施工规范与工程验收规范;

(5) 施工现场和周边环境及施工条件。

4) 工程量清单的编制原则

(1) 符合国家《计价规范》的原则。项目分项类别、分项名称、清单分项编码、计量单位分项项目特征和工作内容等,都必须符合《计价规范》的规定和要求。

(2) 符合工程量实物分项与描述准确的原则。工程量清单是对招标人和投标人都有很强约束力的重要文件,专业性很强,内容复杂,对编制人的业务技术水平和能力要求很高。能否编制完整、严谨、准确的工程量清单,是招标成败的关键。工程量清单是传达招标人要求便于投标人响应和完成招标工程实体、工程任务目标及相应分项工程数量,全面反映投标报价要求的直接依据。因此招标人向投标人提供的清单必须与设计的施工图纸相符合,能充分体现设计意图,反映施工现场的现实条件,为投标人能够合理报价创造有利条件,贯彻互利互惠原则。

(3) 工作认真审慎的原则。清单编制人员应当认真学习和领会《计价规范》、相关政策法规、工程量计算规则、施工图纸、工程地质与水文资料和相关的技术资料等,充分熟悉施工现场情况,注重现场施工条件分析。对初定的工程量清单的各个分项,按有关规定进行认真核对、审核,避免错漏项、少算或多算工程数量等现象发生,对措施工程量项目清单也应当认真反复核实,最大限度地减少人为因素的错误发生,从而尽量避免日后经济纠纷及投资的失控。

4.2.2 工程量清单的内容和表现形式

1) 工程量清单的内容

工程量清单(Bill of Quantities)简称 B.Q 单,是表现拟建工程的分部分项工程项目、措施项目、其他项目的项目编码、项目名称计量单位和工程数量的详细清单。是由招标人按照"计价规范"中统一的项目编码、项目名称、计量单位和工程量计算规则进行编制。包括分部分项工程清单、措施项目清单、其他项目清单。

(1) 分部分项工程量清单

分部分项工程项目是形成建筑产品的实体部位的工程分项,因此也可称分部分项工程量清单项目是实体项目。它也是决定措施项目和其他项目清单的重要依据,显然分部分项工程量清单的编制是十分重要的。

分部分项工程量清单为不可调整的闭口清单,投标人对投标文件提供的分部分项工程量清单必须逐一计价,对清单所列内容不允许作任何更改变动。投标人如果认为清单内容有不妥或遗漏,只能通过质疑的方式由清单编制人作统一的修改更正,并将修正后的工程清单发往所有投标人。

(2) 措施项目清单

措施项目是为完成工程项目施工,发生于该工程施工前和施工过程中技术、生活、安全等方面的非工程实体项目。

措施项目清单为可调整清单,投标人对招标文件中所列项目,可根据企业自身特点作适当的变更增减。投标人要对拟建工程可能发生的措施项目和措施费用作通盘考虑。清单一经报出,即被认为是包括了所有应该发生的措施项目的全部费用。如果报出的清单中没有列项,且施工中又必须发生的项目,业主有权认为,其已经综合在分部分项工程量清单的综合单价中。将来措施项目发生时,投标人不得以任何借口提出索赔与调整。

(3) 其他项目清单

由招标人部分和投标人部分等两部分组成。招标人填写的内容随招标文件发至投标人或标底编制人,投标人或标底编制人不得随意改动其项目、数量、金额等。由投标人填写部分的零星工作项目表中,招标人填写的项目与数量,投标人不得随意更改,且必须进行报价。如果不报价,招标人有权认为投标人就未报价内容无偿为自己服务。当投标人认为招标人列项不全时,投标人可自行增加列项并确定本项目的工程数量及计价。

2) 工程量清单的表现形式

工程量清单依据单价所含盖的范围不同,大致可分为以下几种形式:

(1) 完全费用单价法

分部分项工程量的单价为全费用单价,即完全单价。全费用单价综合计算完成分部分项工程所发生的直接费、间接费、利润、税金、风险等全部费用的工程量清单的单价。

(2) 综合单价法

是指完成规定计量单位项目所需的人工费、材料费、机械使用费、管理费、利润,并考虑风险因素。工程量乘以综合单价就直接得到分部分项工程费用,再将各个分部分项工程的费用,与措施项目费,其他项目费和规费、税金加以汇总,就得到整个工程的总造价。

(3) 工料单价法

按照现行预算定额的工料机消耗标准及预算价格的确定作为直接费的基础。分部分项工程量的单价为直接费。直接费以人工、材料、机械的消耗量及其相应价格确定。间接费、利润、税金按照有关规定另行计算。

我国现行的工程量清单计价方法是综合单价法。

4.2.3 工程量清单的编制方法

1) 分部分项工程量清单的编制规则

根据《计价规范》第3.2.1条规定,**分部分项工程量清单**是以分部分项工程项目为内容主体,由序号、项目编码、项目名称、计量单位和工程数量等构成。

《计价规范》对分部分项工程量清单项目划分作了明确的规定,按照规范的分项定义,首先按工程类别选套对应的附录。然后根据工程图纸及相关的资料中提供的项目特征明确项目名称并进行项目编码。

(1) 划分和确定分部分项工程的分项及名称

所列名称应与规范附录中的项目名称一致,同时应注重工程实体原则,注意区分分部分项工程量清单分项与措施项目工程量清单分项。对于附录中未包括的一些新材料、新技术、新工艺项目,编制人可作相应补充,并报省、自治区、直辖市工程造价管理机构备案,同时在"分组编码"栏中以"补"字显示,加以区别。

(2) 项目特征的描述

分部分项工程量清单表中没有项目特征和工作内容专栏,这不能说明它们不重要,一个同名称项目,由于材料品种、型号、规格、材质材性要求不同,反映在综合单价上的差别甚大。对项目特征的描述是编制分部分项工程量清单十分重要的步骤和内容,它是承包商确定综合单价、采用施工材料和施工方法及其相应施工辅助措施工作的指引,并与施工质量、消耗、效率等均有密切关系。因而,编者应在项目名称栏中作简要、明确的描述或另外补充一个项目描述表,作为工程量清单附件。描述中可以工程设计和实际,并参照规范附录中项目特征和工作内容栏目,进行必要的描述。要特别注意对工程实际与存在的特殊要求的准确描述,对一些有特殊要求的施工工艺、材料、设备也应在规范规定的工程量清单"总说明"、"主要材料价格"中作必要的说明。

(3) 项目编码

项目编码根据《计价规范》第3.2.3条规定:"分部分项工程量清单的项目编码,一至九位应按附录 A、附录 B、附录 C、附录 D、附录 E 的规定设置;十至十二位应根据拟建工程的工程量清单项目名称由其编制人设置,并应自 001 起顺序编制。"

一个项目的编码由五级组成,这样就能通过 12 位数编码区分各种类型的项目。如图 4.2.1 所示。

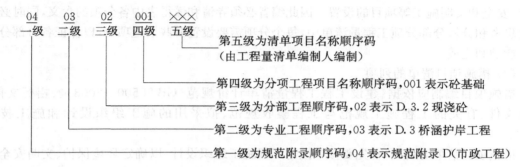

图 4.2.1　清单项目编码示意图

规范 3.2.4 条规定,分部分项工程量清单的项目名称应按下列规定确定。

① 项目名称应根据拟建工程和附录 A、附录 B、附录 C、附录 D、附录 E 中的项目名称与项目特征确定。

② 编制工程量清单,出现附录 A、附录 B、附录 C、附录 D、附录 E 中未包括的项目,编制人可暂行补充,并应报工程造价管理机构(省级)备案。

规范 3.2.5 规定,分部分项工程量清单的计量单位应按附录 A、附录 B、附录 C、附录 D、附录 E 规定的计量单位确定。

分部分项工程量清单编制依据《建设工程工程量清单计价规范(GB 50500—2003)》、招标文件、设计文件、有关的工程施工规范与工程验收规范、拟采用的施工组织设计和施工技术方案。

(4) 计算分部分项清单分项的工程量

计算分部分项清单分项的工程量是工程量清单编制的最主要内容。工程量的准确与否直接影响到业主对投资的控制,具体计算应根据图纸按照规范规定的分项工程量计算规则进行,具体的计算方法可参考本书第 4 章介绍的原理和方法。

2) 措施项目清单的编制

规范 3.3.1 规定,**措施项目清单**应根据拟建工程的具体情况,参照措施项目一览表列项。编制措施项目清单,出现措施项目一览表未列的项目,编制人可作补充。

(1) 措施项目种类

常见措施项目一览表如表 4.2.1 所示。

表 4.2.1　措施项目一览表

措施项目费	1. 环境保护费		7. 大型机械进退场及安拆费
	2. 文明施工费		8. 混凝土、钢筋混凝土模板及支架费
	3. 安全施工费		9. 脚手架费
	4. 临时设施费		10. 已完工程及设备保护费
	5. 夜间施工费		11. 施工排水、降水费
	6. 二次搬运费		

从表 4.2.1 中可以看出,所谓措施项目虽然不是直接凝固到产品上的直接资源消耗项目,但都是为了完成分部分项工程而必须发生的生产活动和资源耗用的保障项目,由于不是直接凝结于产品的劳动,称其为非工程实体项目也有一定道理。

措施项目的内涵十分广泛,从施工技术措施、设备设置、施工必需的各种保障措施,到包括环保、安全和文明施工等项目的设置。因此编者必须弄清和懂得表中各分项的含义,同时必须认真思考和分析分部分项工程量清单中,每个分项需要设置哪些措施项目,以保证各分部分项工程能顺利完成。

(2) 措施项目清单的列项

措施项目编制应依据《建设工程工程量清单计价规范(GB 50500—2003)》、招标文件、设计文件、有关的工程施工规范与工程验收规范、拟采用的施工组织设计和施工技术方案。

措施项目清单的列项,首先要参考拟建工程施工组织设计,以确定环境保护、文明安全施工、材料的二次搬运等项目;其次,参阅施工技术方案,以确定夜间施工、大型机具进出场及安拆、砼模板与支架、脚手架、施工排水降水、垂直运输机械、组装平台、大型机具使用等项目;再次,参阅相关的施工规范与工程验收规范,可以确定施工技术方案没有表述的,但是为了实现施工规范与工程验收规范要求而必须发生的技术措施。

(3) 措施项目工程量清单编制应注意的内容

① 要求编者既对规范有深刻理解,又有比较丰富的知识和经验,要真正弄懂工程量清单计价方法的内涵,熟悉和掌握规范对措施项目的划分规定和要求,掌握其本质和规律,注重系统思维。

② 编制措施项目工程量清单项目应与编制分部分项工程量清单综合考虑,与分部分项工程紧密相关的措施项目编制时可同步进行。

③ 编制措施项目应与拟定或编制重点难点分部分项施工方案结合,以保证所拟措施项目划分和描述的可行性。

④ 规范规定,对表中未能包含的措施项目,还应给予补充,对补充项目应更要注意描述清楚、准确。

3) 其他项目清单的编制

(1) 规范对**其他项目清单**编制的有关规定

规范 3.4.1、3.4.2 条规定其他项目清单应根据拟建工程具体情况,参照下列内容列项:

① 招标人部分:预留金、材料购置费等;
② 投标人部分:总承包服务费、零星工作费等。

编制项目清单出现上述未列的项目,编制人可作补充。

(2) 有关其他项目清单中术语解释

预留金是"招标人为可能发生的工程量变更而预留的金额"。

总承包服务费是"为配合协调招标人进行的工程分包和材料采购所需的费用"。

零星工作费是指"承包人为完成招标提出的,不能以实物量计量的零星工作项目所需的费用"。

(3) 其他项目清单的确定

无论从术语解释和上述规范条款内容的论述,说明其他项目工程量清单分项从总体上分为招标和投标人费用。

此两类费用从其性质而言,是分部分项项目和措施项目之外的工程措施费用。显然,其他项目的多寡与工程建设标准的高低、工程规模的大小、工程技术的复杂程度、工程工期的长短、工程内容的构成、施工现场条件和发承包方式以及工程分发包次数等因素有着直接相关。如果工程规模大,周期长,技术复杂程度高,招标人的预留金项目必多,费用必然增高。同时,承包者的总包服务协调费用、零星工作费用等也会相应增加。

规范在其他项目清单中的具体内容,仅提供了两部分四项(即预留金、材料购置费、总承包服务费、零星工作费)作为列项的参考。显然,根据不同情况,很可能超出规定的范围,对此规范特别指出可以增项,但补充项目则应列在清单项目最后,并以"补"字在"序号"栏中示之。

4.2.4 工程量清单格式

上述工程量清单按规范规定的要求编制完成后,应当认真进行校核,最后按规定的统一格式进行归纳整理。《计价规范》对工程量清单规定了统一的格式,在规定的招标投标工程中,工程量清单必须严格遵照《计价规范》规定的格式执行。

1)工程量清单应采用统一格式

(1)工程量清单格式组成

① 封面;

② 填表须知;

③ 总说明;

④ 分部分项工程量清单;

⑤ 措施项目清单;

⑥ 其他项目清单;

⑦ 零星工作项目表。

(2)工程量清单格式的填写规定

① 工程量清单应由招标人填写;

② 填表须知除本规范内容外,招标人可根据具体情况进行补充;

③ 总说明应按下列内容填写:

a. 工程概况:建设规模、工程特征、计划工期、施工现场实际情况、交通运输情况、自然地理条件、环境保护要求等;

b. 工程招标和分包范围;

c. 工程量清单编制依据;

d. 工程质量、材料、施工等的特殊要求;

e. 招标人自行采购材料的名称、规格型号、数量等;

f. 预留金、自行采购材料的金额数量;

g. 其他需说明的问题。

2)工程量清单表式

(1)封面格式

_____工程工程量清单

招 标 人：_____（单位签字盖章）
法定代表人：_____（签字盖章）
中介机构
法定代表人：_____（签字盖章）
造价工程师
及注册证号：_____（签字盖执业专用章）
编制时间：_____

(2) 填表须知

① 工程清单及其计价格式中所有要求签字、盖章的地方,必须由规定的单位和人员签字、盖章；

② 工程量清单及其计价格式中的任何内容不得随意删除或涂改；

③ 工程量清单计价格式中列明的所有需要填报的单价和合价,投标人均应填报,未填报的单价和合价,视为此项费用已包含在工程量清单的其他单价和合价中。

(3) 说明(表 4.2.2)

表 4.2.2 说　明

工程名称：　　　　　　　　　　　　　　　　第_____页 共_____页

(4) 分部分项工程量清单(表 4.2.3)

表 4.2.3 分部分项工程量清单

工程名称：　　　　　　　　　　　　　　　　第_____页 共_____页

序号	项目编码	项目名称	计量单位	工程数量

(5) 措施项目清单(表 4.2.4)

表 4.2.4 措施项目清单

工程名称：　　　　　　　　　　　　　　　　第_____页 共_____页

序号	项目名称

(6) 其他项目清单(表 4.2.5)

表 4.2.5 其他项目清单

工程名称：　　　　　　　　　　　　　　　　　　　　　第_____页 共_____页

序　号	项　目　名　称

（7）零星工作项目清单（表 4.2.6）

表 4.2.6 零星项目清单

工程名称：　　　　　　　　　　　　　　　　　　　　　第_____页 共_____页

序　号	名　　称	计量单位	数　量
1	人　工		
2	材　料		
3	机　械		

4.2.5　工程量清单计价格式

工程量清单计价是指投标人完成由招标人提供的工程量清单所需的全部费用，包括分部分项工程费、措施项目费、其他项目费和规费、税金。工程量清单计价采用综合单价计价。

分部分项工程费是指为完成分部分项工程量所需的实体项目费用。

措施项目费为完成工程项目施工，发生于该工程施工前和施工过程中技术、生活、安全等方面的非工程实体项目费用。

其他项目费是指分部分项工程费和措施项目费以外，该工程项目施工中可能发生的其他费用。

1）工程量清单计价的特点

工程量清单计价模式是对原有定额计价模式的改革，与原有定额计价模式相比，具有完全不同的特点：

（1）工程量清单计价采用综合单价计价，综合单价中综合了工程直接费、间接费、利润和税金等其他费用，有些还综合了技术措施费及施工单位降低的成本费（与现行国家颁布的定额及费用水平相比）。这种计价方式有利于施工企业编制自己的定额，加强企业内部管理，积极大胆创新、推行新工艺、新方法的使用，通过提高技术水平和企业内部定额水平，极大地提高其在招投标中的竞争力，从而推动整个建筑行业健康迅猛地发展。

（2）工程量清单计价要求投标单位根据市场行情和自身实力对工程量清单项目逐项报价。其一，避免了工程招标中的弄虚作假、暗箱操作等违规行为，如：有些招标规定，投标总价必须等于各分项报价之和，避免临开标时随意调整投标总价；另外投标时的单价在竣工结算时是不能改变的，如果谁改变了，该次招投标就会受到质疑。其二，有利于招投标工作的顺利进行，如采用定额加费用招标，定额缺项项目、特殊工艺项目的计价无据可依，使标底计价与各施工单位投标报价很难统一，使招投标工作难度增大，而工程量清单计价由投标单位根据自身情况自行编制综合单价,优价中标,从而克服了原有定额计价招标的不足。

(3) 工程量清单计价具有合同化的法定性,投标时的分项工程单价在工程设计变更计价、进度报表计价、竣工结算计价时是不能改变的,从而大大简化了工程项目各个阶段的预结算编审工作。

2) 工程量清单计价格式内容组成

工程量清单计价应采用统一格式。

工程量清单计价格式应随招标文件发至投标人,由投标人填写。工程量清单计价格式应由下列内容组成:

(1) 封面

封面应按规定内容填写、签字、盖章。格式如下:

<u>　　　　　　</u>工程工程量清单报价表

招 标 人:_____(单位签字盖章)

法定代表人:_____(签字盖章)

造价工程师
及注册证号:_____(签字盖执业专用章)

编制时间:_____

(2) 投标总价

投标总价应按工程项目总价表合计金额填写。格式如下:

投 标 总 价

建设单位:_____

工程名称:_____

投标总价(小写):_____

　　　　(大写):_____

投 标 人:_____(单位签字盖章)

法定代表人:_____(签字盖章)

编制时间:_____

(3) 工程项目总价表(表 4.2.7)

① 表中单项工程名称应按单项工程费汇总表的工程名称填写;

② 表中金额应按单项工程费汇总表的合计金额填写。

表 4.2.7　工程项目总价表

工程名称:　　　　　　　　　　　　　　　　　　　　　　　第　　页/共　　页

序　号	单项工程名称	金　额(元)

(4) 单项工程费汇总表(表 4.2.8)

① 单位工程名称按照单位工程费汇总表的工程名称填写;

② 金额按照单位工程费汇总表的合计金额填写。

表 4.2.8 单项工程费汇总表

工程名称： 第 页/共 页

序 号	单位工程名称	金 额(元)

(5) 单位工程费汇总表（表 4.2.9）

单位工程汇总表中的金额分别按照分部分项工程量清单计价表、措施项目清单的计价表和其他项目清单计价表的合计金额及按有关规定计算的规费、税金填写。

表 4.2.9 单位工程费汇总表

工程名称： 第 页/共 页

序 号	项 目 名 称	金 额(元)
1	分部分项工程量清单计价合计（表 4.2.10）	
2	措施项目清单计价合计（表 4.2.11）	
3	其他项目清单计价合计（表 4.2.12）	
4	规费	
5	税金	
	合 计	

(6) 分部分项工程量清单计价表（表 4.2.10）

① 综合单价应包括完成一个规定计量单位工程所需的人工费、材料费、机械使用费、管理费和利润，并应考虑风险因素；

② 分部分项工程量清单计价表中的序号、项目编码、项目名称、计量单位、工程数量必须按分部分项工程量清单中的相应内容填写。

表 4.2.10 分部分项工程量清单计价表

工程名称： 第 页/共 页

序 号	项目编码	项 目 名 称	计量单位	工程数量	金 额(元)	
					综合单价	合 价
		本页小计				
		合 计				

(7) 措施项目清单计价表（表 4.2.11）

① 措施项目清单计价表中的序号，项目名称必须按措施项目清单中的相应内容填写；

② 投标人可根据施工组织设计采取的措施增加项目。

表 4.2.11 措施项目清单计价表

工程名称：　　　　　　　　　　　　　　　　　　　　　　　　　　第　页/共　页

序 号	项 目 名 称	金 额(元)
	合　计	

(8) 其他项目清单计价表(表 4.2.12)

① 其他项目清单计价表中的序号、项目名称必须按其他项目清单中的相应内容填；

② 招标人部分的金额可按估算金额确定；

③ 投标人部分的总承包服务费应根据招标人提出要求所发生的费用确定，零星工作项目费应根据"零星工作项目计价表"确定。

表 4.2.12 其他项目清单计价表

工程名称：　　　　　　　　　　　　　　　　　　　　　　　　　　第　页/共　页

序 号	项 目 名 称	金 额(元)
1	招标人部分	
	小　计	
2	投标人部分	
	小　计	
	合　计	

(9) 零星工作费表(表 4.2.13)

① 表中人工、材料、机械名称、计量单位和相应数量应按零星工作项目表中相应的内容填写；

② 工程竣工后零星工作费应按实际完成的工程量所需费用结算。

表 4.2.13 零星工作费表

工程名称：　　　　　　　　　　　　　　　　　　　　　　　　　　第　页/共　页

序 号	名 称	计量单位	数 量	金 额(元)	
				综合单价	合 价
1	人工				
	小　计				
2	材料				
	小　计				
3	机械				
	小　计				
	合　计				

(10) 分部分项工程量清单综合单价分析表(表 4.2.14)

分部分项工程量清单综合单价分析表应由招标人根据需要提出要求后，由投标人填写。

表 4.2.14 分部分项工程量清单综合单价分析表

工程名称：　　　　　　　　　　　　　　　　　　　　　　　第　页/共　页

项目编码_____　项目名称_____　计量单位_____　综合单价_____

序号	工程内容	单位	数量	综合单价(元)					
				人工费	材料费	机械使用费	管理费	利润	小计
	合　计								

(11) 措施项目费分析表(表 4.2.15)

措施项目费分析表也应由招标人根据需要提出要求后，由投标人填写。

表 4.2.15 措施项目费分析表

工程名称：　　　　　　　　　　　　　　　　　　　　　　　第　页/共　页

序号	措施项目名称	单位	数量	金　额(元)					
				人工费	材料费	机械使用费	管理费	利润	小计
	合　计								

(12) 主要材料价格表(表 4.2.16)

① 招标人提供的主要材料价格表应包括详细的材料编码、材料名称、规格型号和计量单位等；

② 所填写单价必须与工程量清单计价中采用的相应材料的单价一致。

表 4.2.16 主要材料价格表

工程名称：　　　　　　　　　　　　　　　　　　　　　　　第　页/共　页

序号	材料编码	材料名称	规格、型号等特殊要求	单位	单价(元)

4.3　建筑工程计量

本节按照建筑工程量清单规范的章节顺序进行介绍。

4.3.1　土石方工程

土石方工程包括土方工程、石方工程和土石方回填三部分内容。工程内容主要包括：挖填土、场地找平、运输、挡土板支拆、截桩头等，对石方工程另需考虑打眼、装药、放炮、处理渗水、积水、安全防护、警卫等工作内容。

1) 土方工程工程量计算

土方工程工程量计算时，需考虑土壤类别、取弃土运距、挖土深度、基础类型等因素。

(1) "平整场地"项目适用于建筑场地厚度在±300 mm 以内的挖、填、运、找平；工程量按设计图示建筑物首层面积计算，即建筑物外墙外边线，如有落地阳台，则合并计算，如是悬挑阳台,则不计算。场地平整的工程内容有:300 mm 以内的土方挖、填、场地找平,土方运输。

(2)"挖土方"项目适用于设计室外地坪标高以上的挖土;工程量按图示尺寸以体积计算。挖土方的工程内容有:排地表水、土方开挖、挡土板支拆、截桩头、基底钎探、土方运输。

(3)"挖基础土方"项目适用于设计室外地坪标高以下的挖土,包括挖地槽、地坑、土方;工程量按设计图示尺寸以基础垫层底面积乘以挖土深度计算。桩间挖土方不扣除桩所占的体积。挖基础土方的工程内容有:排地表水,土方(地沟、地坑)开挖,挡土板支拆,截桩头,基底钎探,土方运输。

(4)"挖管沟土方"项目适用于埋设管道工程的土方挖、填;工程量按设计图示以管道中心线长度计算。挖管沟土方的工程内容有:排地表水,土方(沟槽)开挖,挡土板支拆,土方运输、回填。

2)石方工程工程量计算

石方工程工程量计算时,需考虑岩石类别、开凿深度、炸药品种和规格、对爆破石块直径要求因素。

预裂爆破按设计图示尺寸以钻孔总长度计算。

石方开挖按设计图示尺寸以体积计算。

管沟石方按设计图示尺寸以管道中心线长度计算。

3)土石方回填

土(石)方回填项目适用于场地回填,室内回填,基坑回填和回填土的挖运。

土(石)方回填的工程内容有:挖土(石)方,装运土(石)方,回填土(石)方,分层碾压夯实。

土(石)方回填的工程量按设计图示尺寸以体积计算。计算时,如计算的是场地回填,回填面积乘以平均回填厚度;如计算的是室内,回填主墙间净面积乘以回填厚度;如计算的是基础回填,挖方体积减去设计室外地坪以下埋设的基础体积(包括基础垫层及其他构筑物)。

4)土石方工程量计算举例

【例 4.3.1】 某工厂工具间基础平面图及基础详图见图 4.3.1,土壤为三类土、干土,场内运土 150 米,计算挖基础土方工程量。

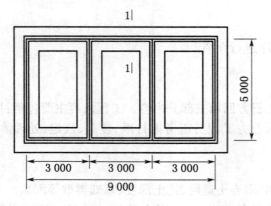 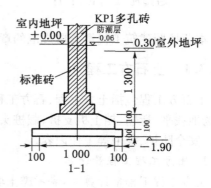

图 4.3.1

[相关知识]

(1) 计价规范中挖基础土方是指建筑物设计室外地坪标高以下的挖地槽、挖地坑、挖土方,统称为挖基础土方;

(2) 不需要分土壤类别、干土、湿土;

(3) 不考虑放工作面、放坡、工程量为垫层面积乘以挖土深度;

(4) 不考虑运土。

解 工程量计算如下:

(1) 挖土深度:$1.90 - 0.30 = 1.60 (m)$

(2) 垫层宽度:1.20 m

(3) 垫层长度:外:$(9.0 + 5.0) \times 2 = 28.0 (m)$

内:$(5.0 - 1.20) \times 2 = 7.60 (m)$

(4) 挖基础土方体积:$1.60 \times 1.20 \times (28.0 + 7.60) = 68.35 (m^3)$

【例 4.3.2】 某建筑物为三类工程,地下室见图 4.3.2,墙外壁做涂料防水层,施工组织设计确定用反铲挖掘机挖土,土壤为三类土,机械挖土坑内作业,土方外运 1 km,回填土拟堆放在距场地 150 m 处,计算挖基础土方工程量及回填土工程量。

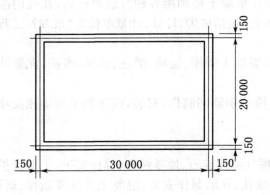 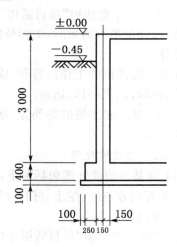

图 4.3.2

[相关知识]

(1) 挖土不需要分人工、机械,不考虑人工修边坡、整平;

(2) 回填土按挖基础土方体积减设计室外地坪以下的垫层,整板基础,地下室墙及地下室净空体积,"基础土方体积"是指按计价规范计算规则计算的土方体积。

解 工程量计算如下:

(1) 挖土深度:$3.5 - 0.45 = 3.05 (m)$

(2) 垫层面积:$31.0 (m) \times 21.0 (m)$

(3) 挖基础土方体积:$3.05 \times 31.0 \times 21.0 = 1\,985.55 (m^3)$

(4) 回填土　挖土方体积:　　　$1\,985.55 \text{ m}^3$

　　　　　　减垫层:　　　　　65.10 m^3

减底板： 256.26 m³
减地下室： 1 568.48 m³
回填土量： $1\ 985.55 - 65.10 - 256.26 - 1\ 568.48 = 95.71(m^3)$

4.3.2 地基与桩基工程

地基与桩基工程包括混凝土桩、其他桩、地基与边坡处理三部分内容。

1) 桩基

(1) 桩基工程包括现场灌注混凝土桩、预制钢筋混凝土桩、砂石灌注桩、灰土挤密桩、旋喷桩、喷粉桩和接桩等项目。

(2) "预制钢筋混凝土桩"项目适用于预制混凝土方桩、管桩和板桩等;计量单位为米时,工程量按图示桩长(包括桩尖)计算;计量单位为"根"时,工程量以根数计算。

预制钢筋混凝土桩的工程内容有:桩制作、运输、打桩(包括试桩、斜桩)、送桩,管桩填充材料,刷防护材料,场地清理,桩运输。

(3) "接桩"项目适用于预制混凝土方桩、管桩和板桩的接桩;方桩、管桩工程量按接头个数计算;板桩工程量按接头长度(包括桩尖)以米计算。

(4) "混凝土灌注桩"项目适用于钻孔灌注混凝土桩和用各种方法成孔后,在孔内灌注混凝土的桩;计量单位为米时,工程量按图示桩长(包括桩尖)计算;计量单位为"根"时,工程量以根数计算。

混凝土灌注桩的工作内容有:成孔固壁,混凝土制作、运输、灌注、振捣、养护,泥浆池及沟槽砌筑、拆除,泥浆制作、运输。

(5) 混凝土灌注桩的钢筋笼,地下连续墙的钢筋网制作,安装,按钢筋工程中相关项目列项计算。

2) 地基与边坡处理

(1) 地基与边坡处理包括地下连续墙、振冲灌注碎石、地基强夯、锚杆支护、土钉支护五个项目。工程内容包括:挖土、材料运输、钻孔成孔、导墙制作安装、混凝土及砂浆制作、运输、喷射、养护等内容。

(2) "地下连续墙"项目适用于构成建筑物、构筑物地下结构部分的永久性的复合型地下连续墙,若作为深基础支护结构,则应列入清单措施项目内;地下连续墙的工程量按设计图示墙中心线长乘以厚度乘以槽深以体积计算。

地下连续墙的工作内容有:挖土成槽、余土运输,导墙制作、安装,锁口管吊拔,浇混凝土连续墙,材料运输。

(3) 振冲灌注碎石工程量按设计图示孔深乘以孔截面积以体积计算。

(4) 地基强夯工程量按设计图示尺寸以面积计算。

(5) 锚杆支护和土钉支护工程量按设计图示尺寸以支护面积计算。

3) 地基与桩基础工程量计算举例

【例 4.3.3】 某工程桩基础为现场预制砼方桩(见图 4.3.3),C30 商品砼,室外地坪标高 -0.3,桩顶标高 -1.80,桩计 150 根,计算预制

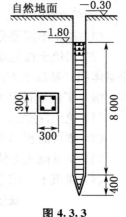

图 4.3.3

砼方桩的工程量。

[相关知识]

(1) 计量单位为"米"时,只要按图示桩长(包括桩尖)计算长度,不需要考虑送桩;桩断面尺寸不同时,按不同断面分别计算;

(2) 计量单位为"根"时,不同长度,不同断面的桩要分别计算。

解 工程量计算

桩长：$(8.0+0.40) \times 150 = 1\,260.0$ (m)

桩根数：150 根

(如果桩的长度、断面尺寸一致,则以根数计算比较简单)

【例 4.3.4】 某工程桩基础是钻孔灌注砼桩(见图 4.3.4),C25 砼现场搅拌,土孔中砼充盈系数为 1.25,自然地面标高 −0.45,桩顶标高 −3.0,设计桩长 12.30 m,桩进入岩层 1 m,桩直径 ϕ600 mm,计 100 根,泥浆外运 5 km。计算钻孔灌注砼桩的工程量。

[相关知识]

(1) 计算桩长时,不需要考虑增加一个桩直径长度;

(2) 不需要计算钻土孔或钻岩石孔的量。

解 工程量计算

桩长：$12.30 \times 100 = 1\,230.0$ (m)

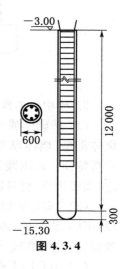

图 4.3.4

4.3.3 砌筑工程

砌筑工程包括砖基础、混凝土桩、其他桩、地基与边破处理三部分内容。工程内容主要包括:材料运输、铺设垫层、防潮层、砂浆制作运输、砌砖、勾缝等内容。

1) 砖基础工程量计算规则及说明

(1) "砖基础"项目适用于各种类型砖基础:砖柱基础、砖墙基础、砖烟囱基础、砖水塔基础、管道基础。砖基础的工作内容有:砂浆制作、运输,铺设垫层,砌砖,铺设防潮层,材料运输。

(2) "砖基础"项目选用清单时,需考虑垫层材料种类、厚度、砖品种、规格、强度等级、基础类型、基础深度、砂浆强度等级等特征。

(3) 工程量按设计图示尺寸以体积计算。包括附墙垛基础宽出部分体积,扣除地梁(圈梁)、构造柱所占体积,不扣除基础大放脚 T 形接头处的重叠部分及嵌入基础内的钢筋、铁件、管道、基础砂浆防潮层和单个面积 0.3 m² 以内的孔洞所占体积,靠墙暖气沟的挑檐不增加。基础长度,外墙按中心线,内墙按净长线计算。

(4) 基础与墙身的划分原则

① 基础与墙身使用同一种材料时,以设计室内地坪(有地下室者以地下室设计室内地坪)为界,以下为基础,以上为墙身。如图 4.3.5。

② 基础、墙身使用不同材料时,如两种材料分界处距室内设计地坪在±30 cm 以内,以不同材料分界处为分界线。如图 4.3.6。如两种材料分界处距室内设计地坪超过±30 cm 以上,

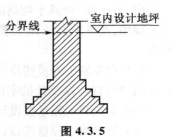

图 4.3.5

以室内设计地坪为分界线。如图 4.3.7。

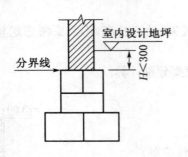
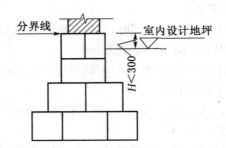

图 4.3.6

2) 砖砌体工程量计算规则及说明

(1) 砖砌体项目选用清单时,需考虑砖品种规格强度等级、墙体类型、墙体厚度、围墙高度、勾缝要求、砂浆强度等级配合比等特征。砖砌墙体的工作内容有:砂浆制作、运输、砌砖、勾缝、砌砖压顶,材料运输。

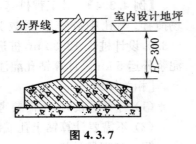

图 4.3.7

(2) "实心砖墙"项目适用于各种类型实心砖墙:外墙、内墙、围墙、直形墙、弧形墙;"空心砖墙、砌块墙"项目适用于各种规格、各种类型的空心砖、砌块墙体。

(3) 实心墙工程量按设计图示尺寸以体积计算。扣除门窗洞口、过人洞、空圈、嵌入墙内的钢筋混凝土柱、梁、圈梁、挑梁、过梁及凹进墙内的壁龛、管槽、暖气槽、消火栓箱等所占体积,不扣除梁头、板头、檩木、垫木、木楞头、沿缘木、木砖、门窗走头、砖墙内加固钢筋、木筋、铁件、钢管及单个面积 $0.3 m^2$ 内的孔洞所占体积,凸出墙面的腰线、挑檐、压顶、窗台线、虎头砖、门窗套不增加体积,凸出墙面的砖垛并入墙体体积内计算。

(4) 墙体长度与高度计算

① 墙长度:外墙按中心线,内墙按净长计算。

② 墙高度

外墙:斜(坡)屋面无檐口天棚者算至屋面板底面;有屋架,且室内外均有天棚者,算至屋架下弦底面另加 200 mm;无天棚者算至屋架下弦底面加 300 mm,出檐宽度超过 600 mm 时,应按实砌高度计算;平屋面算至钢筋混凝土板底面。

内墙:位于屋架下弦者,其高度算至屋架底面;无屋架者算至天棚底面另加 100 mm;有钢筋混凝土楼板隔层者算至板底面;有框架梁时算至梁底面。

女儿墙:从屋面板上表面算至女儿墙顶面(如有混凝土压顶时,算至压顶下表面)。

内、外山墙:按其平均高度计算。

围墙:高度算至压顶上表面(如有混凝土压顶时,算至压顶下表面),围墙柱并入围墙体积内。

(5) 空斗墙工程量按设计图示尺寸以空斗墙外形体积计算。墙角、内外墙交接处、门窗洞口立边、窗台砖、屋檐处的实砌部分体积并入空斗墙体积内。

(6) 空花墙工程量按设计图示尺寸以空花墙部分外形体积计算。不扣除空洞部分体积。

(7) 填充墙工程量按设计图示尺寸以填充墙外形体积计算。

(8) 实心砖柱工程量按设计图示尺寸以体积计算。扣除混凝土及钢筋混凝土梁垫、梁头、板头所占体积。

(9) 零星砌体工程量按设计图示尺寸以体积计算。扣除混凝土及钢筋混凝土梁垫、梁头、板头所占体积。

3) 砖构筑物工程量计算规则及说明

(1) "砖窨井、检查井""砖水池、化粪池"项目适用于各种砖砌井、砖砌池；工程量按设计图示数量按"座"计算。工作内容为砖砌井、砖砌池中除铁爬梯、构件内钢筋外的所有项目，铁爬梯按 A.6.6 中钢梯项目列项计算，构件内钢筋按 A.4.16 中现浇混凝土钢筋列项计算。

(2) 砖烟囱、水塔工程量按设计图示筒壁平均中心线周长乘以厚度乘以高度以体积计算。扣除各种孔洞，钢筋混凝土圈梁、过梁等体积。附墙烟囱、通风道、垃圾道，按设计图示尺寸以体积计算，扣除孔洞所占的体积，并入所依附的墙体体积内。

(3) 砖烟道工程量按图示尺寸以体积计算。

(4) 框架外表面的镶贴砖部分，单独计算按 A.3.2 中零星项目列项。

4) 砌块砌体工程量计算规则及说明

空心砖墙、砌块墙工程量计算方法与实心墙计算规划相同。

空心砖柱、砌块柱工程量按设计图示尺寸以体积计算。扣除混凝土及钢筋混凝土梁垫、梁头、板头所占体积。

5) 石砌体工程量计算规则及说明

石基础工程量按设计图示尺寸以体积计算。包括附墙垛基础宽出部分体积，不扣除基础砂浆防潮层及单个面积 $0.3 m^2$ 以内的孔洞所占体积，靠墙暖气沟的挑檐不增加体积。基础长度：外墙按中心线，内墙按净长计算。

石勒脚工程量按设计图示尺寸以体积计算，扣除每个 $0.3 m^2$ 以外的孔洞所占的体积。

石墙工程量计算方法与实心墙计算规划相同。

石挡土墙、石柱、石护坡、石台阶工程量按设计图示尺寸以体积计算。

石栏杆工程量按设计图示尺寸以长度计算。

石坡道工程量按设计图示尺寸以水平投影面积计算。

石地沟、石明沟工程量按设计图示以中心线长度计算。

6) 砖散水、地坪、地沟工程量计算规则及说明

砖散水、地坪工程量按设计图示尺寸以面积计算。工程内容包括地基找平、夯实；铺设垫层；砌砖散水、地坪；抹砂浆面层。

砖地沟、砖明沟工程量按设计图示以中心线长度计算。

砖砌台阶挡墙、梯带、池槽、池槽腿、花台、花池、砖砌栏板等按图示尺寸以立方米计算；砖砌台阶按水平投影面积以平方米计算；小便槽、地垄墙以长度计算，按 A.3.2 中零星项目列项。

7) 砌筑工程量计算举例

【例 4.3.5】 某单位传达室基础平面图及基础详图见图 4.3.1，室内地坪±0.00，防潮层—0.06，防潮层以下用 M10 水泥砂浆砌标准砖基础，防潮层以上为多孔砖墙身。计算砖基础的工程量。

[相关知识]

(1) 基础与墙身的划分，砖基础计算规则均与计价表规定一致；

（2）防潮层不需计算。

解 工程量计算

砖基础体积：$0.24 \times (1.54 + 0.197) \times [(9.0 + 5.0) \times 2 + 4.76 \times 2] = 15.64(m^3)$

【例 4.3.6】 某工厂工具间平面图、剖面图、墙身大样图见图 4.3.8，构造柱 240 mm× 240 mm，有马牙搓与墙嵌接，圈梁 240 mm×300 mm，屋面板厚 100 mm，门窗上口无圈梁处设置过梁厚120 mm，过梁长度为洞口尺寸两边各加 250 mm，窗台板厚 60 mm，长度为窗洞口尺寸两边各加60 mm，窗两侧有 60 mm 宽砖砌窗套，砌体材料为 KP1 多孔砖，女儿墙为标准砖，计算墙体工程量。

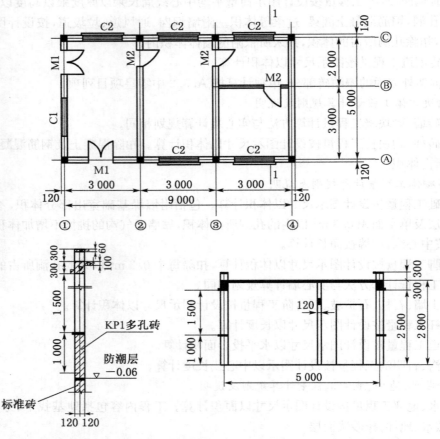

编 号	宽(mm)	高(mm)	樘 数
M1	1 200	2 500	2
M2	900	2 100	3
C1	1 500	1 500	1
C2	1 200	1 500	5

图 4.3.8

[相关知识]

（1）计算规则与计价表基本一致，扣除嵌入墙身的柱、梁、门窗洞口，突出墙面的窗套不增加。

(2) 墙的高度计算:平屋(楼)面,外墙算至板底同计价表规则,内墙算至板顶(计价表算至板底)。

解 工程量计算如下:

(1) 一砖墙

① 墙高:$2.8 - 0.30 + 0.06 = 2.56(m)$

② 外墙:

外体积:$0.24 \times 2.56 \times (9.0 + 5.0) \times 2 = 17.20(m^3)$

减构造柱:$0.24 \times 0.24 \times 2.56 \times 8 = 1.18(m^3)$

减马牙槎:$0.24 \times 0.06 \times 2.56 \times 1/2 \times 20 = 0.37(m^3)$

减 C1 窗台板:$0.24 \times 0.06 \times 1.62 \times 1 = 0.02(m^3)$

　　C2 窗台板:$0.24 \times 0.06 \times 1.32 \times 5 = 0.10(m^3)$

减 M1:$0.24 \times 1.20 \times 2.50 \times 2 = 1.44(m^3)$

减 C1:$0.24 \times 1.50 \times 1.50 \times 1 = 0.54(m^3)$

减 C2:$0.24 \times 1.20 \times 1.50 \times 5 = 2.16(m^3)$

外墙体积 $= 11.39\ m^3$

③ 内墙

内体积:$0.24 \times 2.56 \times 9.52 = 5.85(m^3)$

减马牙槎:$0.24 \times 0.06 \times 2.56 \times 1/2 \times 4 = 0.07(m^3)$

减 M2 过梁:$0.24 \times 0.12 \times 1.40 \times 2 = 0.08(m^3)$

减 M2:$0.24 \times 0.90 \times 2.10 \times 2 = 0.91(m^3)$

内墙体积 $= 4.79\ m^3$

④ 一砖墙合计:$11.39 + 4.79 = 16.18(m^3)$

(2) 半砖墙

① 墙高:$2.80 + 0.10 = 2.90(m)$

② 体积:$0.115 \times 2.90 \times 2.76 = 0.92(m^3)$

减 M2 过梁:$0.115 \times 0.12 \times 1.40 = 0.02(m^3)$

减 M2:$0.115 \times 0.90 \times 2.10 = 0.22(m^3)$

③ 半砖墙体积合计:$0.68\ m^3$

(3) 女儿墙

体积:$0.24 \times 0.24 \times 28.0 = 1.61(m^3)$

【例 4.3.7】 某住宅小区内砖砌排水窨井,计 10 座(见图 4.3.9),深度 1.3 m 的 6 座, 1.6 m 的 4 座,窨井底板为 C10 砼,井壁为 M10 水泥砂浆砌 240 mm 厚标准砖,底板 C20 细石砼找坡,平均厚度 30 mm,壁内侧及底板粉 1∶2 防水砂浆 20 mm,铸铁井盖,排水管直径为 200 mm,土为三类土,计算窨井工程量。

[相关知识]

窨井以座计算,不同规格的分别列项。

解 工程量计算

(1) 深度 1.3 m 的窨井:6 座

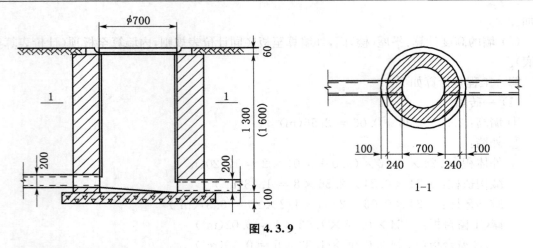

图 4.3.9

(2) 深度 1.6 m 的窨井:4 座

4.3.4 混凝土及钢筋混凝土工程

混凝土及钢筋混凝土工程包括现浇混凝土基础、柱、梁、墙、板、楼梯、其他构件、后浇带;预制混凝土柱、梁、屋架、板、楼梯、其他构件;混凝土构筑物;钢筋工程、螺栓铁件等内容,共五部分。这部分内容是工程项目造价计算的重点和难点。

1) 现浇混凝土基础工程量计算规则及运用要点

现浇混凝土基础有带形基础、独立基础、满堂基础、设备基础、桩承台基础五个项目。工程内容主要包括铺设垫层、混凝土制作、运输、浇筑、振捣、养护及地脚螺栓二次灌浆等工作。

现浇混凝土基础的工程量按设计图示尺寸以体积计算,不扣除构件内钢筋、预埋铁件和伸入承台基础的桩头所占体积。

2) 现浇混凝土柱工程量计算规则及运用要点

现浇混凝土柱有矩形柱和异形柱两个项目。工程内容主要包括混凝土制作、运输、浇筑、振捣、养护。

现浇混凝土柱的工程量按设计图示尺寸以体积计算,不扣除构件内钢筋、预埋铁件所占体积。柱高计算规则如下:

(1) 有梁板的柱高,应自柱基上表面(或楼板上表面)至上一层楼板上表面之间的高度计算;

(2) 无梁板的柱高,应自柱基上表面(或楼板上表面)至柱帽下表面之间的高度计算;

(3) 框架柱的柱高,应自柱基上表面至柱顶高度计算;

(4) 构造柱按全高计算,嵌接墙体部分并入柱身体积;

(5) 依附柱上的牛腿和升板的柱帽,并入柱身体积计算。

3) 现浇混凝土梁工程量计算规则及运用要点

现浇混凝土梁有基础梁、矩形梁、异形梁、圈梁、过梁、弧形拱形梁六个项目。工程内容主要包括混凝土制作、运输、浇筑、振捣、养护。

现浇混凝土梁的工程量按设计图示尺寸以体积计算,不扣除构件内钢筋、预埋铁件所占体积。梁长计算规则如下:

(1) 梁与柱连接时,梁长算至柱侧面;
(2) 主梁与次梁连接时,次梁长算至主梁侧面。

4) 现浇混凝土墙工程量计算规则及运用要点

现浇混凝土墙有直形墙和弧形墙两个项目。工程内容主要包括混凝土制作、运输、浇筑、振捣、养护。

现浇混凝土墙的工程量按设计图示尺寸以体积计算。不扣除构件内钢筋、预埋铁件所占体积,扣除门窗洞口及单个面积 0.3 m² 内的孔洞所占体积,墙垛及突出墙面部分并入墙体体积内计算。

5) 现浇混凝土板工程量计算规则及运用要点

现浇混凝土板包括有梁板、无梁板、平板、拱板、薄壳板、拦板、天沟挑檐板、雨篷阳台板及其他板九个项目。工程内容主要包括混凝土制作、运输、浇筑、振捣、养护。

现浇混凝土板的工程量按设计图示尺寸以体积计算,不扣除构件内钢筋、预埋铁件及单个面积 0.3 m² 以内的孔洞所占体积,有梁板(包括主、次梁与板)按梁、板体积之和,无梁板按板和柱帽体积之和,各类板伸入墙内的板头并入板体积内计算,薄壳板的肋、基梁并入薄壳体积内计算。

6) 现浇混凝土楼梯工程量计算规则及运用要点

现浇混凝土楼梯有直形楼梯和弧形楼梯两个项目。工程内容主要包括混凝土制作、运输、浇筑、振捣、养护。

现浇混凝土楼梯的工程量按设计图示尺寸以水平投影面积计算。不扣除宽度小于 500 mm 的楼梯井,伸入墙内部分不计算。

7) 现浇混凝土其他构件工程量计算规则及运用要点

现浇混凝土其他构件有其他构件、散水坡道、电缆沟地沟三个项目。工程内容主要包括混凝土制作、运输、浇筑、振捣、养护等。

其他构件的工程量按设计图示尺寸以体积计算。不扣除构件内钢筋、预埋铁件所占体积。

散水坡道的工程量按设计图示尺寸以面积计算。不扣除单个 0.3 m² 以内的孔洞所占面积。

电缆沟地沟的工程量按设计图示尺寸以中心线长度计算。

8) 后浇带工程量计算规则及运用要点

后浇带项目的工程内容主要包括混凝土制作、运输、浇筑、振捣、养护。

后浇带的工程量按设计图示尺寸以体积计算。

9) 预制混凝土柱工程量计算规则及运用要点

预制混凝土柱有矩形柱和异形柱两个项目。工程内容主要包括混凝土制作、运输、浇筑、振捣、养护;构件制作、运输、安装;砂浆制作、运输;接头灌缝、养护等。

预制混凝土柱的工程量按设计图示尺寸以体积计算。不扣除构件内钢筋、预埋铁件所占体积。

10) 预制混凝土梁工程量计算规则及运用要点

预制混凝土梁有矩形梁、异形梁、过梁、拱形梁、吊车梁、风道梁等项目。工程内容主要包括混凝土制作、运输、浇筑、振捣、养护;构件制作、运输、安装;砂浆制作、运输;接头灌缝、养护等。

预制混凝土梁的工程量按设计图示尺寸以体积计算。不扣除构件内钢筋、预埋铁件所占体积。

11) 预制混凝土屋架工程量计算规则及运用要点

预制混凝土屋架有折线型屋架、组合屋架、薄腹屋架、门式刚屋架、开窗式屋架等屋架类型划分的项目。工程内容主要包括混凝土制作、运输、浇筑、振捣、养护；构件制作、运输、安装；砂浆制作、运输；接头灌缝、养护等。

预制混凝土屋架的工程量按设计图示尺寸以体积计算。不扣除构件内钢筋、预埋铁件所占体积。

12) 预制混凝土板工程量计算规则及运用要点

预制混凝土板包括平板、空心板、槽形板、网架板、折线板、带肋板、大型板、沟盖板等按板类型划分的项目。工程内容主要包括混凝土制作、运输、浇筑、振捣、养护；构件制作、运输、安装；砂浆制作、运输；接头灌缝、养护等。

预制混凝土板的工程量按设计图示尺寸以体积计算，不扣除构件内钢筋、预埋铁件及单个尺寸 300 mm×300 mm 以内的孔洞所占体积，扣除空心板空洞体积。

13) 预制混凝土楼梯工程量计算规则及运用要点

预制混凝土楼梯的工程内容主要包括混凝土制作、运输、浇筑、振捣、养护；构件制作、运输、安装；砂浆制作、运输；接头灌缝、养护等。

预制混凝土楼梯的工程量按设计图示尺寸以体积计算。不扣除构件内钢筋、预埋铁件所占体积，扣除空心踏步板空洞体积。

14) 其他预制构件工程量计算规则及运用要点

其他预制构件包括烟道、垃圾道、通风道，其他构件，水磨石构件三个项目。工程内容主要包括混凝土制作、运输、浇筑、振捣、养护；(水磨石)构件制作、运输、安装；砂浆制作、运输；接头灌缝、养护；酸洗、打蜡等。

预制构件的工程量按设计图示尺寸以体积计算。不扣除构件内钢筋、预埋铁件及单个尺寸 300 mm×300 mm 以内的孔洞所占体积，扣除烟道、垃圾道、通风道的孔洞所占体积。

15) 混凝土构筑物工程量计算规则及运用要点

混凝土构筑物包括贮水(油)池、贮仓、水塔、烟囱四个项目。工程内容主要包括混凝土制作、运输、浇筑、振捣、养护；构件制作、运输、安装；砂浆制作、运输；接头灌缝、养护等。

混凝土构筑物的工程量按设计图示尺寸以体积计算，不扣除单个面积 $0.3 m^2$ 以内的孔洞所占体积。

16) 钢筋工程工程量计算规则及运用要点

(1) 钢筋工程包括现浇混凝土钢筋、预制构件钢筋、钢筋网片、钢筋笼、先张法预应力钢筋、后张法预应力钢筋、预应力钢丝和预应力钢绞线共八个项目。

(2) 钢筋工程的工程内容包括钢筋(网、笼、束、绞线)制作、运输、安装；预埋孔道铺设；锚具安装；砂浆制作、运输；孔道压浆、养护等。

(3) 现浇混凝土钢筋、预制构件钢筋、钢筋网片、钢筋笼的工程量按设计图示钢筋(网)长度(面积)乘以单位理论质量计算。

(4) 先张法预应力钢筋的工程量按设计图示钢筋长度乘以单位理论质量计算。

(5) 后张法预应力钢筋、预应力钢丝和预应力钢绞线的工程量按设计图示钢筋(丝束、绞线)长度乘以单位理论质量计算。

① 低合金钢筋两端均采用螺杆锚具时，钢筋长度按孔道长度减 0.35 m 计算，螺杆另行

计算；

② 低合金钢筋一端采用镦头插片，另一端采用螺杆锚具时，钢筋长度按孔道长度计算，螺杆另行计算；

③ 低合金钢筋一端采用镦头插片、另一端采用帮条锚具时，钢筋长度按孔道长度增加 0.15 m 计算，两端均采用帮条锚具时，钢筋长度按孔道长度增加 0.3 m 计算；

④ 低合金钢筋采用后张混凝土自锚时，钢筋长度按孔道长度增加 0.35 m 计算；

⑤ 低合金钢筋(钢绞线)采用 JM、XM、QM 型锚具，孔道长度在 20 m 以内时，钢筋长度按孔道长度增加 1 m 计算，孔道长度在 20 m 以外时，钢筋(钢绞线)长度按孔道长度增加 1.8 m 计算；

⑥ 碳素钢丝采用锥型锚具，孔道长度在 20 m 以内时，钢丝束长度按孔道长度增加 1 m 计算，孔道长度在 20 m 以上时，钢丝束长度按孔道长度增加 1.8 m 计算；

⑦ 碳素钢丝采用墩头锚具时，钢丝束长度按孔道长度增加 0.35 m 计算。

17) 螺栓、铁件工程量计算规则及运用要点

螺栓、铁件的工程内容包括螺栓(铁件)制作、运输、安装。

螺栓、铁件工程量按设计图示尺寸以质量计算。

18) 混凝土及钢筋混凝土工程量计算举例

【例 4.3.8】 某宾馆门厅施工，圆形钢筋砼柱 6 根，其尺寸为直径 $D=400$ mm，高度 $H=4100$ mm，保护层 25 mm，螺旋箍筋 $\phi10$ mm 间距 150 mm，计算该柱的螺旋箍筋重量。

[相关知识]

螺旋箍筋长度计算公式：

$$L = \sqrt{\pi(D-\delta)^2 + S^2} \cdot N$$

式中：D——圆柱直径(m)；

δ——钢筋保护层厚度(m)；

S——箍筋螺距(m)；

N——螺旋筋圈数，$N=$（柱高－保护层厚度）÷螺距。

解 将已知数值代入计算式，得

$$L = \sqrt{(0.4-0.025)^2 \times 3.14 + 0.15^2} = 1.095\ 7(\text{m})$$

$$N = (4.1-0.025\times 2)/0.15 = 27(圈)$$

$$L_总 = L \cdot N \cdot 6\ 根 = 1.095\ 7\times 27\times 6 = 177.48(\text{m})$$

【例 4.3.9】 有一筏形基础，如图 4.3.10 所示，底板尺寸 39 m×17 m，板厚 300 mm，凸梁断面 400 mm×400 mm，纵横间距为 2 000 mm，边端各距板边 500 m，试求该基础的砼体积。

解 （1）板体积

$$v_b = 39\times 17\times 0.3 = 198.9(\text{m}^3)$$

（2）凸梁砼体积

纵梁根数：$$n = \frac{17-1}{2}+1 = 9(根)$$

横梁根数：$$n = \frac{39-1}{2}+1 = 20(根)$$

梁长：$$L = 39\times 9 + 17\times 20 - 9\times 20\times 0.4 = 619(\text{m})$$

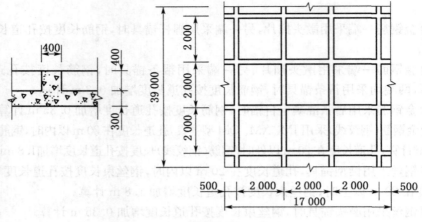

图 4.3.10

凸梁体积： $V = 0.4 \times 0.4 \times 619 = 99.04 (m^3)$

（3）筏形基础砼体积

$$V_总 = 198.9 + 99.04 = 297.94 (m^3)$$

【例 4.3.10】 某厂锅炉房砼烟囱设计高度（h）为 40 m，第一段（自下向上数）高 10 m，下口外径 D_1 为 3.99 m，下口内径 D_2 为 3.25 m，上口外径 d_1 为 3.74 m，上口内径 d_2 为 3 m。第二段高 10 m，下口外径 D_3 为 3.74 m，下口内径 D_4 为 3 m，上口外径 d_3 为 2.51 m，上口内径 d_4 为 2.03 m，第三、四段类推，第一、二段壁厚 c 为 0.37 m，求这两段烟囱工程量。

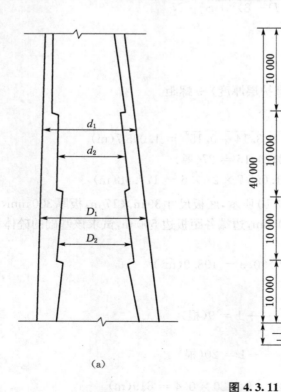

(a)

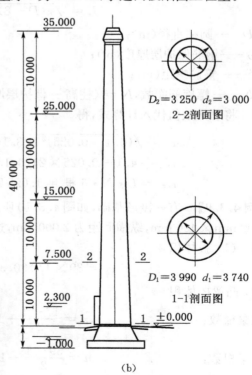

(b)

图 4.3.11

解 (1) 计算基本数据

h_1(第一段高度) = 10 m h_2(第二段高度) = 10 m
D_1 = 3.99 m D_2 = 3.25 m
d_1 = 3.74 m d_2 = 3.0 m
D_3 = 3.74 m D_4 = 3.0 m
d_3 = 2.51 m d_4 = 2.03 m
c = 0.37 m

(2) 计算第一段

$$D = \frac{D_1 + D_2}{2} = \frac{3.99 + 3.25}{2} = 3.62(\text{m})$$

$$d = \frac{d_1 + d_2}{2} = \frac{3.74 + 3.0}{2} = 3.37(\text{m})$$

$$D_{平均} = \frac{D + d}{2} = \frac{3.62 + 3.37}{2} = 3.495(\text{m})$$

$$V_1 = \pi D_{平均} ch = 3.14 \times 3.495 \times 0.37 \times 10 = 40.63(\text{m}^3)$$

(3) 计算第二段

$$D = \frac{D_3 + D_4}{2} = \frac{3.74 + 3.0}{2} = 3.37(\text{m})$$

$$d = \frac{d_3 + d_4}{2} = \frac{2.51 + 2.03}{2} = 2.27(\text{m})$$

$$D_{平均} = \frac{D + d}{2} = \frac{3.37 + 2.27}{2} = 2.82(\text{m})$$

$$V_2 = \pi D_{平均} ch = 3.14 \times 2.82 \times 0.37 \times 10 = 30.12(\text{m}^3)$$

(4) 两段烟囱的工程量 $40.63 + 30.12 = 70.75(\text{m}^3)$

4.3.5 厂库房大门、特种门、木结构工程

厂库房大门、特种门、木结构工程包括厂库房大门、特种门；木屋架；木构件，共三部分内容。

1) 厂库房大门、特种门工程量计算规则及运用要点

厂库房大门、特种门有木板大门、钢木大门、全钢板门、特种门、围墙铁丝门五个项目。工程内容主要包括门(骨架)制作、运输；门、五金配件安装；刷防护材料、油漆。

厂库房大门、特种门的工程量按设计图示数量计算，以"樘"为计量单位。

2) 木屋架工程量计算规则及运用要点

木屋架包括木屋架、钢木屋架两个项目。工程内容主要包括屋架制作、运输、安装和刷防护材料、油漆。

木屋架的工程量按设计图示数量计算，以"榀"为计量单位。屋架的跨度应以上、下弦中心线两交点之间的距离计算。

[名词解释]

(1) 马尾，是指四坡水屋顶建筑物的两端屋面的端头坡面部位；
(2) 折角，是指构成"L"形的坡屋顶建筑横向和竖向相交的部位；
(3) 正交部分，是指构成"丁"字形的坡屋顶建筑横向和竖向相交的部位。

3) 木构件工程量计算规则及运用要点

木构件包括木柱、木梁、木楼梯、其他木构件，共四个项目。工程内容主要包括构件制作、运输、安装和刷防护材料、油漆。

木柱、木梁、其他木构件的工程量按设计图示尺寸以体积计算，以"m^3"为计量单位。

木楼梯按设计图示尺寸以水平投影面积计算，不扣除宽度小于 300 mm 的楼梯井，伸入墙内部分不计算，以"m^3"为计量单位。

其他木构件(如封檐板)按设计图示尺寸以体积"立方米"或长度"米"计算。

4) 厂库房大门、特种门、木结构工程量计算举例

【例 4.3.11】 某工程有木板大门 2.8 m×2.6 m 10 樘，钢木大门 3 m×2.6 m 8 樘，钢木屋架 10 樘，根据《建设工程工程量清单计价规范》计算工程量。

[相关知识]

（1）木板大门、钢木大门按设计图示数量计算；

（2）木屋架、钢木屋架按设计图示数量计算。

解 木板大门工程量：10 樘
  钢木大门工程量：8 樘
  钢木屋架工程量：10 樘

4.3.6 金属结构工程

金属结构工程包括钢屋(网)架、钢托(桁)架、钢柱、钢梁、压型钢板楼(墙)板、钢构件、金属网，共七部分内容。工程内容主要包括：制作、运输、拼装、安装、探伤、刷油漆。

1) 钢屋架、钢网架、钢托架、钢桁架工程量计算规则及运用要点

钢屋架、钢网架、钢托架、钢桁架四个项目的工程内容均包括钢构件的制作、运输、拼装、安装、探伤、刷油漆。

轻钢屋架，是采用圆钢筋、小角钢(小于 L45×4 等肢角钢、小于 L56×36×4 不等肢角钢)和薄钢板(其厚度一般不大于 4 mm)等材料组成的轻型钢屋架。

薄壁型钢屋架，是指厚度在 2~6 mm 的钢板或带钢经冷弯或冷拔等方式弯曲而成的型钢组成的屋架。

钢屋架、钢网架、钢托架、钢桁架四个项目的工程量按设计图示尺寸以质量计算，不扣除孔眼、切边、切肢的质量，焊条、铆钉、螺栓等不另增加质量，不规则或多边形钢板以其外接矩形面积乘以厚度乘以单位理论质量计算。

2) 钢柱工程量计算规则及运用要点

钢柱包括实腹柱、空腹柱、钢管柱三个项目。工程内容包括钢构件的制作、运输、拼装、安装、探伤、刷油漆。

钢管混凝土柱，是指将普通混凝土填入薄壁圆型钢管内形成的组合结构。

型钢混凝土柱，是指由混凝土包裹型钢组成的柱。

实腹钢柱、空腹钢柱的工程量按设计图示尺寸以质量计算，不扣除孔眼、切边、切肢的质量，焊条、铆钉、螺栓等不另增加质量，不规则或多边形钢板，以其外接矩形面积乘以厚度乘以单位理论质量计算，依附在钢柱上的牛腿及悬臂梁等并入钢柱工程量内。

钢管柱按设计图示尺寸以质量计算。不扣除孔眼、切边、切肢的质量，焊条、铆钉、螺栓等

不另增加质量,不规则或多边形钢板以其外接矩形面积乘以厚度乘以单位理论质量计算,钢管柱上的节点板、加强环、内衬管、牛腿等并入钢管柱工程量内。

3) 钢梁工程量计算规则及运用要点

钢梁包括钢梁和钢吊车梁两个项目。工程内容包括钢构件的制作、运输、安装、探伤、刷油漆。

钢梁、钢吊车梁的工程量按设计图示尺寸以质量计算,不扣除孔眼、切边、切肢的质量,焊条、铆钉、螺栓等不另增加质量,不规则或多边形钢板,以其外接矩形面积乘以厚度乘以单位理论质量计算,制动梁、制动板、制动桁架、车挡并入钢吊车梁工程量。

4) 压型钢板楼、墙板工程量计算规则及运用要点

压型钢板楼、墙板包括压型钢板楼板和压型钢板墙板两个项目。工程内容包括钢构件的制作、运输、安装、刷油漆。

压型钢板楼板的工程量按设计图示尺寸以铺设水平投影面积计算,不扣除柱、垛及单个 $0.3 m^2$ 以内的孔洞所占面积。

压型钢板墙板的工程量按设计图示尺寸以铺设水平投影面积计算,不扣除柱、垛及单个 $0.3 m^2$ 以内的孔洞所占面积,包角、包边、窗台泛水等不另加面积。

5) 钢构件工程量计算规则及运用要点

钢构件包括钢支撑、钢檩条、钢天窗架、钢挡风架、钢墙架、钢平台、钢走道、钢梯、钢栏杆、钢漏斗、钢支架、零星构件等。工程内容包括钢构件的制作、运输、安装、探伤、刷油漆。

钢构件的工程量按设计图示尺寸以质量计算,不扣除孔眼、切边、切肢的质量,焊条、铆钉、螺栓等不另增加质量,不规则或多边形钢板以其外接矩形面积乘以厚度乘以单位理论质量计算。依附钢构件的型钢并入构件工程量内计算。

6) 金属网工程量计算规则及运用要点

金属网项目的工程内容包括金属网的制作、运输、安装、刷油漆。工程量按设计图示尺寸以面积计算。

7) 金属结构工程量计算举例

【例 4.3.12】 如图 4.3.12 所示,请根据《建设工程工程量清单计价规范》计算踏步式钢梯工程量。

解 按构件的编号计算:

① 180×6 长度 4 160 mm 理论重量 47.1 kg/m^2 数量 2 个
  $0.18 \times 4.16 \times 2 \times 47.1 = 70.54 (kg)$

② 200×5 长度 700 mm 理论重量 39.25 kg/m^2 数量 $2.7/0.27 - 1 = 9$(个)
  $0.2 \times 0.7 \times 9 \times 39.25 = 49.46 (kg)$

③ $L100 \times 10$ 长度 120 mm 理论重量 15.12 kg/m 数量 2 个
  $0.12 \times 2 \times 15.12 = 3.63 (kg)$

④ $L200 \times 150 \times 6$ 长度 120 mm 理论重量 42.34 kg/m 数量 4 个
  $0.12 \times 4 \times 42.34 = 20.32 (kg)$

⑤ $L50 \times 5$ 长度 620 mm 理论重量 3.77 kg/m 数量 6 个
  $0.62 \times 6 \times 3.77 = 14.02 (kg)$

⑥ $L50 \times 5$ 长度 810 mm 理论重量 3.77 kg/m 数量 2 个
  $0.81 \times 2 \times 3.77 = 6.11 (kg)$

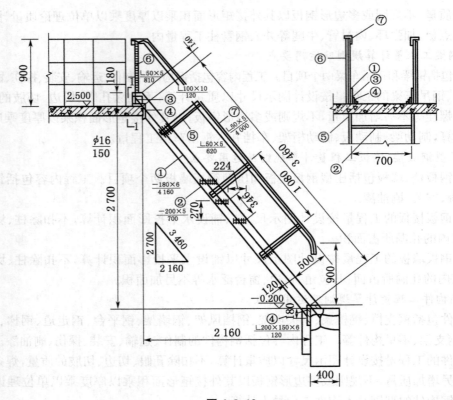

图 4.3.12

⑦ L50×5　长度 4000 mm　理论重量 3.77 kg/m　数量 2 个

$4 \times 2 \times 3.77 = 30.16 \text{(kg)}$

重量合计：$70.54 + 49.46 + 3.63 + 20.32 + 14.02 + 6.11 + 30.16 = 194.24 \text{(kg)}$

该踏步工程量为 0.194 t。

【例 4.3.13】 某车间操作平台栏杆如图 4.3.12 所示，展开长度 10 m，扶手用 L50×4 角钢制作，横衬用—50×5 扁钢两道，竖杆用 $\phi 16$ 钢筋每隔 250 mm 一道，竖杆长度（高）1.00 m。试求栏杆工程量。

解　（1）角钢扶手

L50×4 理论重量：3.059 kg/m

角钢重量：$10 \times 3.059 = 30.59 \text{(kg)}$

（2）圆钢竖杆

$\phi 16$ 圆钢理论重量：1.58 kg/m　根数：$10/0.25 = 40 \text{(根)}$

圆钢重量：$1.0 \times 40 \times 1.58 = 63.2 \text{(kg)}$

（3）扁钢横衬

—50×5 理论重量：1.57 kg/m　数量 2 根

扁钢重量：$10 \times 2 \times 1.57 = 31.4 \text{(kg)}$

（4）整个栏杆的工程量

$30.59 + 63.2 + 31.4 = 125.19 \text{(kg)} = 0.125 \text{ t}。$

4.3.7 屋面及防水工程

屋面及防水工程包括瓦、型材屋面；屋面防水；墙、地面防水三部分内容。

1) 瓦、型材屋面工程量计算规则及运用要点

包括瓦屋面、型材屋面、膜结构屋面三个项目。

瓦屋面的工程内容包括檩条、椽子安装；基层铺设；铺防水层；安顺水条和挂瓦条；安瓦；刷防护材料等。工程量按设计图示尺寸以斜面积计算，不扣除房上烟囱、风帽底座、风道、小气窗、斜沟等所占面积，小气窗的山檐部分不增加面积。

型材屋面的工程内容包括骨架制作、运输、安装；屋面型材安装；接缝、嵌缝等。工程量按设计图示尺寸以斜面积计算，不扣除房上烟囱、风帽底座、风道、小气窗、斜沟等所占面积，小气窗的山檐部分不增加面积。

膜结构屋面的工程内容包括膜布热压胶接；支柱（网架）制作、安装；膜布安装；穿钢丝绳、锚头锚固；刷油漆等。工程量按设计图示尺寸以需要覆盖的水平面积计算。

瓦屋面、型材屋面中如木材面需刷防火涂料可按相应项目单独编码列项，也可包含在瓦屋面、型材屋面清单下。

瓦屋面、型材屋面、膜结构屋面中的钢檩条、钢支撑（柱、网架等）和拉结结构需刷防护材料时，可按相应项目单独编码列项，也可包含在瓦屋面、型材屋面、膜结构屋面清单下。

2) 屋面防水工程量计算规则及运用要点

屋面防水包括屋面卷材防水、屋面涂膜防水、屋面刚性防水、屋面排水管、屋面天沟沿沟共五个项目。

屋面卷材防水和屋面涂膜防水项目的工程内容包括基层处理；抹找平层；刷底油；铺油毡卷材（防水膜）；铺保护层。工程量按设计图示尺寸以面积计算。斜屋顶（不包括平屋顶找坡）按斜面积计算，平屋顶按水平投影面积计算。不扣除房上烟囱、风帽底座、风道、屋面小气窗和斜沟所占面积屋面的女儿墙、伸缩缝和天窗等处的弯起部分，并入屋面工程量内。

屋面刚性防水项目的工程内容包括基层处理；混凝土制作、运输、铺筑、养护。工程量按设计图示尺寸以面积计算，不扣除房上烟囱、风帽底座、风道等所占面积。

屋面排水管项目的工程内容包括排水管及配件安装、固定；雨水斗、雨水篦子安装；接缝、嵌缝。工程量按设计图示尺寸以长度计算，如设计未标注尺寸，以檐口至设计室外地面垂直距离计算。

屋面天沟沿沟项目的工程内容包括砂浆制作、运输；天沟材料铺设；天沟配件安装；接缝、嵌缝；刷防护材料。工程量按设计图示尺寸以面积计算，铁皮和卷材天沟按展开面积计算。

3) 墙、地面防水、防潮工程量计算规则及运用要点

墙、地面防水、防潮包括卷材防水、涂膜防水、砂浆防水（潮）、变形缝防水（潮）共四个项目。

卷材防水、涂膜防水的工程内容包括基层处理、抹找平层、刷粘结剂、铺防水卷材、铺保护层、接缝、嵌缝等。工程量按设计图示尺寸以面积计算；地面防水按主墙间净空面积计算，扣除凸出地面的构筑物、设备基础等所占面积，不扣除间壁墙及单个 0.3 m² 以内的柱、垛、间壁墙、烟囱和孔洞所占面积；墙基防水：外墙按中心线，内墙按净长乘以宽度计算。

砂浆防水（潮）的工程内容包括基层处理；挂钢丝网片；设置分格缝；砂浆制作、运输、摊铺、

养护。工程量计算规则与卷材防水计算规则相同。

变形缝防水(潮)的工程内容包括消缝、填塞防水材料、止水带安装、盖板制作、刷防护材料。工程量按设计图示以长度计算。

4) 屋面及防水工程量计算示例

【例 4.3.14】 某工程的平屋面及檐沟做法见图 4.3.13 中屋面及防水工程的工程量清单项目,列出清单编号、项目名称及特征描述,并计算出相应的工程量。

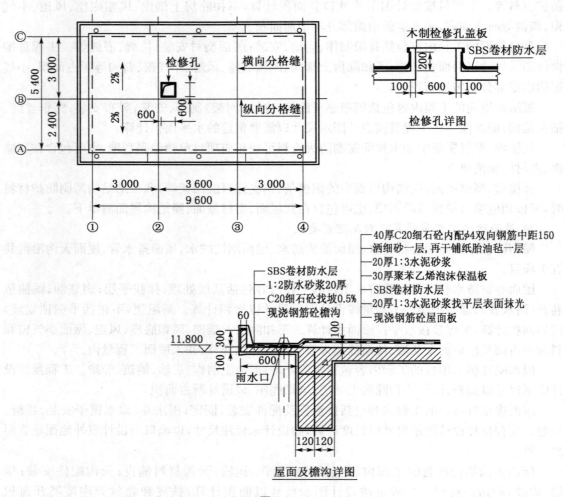

图 4.3.13

解 (1)根据计价规范的规定和图纸内容,将该工程的屋面及防水工程清单列于下表中:

序号	项目编码	项 目 名 称	计量单位	工程数量
1	010702001001	屋面卷材防水 1. 卷材品种、规格:SBS改性沥青卷材,厚 3 mm 2. 防水层作法:冷粘 3. 找平层:1:3 水泥砂浆 20 厚,分格,高强 APP 嵌缝膏嵌缝	m²	55.57

(续 表)

序号	项目编码	项 目 名 称	计量单位	工程数量
2	010702003001	屋面刚性防水 1. 防水层厚度：40 mm 2. 嵌缝材料：高强 APP 嵌缝膏嵌缝 3. 砼强度等级：C20 细石砼 4. 找平层：1∶3 水泥砂浆 20 厚，分格，高强 APP 嵌缝膏嵌缝	m²	55.01
3	010702004001	屋面排水管 1. 排水管品种、规格、颜色：白色 D110UPVC 增强塑料管 2. 排水口：D100 带罩铸铁雨水口 3. 雨水斗：矩形白色 UPVC 增强塑料雨水斗	m	73.20
4	010702005001	屋面天沟、沿沟 1. 材料品种：SBS 改性沥青卷材，厚 3 mm 2. 防水层作法：满粘 3. 找坡：C20 细石砼找坡 0.5% 4. 找平层：1∶2 防水砂浆 20 厚，不分格	m²	33.68

(2) 清单工程量的计算：

① 屋面卷材防水清单工程量。本例为平屋面，根据清单规范的规定，按水平投影面积计算，女儿墙、伸缩缝等处弯起部分的面积，并入屋面工程量内。

本条清单包括的工程内容为：20 厚 1∶3 砂浆找平层施工；卷材防水层的施工。

平屋面：$(9.60+0.24)\times(5.40+0.24)-0.70\times0.70=55.01(m^2)$

检修孔弯起：$0.70\times4\times0.20=0.56(m^2)$

合计：$S=55.01+0.56=55.57(m^2)$

② 屋面刚性防水清单工程量。按水平投影面积计算。本条清单包括的工程内容为：20 厚 1∶3 砂浆找平层施工；40 厚 C20 细石砼刚性防水层的施工。合计：

$$S=(9.60+0.24)\times(5.40+0.24)-0.70\times0.70=55.01(m^2)$$

③ 屋面排水管清单工程量。根据计算规则，按设计图示尺寸以长度计算，如设计未规定，以檐口至设计室外地面垂直距离计算。本例按檐口至设计室外地面垂直距离计算。本条清单包括的工程内容为：落水管；雨水口；雨水斗。合计：

$$L=(12.00-0.10+0.30)\times6=73.20(m)$$

④ 屋面天沟、沿沟清单工程量。本例中为卷材防水，按展开面积计算。本条清单包括的工程内容为：SBS 卷材防水；细石砼找坡；水泥砂浆抹面。合计：

$$S=(9.84+5.64)\times2\times0.1+[(9.84+0.54)+(5.64+0.54)]\times2\times0.54+[(9.84+1.08)+(5.64+1.08)]\times2\times(0.3+0.06)=33.68(m^2)$$

【例 4.3.15】 已知某工程地坡屋面中屋面及防水工程的工程量清单项目，试计算出相应的工程量。

解 (1) 根据计价规范和图纸内容，将该工程的屋面及防水工程清单列于下表中：

序号	项目编码	项目名称	计量单位	工程数量
1	010701001001	瓦屋面 1. 瓦品种、规格、颜色：420×332烟灰色水泥彩瓦，430×228脊瓦 2. 铺瓦作法：在20×30水泥砂浆挂瓦条上铺瓦 3. 基层作法：现浇砼斜板上做1：2防水砂浆20厚，分格，高强APP嵌缝膏嵌缝	m²	88.19
2	010702005001	屋面天沟、沿沟 1. 材料品种：玻璃钢 2. 规格：宽度300 mm，厚3 mm，展开长800 mm 3. 安装方式：每隔1 m用镀锌铁件固定	m²	29.44

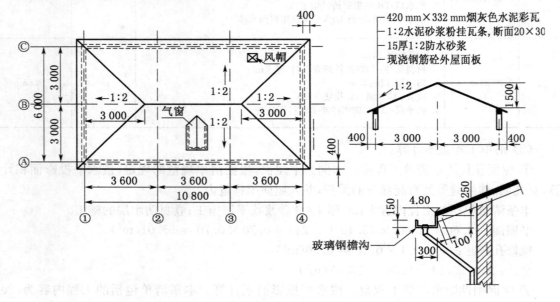

图 4.3.14

(2) 清单工程量的计算：

① 瓦屋面清单工程量。根据计算规则，按设计图示尺寸以斜面积计算，不扣除房上烟囱、风帽底座、风道、小气窗、斜沟等所占的面积，小气窗的出檐部分不增加面积。本条清单下包含的工作内容为：铺瓦；水泥砂浆挂瓦条；铺脊瓦；防水砂浆找平层。合计：

$$S = (10.80 + 0.40 \times 2) \times (6.00 + 0.40 \times 2) \times 1.118 = 88.19(m^2)$$

② 玻璃钢檐沟工程量。按展开面积计算。合计：

$$S = (0.15 + 0.30 + 0.25 + 0.1) \times [(10.80 + 0.40 \times 2) + (6.00 + 0.40 \times 2)] \times 2$$
$$= 29.44(m^2)$$

4.3.8 防腐、隔热、保温工程

防腐、隔热、保温工程包括防腐面层、其他防腐、隔热保温三部分内容。

1) 防腐面层工程量计算规则及运用要点

防腐面层包括防腐混凝土面层、防腐砂浆面层、胶泥防腐面层、玻璃钢防腐面层、聚氯乙烯板面层、块料防腐面层共六个项目。

工程量按设计图示尺寸以面积计算,扣除凸山地面的构筑物、设备基础等所占面积,砖垛等突出部分按展开面积并入墙面积内;踢脚板防腐的工程量扣除门洞所占面积并相应增加门洞侧壁面积。

防腐混凝土面层、防腐砂浆面层、胶泥防腐面层三个项目的工程内容包括基层清理;基层刷稀胶泥;砂浆制作、运输、摊铺、养护;混凝土制作、运输、摊铺、养护;胶泥调制、摊铺。

玻璃钢防腐面层的工程内容包括基层清理、刷底漆、刮腻子;胶浆配制、涂刷;粘布、涂刷面。

聚氯乙烯板面层的工程内容包括基层清理;配料、涂胶;聚氯乙烯板铺设;铺贴踢脚板。

块料防腐面层的工程内容包括基层清理;砌块料;胶泥调制、勾缝。

2) 其他防腐工程量计算规则及运用要点

其他防腐包括隔离层、砌筑沥青浸渍砖、防腐涂料三个项目。

隔离层的工程内容包括基层清理、刷油、煮沥青、胶泥调制、隔离层铺设。工程量按设计图示尺寸以面积计算,扣除凸山地面的构筑物、设备基础等所占面积,砖垛等突出部分按展开面积并入墙面积内。

砌筑沥青浸渍砖的工程内容包括基层清理、刷油、胶泥调制、浸渍砖铺砌。工程量按设计图示尺寸以面积计算。

防腐涂料的工程内容包括基层清理、刷涂料。工程量按设计图示尺寸以面积计算,扣除凸山地面的构筑物、设备基础等所占面积,砖垛等突出部分按展开面积并入墙面积内。

3) 隔热保温工程量计算规则及运用要点

隔热保温包括保温隔热屋面、保温隔热天棚、保温隔热墙共五个项目。

保温隔热屋面、保温隔热天棚的工程内容包括基层清理、铺贴保温层、刷防护材料。工程量按设计图示尺寸以面积计算,不扣除柱、垛所占面积。

保温隔热墙、保温柱的工程内容包括基层清理;底层抹灰;粘贴龙骨;填贴保温材料;粘贴面层;嵌缝;刷防护材料。保温隔热墙的工程量按设计图示尺寸以面积计算,扣除门窗洞口所占面积,门窗洞口侧壁需作保温时,并入保温墙体工程量内。保温柱的工程量按设计图示以保温层中心线展开长度乘以保温层高度计算。

隔热楼地面的工程内容包括基层清理;铺贴粘结材料;铺贴保温层;刷防护材料。工程量按设计图示尺寸以面积计算,不扣除柱、垛所占面积。

4) 防腐、隔热、保温工程量计算示例

【例 4.3.15】 列出并计算图 4.3.13 中屋面保温项目清单。根据计算规则,按设计图示尺寸以面积计算,不扣除柱、垛所占面积,找坡、找平应包括在报价内,但这里找平层已计入防水清单项目内,不再包含找平工程量。

解 根据计价规范和图纸内容,将该项目的屋面保温工程清单列于下表中:

序 号	项目编码	项 目 名 称	计量单位	工程数量
	010803001001	保温隔热屋面 1. 保温隔热部位:平屋面 2. 保温隔热方式:外保温 3. 保温隔热材料品种、规格:30 厚聚苯乙烯泡沫板	m²	55.01

工程量计算:

$S=(9.60+0.24)\times(5.4+0.24)-0.70\times0.70=55.01(m^2)$

【例 4.3.16】 列出并计算图 4.3.15 中防腐工程量清单。

解 (1) 根据计价规范和图纸内容,将该项目的防腐工程清单列于下表中:

序号	项目编码	项目名称	计量单位	工程数量
1	010801002001	防腐砂浆面层 1. 防腐部位:立面 2. 面层厚度:20 mm 3. 砂浆种类:钠水玻璃砂浆 1:0.17:1.1:1.26	m^2	38.11
2	010801006001	块料防腐面层 1. 防腐部位:地面 2. 块料品种、规格:300×200×20 铸石板 3. 粘结和勾缝材料:钠水玻璃胶泥	m^2	15.05
3	010801006002	块料防腐面层 1. 防腐部位:地面 2. 块料品种、规格:230×113×62 瓷砖 3. 粘结和勾缝材料:钠水玻璃胶泥	m^2	12.37
4	010801006003	块料防腐面层 1. 防腐部位:踢脚板 2. 块料品种、规格:300×200×20 铸石板 3. 粘结和勾缝材料:钠水玻璃胶泥	m^2	2.96
5	010802003001	防腐涂料 1. 涂刷部位:墙面 2. 基层材料类型:抹灰面 3. 涂料品种、遍数:过氯乙烯底漆 1 遍、中间漆 1 遍、面漆 1 遍	m^2	38.11

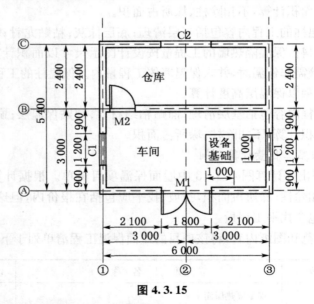

图 4.3.15

(2) 清单工程量计算(墙面抹灰面基层厚按 20 mm 考虑):

① 防腐砂浆面层计算。按设计图示尺寸以面积计算,砖垛等凸出部分按展开面积并入墙面工程量。

墙面部分:$[(6.00-0.24-0.04)\times2+(2.40-0.24-0.04)\times2]\times(2.90-0.20)=$

42.34(m²)

扣 C2 面积：$1.76 \times 1.46 = 2.57(m^2)$

扣 M2 面积：$0.86 \times 2.68 = 2.30(m^2)$

C2 侧壁增加：$(1.76 + 1.46) \times 2 \times 0.10 = 0.64(m^2)$

总面积：$S = 42.34 - 2.57 - 2.30 + 0.64 = 38.11(m^2)$

② 车间 300×200×20 铸石板地面计算。按设计图示尺寸以面积计算，应扣除凸出地面的构筑物、设备基础等。

房间面积：$(6.00 - 0.24 - 0.02 \times 2) \times (3.00 - 0.24 - 0.02 \times 2) = 15.56(m^2)$

扣设备基础：$1.00 \times 1.00 = 1.00(m^2)$

M1 开口处增加：$(0.24 + 0.02 \times 2) \times (1.80 - 0.02 \times 2) = 0.49(m^2)$

总面积：$S = 15.56 - 1.00 + 0.49 = 15.05(m^2)$

③ 仓库 230×113×62 瓷砖地面计算。

房间面积：$(6.00 - 0.24 - 0.02 \times 2) \times (2.40 - 0.24 - 0.02 \times 2) = 12.13(m^2)$

M2 开口处增加：$(0.24 + 0.02 \times 2) \times (0.90 - 0.02 \times 2) = 0.24(m^2)$

总面积：$S = 12.13 + 0.24 = 12.37(m^2)$

④ 仓库 300×200×20 踢脚板计算。根据计算规则，踢脚板扣除门洞所占面积并相应增加门洞侧壁面积。

$L = (6.00 - 0.24 - 0.04) \times 2 + (2.40 - 0.24 - 0.04) \times 2 - (0.90 - 0.04) = 14.82(m)$

$S = 14.82 \times 0.20 = 2.96(m^2)$

⑤ 仓库防腐涂料工程量计算。按设计图示尺寸以面积计算，砖垛等凸出部分按展开面积并入墙面工程量。

同仓库 20 厚钠水玻璃砂浆面层工程量：$S = 38.11(m^2)$

4.4 装饰工程计量

本节按照装饰工程量清单规范的章节顺序进行介绍。

4.4.1 楼地面工程

楼地面工程包括整体面层、块料面层、橡塑面层、踢脚线、楼梯装饰、扶手(栏杆、栏板)装饰、台阶装饰、零星装饰项目等内容。工程内容主要包括：基层清理、垫层铺设、抹找平层、防水层铺设、抹面层、材料运输。

1) 整体面层工程量计算规则及运用要点

整体面层包括水泥砂浆楼地面、现浇水磨石楼地面、细石混凝土楼地面、菱苦土楼地面四个项目。

工程量按设计图示尺寸以面积计算，扣除凸出地面构筑物、设备基础、室内铁道、地沟等所占面积，不扣除间壁墙和 $0.3 m^2$ 以内的柱、垛、附墙烟囱及孔洞所占面积，门洞、空圈、暖气包槽、壁龛的开口部分不增加面积。

水泥砂浆楼地面、细石混凝土楼地面的工程内容包括基层清理、垫层铺设、抹找平层、防水层铺设、抹面层、材料运输。

现浇水磨石楼地面的工程内容包括基层清理；垫层铺设；抹找平层；防水层铺设；面层铺

设;嵌缝条安装;磨光、酸洗、打蜡;材料运输。

菱苦土楼地面的工程内容包括基层清理;垫层铺设;抹找平层;防水层铺设;面层铺设;打蜡;材料运输。

2) 块料面层工程量计算规则及运用要点

块料面层包括石材楼地面和块料楼地面两个项目。

工程内容包括基层清理、垫层铺设、抹找平层;防水层铺设、填充层铺设;面层铺设;嵌缝;刷防护材料;酸洗、打蜡;材料运输等。

工程量按设计图示尺寸以面积计算,扣除凸出地面构筑物、设备基础、室内铁道、地沟等所占面积,不扣除间壁墙和 0.3 m² 以内的柱、垛、附墙烟囱及孔洞所占面积,门洞、空圈、暖气包槽、壁龛的开口部分不增加面积。

3) 橡塑面层工程量计算规则及运用要点

橡塑面层包括橡胶板楼地面、橡胶卷材楼地面、塑料板楼地面、塑料卷材楼地面共四个项目。

工程内容包括基层清理、铺设填充层;面层铺贴;压缝条装订;材料运输等。

工程量按设计图示尺寸以面积计算,门洞、空圈、暖气包槽、壁龛的开口部分并入相应工程内。

4) 其他材料面层工程量计算规则及运用要点

其他材料面层包括楼地面地毯、竹木地板、防静电活动地板、金属复合地板共四个项目。

工程内容包括基层清理,抹找平层、铺设填充层、龙骨铺设、基层铺设;面层铺贴;刷防护材料;材料运输等。

工程量按设计图示尺寸以面积计算,门洞、空圈、暖气包槽、壁龛的开口部分并入相应工程内。

5) 踢脚线工程量计算规则及运用要点

踢脚线按材质分类为八个项目,分别是:水泥砂浆踢脚线、石材踢脚线、块料踢脚线、现浇水磨石踢脚线、塑料板踢脚线、木质踢脚线、金属踢脚线、防静电踢脚线。

工程内容包括基层清理;底层抹灰;面层铺贴;勾缝;磨光、酸洗、打蜡;刷防护材料;材料运输。

工程量按设计图示长度乘以高度以面积计算。

6) 楼梯装饰工程量计算规则及运用要点

楼梯装饰有石材楼梯面层、块料楼梯面层、水泥砂浆楼梯面、现浇水磨石楼梯面、地毯楼梯面、木板楼梯面层六个项目。

工程内容包括基层清理;抹找平层;面层铺设;嵌缝防滑条;勾缝;刷防护材料;酸洗、打蜡;材料运输。

工程量按设计图示尺寸以楼梯(包括踏步、休息平台及 500 mm 以内的楼梯井)水平投影面积计算;楼梯与楼地面相连时,算至梯口梁内侧边沿;无梯口梁者,算至最上一层踏步边沿加 300 mm。

7) 扶手、栏杆、栏板装饰工程量计算规则及运用要点

扶手、栏杆、栏板装饰按材质分类,共有六个项目,分别是:金属扶手带栏杆、栏板;硬木扶手带栏杆、栏板;塑料扶手带栏杆、栏板;金属靠墙扶手;硬木靠墙扶手;塑料靠墙扶手。

工程内容包括制作、运输、安装、刷防护材料、刷油漆。

工程量按设计图示以扶手中心线长度(包括弯头长度)计算。

8) 台阶装饰工程量计算规则及运用要点

台阶装饰按材质分类,共有五个项目,分别是:石材台阶面、块料台阶面、水泥砂浆台阶面、现浇水磨台阶面、磨剁假石台阶面。

工程内容包括基层清理、铺设垫层、抹找平层、面层铺设、嵌防滑条、勾缝、刷防护材料、材料运输；石材台阶面另包括砂浆制作、运输；现浇水磨台阶面另包括磨光、酸洗、打蜡。

工程量按设计图示尺寸以台阶(包括最上层踏步边沿加 300 mm)水平投影面积计算。

9) 零星装饰项目工程量计算规则及运用要点

零星装饰项目包括、石材零星项目、碎拼石材零星项目、块料零星项目三个项目。

工程内容包括基层清理；抹找平层；面层铺贴；勾缝、刷防护材料；酸洗、打蜡；材料运输。

工程量按设计图示尺寸以面积计算。

10) 楼地面工程量计算示例

【例 4.4.1】 某工厂工具间如图 4.3.8 所示，水泥砂浆地面做法见苏 J 9501—2/2，其中 60 厚 C15 混凝土垫层改为 60 厚 C20 混凝土垫层，水泥砂浆踢脚线高 150 mm，计算该分项工程的清单工程量。

解 计算工程量

水泥砂浆地面：$2.76 \times 4.76 \times 3 = 39.41 (m^2)$

水泥砂浆踢脚线：$[(2.76+4.76) \times 2 \times 2 + (2.76 \times 2 + 4.76 - 0.12) \times 2 - 1.20 \times 2(M1) - 0.90 \times 2 \times 3(m^2) + 0.24 \times 2 \times 4(门洞侧) + 0.12 \times 2(门洞侧)] \times 0.15 = 6.71(m^2)$

【例 4.4.2】 某混凝土地面垫层上 1∶3 水泥砂浆找平，水泥砂浆贴供货商供应的 600 mm×600 mm 花岗岩板材，要求对格对缝，施工单位现场切割，要考虑切割后剩余板材应充分使用，墙边用黑色板材镶边线 180 mm 宽，具体分格详见图 4.4.1。门挡处不贴花岗岩。计算该地面的清单工程量。

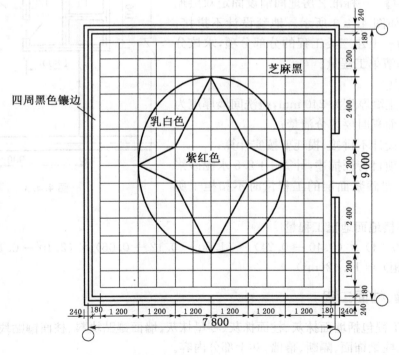

图 4.4.1

解 计算花岗岩工程量：

$(7.80-0.24)\times(9.00-0.24)=66.23(m^2)$

【例 4.4.3】 某市一学院舞蹈教室，现浇混凝土楼板上做木地板楼面，木龙骨与现浇楼板用 M8×80 膨胀螺栓固定@400×800。做法如图 4.4.2，面积 308 m^2，硬木踢脚线设计长度 80 m，油聚氨酯清漆 3 遍，毛料断面 120×20，钉在砖墙上。计算该分项工程的清单工程量。

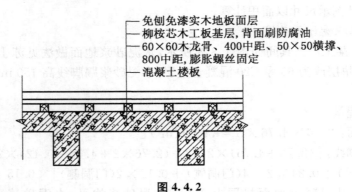

图 4.4.2

解 计算工程量

木地板楼面：308 m^2

木质踢脚线：$80\times0.12=9.60(m^2)$

【例 4.4.4】 一标准客房地面铺设固定双层地毯，轴线尺寸如图 4.4.3 所示。地毯设计不拼接，假设该工程为一土建三类工程的分部分项，求该分部分项工程的清单工程量。

[相关知识]

（1）客房主墙厚度为 240 mm，盥洗间墙厚度为 120 mm，计算面积时要区分清楚；

（2）地毯设计不拼接，损耗要按实计算；

（3）要按项目特征描述，计算 1∶2.5 水泥砂浆面层。计算水泥砂浆面层的工程量时不扣柜子所占的面积。

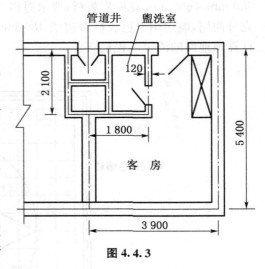

图 4.4.3

解 计算楼地面地毯工程量

$(3.90-0.24)\times(5.40-0.24)-(1.80-0.12+0.06)\times(2.10-0.12+0.06)-0.60\times2.00(柜)=17.42(m^2)$

4.4.2 墙、柱面工程

墙、柱面工程包括墙面抹灰、柱面抹灰、零星抹灰、墙面镶贴块料、柱面镶贴块料、零星镶贴块料、墙饰面、柱梁饰面、隔断、幕墙，共十部分内容。

1）墙面抹灰工程量计算规则及运用要点

墙面抹灰包括墙面一般抹灰、墙面装饰抹灰、墙面勾缝三个项目。

工程内容包括基层清理;砂浆制作、运输;底层抹灰;抹面层;抹装饰面;勾分格缝。

工程量按设计图示尺寸以面积计算;扣除墙裙、门窗洞口及单个 0.3 m² 以外的孔洞面积,不扣除踢脚线、挂镜线和墙与构件交接处的面积,门窗洞口和孔洞的侧壁及顶面不增加面积。附墙柱、梁、垛、烟囱侧壁并入相应的墙面面积内。外墙抹灰面积按外墙垂直投影面积计算;外墙裙抹灰面积按其长度乘以高度计算。内墙抹灰面积按主墙间的净长乘以高度计算,无墙裙的,高度按室内楼地面至天棚底面计算,有墙裙的,高度按墙裙顶至天棚底面计算;内墙裙抹灰面积按内墙净长乘以高度计算。

2) 柱面抹灰工程量计算规则及运用要点

柱面抹灰包括柱面一般抹灰、柱面装饰抹灰、柱面勾缝三个项目。

工程内容与墙面抹灰相同。

工程量按设计图示柱断面周长乘以高度以面积计算。

3) 零星抹灰工程量计算规则及运用要点

零星抹灰包括零星项目一般抹灰、零星项目装饰抹灰两个项目。

工程内容与墙面抹灰相同。

工程量按设计图示尺寸以面积计算。

4) 墙面镶贴块料工程量计算规则及运用要点

墙面镶贴块料包括石材墙面、碎拼石材墙面、块料墙面、干挂石材钢骨架四个项目。

石材墙面、碎拼石材墙面、块料墙面的工程内容包括基层清理;砂浆制作、运输;底层抹灰;结合层铺贴;面层铺贴;面层挂贴;面层干挂;嵌缝;刷防护材料;磨光、酸洗、打蜡。工程量按设计图示尺寸以面积计算。

干挂石材钢骨架项目的工程内容包括骨架制作、运输、安装;骨架油漆。工程量按设计图示以质量计算。

5) 柱面镶贴块料工程量计算规则及运用要点

柱面镶贴块料包括石材柱面、碎拼石材柱面、块料柱面、石材梁面、块料梁面五个项目。

工程内容与石材墙面相同。

工程量按设计图示尺寸以面积计算。

6) 零星镶贴块料工程量计算规则及运用要点

零星镶贴块料包括石材零星项目、碎拼石材零星项目、块料零星项目三个项目。

工程内容与石材墙面相同。

工程量按设计图示尺寸以面积计算。

7) 墙饰面工程量计算规则及运用要点

墙面抹灰仅装饰板墙面一个项目。

工程内容包括基层清理;砂浆制作、运输;底层抹灰;龙骨制作、运输、安装;钉隔离层;基层铺钉;面层铺贴;刷防护材料、油漆。

工程量按设计图示墙高净长乘净高以面积计算,扣除门窗洞口及单个 0.3 m² 以上的孔洞所占面积。

8) 柱(梁)饰面工程量计算规则及运用要点

柱(梁)饰面仅柱(梁)饰面装饰一个项目。

工程内容与墙饰面相同。

工程量按设计图示饰面外围尺寸以面积计算,柱帽、柱墩并入相应柱饰面工程量内。

9) 隔断工程量计算规则及运用要点

隔断仅一个项目。

工程内容包括骨架及边框制作、运输、安装;隔板制作、运输、安装;嵌缝、塞口;装钉压条;刷防护材料、油漆。

工程量按设计图示框外围尺寸以面积计算,不扣除门窗所占面积;扣除单个 0.3 m² 以上的孔洞所占面积;浴厕侧门的材质与隔断相同时,门的面积并入隔断面积内。

10) 幕墙工程量计算规则及运用要点

幕墙包括带骨架幕墙和全玻璃幕墙两个项目。

带骨架幕墙工程内容包括骨架制作、运输、安装;面层安装;嵌缝、塞口;清洗。工程量按计算设计图示框外围尺寸以面积计算;与幕墙同种材质的门窗所占面积不扣除。

全玻璃幕墙工程内容包括幕墙安装;嵌缝、塞口;清洗。工程量按设计图示尺寸以面积计算。不扣除门窗所占面积,带肋全玻幕墙按展开面积计算。

11) 墙、柱面工程量计算示例

【例 4.4.5】 一卫生间墙面装饰如图 4.4.4。做法为 12 厚 1∶3 水泥砂浆底层,5 厚素水泥砂浆结合层。已知该工程为三类工程计算该分项工程的清单工程量。

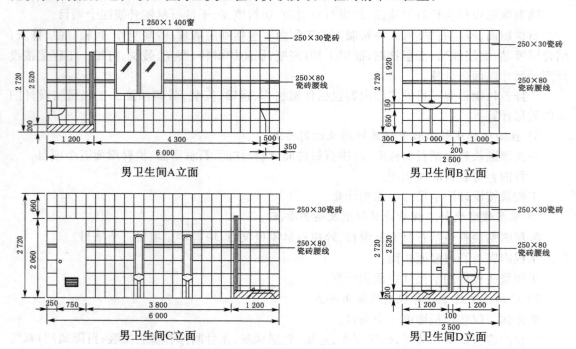

图 4.4.4

解 计算瓷砖墙面工程量:

$(2.50+6.00)\times 2\times 2.72-0.75\times 2.06-1.25\times 1.40-(2.50+1.20\times 2)\times 0.20 = 41.97(m^2)$

【例 4.4.6】 某学院门厅处一砼圆柱直径 $\phi 600$ mm,柱帽、柱墩挂贴进口黑金砂花岗岩,柱身挂贴四拼进口米黄花岗岩,灌缝1∶2水泥砂浆50 mm厚,贴好后酸洗打蜡。具体尺寸如图4.4.5。计算该分项工程的清单工程量。

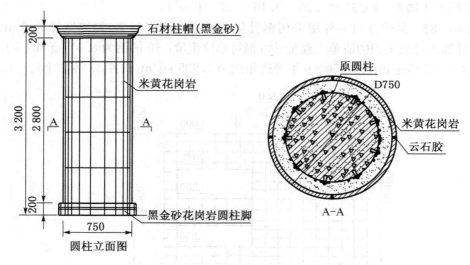

图 4.4.5

[相关知识]

按计价规范计算柱帽、柱墩工程量,按外围尺寸乘以高度以面积计算。

解 计算石材圆柱面工程量:

$$\pi \times 0.75 \times 3.20 = 7.54 (m^2)$$

【例 4.4.7】 某公司小会议室,墙面装饰如图4.4.6。200 mm宽铝塑板腰线,120 mm高红影踢脚线,有四条竖向激光玻璃装饰条(210 mm宽),激光玻璃边采用30 mm宽红影装饰线条,其余红影切片板斜拼纹。做法:预埋木砖、木龙骨24 mm×30 mm,间距300 mm×300 mm,杨木芯十二厘板基层,踢脚线基层板为12 mm厚细木工板。木龙骨木基层板刷防火漆2遍。饰面板油漆为润油粉、刮腻子、漆片、刷硝基清漆、磨退出亮。计算该分项工程的清单工程量。

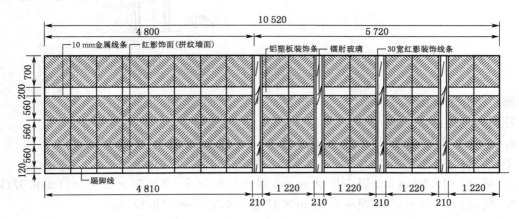

图 4.4.6

解 计算工程量

红影饰面板踢脚线：$(4.81+1.22\times4)\times0.12=1.16(\text{m}^2)$

红影饰面板墙面：$10.52\times2.70-1.16=27.24(\text{m}^2)$

【例 4.4.8】 某体育馆一外墙采用钢骨架上干挂花岗岩勾缝，勾缝宽度为 6 mm，如图 4.4.7。计算该分项工程的清单工程量（注：钢材单位重量：80 槽钢为 8.04 kg/m，$50\times50\times5$ 等边角钢为 3.77 kg/m，$80\times50\times6$ 不等边角钢为 5.935 kg/m，铁件 4.4 kg/个）。

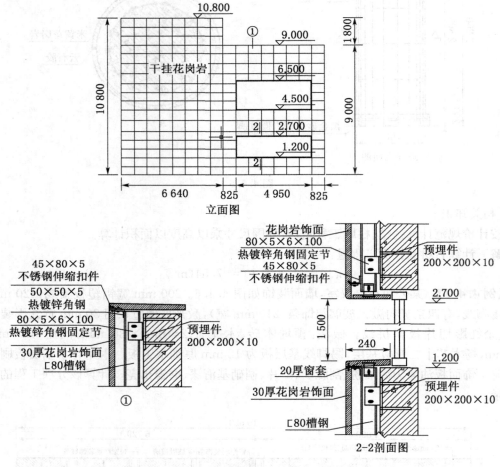

图 4.4.7

解 计算工程量

花岗岩干挂：

$6.64\times10.8+6.60\times9.00-4.95\times1.50-4.95\times2.00=113.79(\text{m}^2)$

干挂石材钢骨架：

$8^\#$ 槽钢：$(10.80\text{ m}\times9\text{ 根}+9.00\text{ m}\times8\text{ 根}-1.50\times5-2\times5)\times8.04=1\,219.67(\text{kg})$

$5^\#$ 角钢：$(6.64\text{ m}\times18\text{ 根}+6.60\text{ m}\times12\text{ 根})\times3.77=749.17(\text{kg})$

合计：$1\,968.84(\text{kg})$

【例 4.4.9】 某公司接待室墙面装饰如图 4.4.8。红榉饰面踢脚线高 120 mm，下部为红、白桦分色凹凸墙裙并带压顶线 12×25,上部大部分为丝绒软包,外框为红桦饰面。不计算油漆,计算该分项工程的清单工程量。

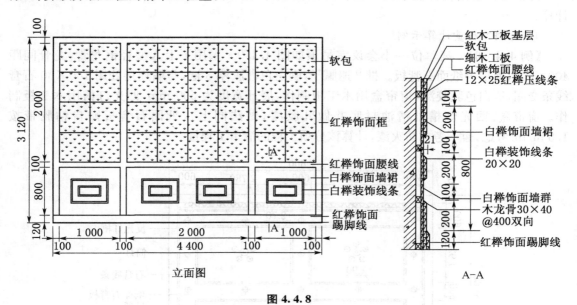

图 4.4.8

解 计算工程量

红桦饰面板踢脚线:$4.40 \times 0.12 = 0.53 (m^2)$

红、白桦饰面板墙面:$4.40 \times 3.00 - (1.00 \times 2 + 2.00) \times 2.00 = 5.20 (m^2)$

墙面丝绒软包:$(1.00 \times 2 + 2.00) \times 2.00 = 8.00 (m^2)$

4.4.3 天棚工程

天棚工程包括天棚抹灰、天棚吊顶、天棚其他装饰三部分内容。

1) 天棚抹灰工程量计算规则及运用要点

天棚抹灰仅一个项目。

工程内容包括基层清理;底层抹灰;抹面层;抹装饰线条。

工程量按设计图示尺寸以水平投影面积计算;不扣除间壁墙、垛、柱、附墙烟囱、检查口和管道所占的面积;带梁天棚、梁两侧抹灰面积并入天棚面积内;板式楼梯底面抹灰按斜面积计算,锯齿形楼梯底板抹灰按展开面积计算。

2) 天棚吊顶工程量计算规则及运用要点

天棚吊顶包括天棚吊顶、格栅吊顶、吊筒吊顶、藤条造型悬挂吊顶、织物软雕吊顶、网架(装饰)吊顶,共六个项目。

工程内容包括基层清理;龙骨安装;基层板铺贴;面层铺贴;嵌缝;刷防护材料、油漆。

工程量按设计图示尺寸以水平投影面积计算;天棚面中的灯槽及跌级、锯齿形、吊挂式、藻井式天棚面积不展开计算;不扣除间壁墙、检查口、附墙烟囱、柱垛和管道所占面积;扣除单个 $0.3 m^2$ 以外的孔洞、独立柱及与天棚相连的窗帘盒所占的面积计算。

3) 天棚其他装饰工程量计算规则及运用要点

天棚其他装饰包括灯带、送(回)风口两个项目。

工程内容包括安装、固定；刷防护材料。

灯带工程量按设计图示尺寸以框外围面积计算。送（回）风口工程量按设计图示数量计算。

4）天棚工程量计算示例

【例 4.4.10】 某单位一小会议室吊顶如图 4.4.9。采用不上人型轻钢龙骨，龙骨间距 400×600，面层为纸面石膏板。批 3 遍腻子，刷白色乳胶漆 3 遍，与墙连接处用 100×30 石膏线条交圈，刷白色乳胶漆，窗帘盒用木工板制作，展开宽度为 500 mm，回光灯槽用木工板制作。窗帘盒、回光灯槽处清油封底并做乳胶漆（做法同上），纸面石膏板贴自粘胶带按 1.5 m/m² 考虑，暂不考虑防火漆，计算该分项工程的清单工程量。

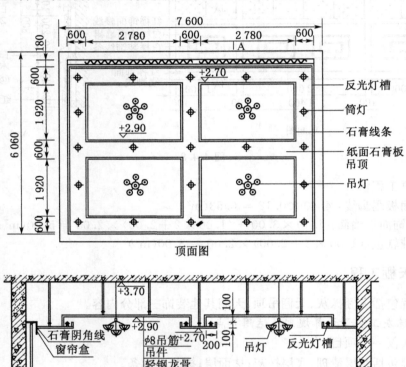

图 4.4.9

[相关知识]

计价规范计算规则规定天棚按水平投影面积计算。天棚面中的灯槽及跌级、锯齿形、吊挂式、藻井式天棚面积不展开计算。不扣除间壁墙、检查口、附墙烟囱、柱垛和管道所占面积，扣除单个 0.3 m² 以外的孔洞、独立柱及与天棚相连的窗帘盒所占面积。

解 计算轻钢龙骨纸面石膏板吊顶工程量：

$7.36 \times (5.82 - 0.18) = 41.51 (m^2)$

4.4.4 门窗工程

门窗工程包括木门、金属门、金属卷帘门、其他门、木窗、金属窗、门窗套、窗帘盒(轨)、窗台板,共九部分内容。

1) 木门工程量计算规则及运用要点

木门包括镶板木门、企口木板门、实木装饰门、胶合板门、夹板装饰门、木质防火门、木纱门、连窗门八个项目。

工程内容包括门制作、运输、安装;五金、门窗安装;刷防护材料、油漆。

工程量按设计图示数量计算。

2) 金属门工程量计算规则及运用要点

金属门包括金属平开门、金属推拉门、金属地弹门、彩板门、塑钢门、防盗门、钢质防火门七个项目。

工程内容包括门制作、运输、安装;五金、门窗安装;刷防护材料、油漆。

工程量按设计图示数量计算。

3) 金属卷帘门工程量计算规则及运用要点

金属卷帘门包括金属卷闸门、金属格栅门、防火卷帘门三个项目。

工程内容包括门制作、运输、安装;启动装置、五金安装;刷防护材料、油漆。

工程量按设计图示数量计算。

4) 其他门工程量计算规则及运用要点

其他门包括电子感应门、转门、电子对讲门、电动伸缩门、全玻门(带扇框)、全玻自由门(无扇框)、半玻门(带扇框)、镜面不锈钢饰面门,共八个项目。

工程内容包括门制作、运输、安装;五金、电子配件安装;刷防护材料、油漆。镜面不锈钢饰面门另包括包面层工作。

工程量按设计图示数量计算。

5) 木窗工程量计算规则及运用要点

木窗包括木质平开窗、木质推拉窗、矩形木百叶窗、异形木百叶窗、木组合窗、木天窗、矩形木固定窗、异形木固定窗、装饰空花木窗,共九个项目。

工程内容包括窗制作、运输、安装;五金、玻璃安装;刷防护材料、油漆。

工程量按设计图示数量计算。

6) 金属窗工程量计算规则及运用要点

金属窗包括金属推拉窗、金属平开窗、金属固定窗、金属百叶窗、金属组合窗、彩板窗、塑钢窗、金属防盗窗、金属格栅窗、特殊五金,共十个项目。

特殊五金工程内容包括五金安装;刷防护材料、油漆。工程量按设计图示数量计算。

其他窗的工程内容、工程量计算方法需考虑的内容均与木窗相同。

7) 门窗套工程量计算规则及运用要点

门窗套包括木门窗套、金属门窗套、石材门窗套、门窗木贴脸、硬木筒子板、饰面夹板筒子板六个项目。

工程内容包括清理基层;底层抹灰;立筋制作、安装;基层板安装;面层铺贴;刷防护材料、油漆。

工程量按设计图示尺寸以展开面积计算。

8) 窗帘盒(轨)工程量计算规则及运用要点

窗帘盒(轨)包括木窗帘盒、饰面夹板塑料窗帘盒、金属窗帘盒三个窗帘盒项目和一个窗帘轨项目。

工程内容包括制作、运输、安装;刷防护材料、油漆。

工程量按设计图示以长度计算。

9) 窗台板工程量计算规则及运用要点

窗台板包括木台板、铝塑窗台板、石材窗台板、金属窗台板四个项目。

工程内容包括基层清理;抹找平层;窗台板制作、安装;刷防护材料、油漆。

工程量按设计图示尺寸以长度计算。

10) 门窗工程量计算示例

【例 4.4.11】 门大样如图 4.4.10,采用木龙骨,三夹板基层外贴花樟和白桦木切片板。白木实木封边线收边,求该门扇的清单工程量,并进行项目特征描述。

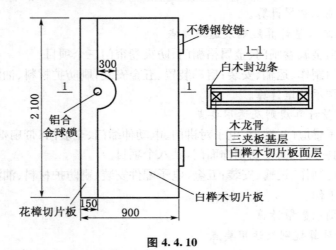

图 4.4.10

[相关知识]

门面层采用花樟和白桦木切片拼花,有部分弧形,要按实计算花樟切片板和白桦木切片板的用量。

解 (1) 确定项目编码和计量单位

夹板装饰门查计价规范项目编码为 020401005001,取计量单位为"樘"。

(2) 计算清单工程量

020401005001　　夹板装饰门:1 樘

(3) 项目特征描述

夹板装饰门,门扇面积 $0.80 \times 2.05 = 1.64 (m^2)$,门边梃断面 22.80 cm^2。三夹板基层外贴花樟和白桦木切片板,白木实木封边线收边。铝合金球形锁 1 把,不锈钢铰链 2 副,木门不油漆。

【例 4.4.12】 门大样如图 4.4.11,采用木龙骨,三夹板基层,外贴白桦木切片板,整片开洞,镶嵌红桦实木百叶风口装饰,红桦实木收边线封门边。门刷聚酯亚光漆 3 遍。求该门扇的清单工程量。

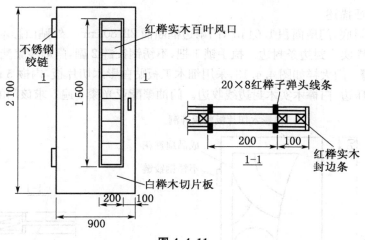

图 4.4.11

解 (1) 确定项目编码和计量单位
夹板装饰门查计价规范项目编码为 020401005001,取计量单位为樘。
(2) 计算工程量清单
020401005001　　夹板装饰门:1 樘
(3) 项目特征描述
夹板装饰门,门扇面积 1.64 m²,门扇边框断面 22.80 cm²。
三夹板基层外贴白桦木切片板,整片开洞嵌红榉实木百页风口,红榉实木封边条封边。执手锁 1 把,不锈钢铰链 2 副,门扇漆聚酯亚光清漆 3 遍。

【例 4.4.13】 门大样如图 4.4.12,采用细木工板贴白影木切片板,部分雀眼木切片板镶拼,白桦木实木封边条收边。求该门的清单工程量。

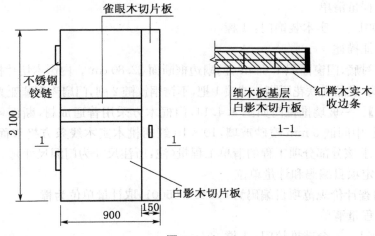

图 4.4.12

解 (1) 确定项目编码和计量单位
实木装饰门查计价规范项目编码为 020401003001,取计量单位为樘。
(2) 计算工程量清单
020401003001　　实木装饰门:1 樘

(3) 项目特征描述

实心木工板衬底,门扇面积 1.64 m²,门扇边框断面 22.80 cm²。外贴白影木切片板和雀眼木切片板拼花。白桦实木封边条封边。执手锁 1 把,不锈钢铰链 2 副,门扇漆聚酯亚光清漆 3 遍。

【例 4.4.14】 门大样如图 4.4.13,采用细木工板贴白影木切片板,内嵌 5 mm 厚喷砂玻璃,两边成品扁铁花压边,白桦木实木封边线收边。门油聚酯亚光漆 3 遍。求该门的清单工程量。

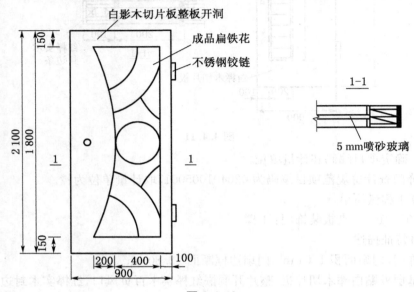

图 4.4.13

解 (1)确定项目编码和计量单位

实木装饰门查计价规范项目编码为 020401003001,取计量单位为樘。

(2) 计算工程量清单

020401003001　　实木装饰门:1 樘

(3) 项目特征描述

实心木工板衬底,门窗面积 1.64 m²,门扇边框断面 22.80 cm²。白影木切片板整片开洞镶嵌 5 mm 厚磨砂玻璃,成品扁铁花压脚。球锁 1 把,不锈钢铰链 2 副,门扇漆聚酯亚光清漆 3 遍。

【例 4.4.15】 一玻璃推拉门如图 4.4.14,门框木方采用普通成材,断面 45×140。外贴红胡桃木切片板,中间嵌 5 mm 喷砂玻璃,10×10 红胡桃木实木线条方格双面造型。门油聚酯亚光漆 3 遍。求该分部分项工程的清单工程量(注:所注尺寸为门洞尺寸)。

解 (1)确定项目编码和计量单位

全玻推拉门查计价规范项目编码为 020404005001,取计量单位为樘。

(2) 计算工程量清单

020404005001　　全玻推拉门:1 樘

(3) 项目特征描述

全玻推拉门,门扇面积 1.10×2.05＝2.26 m²,门边梃断面 63.00 cm²。普通成材框外贴红胡桃切片板,中间嵌 5 mm 喷砂玻璃,10×10 红桦实木条线条方格压边,移门导轨 1 组,拉锁 1 只。门油聚酯亚光漆 3 遍。

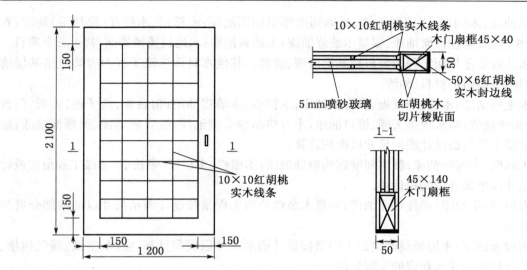

图 4.4.14

【例 4.4.16】 三冒头无腰镶板双开门,门洞尺寸 1.20 m×2.20 m。门框毛料断面为 60 cm², 门扇门肚板断面同计价表, 门设执手锁 1 把, 插销 2 只, 门铰链 4 副, 门油调和漆 3 遍, 求该门的清单工程量。

解 (1) 确定项目编码和计量单位
镶板木门查计价规范项目编码为 020401001001, 取计量单位为樘。
(2) 计算工程量清单
020401001001 镶板门木门:1 樘
(3) 项目特征描述
三冒头镶板无腰双开门, 门扇面积 $1.10 \times 2.15 = 2.37 (m^2)$, 门框断面 60 cm², 门扇边梃断面 45 cm², 门肚板厚高为 17 mm。执手锁 1 把, 插销 2 只, 门铰链 4 副, 门油调和漆 3 遍。

4.4.5 涂料、裱糊工程

涂料、裱糊工程包括门油漆、窗油漆、木扶手及其他板条线条油漆、木材面油漆、金属面油漆、抹面面油漆、喷塑涂料、花饰线条涂料、裱糊, 共九部分内容。

1) 门油漆、窗油漆工程量计算规则及运用要点

门油漆、窗油漆各包括一个项目。工程内容包括基层清理;刮腻子;刷防护材料、油漆。工程量按设计图示数量计算。

2) 木扶手用其他板条线条油漆工程量计算规则及运用要点

木扶手用其他板条线条油漆包括木扶手油漆、窗帘盒油漆、封檐板顺水板油漆、挂衣板黑板框油漆、挂镜线窗帘盒等, 共五个项目。

工程内容包括基层清理;刮腻子;刷防护材料、油漆。

工程量按设计图示以长度计算。

3) 木材面油漆工程量计算规则及运用要点

木材面油漆包括木板、纤维板、胶合板油漆;木护墙、木墙裙油漆;窗台板、筒子板、盖板、门窗套、踢脚线油漆;清水板条天棚、檐口油漆;木方格吊顶天棚油漆;吸音板墙面、天棚面油漆;

暖气罩油漆；木间壁、木隔断油漆；玻璃间壁露明墙筋油漆；木栅栏、木栏杆（带扶手）油漆；衣柜、壁柜油漆；梁柱饰面油漆；零星木装修油漆；木地板油漆；木地板烫硬蜡面，共十五个项目。

木地板烫硬蜡面工程内容包括基层清理、烫蜡。其他木材面油漆工程内容均包括基层清理；刮腻子；刷防护材料、油漆。

木地板油漆；木板、纤维板、胶合板油漆；木护墙、木墙裙油漆；窗台板、筒子板、盖板、门窗套、踢脚线油漆；清水板条天棚、檐口油漆；木方格吊顶天棚油漆；吸音板墙面、天棚面油漆；暖气罩油漆工程量按设计图示尺寸以面积计算。

木间壁、木隔断油漆；玻璃间壁露明墙筋油漆；木栅栏、木栏杆（带扶手）油漆工程量按设计图示尺寸以单面外围面积计算。

衣柜、壁柜油漆；梁柱饰面油漆；零星木装修油漆工程量按设计图示尺寸以油漆部分展开面积计算。

木地板油漆；木地板烫硬蜡面工程量按设计图示尺寸以面积计算，空洞、空圈、暖气包槽、壁龛的开口部分并入相应的工程量内。

4）金属面油漆工程量计算规则及运用要点

金属面油漆仅一个项目。工程内容包括基层清理；刮腻子；刷防护材料、油漆。

工程量按设计图示尺寸以质量计算。

5）抹灰面油漆工程量计算规则及运用要点

抹灰面油漆包括抹灰面油漆、抹灰线条油漆两个项目。

工程内容包括基层清理；刮腻子；刷防护材料、油漆。

工程量按设计图示尺寸以面积计算。

6）喷塑、涂料工程量计算规则及运用要点

喷塑、涂料仅刷喷涂料一个项目。工程内容包括基层清理；刮腻子；刷、喷涂料。

工程量按设计图示尺寸以面积计算。

7）花饰、线条刷涂料工程量计算规则及运用要点

花饰、线条刷涂料包括空花格、栏杆刷涂料和线条刷涂料两个项目。

工程内容包括基层清理；刮腻子；刷、喷涂料。

空花格、栏杆刷涂料工程量按设计图示尺寸以单面外围面积计算。线条刷涂料工程量按设计图示尺寸以长度计算。

8）裱糊工程量计算规则及运用要点

裱糊包括墙纸裱糊和织锦缎裱糊两个项目。

工程内容包括基层清理；刮腻子；面层铺粘；刷防护材料。

工程量按设计图示尺寸以面积计算。

4.4.6 其他工程

其他工程包括柜类、货架；暖气罩；浴厕配件；压条、装饰线；雨篷、旗杆；招牌、灯箱；美术字，共七大类内容。

1）柜类、货架工程量计算规则及运用要点

柜类、货架包括柜台、酒柜、衣柜、存包柜、鞋柜、书柜、厨房壁柜、木壁柜、厨房低柜、厨房吊柜、矮柜、吧台背柜、酒吧吊柜、酒吧台、展台、收银台、试衣间、货架、书架、服务台，共十四个项目。

工程内容包括台柜制作运输、安装(安放);刷防护材料、油漆。

工程量按设计图示数量计算。

2) 暖气罩工程量计算规则及运用要点

暖气罩包括饰面板暖气罩、塑料板暖气罩、金属暖气罩三个项目。

工程内容包括暖气罩制作、运输、安装;刷防护材料、油漆。

工程量按设计图示尺寸以垂直投影面积(不展开)计算。

3) 浴厕配件工程量计算规则及运用要点

浴厕配件包括洗漱台、晒衣架、帘子杆、浴缸拉手、毛巾杆(架)、毛巾环、卫生纸盒、肥皂盒、镜面玻璃、镜箱共十个项目。

工程内容包括台面及支架制作、运输、安装;杆、环、盒、配件安装;刷油漆。镜面玻璃和镜箱两项工程内容包括基层安装;箱体制作、运输、安装;玻璃安装;刷防护材料、油漆。

工程量按设计图示尺寸以台面外接矩形面积计算,不扣除孔洞、挖弯、削角所占面积,挡板、吊沿板面积并入台面面积内。晒衣架、镜箱工程量按设计图示数量计算。镜面玻璃工程量按设计图示尺寸以边框外围面积计算。

4) 压条、装饰线工程量计算规则及运用要点

压条、装饰线包括金属装饰线、木质装饰线、石材装饰线、石膏装饰线、镜面玻璃线、铝塑装饰线、塑料装饰线七个项目。

工程内容包括线条制作、安装;刷防护材料、油漆。

工程量按设计图示以长度计算。

5) 雨篷、旗杆工程量计算规则及运用要点

雨篷、旗杆包括雨篷吊挂饰面、金属旗杆两个项目。

雨篷吊挂饰面工程内容包括底层抹灰;龙骨基层安装;面层安装;刷防护材料、油漆。工程量按设计图示尺寸以水平投影面积计算。

金属旗杆项目工程内容包括土(石)方挖填;基础混凝土浇注;旗杆制作、安装;旗杆台座制作、饰面。工程量按设计图示数量计算。

6) 招牌、灯箱工程量计算规则及运用要点

招牌、灯箱包括平面、箱式招牌;竖式招牌;灯箱三个项目。

工程内容包括基层安装;箱体制作、运输、安装;面层制作、安装;刷防护材料、油漆。

平面、箱式招牌工程量按设计图示尺寸以正立面边框外围面积计算,复杂形的凸凹造型部分不增加面积。竖式招牌、灯箱工程量按设计图示数量计算。

7) 美术字工程量计算规则及运用要点

美术字包括泡沫塑料字、有机玻璃字、木质字、金属字四个项目。

工程内容包括字制作、运输、安装、刷油漆。

工程量按设计图示数量计算。

复习思考题

1. 工程量清单的作用有哪些?
2. 工程量清单的编制包括哪些内容?

3. 求如图 4-1 所示的单层厂房的建筑面积。

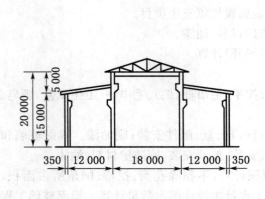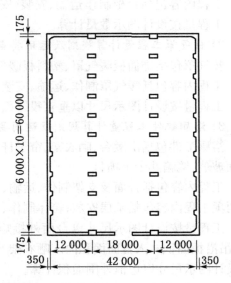

图 4-1 厂房平、剖面图

4. 某建筑物的平面图和剖面图如图 4-2 所示,求该建筑物的建筑面积。

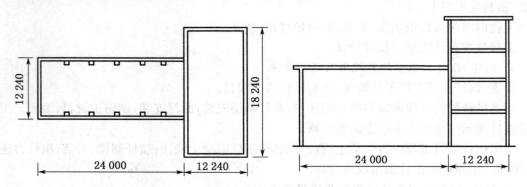

图 4-2 建筑物的平面图及剖面图

5. 试计算如图 4-3 所示的预制钢筋混凝土花篮梁的清单工程量。

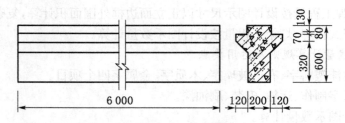

图 4-3 预制钢筋混凝土花篮梁示意图

6. 现浇混凝土有梁板计算如图 4-4 所示,计算有梁板的清单工程量。
7. 某框架结构中柱平法施工图如图 4-5 所示,已知混凝土为 C30,环境室内潮湿环境,三级抗震,该建筑共 10 层,层高为 3.3 m,试计算柱混凝土和钢筋工程的清单工程量。
8. 如图 4-6 所示,铸铁排水管共 25 根,计算屋面排水管的清单工程量。

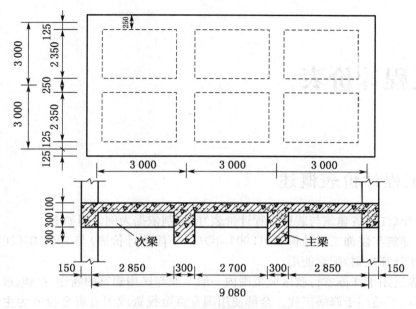

图 4-4 现浇混凝土梁板施工图

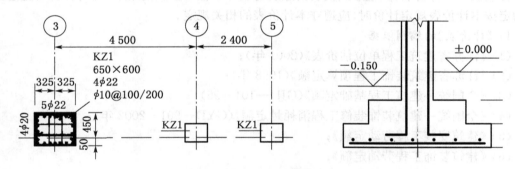

图 4-5 柱平法施工图

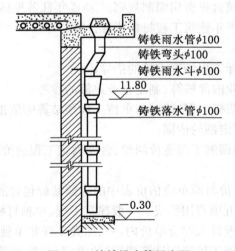

图 4-6 铸铁排水管示意图

5 工程计价表

5.1 工程计价表概述

以 2004 年《江苏省建筑与装饰工程计价表》的编制依据为例说明如下。

《江苏省建筑与装饰工程计价表》(2004 年)(以下简称计价表)与 2004 年《江苏省建筑与装饰工程费用计算规则》配套使用。

该计价表适用于江苏省行政区域范围内一般工业与民用建筑的新建、扩建、改建工程及其单独装饰工程,不适用于修缮工程。全部使用国有资金投资或国有资金投资为主的建筑与装饰工程应执行本计价表;其他形式投资的建筑与装饰工程可参照使用本计价表;当工程施工合同约定按本计价表规定计价时,应遵守本计价表的相关规定。

1)《计价表》的编制依据
(1)《江苏省建筑工程单位估价表》(2001 年);
(2)《江苏省建筑装饰工程预算定额》(1998 年);
(3)《全国统一建筑工程基础定额》(GJD—101—95);
(4)《全国统一建筑装饰装修工程消耗量定额》(GYD—901—2002 年);
(5)《建筑安装工程劳动定额》;
(6)《建筑装饰工程劳动定额》;
(7)《全国统一建筑安装工程工期定额》(2000 年);
(8)《全国统一施工机械台班费用编制规则》(2004 年江苏地区预算价);
(9) 南京市 2003 年下半年建筑工程材料指导价格。

2)《计价表》的作用
(1) 编制工程标底、招标工程结算审核的指导;
(2) 工程投标报价、企业内部核算、制定企业定额的参考;
(3) 一般工程(依法不招标工程)编制与审核工程预结算的依据;
(4) 编制建筑工程概算定额的依据;
(5) 建设行政主管部门调解工程造价纠纷、合理确定工程造价的依据。

3) 综合单价的组成
(1) 计价表中的综合单价与原单位估价表中的定额基价包含的内容不同,由人工费、材料费、机械费、管理费、利润等五项费用组成。一般建筑工程、单独打桩与制作兼打桩项目的管理费和利润,已按三类工程标准计入综合单价内,一、二类工程和单独装饰工程、大型土石方工程等应根据《江苏省建筑与装饰工程费用计算规则》的规定,对管理费和利润进行调整后计入综合单价内。

(2) 该计价表是按在正常的施工条件下,结合《江苏省建筑安装工程施工技术操作规程》(DB32)、现行的施工及验收规范和江苏省颁发的部分建筑构、配件通用图作法进行编制。该计价表的装饰项目是按一般的装饰工程中中档水准编制的,设计三星及三星级以上的宾馆、总统套房、展览馆及公共建筑等对其装修有特殊设计要求和较高艺术造型的装饰工程时,应适当补贴人工,人工标准由发承包双方在合同中确定。家庭室内装饰也执行该计价表,但在执行该计价表时其人工乘以系数 1.15。

(3) 该计价表中未包括的拆除、铲除、拆换、零星修补等项目,应按照 2004 年《江苏省房屋修缮工程预算定额》及其配套费用定额执行;未包括的水电安装项目按照《江苏省安装工程计价表》及其配套费用计算规则执行。

(4) 该计价表中规定的工作内容,均包括完成该项目过程的全部工序以及施工过程中所需的人工、材料、半成品和机械台班数量。除计价表中有规定允许调整外,其余不得因具体工程的施工组织设计、施工方法和工、料、机等耗用与计价表有出入而调整计价表中用量。

(5) 该计价表中的檐高是指设计室外地坪至檐口的高度。檐口高度按以下情况确定,如图 5.1.1:

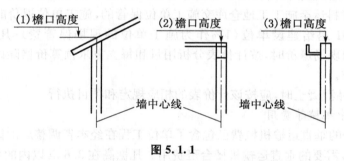

图 5.1.1

① 坡(瓦)屋面按檐墙中心线处屋面板面或椽子上表面的高度计算;
② 平屋面以檐墙中心线处平屋面的板面高度计算;
③ 屋面女儿墙、电梯间、楼梯间、水箱等高度不计入。

4)《计价表》中人工工资

该计价表人工工资分别按一类工预算工资单价为 28.00 元/工日、二类工为 26.00 元/工日、三类工为 24.00 元/工日;单独装饰工程按 30.00~45.00 元/工日进行调整后执行。每工日按八小时工作制计算。工日中包括基本用工、材料场内运输用工、部分项目的材料加工及人工幅度差。

5)《计价表》中材料消耗量及有关规定

(1) 该计价表中材料预算价格的组成:材料预算价格 =[材料原价(包括供销部门手续费和包装费)+场外运输费]×1.02(采购保管费)。

(2) 该计价表项目中的主要材料、成品、半成品均按合格的品种、规格加附录中的操作损耗以数量列入定额,次要材料以"其他材料费"按"元"列入。

(3) 周转性材料已按"规范"及"操作规程"的要求以摊销量列入相应项目。

(4) 该计价表中,混凝土以现场搅拌常用的强度等级列入项目,实际使用现场集中搅拌混凝土时综合单价应调整。该计价表按 C25 以下的混凝土以 32.5 级水泥、C25 以上的混凝土以 42.5 级水泥、砌筑砂浆与抹灰砂浆以 32.5 级水泥的配合比列入综合单价;混凝土实际使用水泥级别与计价表不符,竣工结算时以实际使用水泥级别按配合比的规定进行调整;砌筑砂浆与抹灰砂浆实际使用水泥级别与计价表不符,水泥用量不调整,价差应调整。本计价表各章项目综合单价取定的混凝土、砂浆强度等级,设计与计价表不符时可以调整。抹灰砂浆厚度、配合比与计价表取定不符,除各章已有规定外均不调整。

(5) 计价表项目中的粘土材料,如就地取土者,应扣除粘土价格,另增挖、运土方人工费用。

(6) 现浇、预制混凝土构件内的预埋铁件,应另列预埋铁件制作、安装等项目进行计算。

(7) 该计价表中,凡注明规格的木材及周转木材单价中,均已包括方板材改制成定额规格木材或周转木材的加工费。方板材改制成定额规格木材或周转木材的出材率按91%计算(所购置方板材 = 定额用量×1.098 9),圆木改制成方板材的出材率及加工费按各市造价处(站)规定执行。

(8) 该计价表项目中的综合单价、附录中的材料预算价格是作为编制预算的基础,工程实际发生的价格与定额取定价格之价差,结算时列入综合单价内。

(9) 凡建设单位供应的材料,其税金的计算基础按税务部门规定执行。建设单位完成了采购和运输并将材料运至施工工地仓库交施工单位保管的,施工单位退价时应按附录中材料预算价格除以1.01退给建设单位(1%作为施工单位的现场保管费);凡甲供木材中板材(25 mm厚以内)到现场退价时,按计价表分析用量和每立方米预算价格除以1.01再减49元后的单价退给甲方。

(10) 使用商品混凝土时,应按该计价表的相应规定和项目执行。

6)《计价表》中机械等费用

(1) 该计价表的垂直运输机械费已包含了单位工程在经本省调整后的国家定额工期内完成全部工程项目所需要的垂直运输机械台班费用。凡檐高在3.6 m以内的平房、围墙、层高在3.6 m以内的单独施工的一层地下室工程,不得计取垂直运输机械费。

(2) 该计价表的机械台班单价是按《全国统一施工机械台班费用编制规则江苏地区预算价格》(2004年)取定;其中人工工资单价为26.00元/工日;汽油3.81元/kg;柴油3.28元/kg;煤0.39元/t;电0.75元/kWh;水2.80元/m³。工程实际发生的燃料动力价差由各市造价处(站)另行处理。

(3) 该计价表,除脚手架、垂直运输费用定额已注明其适用高度外,其余章节均按檐口高度在20 m以内编制的。超过20 m时,建筑工程另按建筑物超高增加费用定额计算超高增加费,单独装饰工程则另外计取超高人工降效费。

(4) 该计价表已将2001年《江苏省建筑工程单位估价表》中的建筑物超高增加费分解为:垂直运输机械台班单价费用差、多层建筑用高层机械差价分摊费、机械降效、外脚手架垂直运输费、上下通讯联络费用归入第二十二章(垂直运输机械费);人工降效、高压水泵摊销费、垃圾管道摊销费归入第十八章(高层施工增加费);脚手架加固、脚手架材料周期延长摊销费归入第十九章(脚手架工程);脚手架挂安全网及铺安全竹笆片、洞口及临边电梯井护栏费用、电气保护安全照明设施费、消防设施及各类标牌摊销费归入安全措施费用中。

(5) 该计价表中的塔吊、施工电梯基础、塔吊电梯与建筑物连接件项目,供编制施工图预算、标底及投标报价之用,竣工结算时按其规定可作部分调整。大型机械进退场费按附录二中的有关子目执行。

5.2 土石方工程

5.2.1 土石方工程计量

1) 土、石方工程的计算规则及应用要点

(1) 挖土深度是以设计室外地坪标高为起点,至图示基础垫层底面的尺寸。

(2) 土方工程套用定额规定:挖填土方厚度在±300 mm 以内及找平为平整场地;沟槽底宽在 3 m 以内,沟槽底长大于 3 倍沟槽底宽的为挖地槽、地沟;基坑底面积在 20 m² 以内的为挖基坑;以上范围之外的均为挖土方。

(3) 平整场地工程量按建筑物底层外墙外边线,每边各加 2 m,以平方米计算。

(4) 沟槽工程量按沟槽长度乘沟槽截面积计算。沟槽长度:外墙按图示基础中心线长度计算,内墙按净长线计算(即为轴线长度扣减两端和中间交叉的基础底宽及工作面宽度);沟槽宽度:按设计宽度加基础施工所需工作面宽度计算。

(5) 挖沟槽、基坑土方需放坡时,按施工组织设计的放坡要求计算,若施工组织设计无此要求时,可按表 5.2.1 计算。

表 5.2.1 放坡高度、比例确定表

土壤类别	放坡深度规定(m)	高与宽之比		
		人工挖土	机械挖土	
			坑内作业	坑上作业
一、二类土	超过 1.20	1:0.5	1:0.33	1:0.75
三类土	超过 1.50	1:0.33	1:0.25	1:0.67
四类土	超过 2.00	1:0.25	1:0.10	1:0.33

(6) 挖沟槽、基坑土方所需工作面宽度按施工组织设计的要求计算,若施工组织设计无此要求时,可按表 5.2.2 计算。

表 5.2.2 基础施工所需工作面宽度表

基础材料	每边各增加工作面宽度(mm)
砖基础	以最底下一层大放脚边至地槽(坑)边 200
浆砌毛石、条石基础	以基础边至地槽(坑)边 150
砼基础支模板	以基础边至地槽(坑)边 300
基础垂直面做防水层	以防水层面的外表面至地槽(坑)边 800

(7) 回填土以立方米计算,基槽、坑回填土体积=挖土体积-设计室外地坪以下埋设的实体体积(基础垫层、各类基础、地下室墙、地下水池壁)及其空腔体积,室内回填土体积按主墙间净面积乘填土厚度计算。

(8) 余土外运、缺土内运工程量计算:运土工程量=回填土工程量。正值为余土外运,负值为缺土内运。

(9) 干土与湿土的划分,应以地质勘察资料为准,如无资料时以地下常水位为准,常水位以上为干土,常水位以下为湿土,采用人工降低地下水位时,干湿土的划分仍以常水位为准。

(10) 管道沟槽按图示中心线长度计算,沟底宽度设计有规定的,按设计规定;设计未规定的,按表 5.2.3 的宽度计算。

表 5.2.3　管道地沟底宽取定表　　　　单位:mm

管　径	铸铁管、钢管、石棉水泥管	砼、钢筋砼、预应力砼管
50～70	600	800
100～200	700	900
250～350	800	1 000
400～450	1 000	1 300
500～600	1 300	1 500
700～800	1 600	1 800
900～1 000	1 800	2 000
1 100～1 200	2 000	2 300
1 300～1 400	2 200	2 600

(11) 管道沟槽回填,以挖方体积减去管外径所占体积计算。管外径小于或等于 500 mm 时,不扣除管道所占体积。管外径超过 500 mm 以上时,按表 5.2.4 规定扣除。

表 5.2.4　　　　单位:m^3/m

管道名称	管道直径(mm)				
	501～600	601～800	801～1 000	1 001～1 200	1 201～1 400
钢　管	0.21	0.44	0.71		
铸铁管、石棉水泥管	0.24	0.49	0.77		
砼、钢筋砼、预应力砼管	0.33	0.60	0.92	1.15	1.35

2) 土、石方工程工程量计算实例

【例 5.2.1】 某工厂工具间基础平面图及基础详图见图 4.3.1,土壤为三类土、干土,场内运土,计算人工挖地槽工程量。

[相关知识]

(1) 挖土深度从设计室外地坪至垫层底面,三类土,挖土深度超过 1.5 m,按表 5.2.1, 1∶0.33 放坡;

(2) 垫层需支模板,工作面从垫层边至槽边,按表 5.2.2, 300 mm;

(3) 地槽长度:外墙按基础中心线长度计算,内墙按扣去基础宽和工作面后的净长线计算,放坡增加的宽度不扣。

解　工程量计算如下:

(1) 挖土深度:1.90 − 0.30 = 1.60(m)

(2) 槽底宽度(加工作面):
$$1.20 + 0.30 \times 2 = 1.80(m)$$

(3) 槽上口宽度(加放坡长度):
$$放坡长度 = 1.60 \times 0.33 = 0.53(m)$$
$$1.80 + 0.53 \times 2 = 2.86(m)$$

(4) 地槽长度

外： $(9.0+5.0)\times 2=28.0(m)$

内： $(5.0-1.80)\times 2=6.40(m)$

(5) 体积：

$1.60\times(1.80+2.86)\times 1/2\times(28.0+6.40)=128.24(m^3)$

(6) 挖出土场内运输：$128.24(m^3)$

【例 5.2.2】 某建筑物地下室见图 4.3.2，地下室墙外壁做涂料防水层，施工组织设计确定用反铲挖掘机挖土，土壤为三类土，机械挖土坑内作业，土方外运 1 km，回填土已堆放在距场地 150 m 处，计算挖土方工程量及回填土工程量。

[相关知识]

(1) 三类土、机械挖土深度超过 1.5 m，按表 5.2.1，1：0.25 放坡；

(2) 垂直面做防水层，工作面从防水层的外表面至地坑边，按表 5.2.2，800 mm；

(3) 机械挖不到的地方，人工修边坡，整平的工程量需人工挖土方，但量不得超过挖土方总量的 10%；

(4) 计算回填土时，用挖出土总量减设计室外地坪以下的垫层，整板基础，地下室墙及地下室净空体积。

解 工程量计算如下：

(1) 挖土深度：$3.50-0.45=3.05(m)$

(2) 坑底尺寸(加工作面，从墙防水层外表面至坑边)：

$30.30+0.80\times 2=31.90(m)$

$20.30+0.80\times 2=21.90(m)$

(3) 坑顶尺寸(加放坡长度)：

放坡长度 $=3.05\times 0.25=0.76(m)$

$31.90+0.76\times 2=33.42(m)$

$21.90+0.76\times 2=23.42(m)$

(4) 体积：

$(31.9\times 21.9+33.42\times 23.42+65.32\times 45.32)\times 3.05/6=2\,257.82(m^3)$

其中：人工挖土方量

坑底整平： $0.20\times 31.9\times 21.9=139.72(m^3)$

修边坡： $0.10\times(31.9+33.42)\times 1/2\times 3.14\times 2=20.51(m^3)$

$0.10\times(21.9+23.42)\times 1/2\times 3.14\times 2=14.23(m^3)$

人工挖土方： $139.72+20.51+14.23=174.46(m^3)$（未超过挖土方总量的 10%）

机械挖土方： $2\,257.82-174.46=2\,083.36(m^3)$

(5) 回填土 挖土方总量：$2\,257.82\ m^3$

减垫层量：$65.10\ m^3$（参见例 4.3.2）

减底板：$256.26\ m^3$（参见例 4.3.2）

减地下室：$1\,568.48\ m^3$（参见例 4.3.2）

回填土量:$2\,257.82-65.10-256.26-1\,568.48=367.98(m^3)$

5.2.2 土石方工程计价

1) 土石方工程计价表有关说明和注意事项

(1) 本章定额中的人工单价按三类工标准计算,工资单价是每工日 24 元,与 2001 估价表中综合人工工资单价不同。

(2) 2001 估价表土石方工程人工挖湿土子目中的抽水费,轻型井点降水,基坑、地下室排水属于施工措施,现计价表不在本章考虑,如需要排水应根据施工组织设计的要求在措施项目中计算排水费用。

(3) 人工挖地槽、地坑、土方根据土壤类别套用相应定额,人工挖地槽、地坑、土方在城市市区或郊区一般按三类土定额执行。

(4) 利用挖出土回填或余土外运时,堆积期在一年以内的土,除按运土方定额执行外,还要计算挖一类土的定额项目。回填土取自然土时,按土壤类别执行挖土定额。

(5) 机械挖土方定额是按三类土计算的,如实际土壤类别不同时,定额中机械台班量按表 5.2.5 的系数调整。

表 5.2.5 机械挖土方机械台班量系数调整表

项 目	三类土	一、二类土	四类土
推土机推土方	1.00	0.84	1.18
铲运机铲运土方	1.00	0.84	1.26
自行式铲运机铲运土方	1.00	0.86	1.09
挖掘机挖土方	1.00	0.84	1.14

(6) 机械挖土方工程量,按机械实际完成工程量计算。机械挖不到的地方,人工修边坡、整平的土方工程量套用人工挖土方相应定额项目,其中人工乘以系数 2(人工挖土方的量不得超过挖土方总量的 10%)。

(7) 定额中自卸汽车运土,对道路的类别及自卸汽车的吨位已综合计算,套定额时只要根据运土距离选择相应项目。

(8) 自卸汽车运土定额是按正铲挖掘机挖土装车考虑的,如系反铲挖掘机挖土装车,则自卸汽车运土台班量乘系数 1.1。

2) 土石方工程计价实例

【例 5.2.3】 某工厂工具间基础平面图及基础详图见图 4.3.1,土壤为三类土、干土,场内运土,要求人工挖土,工程量在例 5.2.1 中已计算,现按计价表规定计价。

[相关知识]

(1) 沟槽底宽在 3 m 以内,沟槽底长是底宽的 3 倍以上,该土方应按人工挖地槽、地沟定额执行;

(2) 按土壤类别、挖土深度套相应定额;

(3) 运土距离和运土工具按施工组织设计要求定。

解 计价表计价如下:

(1) 三类干土、挖土深度 1.6 m(深度 3 m 以内)

计价表1—24　人工挖地槽　每立方米综合单价：16.77元,则
人工挖地槽综合价：128.24×16.77＝2 150.58(元)
(2) 场内运土150 m,用双轮车运土
计价表1—92　　运距在50 m以内
　　　1—95　　运距在500 m以内每增加50 m
　　　1—92+95×2　人力车运土150 m
每立方米综合单价：6.25+1.18×2＝8.61(元)
人力车运土综合价：128.24×8.61＝1 104.15(元)

【例5.2.4】　某建筑物地下室见图4.3.2,地下室墙外壁做涂料防水层,施工组织设计确定用反铲挖掘机挖土,土壤为三类土,机械挖土坑内作业,土方外运1 km,回填土已堆放在距场地150 m处,工程量在例5.2.2中已计算,三类工程,按计价表规定计价。

[相关知识]
(1) 用何种型号的挖土机械应按施工组织设计的要求和现场实际使用机械定;
(2) 机械挖土不分挖土深度及干湿土(如土含水率达到25％时,定额中人工、机械要乘系数);
(3) 修边坡,整平等人工挖土方按相关定额人工乘系数"2";
(4) 挖出土场内堆放或转运距离或全部外运距离均按施工组织设计要求计算,本例题中挖出土全部外运1 km,其中人工挖土部分在坑内集中堆放,人工运土20 m,再由挖掘机挖出外运(松散土,按虚方体积算);
(5) 反铲挖掘机挖土装车,自卸汽车运土台班量要乘系数"1.10";
(6) 机械挖一类土,定额中机械台班数量要按表5.2.4乘系数;
(7) 回填土要考虑挖、运;
(8) 挖土机械进退场费在措施项目中计算;
(9) 单独编制概预算或在一个单位工程内挖方或填方在5 000 m³以上按大型土石方工程调整管理费和利润,本题不属此范围,仍按一般土建三类工程计算。

解　计价表计价如下：
(1) 斗容量1 m³以内反铲挖掘机挖土装车
计价表1—202　反铲挖掘机挖土装车　每1 000 m³综合单价：2 657.21元
反铲挖掘机挖土装车综合价：2.083×2 657.21＝5 534.97(元)
(2) 自卸汽车运土1 km(反铲挖掘机装车)
计价表1—239 换　自卸汽车台班乘"1.10"
　　　　　　　增　自卸汽车台班：8.127×0.10×619.83＝503.74(元)
　　　　　　　增　管理费：503.74×25％＝125.94(元)
　　　　　　　增　利润：503.74×12％＝60.45(元)
自卸汽车运土每1 000 m³综合单价：
　　　7 121.18+503.74+125.94+60.45＝7 811.31(元)
自卸汽车运土1 km综合价：2.083×7 811.31＝16 270.96(元)
(3) 人工修边坡整平,三类干土,深度3.05 m
计价表1—3　挖土方1.5 m以内

1—11　挖土深度超过 1.5 m,在 4 m 以内增加费

1—3+11 换　人工挖土方深在 4 m 以内

定额价换算：人工乘系数"2"该项只有人工费、管理费、利润,因此也是综合单价乘以"2"

每立方米综合单价：$(10.19+4.60)\times 2=29.58$（元）

人工挖土方综合价：$174.46\times 29.58=5\,160.53$（元）

（4）人工挖土方的量基坑内运输 20 m

计价表 1—89　人工运土 20 m　每立方米综合单价：1.79 元

人工运土综合价：$174.46\times 1.79=312.28$（元）

（5）人工挖出的土用挖掘机挖出装车（人工挖土部分）

计价表 1—202 换　反铲挖掘机挖一类土、装车

定额价换算：机械台班乘系数"0.84"

减　挖掘机机械费：$2.264\times(1-0.84)\times 781.10=282.94$（元）

减　推土机机械费：$0.226\times(1-0.84)\times 438.75=15.87$（元）

减　管理费：$(282.94+15.87)\times 25\%=74.70$（元）

减　利润：$(282.94+15.87)\times 12\%=35.86$（元）

挖掘机挖一类土、装车每 $1\,000\,m^3$ 综合单价：

$2\,657.21-282.94-15.87-74.70-35.86=2\,247.84$（元）

机械挖土工程量（折算为虚方体积）：$174.46\times"1.30"=226.80(m^3)$

机械挖土方综合价：$0.227\times 2\,247.84=510.26$（元）

（6）自卸汽车运土 1 km,反铲挖掘机装车（人工挖土部分）

计价表 1—239 换　自卸汽车运土 1 km（同第 2 项计算）

每 $1\,000\,m^3$ 综合单价：7 811.31 元

自卸汽车运土 1 km 综合价：$0.227\times 7\,811.31=1\,773.17$（元）

（7）回填土,人工回填夯实

计价表 1—104　基坑回填土　每立方米综合单价：10.70 元

基坑回填土综合价：$367.98\times 10.70=3\,937.39$（元）

（8）挖回填土,堆积期在一年以内,为一类土

计价表 1—1　人工挖土方　每立方米综合单价：3.95 元

人工挖土方综合价：$367.98\times 3.95=1\,453.52$（元）

（9）双轮车运回填土 150 m

计价表 1—92+95×2　人力车运土 150 m 每立方米综合单价：$6.25+1.18\times 2=8.61$（元）

人力车运土综合价：$367.98\times 8.61=3\,168.31$（元）

5.3　打桩及基础垫层工程

5.3.1　打桩及基础垫层工程计量

1）桩及基础垫层工程的计算规则及运用要点

（1）打预制钢筋混凝土桩的工程量,按设计桩长（包括桩尖长度）乘以桩身截面面积以立

方米计算,管桩则应扣除空心体积。

(2) 打预制桩需送桩,送桩长度从桩顶面标高至自然地坪另加 500 mm,乘以桩身截面面积以立方米计算。

(3) 泥浆护壁钻孔灌注桩,钻孔与灌注混凝土分别计算,钻土孔从自然地面至桩底或至岩石表面的深度乘以桩身截面面积以立方米计算,钻岩石孔则以入岩深度乘以桩身截面面积以立方米计算。泥浆外运体积按钻孔体积计算。

(4) 灌注桩按设计桩长包括桩尖另加一个直径(设计有规定时,加设计要求长度)乘以桩身截面面积以立方米计算。

(5) 深层搅拌桩,按设计桩长加 500 mm(设计有规定时,加设计要求长度),乘以设计桩身截面面积以立方米计算,群桩之间的搭接不扣除。

(6) 凿灌注砼桩头按立方米计算,凿、截断预制桩以根计算。

2) 打桩及基础垫层工程工程量计算实例

【例 5.3.1】 某工程桩基础为现场预制砼方桩(见图 4.3.3),C30 商品砼,室外地坪标高 −0.3 m,桩顶标高 −1.80 m,桩计 150 根,计算与打桩有关的工程量。

[相关知识]

(1) 设计桩长包括桩尖,不扣除桩尖虚体积;

(2) 送桩长度从桩顶面到自然地面另加 500 mm;

(3) 桩的制作砼按设计桩长乘以桩身截面积计算,钢筋按设计图纸和规范要求计算在钢筋工程内,模板按接触面积计算在措施项目内。

解 工程量计算如下:

(1) 打桩:桩长 = 桩身 + 桩尖 = 8.0 + 0.4 = 8.40(m)

$$0.30 \times 0.30 \times 8.40 \times 150 = 113.40(m^3)$$

(2) 送桩:长度 = 1.50 + 0.5 = 2.0(m)

$$0.30 \times 0.30 \times 2.0 \times 150 = 27.0(m^3)$$

(3) 凿桩头:150 根

【例 5.3.2】 某工程桩基础是钻孔灌注砼桩(见图 4.3.4),C25 砼现场搅拌,土孔中砼充盈系数为 1.25,自然地面标高 −0.45 m,桩顶标高 −3.0 m,设计桩长 12.30 m,桩进入岩层 1 m,桩直径 ϕ600 mm,计 100 根,泥浆外运 5 km。计算与桩有关的工程量。

[相关知识]

(1) 钻土孔与钻岩石孔分别计算;

(2) 钻土孔深度从自然地面至岩石表面,钻岩石孔深度为入岩深度;

(3) 土孔与岩石孔灌注砼的量分别计算;

(4) 灌注砼桩长是设计桩长(包括桩尖),另加一个桩直径,如果设计有规定时,则加设计要求长度;

(5) 砌泥浆池的工料费用在编制标底时暂按每立方米桩 1.0 元计算,结算时按实调整。

解 工程量计算如下:

(1) 钻土孔:深度 = 15.30 − 0.45 − 1.0 = 13.85(m)

$$0.30 \times 0.30 \times 3.14 \times 13.85 \times 100 = 391.40(m^3)$$

(2) 钻岩石孔：深度 = 1.0(m)

$$0.30 \times 0.30 \times 3.14 \times 1.00 \times 100 = 28.26(m^3)$$

(3) 灌注砼桩（土孔）：桩长 = 12.30 + 0.60 - 1.0 = 11.90(m)

$$0.30 \times 0.30 \times 3.14 \times 11.90 \times 100 = 336.29(m^3)$$

(4) 灌注砼桩（岩石孔）：桩长 = 1.0(m)

$$0.30 \times 0.30 \times 3.14 \times 1.00 \times 100 = 28.26(m^3)$$

(5) 泥浆外运 = 钻孔体积 = 391.40 + 28.26 = 419.66(m^3)

(6) 砖砌泥浆池 = 桩体积 = 336.29 + 28.26 = 364.55(m^3)

(7) 凿桩头：$0.30 \times 0.30 \times 3.14 \times 0.60 \times 100 = 16.96(m^3)$

5.3.2 打桩及基础垫层工程计价

1）打桩及基础垫层工程计价表有关说明和注意事项

(1) 打桩机的类别、规格在定额中不换算，但打桩机及为打桩机配套的施工机械进（退）场费、组装、拆卸费按实际进场机械的类别、规格在措施项目中计算。

(2) 每个单位工程的打（灌注）桩工程量小于表5.3.1规定数量时，为小型工程，其人工、机械（包括送桩）按相应定额项目乘系数1.25。

表 5.3.1 小型打（灌注）桩工程工程量指标　　　　　　　　　　单位：m^3

项　目	工程量
预制钢筋砼方桩	150
预制钢筋砼离心管桩	50
打孔灌注砼桩	60
打孔灌注砂桩、碎石桩、砂石桩	100
钻孔灌注砼桩	60

(3) 打预制方桩、离心管桩的定额中已综合考虑了300 m的场内运输，当场内运输超过300 m时，运输费另外计算，同时扣除定额内的场内运输费。

(4) 打预制桩定额中不含桩本身，只有1%的桩损耗，桩的制作费另按第四章、第五章相应定额计算。

(5) 各种灌注桩的定额中已考虑了灌注材料的充盈系数和操作损耗（表5.3.2），但这个数量是供编制标底时参考使用的，结算时灌注材料的充盈系数应按打桩记录的灌入量进行计算，但操作损耗不变。

表 5.3.2 灌注桩充盈系数及操作损耗率

项 目 名 称	充 盈 系 数	操作损耗率（%）
打孔沉管灌注砼桩	1.20	1.50
打孔沉管灌注砂（碎石）桩	1.20	2.00
打孔沉管灌注砂石桩	1.20	2.00
钻孔灌注砼桩（土孔）	1.20	1.50
钻孔灌注砼桩（岩石孔）	1.10	1.50
打孔沉管夯扩灌注砼桩	1.15	2.00

(6) 钻孔灌注砼桩钻孔定额中,已含挖泥浆池及地沟土方的人工,但不含砌泥浆池的人工及耗用材料,在编制标底时暂按每立方米桩 1.0 元计算,结算时按实调整。

(7) 灌注桩中设计有钢筋笼时,按计价表第四章相应定额计算。

(8) 本计价表中,灌注砼桩的砼灌注,有三种方法,即:现场搅拌砼,泵送商品砼,非泵送商品砼,应根据设计要求或施工方案选择使用。

(9) 砼垫层厚度在 15 cm 以内时,按垫层计算,厚度超过 15 cm 时按砼基础计算。

(10) 整板基础下的垫层采用压路机碾压时,人工乘系数 0.9,垫层材料乘系数 1.15,定额中的电动打夯机取消,改为光轮压路机(8 t)0.022 台班。

2) 打桩及基础垫层工程计价实例

【例 5.3.3】 某工程桩基础为现场预制砼方桩(见图 4.3.3),C30 商品砼,室外地坪标高 -0.3 m,桩顶标高 -1.80 m,桩计 150 根,工程量在例 5.3.1 中已计算,现按计价表规定计价。

[相关知识]

(1) 本工程桩工程量小于表 5.3.1 中的工程量,属小型工程,打桩的人工、机械(包括送桩)按相应定额乘系数"1.25";

(2) 打桩定额中预制桩 1‰ 损耗为 C35 砼,砼强度等级不同按规定不调整;

(3) 桩基础的工程类别要根据桩长划分,本工程为桩基础工程三类工程,其管理费、利润的计取标准,均与定额不同,应按制作兼打桩的费率调整综合单价。

解 计价表计价如下:

(1) 桩制作,用 C30 非泵送商品砼

计价表 5—334 方桩制作(管理费应由 25% 调整为 14%,利润应由 12% 调整为 8%,此过程可在电脑上操作调整,在本例题中不再细述)

每立方米综合单价:327.89 元

方桩制作综合价:$113.40 \times 327.89 = 37\,182.73$(元)

(2) 打预制方桩,桩长 8.4 m,工程量小于 150 m³

计价表 2—1 换 打预制方桩 桩长 12 m 以内(管理费由 11% 调整为 14%,利润由 6% 调整为 8%)

综合单价:172.75 元

定额价换算:小型工程,人工、机械乘系数"1.25"

    增 人工费:$0.82 \times 0.25 \times 24.0 = 4.92$(元)

    增 机械费:$0.102 \times 0.25 \times 719.46 = 18.35$(元)

    增 管理费:$(4.92 + 18.35) \times 14\% = 3.26$(元)

    增 利 润:$(4.92 + 18.35) \times 8\% = 1.86$(元)

打预制方桩每立方米综合单价:$172.75 + 4.92 + 18.35 + 3.26 + 1.86 = 201.14$(元)

打预制方桩综合价:$113.40 \times 201.14 = 22\,809.28$(元)

(3) 预制方桩送桩,桩长 8.4 m,送桩长度 2 m

计价表 2—5 换 预制方桩送桩,桩长 12 m 以内(管理费由 11% 调整为 14%,利润由 6% 调整为 8%)

综合单价:150.30 元

定额价换算：小型工程，人工、机械乘系数"1.25"
  增 人 工 费：$0.94 \times 0.25 \times 24.0 = 5.64$(元)
  增 机 械 费：$0.117 \times 0.25 \times 719.46 = 21.04$(元)
  增 管 理 费：$(5.64 + 21.04) \times 14\% = 3.74$(元)
  增 利 润：$(5.64 + 21.04) \times 8\% = 2.13$(元)
预制方桩送桩每立方米综合单价：
$$150.30 + 5.64 + 21.04 + 3.74 + 2.13 = 182.85(元)$$
预制方桩送桩综合价：$27.0 \times 182.85 = 4\,936.95$(元)
（4）预制方桩凿桩头
计价表 2—102 凿方桩桩头 每 10 根桩综合单价：83.99 元
凿桩头综合价：$15.0 \times 83.99 = 1\,259.85$(元)

【例 5.3.4】 某工程桩基础是钻孔灌注砼桩（见图 4.3.4），C25 砼现场搅拌，土孔中砼充盈系数为 1.25，自然地面标高 -0.45 m，桩顶标高 -3.0 m，设计桩长 12.30 m，桩进入岩层 1 m，桩直径 $\phi600$ mm，计 100 根，泥浆外运 5 km。工程量在例 5.3.2 中已计算，现按计价表规定计价。

[相关知识]
（1）钻土孔、岩石孔，灌注砼桩土孔、岩石孔，均分别套相应定额；
（2）砼强度等级与定额不同要换算；
（3）充盈系数与定额不符要调整砼灌入量，但操作损耗不变；
（4）在投标报价时砖砌泥浆池要按施工组织设计要求计算工、料费用。

解 计价表计价如下：
（1）钻 $\phi600$ mm 土孔
计价表 2—29 钻土孔 每立方米综合单价：177.38 元
钻土孔综合价：$391.40 \times 177.38 = 69\,426.53$(元)
（2）钻 $\phi600$ mm 岩石孔
计价表 2—32 钻岩石孔 每立方米综合单价：749.58 元
钻岩石孔综合价：$28.26 \times 749.58 = 21\,183.13$(元)
（3）自拌砼灌土孔桩
计价表 2—35 换 钻土孔灌注 C25 砼桩
定额价换算：C25 砼 充盈系数"1.25"
    C25 砼用量：$1.25 + 0.018 = 1.268(\text{m}^3)$
  增 004009 C25 砼：$1.268 \times 211.42 = 268.08$(元)
  减 004011 C30 砼：$1.218 \times 218.56 = 266.21$(元)
C25 砼桩每立方米综合单价：
$$305.26 + 268.08 - 266.21 = 307.13(元)$$
钻土孔灌注砼桩综合价：$336.29 \times 307.13 = 103\,284.75$(元)
（4）自拌砼灌岩石孔桩
计价表 2—36 换 钻岩石孔灌注 C25 砼桩

定额价换算：C25 砼充盈系数同定额

C30 砼换为 C25 砼，减材料费

$$1.117 \times (218.56 - 211.42) = 7.98(元)$$

C25 砼桩每立方米综合单价：$280.05 - 7.98 = 272.07(元)$

钻岩石孔灌注桩综合价：$28.26 \times 272.07 = 7\,688.70(元)$

(5) 泥浆外运 5 km

计价表 2—37　泥浆外运　每立方米综合单价：76.45 元

泥浆外运综合价：$419.66 \times 76.45 = 32\,083.01(元)$

(6) 泥浆池费用

按施工组织设计要求泥浆池经计算工料费用为 2 000 元(计算略)。

(7) 灌注桩凿桩头

计价表 2—101　凿灌注桩桩头　每立方米综合单价：66.83 元

凿灌注桩桩头综合价：$16.96 \times 66.83 = 1\,133.44(元)$

5.4　砌筑工程

5.4.1　砌筑工程计量

1) 砌筑工程的计算规则及运用要点

(1) 砖基础工程量按设计图示尺寸以体积计算，其具体计算方法与计价规范中砖基础计算规则一致，基础与墙身的划分原则与计价规范一致。

(2) 墙体的工程量按设计图示尺寸以体积计算，其具体计算方法与计价规范中墙体计算规则基本一致，个别规则与计价规范不同，如内墙高度算至楼板板底(计价规范是算至楼板板顶)；突出墙面的压顶线、门窗套，三皮砖以内的腰线、挑檐等体积不增加，附墙砖垛，三皮砖以上的腰线、挑檐等体积，并入墙身体积内计算(计价规范是不论三皮砖以下或三皮砖以上的腰线、挑檐，突出墙面部分均不计算体积)。

(3) 砖砌地下室外墙、内墙均按相应内墙定额计算。

(4) 砌块墙、多孔砖墙中，窗台虎头砖、腰线、门窗洞边接茬用标准砖已综合在定额内，不再另外计算。

(5) 各种砌块墙按图示尺寸计算，砌块内的空心体积不扣除，砌体中设计有钢筋砖过梁时，按小型砌体定额计算。

(6) 墙基防潮层按墙基顶面水平宽度乘以长度以平方米计算。

(7) 阳台砖隔断按相应内墙定额执行。

2) 砌筑工程工程量计算实例

【例 5.4.1】　某工厂工具间基础平面图及基础详图见图 4.3.1，室内地坪±0.00 m，防潮层-0.06 m，防潮层以下用 M10 水泥砂浆砌标准砖基础，防潮层以上为多孔砖墙身。计算砖基础、防潮层的工程量。

[相关知识]

(1) 基础与墙身使用不同材料的分界线位于-60 mm处,在设计室内地坪± 300 mm范围以内,因此-0.06 m以下为基础,-0.06 m以上为墙身;

(2) 墙的长度计算:外墙按中心线,内墙按净长线,大放脚T型接头处重叠部分不扣除。

解 工程量计算如下:

(1) 外墙基础长度:外:$(9.0+5.0)\times 2=28.0$(m)

  内墙基础长度:内:$(5.0-0.24)\times 2=9.52$(m)

(2) 基础高度:$1.30+0.30-0.06=1.54$(m)

  大放脚折加高度:等高式,240厚墙,2层,双面,0.197(m)

(3) 体积:$0.24\times(1.54+0.197)\times(28.0+9.52)=15.64$(m³)

(4) 防潮层面积:$0.24\times(28.0+9.52)=9.00$(m²)

【例5.4.2】 某工厂工具间平面图、剖面图、墙身大样图见图4.3.8,构造柱240 mm×240 mm,有马牙槎与墙嵌接,圈梁240 mm×300 mm,屋面板厚100 mm,门窗上口无圈梁处设置过梁厚120 mm,过梁长度为洞口尺寸两边各加250 mm,窗台板厚60 mm,长度为窗洞口尺寸两边各加60 mm,窗两侧有60 mm宽砖砌窗套,砌体材料为KP1多孔砖,女儿墙为标准砖,计算墙体工程量。

[相关知识]

(1) 墙的长度计算:外墙按外墙中心线,内墙按内墙净长线;

  墙的高度计算:现浇平屋(楼)面板,算至板底,女儿墙自屋面板顶算至压顶底;

(2) 计算工程量时,要扣除嵌入墙身的柱、梁、门窗洞口,突出墙面的窗套不增加;

(3) 扣构造柱要包括与墙嵌接的马牙槎,本图构造柱与墙嵌接面有20个;

(4) 因计价表中KP1多孔砖内、外墙为同一定额子目,若砌筑砂浆标号一致,可合并计算。

解 工程量计算如下:

(1) 一砖墙

① 墙长度:外:$(9.0+5.0)\times 2=28.0$(m)

  内:$(5.0-0.24)\times 2=9.52$(m)

② 墙高度:(扣圈梁、屋面板厚度,加防潮层至室内地坪高度)

$$2.8-0.30+0.06=2.56(m)$$

③ 外墙体积:外:$0.24\times 2.56\times 28.0=17.20$(m³)

  减:构造柱、窗台板、门窗洞(参见例4.3.6)

  外墙体积:11.47 m³

④ 内墙体积:内:$0.24\times 2.56\times 9.52=5.85$(m³)

  减:构造柱、过梁、门洞(参见例4.3.6)

  内墙体积:4.79 m³

⑤ 一砖墙合计:$11.47+4.79=16.26$(m³)

(2) 半砖墙

① 内墙长度:$3.0-0.24=2.76$(m)

② 墙高度:$2.80-0.10=2.70$(m)

③ 体积：$0.115 \times 2.70 \times 2.76 = 0.86(m^3)$
  减：过梁、门洞（参见例 4.3.6）
④ 半砖墙合计：$0.62\ m^3$
(3) 女儿墙
  体积：$0.24 \times 0.24 \times 28.0 = 1.61(m^3)$

5.4.2 砌筑工程计价

1) 砌筑工程计价表有关说明和注意事项

(1) 砖基础深度自室外地面至砖基础底面超过 1.5 m 时，其超过部分每立方米砌体应增加 0.041 工日。

(2) 根据计价规范的规定，本计价表取消了所有子目中的垂直运输费，垂直运输在措施项目中考虑。

(3) 本计价表中，只有标准砖有弧形墙定额，其他品种砖弧形墙按相应定额项目每立方米砌体人工增加 15%，砖增加 5%。

(4) 砖砌体内的钢筋加固，按第四章的砌体、板缝内加固钢筋定额执行。

(5) 砖砌体挡土墙以顶面宽度按相应墙厚内墙定额执行，顶面宽度超过 1 砖按砖基础定额执行。

2) 砌筑工程计价实例

【例 5.4.3】 某工厂工具间基础平面图及基础详图见图 4.3.1，室内地坪±0.00 m，防潮层−0.06 m，防潮层以下用 M10 水泥砂浆砌标准砖基础，防潮层以上为多孔砖墙身。工程量在例 5.4.1 中已计算，现按计价表规定计价。

[相关知识]

砌体砂浆与定额不同时要调整综合单价。

解 计价表计价如下：

(1) 计价表 3—1 换 砖基础 M10 水泥砂浆

定额中 M5 水泥砂浆换为 M10 水泥砂浆

每立方米综合单价：$185.80 - 29.71 + 32.15 = 188.24(元)$

砖基础综合价：$15.64 \times 188.24 = 2944.07(元)$

(2) 计价表 3—42 防水砂浆防潮层 每 10 平方米综合单价 80.68 元

防潮层综合价：$0.90 \times 80.68 = 72.61(元)$

【例 5.4.4】 某工厂工具间平面图、剖面图、墙身大样图见图 4.3.8，构造柱 240 mm×240 mm，有马牙槎与墙嵌接，圈梁 240 mm×300 mm，屋面板厚 100 mm，门窗上口无圈梁处设置过梁厚 120 mm，过梁长度为洞口尺寸两边各加 250 mm，窗台板厚 60 mm，长度为窗洞口尺寸两边各加 60 mm，窗两侧有 60 mm 宽砖砌窗套，砌体材料为 KP1 多孔砖，女儿墙为标准砖。工程量在例 5.4.2 中已计算，现按计价表规定计价。

[相关知识]

(1) 砌体材料不同，分别套定额；

(2) 多孔砖砌体定额不分内外墙，标准砖砌体定额分内、外墙，女儿墙按外墙定额计算。

解 计价表计价如下：

(1) 计价表3—22 KP1多孔砖—砖外墙、内墙 每立方米综合单价：184.17元
KP1多孔砖墙综合价：$16.26 \times 184.17 = 2994.60$(元)

(2) 计价表3—21 KP1多孔砖半砖内墙 每立方米综合单价：190.56元
KP1多孔砖半砖墙综合价：$0.62 \times 190.56 = 118.15$(元)

(3) 计价表3—29 标准砖女儿墙 每立方米综合单价：197.70元
标准砖女儿墙综合价：$1.61 \times 197.70 = 318.30$(元)

5.5 钢筋工程

5.5.1 钢筋工程计量

1）钢筋工程工程量计算规则及应用要点

(1) 编制预算时，钢筋工程量可暂按构件体积（或水平投影面积、外围面积、延长米）乘钢筋含量计算，结算时根据设计图纸按实调整。

(2) 钢筋工程应区别现浇构件、预制构件、加工厂预制构件、预应力构件、点焊网片等以及不同规格分别按设计展开长度（展开长度、保护层、搭接长度应符合规范规定）乘理论重量以吨计算。

(3) 计算钢筋工程量时，搭接长度按规范规定计算。当梁、板（包括整板基础）$\phi 8$ mm 以上的通筋未设计搭接位置时，预算书暂按8 m一个双面电焊接头考虑，结算时应按钢筋实际定尺长度调整搭接个数，搭接方式按已审定的施工组织设计确定。

(4) 电渣压力焊、锥螺纹、套管挤压等接头以"个"计算。柱按自然层每根钢筋1个接头计算。

(5) 桩顶部破碎砼后主筋与底板钢筋焊接分别分为灌注桩、方桩（离心管桩按方桩）以桩的根数计算，每根桩端焊接钢筋根数不调整。

(6) 在加工厂制作的铁件（包括半成品）、已弯曲成型钢筋的场外运输按吨计算。

(7) 各种砌体内的钢筋加固分绑扎、不绑扎按吨计算。

(8) 砼柱中埋设的钢柱，其制作、安装应按相应的钢结构制作、安装定额执行。

(9) 先张法预应力构件中的预应力和非预应力钢筋工程量应合并按设计长度计算，按预应力钢筋定额（梁、大型屋面板、F板执行 $\phi 5$ mm 外的定额，其余均执行 $\phi 5$ mm 内定额）执行。

(10) 后张法预应力钢筋与非预应力钢筋分别计算，预应力钢筋按设计图规定的预应力钢筋预留孔道长度，区别不同锚具类型分别按相应规定计算（同计价规范）。

(11) 后张法预应力钢丝束、钢绞线束按设计图纸预应力筋的结构长度（即孔道长度）加操作长度之和乘钢材理论重量计算（无粘结钢绞线封油包塑的重量不计算），其操作长度按下列规定计算：

① 钢丝束采用墩头锚具时，不论一端张拉或两端张拉均不增加操作长度（即：结构长度等于计算长度）。

② 钢丝束采用锥形锚具时，一端张拉为1.0 m，两端张拉为1.6 m。

(12) 基础中钢支架、预埋铁件按下列规定计算：

① 基础中，多层钢筋的型钢支架、垫铁、撑筋、马凳等按已审定的施工组织设计合并用量

计算,执行金属结构的钢托架制、安定额执行(并扣除定额中的油漆材料费)。现浇楼板中设置的撑筋按已审定的施工组织设计用量与现浇构件钢筋用量合并计算。

② 预埋铁件、螺栓按设计图纸以吨计算,执行铁件制、安定额。

③ 预制柱上钢牛腿按铁件以吨计算。

2) 钢筋工程量计算实例

【例 5.5.1】 有一根梁,其配筋如图 5.5.1 所示,其中①号筋弯起角度为 45°,请计算该梁钢筋的图示质量(不考虑抗震要求)。

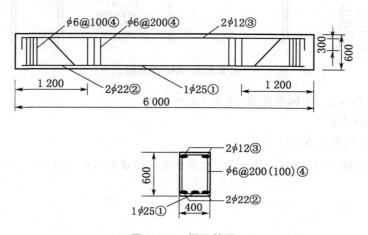

图 5.5.1 梁配筋图

解 (1) 长度及数量计算

①号筋($\phi 25$,1 根)

$$L_1 = 6 - 0.025 \times 2 + 0.414 \times 0.55 \times 2 + 0.3 \times 2 = 7.01(\mathrm{m})$$

②号筋($\phi 22$,2 根)

$$L_2 = 6 - 0.025 \times 2 = 5.95(\mathrm{m})$$

③号筋($\phi 12$,2 根)

$$L_3 = 6 - 0.025 \times 2 + 12.5 \times 0.012 = 6.1(\mathrm{m})$$

④号筋($\phi 6$)

$$L_4 = (0.4 - 0.025 \times 2 + 0.006 \times 2) \times 2 + (0.6 - 0.025 \times 2 + 0.006 \times 2) \times 2 + 14d = 1.93(\mathrm{m})$$

根数:$(6 - 0.025 \times 2)/0.2 + 1 = 30.75$(根) 取 31 根

(2) 质量计算

$\phi 25$ $7.01 \times 3.85 = 26.99(\mathrm{kg})$

$\phi 22$ $5.95 \times 2.984 = 17.75(\mathrm{kg})$

$\phi 12$ $6.1 \times 0.888 = 5.42(\mathrm{kg})$

$\phi 6$ $1.93 \times 31 \times 0.222 = 13.28(\mathrm{kg})$

质量合计:63.44 kg

【例 5.5.2】 框架梁 KL_1，如图 5.5.2，砼强度等级为 C20，二级抗震设计，钢筋定尺为 8 m，当梁通筋 $d>22$ mm 时，选择焊接接头，柱的断面均为 600 mm×600 mm。计算该梁的钢筋质量。

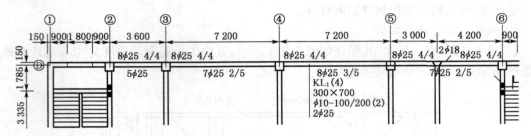

图 5.5.2　KL_1 配筋图

解　根据 03G 101—1 标准图查 34 页 $L_{ae}=44d$

(1) 上部钢筋计算

上部通长筋（见图 5.5.2）

$\phi25$ 通长筋长度 $=(3.6+7.2\times3-0.6+2\times10d+0.4\times44d\times2+15d\times2)\times2=53.46(\text{m})$

(2) 轴线②～③

第一排

$\phi25$ 通长筋长度 $=\left(3.6-0.6+0.4\times44d+15d+0.6+\dfrac{6.6}{3}\right)\times2=13.23(\text{m})$

第二排

$\phi25$ 通长筋长度 $=\left(3.6-0.6+0.4\times44d+15d+0.6+\dfrac{6.6}{4}\right)\times4=24.26(\text{m})$

(3) 轴线④、⑤轴支座附加筋

第一排 $\phi25$：

$$\text{附加筋长度}=\left(\dfrac{6.6}{3}\times2+0.6\right)\times2\text{ 根}\times2\text{ 个轴线}=20(\text{m})$$

第二排 $\phi25$：

$$\text{附加筋长度}=\left(\dfrac{6.6}{4}\times2+0.6\right)\times4\text{ 根}\times2\text{ 个轴线}=31.2(\text{m})$$

(4) 轴线⑥端头附加筋

第一排 $\phi25$：

$$\text{附加筋长度}=\left(\dfrac{6.6}{3}+0.4\times44d+15d\right)\times2\text{ 根}=6.03(\text{m})$$

第二排 $\phi25$：

$$\text{附加筋长度}=\left(\dfrac{6.6}{4}+0.40\times44d+15d\right)\times4\text{ 根}=9.86(\text{m})$$

(5) 轴线②-③下部筋

$\phi25$：下部筋长度 $= (3+0.4\times 44d+15d+44d)\times 5$ 根 $= 24.58$(m)

注：根据 03G 101—1 中 54 页

$$0.5h_c + 5d = 0.5\times 0.6 + 5\times 0.025 = 0.425$$
$$La_e = 44d = 44\times 0.025 = 1.1$$

$La_e > 0.5h_c + 5d$，所以选择 La_e

（6）轴线③-④下部筋

$\phi25$：下部筋长度 $= (6.6+2\times 44d)\times 7 = 61.6$(m)

（7）轴线④-⑤下部筋

$\phi25$：下部筋长度 $= (6.6+2\times 44d)\times 8 = 70.4$(m)

（8）轴线⑤-⑥下部筋

$\phi25$：下部筋长度 $= (6.6+0.4\times 44d+15d+44d)\times 7 = 59.61$(m)

（9）吊筋 $2\phi18$

吊筋长度 $= [0.35+20d\times 2+(0.7-0.025\times 2)\times 1.414\times 2]\times 2 = 5.82$(m)

（10）箍筋 $\phi10$

箍筋长度 $= (0.3-0.025\times 2+0.01\times 2)\times 2+(0.7-0.025\times 2+0.01\times 2)\times 2+24d$
$= 2.12$(m)

加密区长度选择：根据 03G 101—1 中 63 页

$1.5h_b = 1.5\times 0.7 = 1.05 > 0.5$，取 1.05 m 加密区箍筋$[(1.05-0.05)/0.1+1]\times 2\times 4 = 88$(只)

非加密区箍筋数量：

$$(3+6.6\times 3-1.05\times 8)/0.2-4 = 68(只)$$
$$(88+68)\times 2.12 = 330.72(m)$$

（11）KL_1 配筋统计

$\phi25$：配筋长度 $= 53.46+13.23+24.26+20+31.2+6.03+9.86+24.58+61.6+70.4+59.61 = 374.23$(m)

$\phi18$：配筋长度 $= 5.82$ m

$\phi10$：配筋长度 $= 330.72$ m

（12）KL_1 配筋质量

$\phi25$：配筋质量 $= 374.23\times 3.85 = 1\,440.79$(kg)

$\phi18$：配筋质量 $= 5.82\times 1.998 = 11.63$(kg)

$\phi10$：配筋质量 $= 330.72\times 0.617 = 204.05$(kg)

合计：$1\,656.47$ kg

【例 5.5.3】某工程中楼梯梯段 TB1 共 4 个，TB1 宽 1.21 m，配筋及大样见图 5.5.3 所示，要求列表计算 TB1 的钢筋重量。

型 号	标高 $c \sim d$(m)	n(级)	b(mm)	h(mm)	a(mm)	L(mm)	H(mm)	①②③	备 注
TB1	$\pm 0.00\sim 7.20$	11	270	164	100	2 700	1 800	$\phi12@120$	

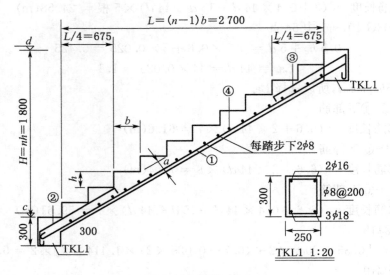

图 5.5.3 楼梯配筋图

解 楼梯各梯段配筋的长度及数量列表如下：

序号	直径(mm)	长度(m)	根数(根)	构件数量(件)	总长度(m)	计 算 公 式
①	$\phi 12$	4.06	11	4	178.64	$L=\sqrt{3.3^2+1.8^2}+0.15+6.25d\times 2$ $g=1.18/0.12+1$
②	$\phi 12$	1.33	11	4	58.52	$L=\sqrt{(0.68+0.25)^2+(0.164\times 2+0.15)^2}+$ $0.15+6.25d+3.5d$ $g=1.18/0.12+1$
③	$\phi 12$	1.42	11	4	62.48	$L=\sqrt{(0.68+0.25)^2+(0.164\times 2+0.15)^2}+$ $0.25+6.25d+3.5d$ $g=1.18/0.12+1$
④	$\phi 8$	1.28	20	4	102.40	$L=1.18+6.25d\times 2$ $g=2\times 10$

$\phi 12$ 质量：$(178.64+58.52+62.48)\times 0.888=266.08(kg)$

$\phi 8$ 质量：$102.40\times 0.395=40.45(kg)$

合计质量：306.53 kg

5.5.2 钢筋工程计价

1) 钢筋工程计价表应用要点

(1) 本章包括现浇构件、预制构件、预应力构件及其他 4 节共设置 32 个子目，其中：①现浇构件 8 个子目，主要包括普通钢筋、冷轧带肋钢筋、成型冷轧扭钢筋、钢筋笼、桩内主筋与底板钢筋焊接；②预制构件 6 个子目，主要包括现场预制砼构件钢筋、加工场预制砼构件钢筋、点焊钢筋网片；③预应力构件 10 个子目，主要包括先张法、后张法钢筋，后张法钢丝束、钢绞线束钢筋；④其他 8 个子目，主要包括砌体、板缝内加固钢筋、铁件制作安装、电渣压力焊、锥螺纹、镦粗直螺纹、冷压套管接头。

(2) 钢筋工程以钢筋的不同规格、不分品种按现浇构件钢筋、现场预制构件钢筋、加工厂预制构件钢筋、预应力构件钢筋、点焊网片分别套用定额项目。

(3) 钢筋工程内容包括：除锈、平直、制作、绑扎（点焊）、安装以及浇灌砼时维护钢筋用工。

(4) 钢筋搭接所耗用的电焊条、电焊机、铅丝和钢筋余头损耗已包括在定额内，设计图纸注明的钢筋接头长度以及未注明的钢筋接头按规范的搭接长度应计入设计钢筋用量中。

(5) 先张法预应力构件中的预应力、非预应力钢筋工程量应合并计算，按预应力钢筋相应项目执行；后张法预应力构件中的预应力钢筋、非预应力钢筋应分别套用定额。

(6) 预制构件点焊钢筋网片已综合考虑了不同直径点焊在一起的因素，如点焊钢筋直径粗细比在两倍以上时，其定额工日按该构件中主筋的相应子目乘系数 1.25，其他不变（主筋是指网片中最粗的钢筋）。

(7) 粗钢筋接头采用电渣压力焊、套管接头、锥螺纹等接头者，应分别执行钢筋接头定额。计算了钢筋接头不能再计算钢筋搭接长度。

(8) 非预应力钢筋不包括冷加工，设计要求冷加工时，应另行处理。预应力钢筋设计要求人工时效处理时，应另行计算。

(9) 后张法钢筋的锚固是按钢筋帮条焊 V 型垫块编制的，如采用其他方法锚固时，应另行计算。

(10) 基坑护壁孔内安放钢筋按现场预制构件钢筋相应项目执行；基坑护壁壁上钢筋网片按点焊钢筋网片相应项目执行。

(11) 对构筑物工程，其钢筋应按定额中规定系数调整人工和机械用量。

(12) 钢筋制作、绑扎需拆分者，制作按 45%、绑扎按 55%拆算。

(13) 钢筋、铁件在加工厂制作时，由加工厂至现场的运输费应另列项目计算。在现场制作的不计算此项费用。

2) 钢筋工程计价表应用实例

【例 5.5.4】 根据例 5.5.1 计算出的工程量按《2004 年江苏省计价表》（三类工程）计价。

解 $\phi 12$ 以内质量：$5.42 + 13.28 = 18.7 (kg)$

$\phi 25$ 以内质量：$26.99 + 17.75 = 44.74 (kg)$

4—1 子目　现浇砼构件 $\phi 12$ 以内钢筋：$18.7 \div 1\,000 \times 3\,421.48 = 63.98(元)$

4—2 子目　现浇砼构件 $\phi 25$ 以内钢筋：$44.74 \div 1\,000 \times 3\,241.82 = 145.04(元)$

合计：209.02 元

【例 5.5.5】 根据例 5.5.2 计算出的工程量，假设该梁所在的屋面高 5 m，二类工程，请按《2004 年江苏省计价表》计价。

解 $\phi 12$ 以内质量：204.05 kg

$\phi 25$ 以内质量：$1\,440.79 + 11.63 = 1\,452.42 (kg)$

子目换算：① 层高超 3.6 m 在 8 m 以内人工乘系数 1.03

② 定额中三类工程取费换算为二类工程取费

单价换算：

4—1 换　$(330.46 \times 1.03 + 57.83) \times (1 + 30\% + 12\%) + 2\,889.53 = 3\,454.98(元/t)$

4—2换　(166.14×1.03+84.40)×(1+30%+12%)+2898.58=3261.42(元/t)
子目套用：
4—1换　204.05÷1000×3454.98=704.99(元)
4—2换　1452.42÷1000×3261.42=4736.95(元)
合计：5441.94元

5.6 混凝土工程

5.6.1 混凝土工程计量

1) 混凝土工程量计算规则及应用要点

(1) 现浇混凝土工程量计算规则

① 混凝土工程量　除另有规定者外，均按图示尺寸实体积以立方米计算。不扣除构件内钢筋、支架、螺栓孔、螺栓、预埋铁件及墙、板中 0.3 m^2 内的孔洞所占体积。留洞所增加工、料不再另增费用。

② 基础

a. 有梁带形混凝土基础，其梁高与梁宽之比在 4:1 以内的，按有梁式带形基础计算(带形基础则指梁底部到上部的高度)；超过 4:1 时，其基础底按无梁式带形基础计算，上部按墙计算。

b. 满堂(板式)基础有梁式(包括反梁)、无梁式应分别计算，仅带有边肋者，按无梁式满堂基础套用子目。

c. 设备基础除块体以外，其他类型设备基础分别按基础、梁、柱、板、墙等有关规定计算，套相应的项目。

d. 独立柱基、桩承台按图示尺寸实体积以立方米算至基础扩大顶面。

e. 杯形基础套用独立柱基项目。杯口外壁高度大于杯口外长边的杯形基础，套"高颈杯形基础"项目。

③ 柱　按图示断面尺寸乘柱高以立方米计算。柱高按下列规定确定：

a. 有梁板的柱高自柱基上表面(或楼板上表面)算至楼板下表面处(如一根柱的部分断面与板相交，柱高应算至板顶面，但与板重叠部分应扣除)。

b. 无梁板的柱高，自柱基上表面(或楼板上表面)至柱帽下表面的高度计算。

c. 有预制板的框架柱柱高自柱基上表面至柱顶高度计算。

d. 构造柱按全高计算，应扣除与现浇板、梁相交部分的体积，与砖墙嵌接部分的砼体积并入柱身体积内计算。

e. 依附柱上的牛腿，并入相应柱身体积内计算。

④ 梁　按图示断面尺寸乘梁长以立方米计算。梁长按下列规定确定：

a. 梁与柱连接时，梁长算至柱侧面。

b. 主梁与次梁连接时，次梁长算至主梁侧面。伸入砖墙内的梁头、梁垫体积并入梁体积内计算。

c. 圈梁、过梁应分别计算，过梁长度按图示尺寸，图纸无明确表示时，按门窗洞口外围宽另加 500 mm 计算。平板与砖墙上砼圈梁相交时,圈梁高应算至板底面。

　　d. 依附于梁(包括阳台梁、圈过梁)上的砼线条(包括弧形线条)按延长米另行计算(梁宽算至线条内侧)。

　　e. 现浇挑梁按挑梁计算,其压入墙身部分按圈梁计算;挑梁与单、框架梁连接时,其挑梁应并入相应梁内计算。

　　f. 花篮梁二次浇捣部分执行圈梁子目。

　⑤ 板　　按图示面积乘板厚以立方米计算(梁板交接处不得重复计算)。其中:

　　a. 有梁板按梁(包括主、次梁)、板体积之和计算,有后浇板带时,后浇板带(包括主、次梁)应扣除。

　　b. 无梁板按板和柱帽之和计算。

　　c. 平板按实体积计算。

　　d. 现浇挑檐、天沟与板(包括屋面板、楼板)连接时,以外墙面为分界线,与圈梁(包括其他梁)连接时,以梁外边线为分界线。外墙边线以外或梁外边线以外为挑檐、天沟。

　　e. 各类板伸入墙内的板头并入板体积内计算。

　　f. 预制板缝宽度在 100 mm 以上的现浇板缝按平板计算。

　　g. 后浇墙、板带(包括主、次梁)按设计图纸以立方米计算。

　⑥ 墙　　外墙按图示中心线(内墙按净长)乘墙高、墙厚以立方米计算,应扣除门、窗洞口及 0.3 平方米外的孔洞体积。单面墙垛其突出部分并入墙体体积内计算,双面墙垛(包括墙)按柱计算。弧形墙按弧线长度乘墙高、墙厚计算,地下室墙有后浇墙带时,后浇墙带应扣除。梯形断面墙按上口与下口的平均宽度计算。墙高的确定如下:

　　a. 墙与梁平行重叠,墙高算至梁顶面;当设计梁宽超过墙宽时,梁、墙分别按相应项目计算。

　　b. 墙与板相交,墙高算至板底面。

　⑦ 整体楼梯　　包括休息平台、平台梁、斜梁及楼梯梁,按水平投影面积计算,不扣除宽度小于 200 mm 的楼梯井,伸入墙内部分不另增加,楼梯与楼板连接时,楼梯算至楼梯梁外侧面。圆弧形楼梯包括圆弧形梯段、圆弧形边梁及与楼板连接的平台,按楼梯的水平投影面积计算。

　⑧ 阳台、雨篷　　按伸出墙外的板底水平投影面积计算,伸出墙外的牛腿不另计算。水平、竖向悬挑板按立方米计算。

　⑨ 阳台、沿廊栏杆　　轴线柱、下嵌、扶手以扶手的长度按延长米计算。砼栏板、竖向挑板以立方米计算。栏板的斜长如图纸无规定时,按水平长度乘系数 1.18 计算。

　⑩ 台阶　　按水平投影面积以平方米计算,平台与台阶的分界线以最上层台阶的外口减 300 mm 宽度为准,台阶宽以外部分并入地面工程量计算。

　(2) 现场、加工厂预制混凝土工程量,按以下规定计算:

　① 混凝土工程量　　均按图示尺寸实体积以立方米计算,扣除圆孔板内圆孔体积,不扣除构件内钢筋、铁件、后张法预应力钢筋灌浆孔及板内小于 0.3 m^2 孔洞面积所占的体积。

　② 预制桩　　按桩全长(包括桩尖)乘设计桩断面积(不扣除桩尖虚体积)以立方米计算。

　③ 混凝土与钢杆件组合的构件　　混凝土按构件实体积以立方米计算,钢拉杆按第六章中相应子目执行。

　④ 漏空混凝土花格窗、花格芯　　按外形面积以平方米计算。

⑤ 天窗架、端壁、桁条、支撑、楼梯、板类及厚度在 50 mm 以内的薄型构件 按设计图纸加定额规定的场外运输、安装损耗以立方米计算。

2) 混凝土工程量计算实例

【例 5.6.1】 某工业厂房柱的断面尺寸为 400 mm×600 mm,杯形基础尺寸如图 5.6.1 所示,试求杯形基础的砼工程量。

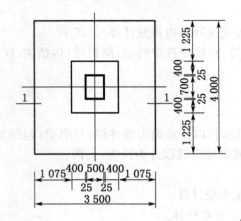 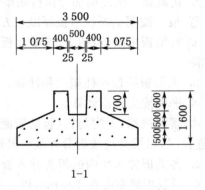

图 5.6.1

解 (1) 下部矩形体积 V_1
$$V_1 = 3.5 \times 4 \times 0.5 = 7(\text{m}^3)$$

(2) 中部棱台体积 V_2

根据图示,已知 $a_1 = 3.5\text{ m}, b_1 = 4\text{ m}, h = 0.5\text{ m}$
$$a_2 = 3.5 - 1.075 \times 2 = 1.35(\text{m})$$
$$b_2 = 4 - 1.225 \times 2 = 1.55(\text{m})$$
$$V_2 = \frac{1}{3} \times 0.5 \times (3.5 \times 4 + 1.35 \times 1.55 + \sqrt{3.5 \times 4 \times 1.35 \times 1.55})$$
$$= 3.58(\text{m}^3)$$

(3) 上部矩形体积 V_3
$$V_3 = a_2 \times b_2 \times h_2 = 1.35 \times 1.55 \times 0.6 = 1.26(\text{m}^3)$$

(4) 杯口净空体积 V_4
$$V_4 = \frac{1}{3} \times 0.7 \times (0.55 \times 0.75 + 0.5 \times 0.7 + \sqrt{0.55 \times 0.75 \times 0.5 \times 0.7})$$
$$= 0.27(\text{m}^3)$$

(5) 杯形基础体积
$$V = V_1 + V_2 + V_3 - V_4 = 7 + 3.58 + 1.26 - 0.27 = 11.57(\text{m}^3)$$

【例 5.6.2】 某建筑物基础采用 C20 钢筋砼,平面图形和结构构造如图 5.6.2 如示,试计算钢筋砼的工程量。(图中基础的轴心线与中心线重合)

解 (1) 计算长度
$$L_{外} = (6 + 3 + 2.4) \times 2 = 22.8(\text{m})$$
$$L_{内} = (3 + 2.4 + 3) = 8.4(\text{m})$$

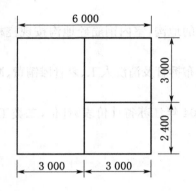
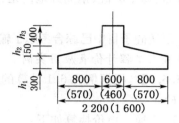

图 5.6.2

(2) 外墙基础

$V_1 = [0.4 \times 0.6 + (0.6 + 2.2) \times 0.15/2 + 0.3 \times 2.2] \times 22.8 = 25.31(\mathrm{m}^3)$

(3) 内墙基础

$V_{2-1} = 0.3 \times 1.6 \times (8.4 - 2.2 - 1.1 - 0.8) = 2.06(\mathrm{m}^3)$

$V_{2-2} = 0.4 \times 0.46 \times (8.4 - 0.6 - 0.3 - 0.23) = 1.34(\mathrm{m}^3)$

$V_{2-3} = (0.46 + 1.6) \times 0.15/2 \times (8.4 - 1.4 - 0.7 - 0.515) = 0.89(\mathrm{m}^3)$

内墙基础小计：4.29 m^3

(4) 钢筋砼带形基础

体积合计 29.6 m^3

5.6.2 混凝土工程计价

1) 混凝土工程计价表应用要点

(1) 本章混凝土构件分为自拌砼构件、商品砼泵送构件、商品砼非泵送构件3部分共设置423个子目，其中：①自拌砼构件169个子目，主要包括现浇构件(基础、柱、梁、墙、板、其他)，现场预制构件(桩、柱、梁、屋架、板、其他)，加工厂预制构件，构筑物；②商品砼泵送构件114个子目，主要包括泵送现浇构件(基础、柱、梁、墙、板、其他)，泵送预制构件(桩、柱、梁)，泵送构筑物；③商品砼非泵送构件140个子目，主要包括非泵送现浇构件(基础、柱、梁、墙、板、其他)，现场非泵送预制构件(桩、柱、梁、屋架、板、其他)，非泵送构筑物。

(2) 现浇柱、墙子目中，均已按规范规定综合考虑了底部铺垫1:2水泥砂浆的用量。

(3) 室内净高超过8 m的现浇柱、梁、墙、板(各种板)的人工工日按定额规定分别乘以系数。

(4) 现场预制构件，如在加工厂制作，砼配合比按加工厂配合比计算；加工厂构件及商品砼改在现场制作，砼配合比按现场配合比计算；其工料、机械台班不调整。

(5) 加工厂预制构件其他材料费中已综合考虑了掺入早强剂的费用，现浇构件和现场预制构件未考虑用早强剂费用，设计需使用或建设单位认可时，其费用可按定额规定增加。

(6) 加工厂预制构件采用蒸汽养护时，立窑、养护池养护应按规定增加费用。

(7) 小型混凝土构件，系指单体体积在0.05 m^3 以内的未列出子目的构件。

(8) 构筑物中砼、抗渗砼已按常用的强度等级列入基价，设计与子目取定不符综合单价调整。

(9) 构筑物中的砼、钢筋砼地沟是指建筑物室外的地沟,室内钢筋砼地沟按现浇构件相应项目执行。

(10) 泵送砼子目中已综合考虑了输送泵车台班,布拆管及清洗人工、泵管摊销费、冲洗费。

2) 混凝土工程计价表应用实例

【例 5.6.3】 根据例 5.6.1 计算的工程量按《2004 年江苏省计价表》计价,二类工程,现场自拌 C30 砼。

解 5—7 换 单价换算如下:
(1) 砼标号 C20 换算为 C30
(2) 三类工程取费换算为二类工程取费
单价:$227.65 + (19.50 + 14.93) \times (30\% + 12\%) = 242.11$(元 $/m^3$)
套价:$11.57 \times 242.11 = 2\ 801.21$(元)

【例 5.6.4】 根据例 5.6.2 计算的工程量按《2004 年江苏省计价表》计价(三类工程)。

解 5—3 有梁式带形基础 $29.6 \times 221.98 = 6\ 570.61$(元)

5.7 金属结构工程

5.7.1 金属结构工程计量

1) 金属结构工程工程量计算规则及应用要点

(1) 金属结构制作按图示钢材尺寸以吨计算,不扣除孔眼、切肢、切角、切边的重量,电焊条质量已包括在定额内,不另计算。在计算不规则或多边形钢板质量时均以矩形面积计算。

(2) 实腹柱、钢梁、吊车梁、H 型钢、T 型钢构件按图示尺寸计算,其中钢梁、吊车梁腹板及翼板宽度按图示尺寸每边增加 8 mm 计算。

(3) 钢柱制作工程量包括依附于柱上的牛腿及悬臂梁质量;制动梁的制作工程量包括制动梁、制动桁架、制动板质量;墙架的制作工程量包括墙架柱、墙架梁及连接柱杆质量。

(4) 天窗挡风架、柱侧挡风板、挡雨板支架制作工程量均按挡风架定额执行。

(5) 栏杆是指平台、阳台、走廊和楼梯的单独栏杆。

(6) 钢平台、走道应包括楼梯、平台、栏杆合并计算,钢梯子应包括踏步、栏杆合并计算。

(7) 钢漏斗制作工程量,矩形按图示分片,圆形按图示展开尺寸,并依钢板宽度分段计算,每段均以其上口长度(圆形以分段展开上口长度)与钢板宽度,按矩形计算,依附漏斗的型钢并入漏斗质量内计算。

(8) 晒衣架和钢盖板项目中已包括安装费在内,但未包括场外运输。

(9) 钢屋架单榀质量在 0.5 t 以下者,按轻型屋架定额计算。

(10) 轻钢檩条、拉杆以设计型号、规格按吨计算(质量=设计长度×理论质量)。

(11) 预埋铁件按设计的形体面积、长度乘理论质量计算。

2) 金属结构工程量计算实例

【例 5.7.1】 求 10 块多边形连接钢板的质量,最大的对角线长 640 mm,最大的宽度

420 mm，板厚 4 mm。如图 5.7.1 所示。

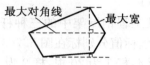

图 5.7.1

[相关知识]

在计算不规则或多边形钢板重量时均以矩形面积计算。

解 （1）钢板面积：$0.64 \times 0.42 = 0.2688 (m^2)$

（2）查预算手册钢板每平方米理论质量：$31.4 \, kg/m^2$

（3）图示质量：$0.2688 \times 31.4 = 8.44 (kg)$

（4）工程量：$8.44 \times 10 = 84.4 (kg)$

【例 5.7.2】 求如图 5.7.2 所示柱间支撑的制作工程量。

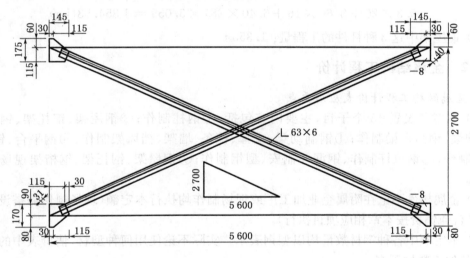

图 5.7.2

解 （1）求角钢质量

① 角钢长度可以按照图示尺寸用几何知识求出

$$L = \sqrt{2.7^2 + 5.6^2} = 6.22 (m)（勾股定理）$$

$$L_{净长} = 6.22 - 0.031 - 0.04 = 6.15 (m)$$

② 查角钢 L63×6 理论质量：$5.72 \, kg/m$

③ 角钢质量：$6.15 \times 5.72 \times 2 = 70.36 (kg)$

（2）求节点质量

① 上节点板面积：$0.175 \times 0.145 \times 2 = 0.051 (m^2)$

下节点板面积：$0.170 \times 0.145 \times 2 = 0.049 (m^2)$

② 查 8 mm 扁铁理论质量：$62.8 \, kg/m^2$

③ 钢板质量：$(0.051 + 0.049) \times 62.8 = 6.28 (kg)$

(3) 该柱间支撑工程量为：$70.36 + 6.28 = 76.64 \text{ kg} = 0.077(\text{t})$

【例 5.7.3】 某工程钢屋架中的三种杆件，空间坐标 (x, y, z) 的坐标值分别标在图 5.7.3 中，这三种杆件都为 L50×4，杆 1 为 20 根，杆 2 为 16 根，杆 3 为 28 根，求钢屋架中这 3 种杆件的工程量。

解 (1) 求 3 种杆件的长度

杆 1　$L_1 = 6.3 \text{ m}$

杆 2　$L_2 = \sqrt{7^2 + 5^2} = 8.60 (\text{m})$

杆 3　$L_3 = \sqrt{(8-4)^2 + (9-5)^2 + (6-3)^2}$
$= \sqrt{4^2 + 4^2 + 3^2} = 6.40 (\text{m})$

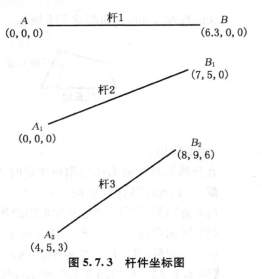

图 5.7.3　杆件坐标图

(2) 查角钢 L50×4 理论质量：3.059 kg/m

(3) 3 种杆件图示质量：

$$(6.3 \times 20 + 8.60 \times 16 + 6.40 \times 28) \times 3.059 = 1\,354.53 (\text{kg})$$

(4) 钢屋架中这 3 种杆件的工程量：1.355 t

5.7.2　金属结构工程计价

1) 金属结构工程计价表应用要点

(1) 本章共设置 45 个子目，主要内容包括：①钢柱制作；②钢屋架、钢托架、钢桁架制作；③钢梁、钢吊车梁制作；④钢制动梁、支撑、檩条、墙架、挡风架制作；⑤钢平台、钢梯子、钢栏杆制作；⑥钢拉杆制作、钢漏斗制安、型钢制作；⑦钢屋架、钢托架、钢桁架现场制作平台摊销。

(2) 金属构件不论在附属企业加工厂或现场制作均执行本定额（现场制作需搭设操作平台，其平台摊销费按本章相应项目执行）。

(3) 本定额中各种钢材数量均以型钢表示。实际不论使用何种型材，估价表中的钢材总数量和其他工料均不变。

(4) 本定额的制作均按焊接编制的，定额中的螺栓是在焊接之前的临时加固螺栓，局部制作用螺栓连接，亦按本定额执行。

(5) 本定额除注明者外，均包括现场内（工厂内）的材料运输、下料、加工、组装及成品堆放等全部工序。加工点至安装点的构件运输，应另按第七章构件运输定额相应项目计算。

(6) 本定额构件制作项目中，均已包括刷一遍防锈漆工料。

(7) 金属结构制作定额中的钢材品种系按普通钢材为准，如用锰钢等低合金钢者，其制作人工调整。

(8) 砼劲性柱内，用钢板、型钢焊接而成的 H、T 型钢柱，按 H、T 型钢构件制作定额执行，安装按第七章相应钢柱项目执行。

(9) 定额各子目均未包括焊缝无损探伤（如：X 光透视、超声波探伤、磁粉探伤、着色探伤等），亦未包括探伤固定支架制作和被检工件的退磁。

(10) 后张法预应力砼构件端头螺杆、轻钢檩条拉杆按端头螺杆螺帽定额执行；木屋架、钢筋砼组合屋架拉杆按钢拉杆定额执行。

(11) 铁件是指埋入在砼内的预埋铁件。

2) 金属结构工程计价表应用实例

【例 5.7.4】 请根据例 5.7.2 计算的工程量按《2004 年江苏省计价表》计价(三类工程)。

解 6—18 柱间钢支撑 $0.077 \times 4\,840.19 = 372.69$(元)

5.8 构件运输及安装工程

5.8.1 构件运输及安装工程计量

1) 构件运输及安装工程工程量计算规则及应用要点

(1) 构件运输、安装工程量计算方法与构件制作工程量计算方法相同(即:运输、安装工程量＝制作工程量)。但天窗架、端壁、桁条、支撑、踏步板、板类及厚度在 50 mm 内薄型构件由于在运输、安装过程中易发生损耗,工程量按下列规定(表 5.8.1)计算:

$$制作、场外运输工程量 = 设计工程量 \times 1.018$$

$$安装工程量 = 设计工程量 \times 1.01$$

表 5.8.1 预制钢筋砼构件场内、外运输、安装损耗率 单位:%

名　　称	场外运输	场内运输	安　装
天窗架、端壁、桁条、支撑、踏步板、板类及厚度在 50 mm 内薄型构件	0.8	0.5	0.5

(2) 加气砼板(块)、硅酸盐块运输每立方米折合钢筋砼构件体积 $0.4 \, m^3$ 按 Ⅱ 类构件运输计算。

(3) 木门窗运输按门窗洞口的面积(包括框、扇在内)以 $100 \, m^2$ 计算,带纱扇另增洞口面积的 40% 计算。

(4) 预制构件安装后接头灌缝工程量均按预制钢筋砼构件实体积计算,柱与柱基的接头灌缝按单根柱的体积计算。

(5) 组合屋架安装,以砼实际体积计算,钢拉杆部分不另计算。

2) 构件运输及安装工程工程量计算实例

【例 5.8.1】 某工程有 8 个预制砼漏花窗,外形尺寸为 1 200 mm×800 mm,厚 100 mm,计算运输及安装工程量。

[相关知识]

天窗架、端壁、木桁条、支撑、踏步板、板类及厚度在 50 mm 内薄型构件运输及安装工程量要乘以损耗率。

解 (1) 图示工程量:$1.2 \times 0.8 \times 0.1 \times 8 \text{个} = 0.768(m^3)$

(2) 运输工程量:$0.768 \times 1.018 = 0.782(m^3)$

(3) 安装工程量:$0.768 \times 1.01 = 0.777(m^3)$

【例 5.8.2】 某工程需要安装预制钢筋砼槽形板 80 块,如图 5.8.1 所示,预制厂距施工现场 12 km,试计算运输、安装工程量。

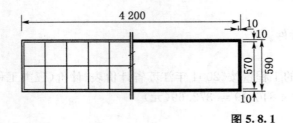 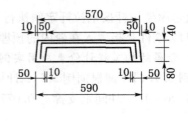

图 5.8.1

解 (1)槽形板图示工程量：
单板体积=大棱台体积减去小棱台体积
$$=0.12/3\times(0.59\times4.2+0.57\times4.18+\sqrt{0.59\times4.2\times0.57\times4.18})-$$
$$0.08/3\times(0.49\times4.1+0.47\times4.08+\sqrt{0.49\times4.1\times0.47\times4.08})$$
$$=0.13455(\text{m}^3)$$

80 块槽形板体积：$80\times0.13455=10.76(\text{m}^3)$
(2) 运输工程量：$10.76\times1.018=10.95(\text{m}^3)$
(3) 安装工程量：$10.76\times1.01=10.87(\text{m}^3)$

5.8.2 构件运输及安装工程计价

1) 构件运输及安装工程计价表应用要点

(1) 本章分为构件运输、构件安装两节共设置 154 个子目，其中：①构件运输 48 个子目，主要包括混凝土构件，金属构件，门窗构件；②构件安装 156 个子目，主要包括混凝土构件，金属构件。

(2) 构件运输中，将砼构件分为 4 类，金属构件分为 3 类。

(3) 运输机械、装卸机械是取定的综合机械台班单价，实际与定额取定不符，不调整。

(4) 本定额包括砼构件、金属构件及门窗运输，运输距离应由构件堆放地（或构件加工厂）至施工现场距离确定。

(5) 定额综合考虑了城镇、现场运输道路等级、上下坡等各种因素，不得因道路条件不同而调整定额。构件运输过程中，如遇道路、桥梁限载而发生的加固、拓宽和公安交通管理部门的保安护送以及沿途的过路、过桥等费用，应另行处理。

(6) 现场预制构件已包括了机械回转半径 15 m 以内的翻身就位。如受现场条件限制，砼构件不能就位预制，其费用应作调整。

(7) 加工厂预制构件安装，定额中已考虑运距在 500 m 以内的场内运输。场内运距如超过时，应扣去上列费用，另按 1 km 以内的构件运输定额执行。

2) 构件运输及安装工程计价表应用实例

【例 5.8.3】 某工程从预制构件厂运输大型屋面板(6 m×1 m)100 m³，8 t 汽车，运距 9 km，求屋面板运费及安装费（该工程为二类工程）。

解 (1) 根据《2004 年江苏省计价表》第 273 预制砼构件分类表知，大型屋面板为Ⅱ类构件。

(2) 套子目 7—9 换

7—9 单价换算 三类工程取费换算为二类工程取费：

$$(6.24+2.5+70.89)+(6.24+70.89)\times(30\%+12\%)=112.02(元/\text{m}^3)$$

(3) 屋面板运费：$100 \times 1.018 \times 112.02 = 11\,403.64(元)$

(4) 套子目 7—82 换

7—82 单价换算　三类工程取费换算为二类工程取费：

$(11.96 + 40.45 + 27.4) + (11.96 + 27.4) \times (30\% + 12\%) = 96.34(元/m^3)$

(5) 屋面板安装费：$100 \times 1.01 \times 96.34 = 9\,730.34(元)$

5.9　木结构工程

5.9.1　木结构工程计量

1) 木结构工程量计算规则及应用要点

(1) 门制作、安装工程量按门洞口面积计算。无框厂库房大门、特种门按设计门扇外围面积计算。

(2) 木屋架的制作安装工程量，按以下规定计算：

① 木屋架不论圆、方木，其制作安装均按设计断面以立方米计算，分别套相应子目，其后配长度及配制损耗已包括在子目内不另外计算(游沿木、风撑、剪刀撑、水平撑、夹板、垫木等木料并入相应屋架体积内)。

② 圆木屋架刨光时，圆木按直径增加 5 mm 计算，附属于屋架的夹板、垫木等已并入相应的屋架制作项目中，不另计算；与屋架连接的挑檐木、支撑等工程量并入屋架体积内计算。

③ 圆木屋架连接的挑檐木、支撑等为方木时，方木部分按矩形檩木计算。

④ 气楼屋架、马尾折角和正交部分的半屋架应并入相连接的正榀屋架体积内计算。

(3) 檩木按立方米计算，简支檩木长度按设计图示中距增加 200 mm 计算，如两端出山，檩条长度算至博风板。连续檩条的长度按设计长度计算，接头长度按全部连续檩木的总体积的 5% 计算。檩条托木已包括在子目内，不另计算。

(4) 屋面木基层，按屋面斜面积计算，不扣除附墙烟囱、风道、风帽底座和屋顶小气窗所占面积，小气窗出檐与木基层重叠部分亦不增加，气楼屋面的屋檐突出部分的面积并入计算。

(5) 封檐板按图示檐口外围长度计算，博风板按水平投影长度乘屋面坡度系数 C 后，单坡加 300 mm，双坡加 500 mm 计算。

(6) 木楼梯(包括休息平台和靠墙踢脚板)按水平投影面积计算，不扣除宽度小于 200 mm 的楼梯井，伸入墙内部分的面积亦不另计算。

(7) 木柱、木梁制作安装均按设计断面竣工木料以立方米计算，其后备长度及配置损耗已包括在子目内。

2) 木结构工程量计算实例

【例 5.9.1】　某工程企口木板大门共 10 樘(平开)，洞口尺寸 2.4 m×2.6 m，折叠式钢大门 6 樘，洞口尺寸 3 m×2.6 m，冷藏库门(保温层厚 150 mm)洞口尺寸 3 m×2.8 m 1 樘，请计算工程量。

解　企口木板大门制作：$2.4 \times 2.6 \times 10 = 62.4(m^2)$

企口木板大门安装：$62.4\ m^2$

折叠式钢大门制作：$3 \times 2.6 \times 6 = 46.8 (\text{m}^2)$

折叠式钢大门安装：46.8 m²

冷藏库门制作：$3 \times 2.8 \times 1 = 8.4 (\text{m}^2)$

冷藏库门安装：8.4 m²

5.9.2 木结构工程计价

1) 木结构工程计价表应用要点

(1) 本章定额内容共分 3 节：①厂库房大门、特种门，②木结构，③附表（厂库房大门、特种门五金、铁件配件表）。共编制了 81 个子目。

(2) 本章中均以一、二类木种为准，如采用三、四类木种（木种划分见第十五章说明），木门制作、安装和其他项目的人工、机械费乘系数调整。

(3) 定额是按已成型的 2 个切断面规格料编制的，2 个切断面以前的锯缝损耗按规定应另外计算。

(4) 本章中注明的木材断面或厚度均以毛料为准，如设计图纸注明的断面或厚度为净料时，应增加断面刨光损耗：1 面刨光加 3 mm，2 面刨光加 5 mm，圆木按直径增加 5 mm。

(5) 本章中的木材是以自然干燥条件下的木材编制的，需要烘干时，其烘干费用及损耗另计。

(6) 厂库房大门的钢骨架制作已包括在子目中，其上、下轨及滑轮等应按五金铁件表相应项目执行。

(7) 厂库房大门、钢木大门及其他特种门的五金铁件表按标准图用量列出，仅作备料参考。

2) 木结构工程计价表应用实例

【例 5.9.2】 请根据例 5.9.1 计算出的工程量按《2004 年江苏省计价表》计价（三类工程）。

解 8—1 企口木板大门制作：$62.4 \div 10 \times 1\,087.87 = 6\,788.31$（元）

8—2 企口木板大门安装：$62.4 \div 10 \times 554.35 = 3\,459.14$（元）

8—13 折叠式钢大门制作：$46.8 \div 10 \times 1\,854.31 = 8\,678.17$（元）

8—14 折叠式钢大门安装：$46.8 \div 10 \times 414.17 = 1\,938.32$（元）

8—17 冷藏库门（保温层厚 150 mm）门樘制作安装：$8.4 \div 10 \times 1\,312.11 = 1\,102.17$（元）

8—18 冷藏库门（保温层厚 150 mm）门扇制作安装：$8.4 \div 10 \times 3\,151.90 = 2\,647.60$（元）

合计：24 613.71 元

5.10 屋面、防水及保温隔热工程

5.10.1 屋面、防水及保温隔热工程计量

1) 屋面、防水及保温隔热工程量计算要点

(1) 油毡卷材屋面计价表项目中的卷材附加层应以展开面积单列项目计算，其他卷材屋面已包括附加层在内，不另计算；收头、接缝材料已计入定额。

(2) 所有瓦屋面的脊瓦均以 10 延长米为定额单位单列项目计算。

(3) 屋面中的防水砂浆、细石砼、水泥砂浆凡有分隔缝的,计价表中均已包括了分格缝及嵌油膏在内,细石砼项目中还包括了干铺油毡滑动层在内。

(4) 计价表中伸缩缝、止水带的材料品种、规格、断面与设计不同时,应按计价表中的附注说明进行换算。

(5) 屋面排水项目中,阳台出水口至落水管中心线斜长按 1 m 计算,设计斜长不同时,调整计价表中 PVC 塑料管的含量,塑料管的规格不同时也应调整。

2) 屋面、防水及保温隔热工程量计算实例

【例 5.10.1】 某工程的平屋面及檐沟做法见图 4.3.13,计算屋面中找平层、找坡层、隔热层、防水层、排水管等的工程量。

解 (1) 计算现浇砼板上 20 厚 1∶3 水泥砂浆找平层(因屋面面积较大,需做分格缝),根据计算规则,按水平投影面积乘以坡度系数计算,这里坡度系数很小,可忽略不计。则

$$S = (9.60 + 0.24) \times (5.40 + 0.24) - 0.70 \times 0.70 = 55.01(m^2)$$

(2) 计算 SBS 卷材防水层。根据计算规则,按水平投影面积乘以坡度系数计算,弯起部分另加,檐沟按展开面积并入屋面工程量中。

屋面:$(9.60 + 0.24) \times (5.40 + 0.24) - 0.70 \times 0.70 = 55.01(m^2)$

检修孔弯起:$0.70 \times 4 \times 0.20 = 0.56 \; m^2$

檐沟:$(9.84 + 5.64) \times 2 \times 0.1 + [(9.84 + 0.54) + (5.64 + 0.54)] \times 2 \times 0.54 + [(9.84 + 1.08) + (5.64 + 1.08)] \times 2 \times (0.3 + 0.06) = 33.68(m^2)$

屋面部分合计:$S = 55.01 + 0.56 = 55.57(m^2)$

檐沟部分:$S = 33.68(m^2)$

总计:$89.25(m^2)$

(3) 计算 30 厚聚苯乙烯泡沫保温板。根据计算规则,按实铺面积乘以净厚度以立方米计算。则

$$V = [(9.60 + 0.24) \times (5.40 + 0.24) - 0.70 \times 0.70] \times 0.03 = 1.650(m^3)$$

(4) 计算聚苯乙烯塑料保温板上砂浆找平层工程量

$$S = (9.60 + 0.24) \times (5.40 + 0.24) - 0.70 \times 0.70 = 55.01(m^2)$$

(5) 计算细石砼屋面工程量

$$S = (9.60 + 0.24) \times (5.40 + 0.24) - 0.70 \times 0.70 = 55.01(m^2)$$

(6) 檐沟内侧面及上底面防水砂浆工程量,厚度为 20 mm,无分格缝。

同檐沟卷材:$S = 33.68 \; m^2$

(7) 计算檐沟细石找坡工程量,平均厚 25 mm。则

$$S = [(9.84 + 0.54) + (5.64 + 0.54)] \times 2 \times 0.54 = 17.88(m^2)$$

(8) 计算屋面排水落水管工程量。根据计算规则,落水管从檐口滴水处算至设计室处地面高度,按延长米计算(本例中室内处高差按 0.3 m 考虑)。则

$$L = (11.80 + 0.1 + 0.3) \times 6 = 73.20(m)$$

【例 5.10.2】 某工程的坡屋面如图 4.3.14,请计算坡屋面中的相关工程量。

解 (1) 计算现浇砼斜板上 15 厚 1∶2 防水砂浆找平层。根据计算规则,按水平投影面积乘以坡度系数计算,这里坡度延长系数为 1.118。则

$$S = (10.80 + 0.40 \times 2) \times (6.00 + 0.40 \times 2) \times 1.118 = 88.19(\text{m}^2)$$

(2) 计算水泥砂浆粉挂瓦条工程量。根据计算规则,按斜面积计算。则

$$S = (10.80 + 0.40 \times 2) \times (6.00 + 0.40 \times 2) \times 1.118 = 88.19(\text{m}^2)$$

(3) 计算瓦屋面工程量。根据计算规则,按图示尺寸以水平投影面积乘以坡度系数计算。

$$S = (10.80 + 0.40 \times 2) \times (6.00 + 0.40 \times 2) \times 1.118 = 88.19(\text{m}^2)$$

(4) 计算脊瓦工程量。根据计算规则,按延长米计算,如为斜脊,则按斜长计算,本例中延长系数为 1.500。

正脊:$10.80 - 3.00 \times 2 = 4.80(\text{m})$
斜脊:$(3.00 + 0.40) \times 1.500 \times 4 = 20.40(\text{m})$
总长:$L = 4.80 + 20.40 = 25.20(\text{m})$

(5) 计算玻璃钢檐沟工程量。按图示尺寸以延长米计算。则

$$L = (10.80 + 0.40 \times 2) \times 2 + (6.00 + 0.40 \times 2) \times 2 = 36.80(\text{m})$$

5.10.2 屋、平、立面防水及保温工程计价

1) 屋、平、立面防水及保温工程计价表应用要点

(1) 瓦材的规格与定额不同时,瓦的数量应换算,其他不变。

(2) 高聚物、高分子防水卷材使用的粘结剂品种与定额不同时,粘结剂单价可以调整,其他不变。

(3) 在粘结层上洒绿豆砂者(定额中已包括洒绿豆砂的除外)每 $10\ \text{m}^2$ 增加人工 0.066 工日,绿豆砂 0.078 t,合计 6.62 元。

(4) 保温、隔热项目用于地面时,增加电动打夯机 0.04 台班/m^3。

2) 屋、平、立面防水及保温工程计价表应用实例

【例 5.10.3】 根据例 5.10.1 中计算出的工程量,应用计价表计算综合单价及相应的合价(不含税金及规费和其他费用)。

解 (1) SBS 卷材防水层计价。根据图纸标明的施工作法,套用计价表中 9—30 子目,其中 SBS 卷材价格按 30 元/m^2 计价,其余人、材、机价格均按计价表中的基价列入,按三类工程计取综合间接费,其市场综合单价组成见表 5.10.1(为便于对照,将定额价与市场价对照列出,下同)。

表 5.10.1 SBS 卷材防水层计价表

定额编号及名称	[9—30] SBS 改性沥青防水卷材 冷粘法 单层
定额单位	10 m^2
市场直接费(元)	[人工费+材料费+机械费]484.01
管理费(元)	[(人工费+机械费)*管理费率]3.9
利润(元)	[(人工费+机械费)*利润率]1.87
市场综合单价(元)	[市场直接费+管理费+利润]489.78

5 工程计价表

(续 表)

编 号	人材机名称	单 位	定额单价	市场单价	数 量	定额合价	市场合价
1	人工费:						
1.1	二类工	工日	26.00	26.00	0.60	15.60	15.60
2	材料费:						
2.1	钢压条	kg	3.00	3.00	0.52	1.56	1.56
2.2	钢钉	kg	6.37	6.37	0.03	0.19	0.19
2.3	APP及SBS基层处理剂	kg	4.60	4.60	3.55	16.33	16.33
2.4	APP改性沥青粘结剂	kg	5.20	5.20	13.40	69.68	69.68
2.5	SBS封口油膏	kg	7.50	7.50	0.62	4.65	4.65
2.6	SBS聚酯胎乙烯膜卷材厚度3 mm	m^2	22.00	30.00	12.50	275.00	375.00
2.7	其他材料费	元	1.00	1.00	1.00	1.00	1.00

根据上表的计算结果,本项目综合单价为:489.78 元/10 m^2

项目合价为:489.78 × 8.290 = 4 060.28(元)

(2) 刚性防水屋面计价。套用计价表中9—72子目,本定额中已包含洒细砂和干铺油毡的工作内容,为便于计算,定额含量中已将配合比材料C20细石砼分解成水泥、黄砂、碎石和水;计价中,水泥市场价按0.37元/kg,黄砂市场价按55.42元/t,5~16 mm碎石按48.00元/t,细砂市场价按38.76元/t,周转木材市场价按1 620.60元/m^3,石油沥青油毡按2.41元/m^2,铁钉按6.17元/m^2,水按2.21元/t,其余均按计价表中的基价计算。按三类工程计取综合间接费,其市场综合单价组成如表5.10.2。

表5.10.2 刚性防水屋面计价表

定额编号及名称	[9—72] 细石砼屋面 有分格缝 40 mm厚
定额单位	10 m^2
市场直接费(元)	[人工费+材料费+机械费] 214.99
管理费(元)	[(人工费+机械费) * 管理费率] 13.79
利润(元)	[(人工费+机械费) * 利润率] 6.62
市场综合单价(元)	[市场直接费+管理费+利润] 235.4

编 号	人材机名称	单 位	定额单价	市场单价	数 量	定额合价	市场合价
1	人工费:						
1.1	二类工	工日	26.00	26.00	2.02	52.52	52.52
2	材料费:						
2.1	细砂	t	28.00	38.76	0.03	0.87	1.20
2.2	中(粗)砂	t	38.00	55.42	0.29	10.85	15.83
2.3	碎石5~16 mm	t	27.80	48.00	0.49	13.70	23.66
2.4	水泥32.5级	kg	0.28	0.37	163.22	45.70	60.39
2.5	周转木材	m^3	1 249.00	1 620.60	0.001	1.25	1.62
2.6	铁钉	kg	3.60	6.17	0.05	0.18	0.31

(续表)

编 号	人材机名称	单 位	定额单价	市场单价	数 量	定额合价	市场合价
2.7	石油沥青油毡 350#	m^2	2.96	2.41	10.50	31.08	25.30
2.8	高强 APP 嵌缝膏	kg	8.17	8.17	3.69	30.15	30.15
2.9	水	m^3	2.80	2.21	0.60	1.69	1.34
3	机械费:						
3.1	{13072}滚筒式混凝土搅拌机(电动) 400 L	台班	83.39	83.39	0.03	2.08	2.08
3.2	{15003}砼震动器(平板式)	台班	14.00	14.00	0.04	0.57	0.57

根据上表的计算结果,本项目综合单价为:235.40 元/10 m^2。

项目合价为:235.40×5.501=1 294.94(元)

(3) 水泥砂浆有分格缝找平层计价。为便于计算,定额含量中已将配合比材料 1:3 水泥砂浆细石砼分解成水泥、黄砂、碎石和水。计价中,水泥市场价按 0.37 元/kg,黄砂市场价按 55.42 元/t,周转木材市场价按 1 620.60 元/m^3,铁钉按 6.17 元/m^2,水按 2.21 元/t,其余均按计价表中的基价计算,按三类工程计取综合间接费,其市场综合单价组成见表 5.10.3。

表 5.10.3 水泥砂浆找平层计价表

定额编号及名称	[9—75] 水泥砂浆屋面 有分格缝 20 mm 厚
定额单位	10 m^2
市场直接费(元)	[人工费+材料费+机械费]93.33
管理费(元)	[(人工费+机械费)*管理费率]6.11
利润(元)	[(人工费+机械费)*利润率]2.93
市场综合单价(元)	[市场直接费+管理费+利润]102.37

编 号	人材机名称	单 位	定额单价	市场单价	数 量	定额合价	市场合价
1	人工费:						
1.1	二类工	工日	26.00	26.00	0.86	22.36	22.36
2	材料费:						
2.1	中(粗)砂	t	38.00	55.42	0.33	12.37	18.03
2.2	水泥 32.5 级	kg	0.28	0.37	82.42	23.08	30.49
2.3	周转木材	m^3	1 249.00	1 620.60	0.000 4	0.50	0.65
2.4	铁钉	kg	3.60	6.17	0.03	0.11	0.19
2.5	高强 APP 嵌缝膏	kg	8.17	8.17	2.36	19.28	19.28
2.6	水	m^3	2.80	2.21	0.12	0.34	0.27
3	机械费:						
3.1	{06016}灰浆搅拌机 200 L	台班	51.43	51.43	0.04	2.06	2.06

项目合价为:102.37×5.501=563.14(元)

(4) 用同样方法可以计算出聚苯乙烯保温板、屋面找坡、沿沟防水砂浆、落水管、雨水斗、雨水口的计价表综合单价为 957.23 元/m³、91.53 元/m²、113.74 元/m²、254.85 元/m、221.94 元/10 只、300.77 元/10 只。

5.11 防腐耐酸工程

5.11.1 防腐耐酸工程计量

1) 防腐耐酸工程量计算规则及应用要点

(1) 整体面层和平面块料面层适用于楼地面、平台的防腐面层；整体面层厚度、砌块面层的规格、结合层厚度、灰缝宽度、各种胶泥、砂浆、砼配合比,计价表与设计不同时,应进行换算,但人工、机械含量不变。

(2) 计价表中块料面层以平面为准,如为立面铺砌时人工乘以 1.38 系数,用于踢脚板时人工乘以 1.56 系数,块料均乘以 1.01 系数,其他不变。

(3) 防腐卷材接缝附加层和收头等的工料均已包括在计价表中,不另计算。

2) 防腐耐酸工程量计算实例

【例 5.11.1】 某具有耐酸要求的生产车间及仓库见图 4.3.15,请计算其中的防腐耐酸部分的相关工程量。

解 (1) 计算车间部分防腐地面工程量。本例中车间地面为基层上贴 300 mm×200 mm×20 mm 铸石板,结合层为钠水玻璃胶泥。根据计价表中的工程量计算规则,块料地面应按设计实铺面积以平方米计算,应扣除凸出地面的构筑物、设备基础等所占的面积。本例中假设先做墙面基层抹灰,基层抹灰厚度为 20 mm(以下同)。

房间面积：$(6.00-0.24-0.02\times2)\times(3.00-0.24-0.02\times2)=15.56(m^2)$

扣设备基础：$1.00\times1.00=1.00(m^2)$

M1 开口处增加：$(0.24+0.02\times2)\times(1.80-0.02\times2)=0.49(m^2)$

总面积：$S=15.56-1.00+0.49=15.05(m^2)$

(2) 计算仓库部分防腐地面工程量。仓库地面为基层上贴 230 mm×113 mm×62 mm 瓷砖,结合层为钠水玻璃胶泥,计算方法同上。

房间面积：$(6.00-0.24-0.02\times2)\times(2.40-0.24-0.02\times2)=12.13(m^2)$

M2 开口处增加：$(0.24+0.02\times2)\times(0.90-0.02\times2)=0.24(m^2)$

$S=12.13+0.24=12.37(m^2)$

(3) 计算仓库踢脚板的工程量。根据计算规则,踢脚板按实铺长度乘以高度以平方米计算,应扣除门洞所占面积,并相应增加侧壁展开面积。

$L=(6.00-0.24-0.04)\times2+(2.40-0.24-0.04)\times2-(0.90-0.04)=14.82(m)$

$S=14.82\times0.20=2.96(m^2)$

(4) 计算车间瓷板面层。根据计算规则,按设计实铺面积以平方米计算。

墙面部分：$[(6.00-0.24-0.04)\times2+(3.00-0.24-0.04)\times2]\times2.90-1.16\times1.46\times2-0.86\times2.68-1.76\times2.68=38.54(m^2)$

C1 侧壁增加：$(1.16+1.46)\times2\times0.10\times2=1.05(m^2)$

M1 侧壁增加：$(1.76+2.68\times2)\times0.20=1.42(m^2)$

M2 侧壁增加：$(0.86+2.68\times 2)\times 0.20=1.24(m^2)$

$S=38.54+1.05+1.42+1.24=42.25(m^2)$

(5) 计算仓库 20 mm 厚钠水玻璃砂浆面层工程量。

墙面部分：$[(6.00-0.24-0.04)\times 2+(2.40-0.24-0.04)\times 2]\times(2.90-0.20)=42.34(m^2)$

扣 C2 面积：$1.76\times 1.46=2.57(m^2)$

扣 M2 面积：$0.86\times 2.48=2.13(m^2)$

C2 侧壁增加：$(1.76+1.46)\times 2\times 0.10=0.64(m^2)$

$S=42.34-2.57-2.13+0.64=38.28(m^2)$

(6) 计算仓库防腐涂料工程量。

同仓库 20 mm 厚钠水玻璃砂浆面层工程量。

5.11.2 防腐耐酸工程计价

1) 防腐耐酸工程计价表应用要点

(1) 整体面层的厚度、块料面层的规格、结合层厚度、灰缝宽度以及各种胶泥、砂浆、砼的配合比，设计与计价表不同时，应换算，但人工、机械不变。

(2) 块料面层以平面砌为准，立面砌时相应的人工乘以系数 1.38，踢脚板乘以系数 1.56，块料乘以系数 1.01，其他不变。

2) 防腐耐酸工程计价表应用实例

【例 5.11.2】 利用计价表对例 5.11.1 中的车间铸石板、墙面瓷板和仓库部分的踢脚板进行计价(本例中 300 mm×200 mm×20 mm 铸石板材料价格按 600 元/100 块计价，水市场价按 2.21 元/t 计算，150 mm×150 mm×20 mm 瓷板市场价按 200 元/100 块计算；其他材料价格均按计价表中的基价作为市场价；管理费按三类工程计算)。

解 (1) 车间铸石板计价。套用计价表中 10—80 子目。设计中块料面层规格和结合层材料及厚度与计价表中相同，不需进行换算，仅将材料价格作调整即可。其综合单价组成如表 5.11.1。

表 5.11.1 车间铸石板计价表

定额编号及名称	[10—80] 钠水玻璃胶泥 铸石板 300 mm×200 mm×20 mm 平面					
定额单位	10 m²					
市场直接费(元)	[人工费+材料费+机械费]1 562.89					
管理费(元)	[人工费+机械费]×管理费率63.88					
利润(元)	[人工费+机械费]×利润率30.66					
市场综合单价(元)	[市场直接费+管理费+利润]1 657.43					
编号	人材机名称	单位	定额单价	市场单价	数量	定额合价	市场合价
1	人工费：						
1.1	二类工	工日	26.00	26.00	9.54	248.04	248.04
2	材料费：						
2.1	{015003}1:0.18:1.2:1.1 钠水玻璃耐酸胶泥	m³	2 969.23	2 969.23	0.07	207.85	207.85

2.2	{015005}1:0.15:0.5:0.5钠水玻璃稀胶泥	m³	3 724.34	3 724.34	0.02	78.21	78.21
2.3	铸石板 300 mm×200 mm×20 mm	百块	790.40	600.00	1.70	1 343.68	1 020.00
2.4	水	m³	2.80	2.21	0.60	1.68	1.33
3	机械费:						
3.1	{12001}轴流通风机 7.5 kW	台班	37.33	37.33	0.20	7.47	7.47

(2) 车间墙面贴瓷板计价。套用计价表中10—74子目,但计价表10—74为平面贴,本例为立面贴,根据定额说明,人工按计价表含量×1.38,瓷板按定额含量×1.01,调整后人工和瓷板含量为:

调后人工工日:$10.44 \times 1.38 = 14.407$(工日)

调后瓷板含量:$4.31 \times 1.01 = 4.353\ 1$(百块)

其综合价组成如表5.11.2。

表 5.11.2 车间墙面贴瓷板计价表

定额编号及名称	[10—74 换] 钠水玻璃胶泥 瓷板150 mm×150 mm×20 mm 立面						
定额单位	10 m²						
市场直接费(元)	[人工费+材料费+机械费]1 551.71						
管理费(元)	[(人工费+机械费)×管理费率]95.52						
利润(元)	[(人工费+机械费)×利润率]45.85						
市场综合单价(元)	[市场直接费+管理费+利润]1 693.08						
编号	人材机名称	单位	定额单价	市场单价	数量	定额合价	市场合价
1	人工费:						
1.1	二类工	工日	26.00	26.00	14.41	374.59	374.59
2	材料费:						
2.1	{015003}1:0.18:1.2:1.1钠水玻璃耐酸胶泥	m³	2 969.23	2 969.23	0.07	219.72	219.72
2.2	{015005}1:0.15:0.5:0.5钠水玻璃稀胶泥	m³	3 724.34	3 724.34	0.02	78.21	78.21
2.3	水	m³	2.80	2.21	0.50	1.40	1.10
2.4	瓷板 150×150×20 mm	百块	152.95	200.00	4.35	665.81	870.62
3	机械费:						
3.1	{12001}轴流通风机 7.5 kW	台班	37.33	37.33	0.20	7.47	7.47

(3) 仓库贴铸石踢脚板计价。套用计价表中10—80子目,但计价表10—74为平面贴,本例为贴,根据定额说明,人工按计价表含量×1.38,瓷板按定额含量×1.01,调整后人工和瓷板含量为:

调后人工工日:$9.54 \times 1.56 = 14.882$(工日)

调后铸石板含量:$1.7 \times 1.01 = 1.717$(百块)

其综合价组成如表5.11.3。

表 5.11.3 仓库贴铸石踢脚板计价表

定额编号及名称	[10—80 换] 钠水玻璃胶泥 铸石板 300 mm×200 mm×20 mm 踢脚板					
定额单位	10 m²					
市场直接费(元)	[人工费+材料费+机械费] 1 573.09					
管理费(元)	[(人工费+机械费)×管理费率] 63.88					
利润(元)	[(人工费+机械费)×利润率] 30.66					
市场综合单价(元)	[市场直接费+管理费+利润] 1 667.63					
编号	人材机名称	单 位	定额单价	市场单价	数 量	定额合价	市场合价
1	人工费:						
1.1	二类工	工日	26.00	26.00	14.88	386.94	386.94
2	材料费						
2.1	{015003}1∶0.18∶1.2∶1.1 钠水玻璃耐酸胶泥	m³	2 969.23	2 969.23	0.07	207.85	207.85
2.2	{015005}1∶0.15∶0.5∶0.5 钠水玻璃稀胶泥	m³	3 724.34	3 724.34	0.02	78.21	78.21
2.3	铸石板 300 mm×200 mm×20 mm	百块	790.40	600.00	1.72	1 357.12	1 030.20
2.4	水	m³	2.80	2.21	0.60	1.68	1.33
3	机械费:						
3.1	{12001}轴流通风机 7.5 kW	台班	37.33	37.33	0.20	7.47	7.47

5.12 厂区道路及排水工程

5.12.1 厂区道路及排水工程计量

1) 厂区道路及排水工程的计算规则及运用要点

(1) 整理路床,路肩和道路垫层、面层按平方米计算,路牙沿以延长米计算。

(2) 砼井(池)和砖砌井(池)不分厚度均按实体积计算,井(池)壁与排水管连接处的孔洞,其排水管径在 300 mm 以内所占的壁体积不扣除,排水管径超过 300 mm 时,应扣除该体积。

(3) 井(池)底、壁抹灰合并计算。

(4) 砼、PVC 排水管按不同管径分别以延长米计算,长度按两井之间净长度计算。

2) 厂区道路及排水工程工程量计算实例

【例 5.12.1】 某住宅小区内砖砌排水窨井,计 10 座(见图 4.3.9),深度 1.3 m 的 6 座,1.6 m 的 4 座,窨井底板为 C10 砼,井壁为 M10 水泥砂浆砌 240 mm 厚标准砖,底板 C20 细石砼找坡,平均厚度 30 mm,壁内侧及底板粉 1∶2 防水砂浆 20 mm,铸铁井盖,排水管直径为 200 mm,土为三类土,计算相关工程量。

[相关知识]

(1) 排水管径为 200 mm,因此计算井壁工程量时,不扣除井壁与排水管连接处孔洞所占的体积;

(2) 回填土为挖出土体积减垫层、砖砌体体积和井内空体积;
(3) 两种不同深度的窨井分别计算,每种先计算1座。

解 工程量计算如下:
(1) 窨井1(深度为1.3 m)
① 人工挖地坑(砼垫层支模板,垫层边至坑边工作面300 mm,不放坡)
挖土深度:$0.10+1.30+0.06=1.46(m)$
坑底半径:$0.70/2+0.24+0.10+0.30=0.99(m)$
挖土体积:$1.46\times0.99\times0.99\times3.14=4.49(m^3)$
② 基坑打夯　坑底面积:$0.99\times0.99\times3.14=3.08(m^2)$
③ 砼垫层　垫层体积:$0.10\times0.69\times0.69\times3.14=0.15(m^3)$
④ 垫层模板　模板面积:$0.10\times1.38\times3.14=0.43(m^2)$
⑤ 砖砌体　砌体体积:$0.24\times1.30\times2.95=0.92(m^3)$
⑥ 细石砼找坡　找坡面积:$0.35\times0.35\times3.14=0.38(m^2)$
⑦ 井内抹灰　井底面积(同找坡面积):$0.38(m^2)$
井内壁面积:$1.27\times0.70\times3.14=2.79(m^2)$
井内抹灰面积:$0.38+2.79=3.17(m^2)$
⑧ 抹灰脚手架(同井内壁面积):$2.79(m^2)$
⑨ 井盖:1套
⑩ 回填土　回填土体积:$4.49-0.15-0.92-1.30\times0.38=2.93(m^3)$
⑪ 余土外运　外运土体积:$4.49-2.93=1.56(m^3)$

(2) 窨井2(深度为1.6 m)
① 人工挖地坑(工作面同窨井1 挖土深度超过1.5 m 按1∶0.33放坡)
挖土深度:$0.10+1.60+0.06=1.76(m)$
坑底半径:0.99 m
坑顶半径(加放坡长度0.58 m):$0.99+0.58=1.57(m)$
挖土体积(截头直圆锥计算公式见计价表附录):
$$V=\pi h/3(R^2+r^2+rR)$$
$$=3.14\times1.76/3\times(1.57^2+0.99^2+0.99\times1.57)$$
$$=9.21(m^3)$$
② 基坑打夯　坑底面积:$0.99\times0.99\times3.14=3.08(m^2)$
③ 砼垫层(同窨井1):0.15 m³
④ 垫层模板(同窨井1):0.43 m²
⑤ 砖砌体　砌体体积:$0.24\times1.60\times2.95=1.13(m^3)$
⑥ 细石砼找坡(同窨井1):0.38 m²
⑦ 井内抹灰　井底面积(同找坡面积):0.38 m²
井内壁面积:$1.57\times0.70\times3.14=3.45(m^2)$
井内抹灰面积:$0.38+3.45=3.83(m^2)$
⑧ 抹灰脚手架(同井内壁面积):$3.45(m^2)$

⑨ 井盖：1套

⑩ 回填土　回填土体积：$9.21-0.15-1.13-1.60\times0.38=7.32(m^3)$

⑪ 余土外运　外运土体积：$9.21-7.32=1.89(m^3)$

5.12.2　厂区道路及排水工程计价

1) 厂区道路及排水工程计价表有关说明和注意事项

(1) 厂区或住宅小区内的道路、广场及排水，如按市政工程标准设计的，执行市政定额，如图纸未注明时，则按本定额执行。

(2) 执行本章定额，如发生土方、垫层、管道基础等项目时，按本定额其他章节相应项目执行。

(3) 管道铺设不论用人工或机械均执行本定额。

(4) 停车场、球场、晒场，按道路相应定额执行，其压路机台班乘系数 1.2。

(5) 为了便于计算，本定额按照标准图集做了检查井、化粪池的综合子目，若设计要求按标准图集做法，则可直接套用该综合子目。

(6) 综合子目中，脚手架、模板以括号形式表现，其价未计入综合单价，应在措施费中计算。

2) 厂区道路及排水工程计价实例

【例 5.12.2】　某住宅小区内砖砌排水窨井，计 10 座（见图 4.3.6），深度 1.3 m 的 6 座，1.6 m 的 4 座，窨井底板为 C10 砼，井壁为 M10 水泥砂浆砌 240 mm 厚标准砖，底板 C20 细石砼找坡，平均厚度 30 mm，壁内侧及底板粉 1∶2 防水砂浆 20 mm，铸铁井盖，排水管直径为 200 mm，土为三类土，工程量在例 5.12.1 中已计算，现按计价表规定计价。

[相关知识]

土方按第一章人工挖地坑定额执行，垫层按第二章相关定额执行，细石砼找坡按第十二章相关定额执行，其模板在措施项目中考虑，如需脚手也在措施项目中考虑。

解　计价表计价如下：

(1) 窨井 1（深度为 1.3 m）

① 计价表 1—55　人工挖地坑 1.5 m 以内　每立方米综合单价：16.77 元

挖地坑综合价：$4.49\times16.77=75.30(元)$

② 计价表 1—100　基坑打夯　每 10 m² 综合单价：6.17 元

打底夯综合价：$0.308\times6.17=1.90(元)$

③ 计价表 2—120　C10 砼窨井底板　每立方米综合单价：206.00 元

窨井底板综合价：$0.15\times206.0=30.90(元)$

④ 计价表 11—28　圆形砖砌窨井深度 1.5 m 以内　每立方米综合单价：218.04 元

⑤ 计价表 12—18—19×2　C20 砼细石砼找坡 3 cm 厚

每 10 m² 综合单价：$106.78-12.28\times2=82.22(元)$

细石砼找坡综合价：$0.038\times82.22=3.12(元)$

⑥ 计价表 11—30　井壁抹防水砂浆　每 10 m² 综合单价：113.83 元

井内抹灰综合价：$0.317\times113.83=36.08(元)$

⑦ 计价表 11—25　成品铸铁井盖及安装　每套综合单价：271.29 元

铸铁盖板综合价：$1.0 \times 271.29 = 271.29$(元)

⑧ 计价表1—104 基坑回填土 每立方米综合单价：10.70元

回填土综合价：$2.93 \times 10.70 = 31.35$(元)

⑨ 计价表1—92+95×2 余土外运150米

每立方米综合单价：$6.25 + 1.18 \times 2 = 8.61$(元)

⑩ 计价表1—1 挖外运土 每立方米综合单价：3.95元

挖外运土综合价：$1.56 \times 3.95 = 6.16$(元)

(2) 窨井2

(计价同窨井1，因窨井深度为1.6 m，其挖土坑和砌圆形窨井2项定额与窨井1不同)

① 1—56 人工挖地坑3 m以内：$9.21 \times 19.40 = 178.67$(元)

② 1—100 基坑打夯：$0.308 \times 6.17 = 1.90$(元)

③ 2—120 C10砼窨井底板：$0.15 \times 206.0 = 30.90$(元)

④ 11—29 圆形砖砌窨井深度1.5 m以上：$1.13 \times 219.46 = 247.99$(元)

⑤ 12—18—19×2 C20砼细石砼找坡3 cm厚：$0.038 \times 82.22 = 3.12$(元)

⑥ 11—30 井壁抹防水砂浆：$0.383 \times 113.83 = 43.60$(元)

⑦ 11—25 成品铸铁井盖及安装：$1.0 \times 271.29 = 271.29$(元)

⑧ 1—104 基坑回填土：$7.32 \times 10.70 = 78.32$(元)

⑨ 1—92+95×2 余土外运150 m：$1.89 \times 8.61 = 16.27$(元)

⑩ 1—1 挖外运土：$1.89 \times 3.95 = 7.47$(元)

5.13 楼地面工程

5.13.1 楼地面工程计量

1) 楼地面工程的计算规则及运用要点

(1) 地面垫层

① 地面垫层仅适用于地面工程相关项目，不与基础工程的垫层混用。

② 地面垫层工程量按室内主墙间净面积乘以设计厚度以立方米计算，应扣除凸出地面的构筑物、设备基础、室内铁道、地沟等所占体积，不扣除柱、垛、间壁墙、附墙烟囱及面积在$0.3 m^2$以内孔洞所占体积，但门洞、空圈、暖气包槽、壁龛的开口部分亦不增加。

(2) 整体面层、找平层

① 整体面层、找平层工程量均按主墙间净空面积以平方米计算，应扣除凸出地面构筑物、设备基础、地沟等所占面积，不扣除柱、垛、间壁墙、附墙烟囱及面积在$0.3 m^2$以内的孔洞所占面积，但门洞、空圈、暖气包槽、壁龛的开口部分亦不增加。

② 看台台阶、阶梯教室地面整体面层按展开后的净面积计算。

(3) 块料面层

① 块料面层工程量按图示尺寸实铺面积以平方米计算，应扣除凸出地面的构筑物、设备基础、柱、间壁墙等不做面层的部分，$0.3 m^2$以内的孔洞面积不扣除。门洞、空圈、暖气包槽、壁龛的开口部分的工程量另增并入相应的面层内计算。

② 在块料地面中,花岗岩、大理石镶贴地面比较复杂,须分清三种不同做法:普通镶贴、简单图案镶贴和复杂图案镶贴。花岗岩、大理石板局部切除并分色镶贴成折线图案者称"简单图案镶贴",切除分色镶贴成弧线形图案者称"复杂图案镶贴",该两种图案镶贴应分别套用定额。凡市场供应的拼花石材成品铺贴,按拼花石材定额执行。

③ 多色简单、复杂图案镶贴花岗岩、大理石,按镶贴图案的矩形面积计算。成品拼花石材铺贴按设计图案的面积计算。计算简单、复杂图案之外的面积,扣除简单、复杂图案面积时,也按矩形面积扣除。

(4) 楼梯

① 楼梯整体面层工程量按楼梯的水平投影面积以平方米计算,包括踏步、踢脚板、中间休息平台、踢脚线、梯板侧面及堵头。楼梯井宽在 200 mm 以内者不扣除,超过 200 mm 者,应扣除其面积,楼梯间与走廊连接的,应算至楼梯梁的外侧。

② 楼梯块料面层工程量按展开实铺面积以平方米计算,踏步板、踢脚板、休息平台、踢脚线、堵头工程量应合并计算。

(5) 台阶

① 整体面层台阶工程量按水平投影面积以平方米计算,包括踏步及最上一步踏步口外延 300 mm 部分。

② 块料面层台阶工程量按展开(包括两侧)实铺面积以平方米计算。

(6) 踢脚线

① 水泥砂浆、水磨石踢脚线按延长米计算。其洞口、门口长度不予扣除,但洞口、门口、垛、附墙烟囱等侧壁也不增加。

② 块料面层踢脚线,按图示尺寸以实贴延长米计算,门洞扣除,侧壁另加。

(7) 地板和地毯

① 地板(包括木地板)和地毯,工程量计算规则同块料面层,即按图示尺寸实铺面积以平方米计算。

② 楼梯地毯压棍安装以套计算。

(8) 栏杆和扶手

① 扶手、栏杆、栏板适用于楼梯、走廊及其他装饰性栏杆、栏板、扶手,栏杆定额项目中包括了弯头的制作、安装。

② 栏杆、扶手、扶手下托板均按扶手的延长米计算,楼梯踏步部分的栏杆与扶手应按水平投影长度乘系数 1.18。

(9) 斜坡、散水和明沟

① 斜坡、散水、蹉跶工程量均按水平投影面积以平方米计算,明沟工程量按图示尺寸以延长米计算。

② 明沟与散水连在一起,明沟按宽 300 mm 计算,其余为散水。散水、明沟应分开计算。散水、明沟应扣除踏步、斜坡、花台等的长度。

(10) 防滑条

地面、石材面嵌金属和楼梯防滑条工程量均按延长米计算。

2) 楼地面工程工程量计算实例

【例 5.13.1】 某工厂工具间如图 4.3.8 所示,水泥砂浆地面做法见苏 J 9501—2/2,其中碎石垫层厚 100 mm，C15 混凝土垫层厚 60 mm，水泥砂浆踢脚线高 150 mm，计算与地面有关的工程量。

［相关知识］

（1）地面垫层工程量按室内主墙间净面积乘以设计厚度以立方米计算，应扣除凸出地面的构筑物、设备基础、室内铁道、地沟等所占体积，不扣除柱、垛、间壁墙、附墙烟囱及面积在 0.3 m² 以内孔洞所占体积，但门洞、空圈、暖气包槽、壁龛的开口部分亦不增加；

（2）整体面层工程量按主墙间净空面积以平方米计算，应扣除凸出地面构筑物、设备基础、地沟等所占面积，不扣除柱、垛、间壁墙、附墙烟囱及面积在 0.3 m² 以内的孔洞所占面积，但门洞、空圈、暖气包槽、壁龛的开口部分亦不增加；

（3）踢脚线以 m 为单位，按延长米计算，其洞口、门口长度不予扣除，但洞口、门口、垛、附墙烟囱等侧壁也不增加。

解 工程量计算如下：

（1）水泥砂浆地面：$2.76 \times 4.76 \times 3 = 39.41 (m^2)$

（2）100 厚碎石垫层：$39.41 \times 0.10 = 3.94 (m^3)$

（3）60 厚 C15 混凝土垫层：$39.41 \times 0.06 = 2.36 (m^3)$

（4）水泥砂浆踢脚线：$(2.76 + 4.76) \times 2 \times 2 + (2.76 \times 2 + 4.76 - 0.12) \times 2 = 50.40 (m)$

【例 5.13.2】 某工厂工具间设计如图 4.3.8 所示。500×500 地砖地面做法见苏 J 9501—14/2，踢脚线采用 500×150 成品地砖，水泥砂浆粘贴。计算与地面有关的工程量。

［相关知识］

（1）块料面层工程量按图示尺寸实铺面积以平方米计算，应扣除凸出地面的构筑物、设备基础、柱、间壁墙等不做面层的部分，0.3 m² 以内的孔洞面积不扣除，门洞、空圈、暖气包槽、壁龛的开口部分的工程量另增并入相应的面层内计算；

（2）块料面层踢脚线，按图示尺寸以实贴延长米计算，门洞扣除，侧壁另加。

解 工程量计算如下：

（1）100 厚碎石垫层：$39.41 \times 0.10 = 3.94 (m^3)$

（2）60 厚 C10 混凝土垫层：$39.41 \times 0.06 = 2.36 (m^3)$

（3）地砖面层：$2.76 \times 4.76 \times 3 - 0.12 \times 2.26 (间壁墙) + 0.24 \times 1.20 \times 2 (门1) + 0.24 \times 0.90 \times 2 (门2) + 0.12 \times 0.90 (门2) = 40.20 (m^2)$

（4）地砖踢脚线：$(2.76 + 4.76) \times 2 \times 2 + (2.76 \times 2 + 4.76 - 0.12) \times 2 - 1.20 \times 2 (门1) - 0.90 \times 2 \times 3 (门2) + 0.24 \times 2 \times 4 (门洞侧) + 0.12 \times 2 (门洞侧) = 44.76 (m)$

5.13.2 楼地面工程计价

1）楼地面工程计价表应用要点

（1）本章内容共分垫层、找平层、整体面层、块料面层、防滑条、木地板、栏杆、扶手、散水、斜坡、明沟，6 节，共计 177 个子目。其中：①垫层仅适用于地面工程相关项目，不再与基础工程混用，共包括 14 个子目；②找平层分水泥砂浆、细石混凝土、沥青砂浆共 7 个子目；③整体面层分水泥砂浆、无砂面层、水磨石面层、水泥豆石浆、钢屑水泥浆、菱苦土、环氧漆等，再根据用途共编制了 23 个子目；④块料面层分大理石、花岗岩、大理石图案镶贴、花岗岩图案镶贴、缸砖、马赛克、凹凸假麻石块、地砖、塑料、橡胶板、玻璃地面、镶嵌铜条、镶贴面酸洗打蜡，共 78 个子目;⑤木地板、栏杆、扶手分木地板、硬木踢脚线、抗静电活动地板、地毯、栏杆、扶手,共49个子目;⑥散水、斜坡、明沟共编制了6个子目。

(2) 本章整体面层子目中均包括基层与装饰面层。找平层砂浆设计厚度不同,按每增、减 5 mm 找平层调整。粘结层砂浆厚度与定额不符时,按设计厚度调整。地面如设计有防潮层,按第十七章"其他零星工程"的相应项目执行。

(3) 整体面层、块料面层中的楼地面项目,均不包括踢脚线工料,踢脚线应另列项目计算。本章中的踢脚线高度是按150 mm 编制的,如设计高度与定额高度不同时,整体面层不调整,块料面层(不包括粘贴砂浆材料)按比例调整,其他不变。水泥砂浆、水磨石楼梯包括踏步、踢脚板、踢脚线、平台、堵头,不包括楼梯底抹灰(楼梯底抹灰另按第十四章的天棚抹灰相应项目执行)。

(4) 大理石、花岗岩面层镶贴不分品种、拼色均执行相应定额。包括镶贴一道墙四周的镶边线(阴、阳角处含45°角),设计有两条或两条以上镶边者,按相应定额子目人工乘1.10系数(工程量按镶边的工程量计算),矩形分色镶贴的小方块,仍按定额执行。大理石、花岗岩板镶贴及切割费用已包括在定额内,但石材磨边未包括在内。设计磨边者,按第十七章相应子目执行。

(5) 对花岗岩地面或特殊地面要求需成品保护者,不论采用何种材料进行保护,均按第十七章相应项目执行,但必须是实际发生时才能计算。

(6) 设计栏杆、栏板的材料、规格、用量与定额不同,可以调整。定额中栏杆、栏板与楼梯踏步的连接是按预埋件焊接考虑的,设计用膨胀螺栓连接时,每 10 m 另增人工 0.35 工日,M10×100 膨胀螺栓 10 只,铁件 1.25 kg,合金钢钻头 0.13 只,电锤 0.13 台班。

(7) 楼梯、台阶不包括防滑条,设计用防滑条者,按相应定额执行。螺旋形、圆弧形楼梯贴块料面层按相应项目的人工乘系数 1.20,块料面层材料乘系数 1.10,其他不变。现场锯割大理石、花岗岩板材粘贴在螺旋形、圆弧形楼梯面,按实际情况另行处理。

(8) 斜坡、散水、明沟是按苏 J 9508 图编制的,均包括挖(填)土、垫层、砌筑、抹面。采用其他图集时,材料含量可以调整,其他不变。

2) 楼地面工程计价表应用实例

【例 5.13.3】 某工厂工具间如图 4.3.8 所示,水泥砂浆地面做法见苏 J 9501—2/2,其中碎石垫层厚 100 mm,水泥砂浆踢脚线高 150 mm,工程量在例 5.13.1 中已计算,若 60 厚 C15 混凝土垫层改为 60 厚 C20 混凝土垫层,现按计价表(一类工程)计价。

[相关知识]

(1) 混凝土强度等级不同,单价要换算;

(2) 工程类别与计价表单价中的标准不同要换算。

解 (1) 换算单价

12—9 换 碎石干铺

换算单价:$82.53 - 3.88 + (14.56 + 0.97) \times 35\% = 84.09$(元/$m^3$)

12—11 换 C20 现浇砼垫层

换算单价:$213.08 + 1.01 \times (177.41 - 155.26) + (35.36 + 4.34) \times (35\% - 25\%) = 239.42$(元/$m^3$)

12—22 换 1∶2 水泥砂浆面层

换算单价：$80.63-6.69+(24.70+2.06)\times 35\%=83.31(元/m^2)$

12—27 换　1∶2 水泥砂浆踢脚线

换算单价：$25.07-3.22+(12.48+0.41)\times 35\%=26.36(元/10\ m)$

(2) 子目套用

水泥砂浆地面：

12—9 换　$3.94\times 84.09=331.31(元)$

12—11 换　$2.36\times 239.42=565.03(元)$

12—22 换　$39.41\div 10\times 83.31=328.32(元)$

合计：1 224.66 元

水泥砂浆踢脚线：

12—27 换　$50.40\div 10\times 26.36=132.85(元)$

合计：132.85 元

【例 5.13.4】　某工厂工具间设计如图 4.3.8 所示。500×500 地砖地面做法见苏 J 9501—14/2，踢脚线采用 500×150 成品地砖，水泥砂浆粘贴，工程量在例 5.13.2 中已计算。设该工程为土建三类工程，500×500 地砖 20 元/块，500×150 地砖踢脚线 12 元/块，辅材不计价差，计算该分部分项工程的造价。

[相关知识]

(1) 地砖结合层为干硬性水泥砂浆，套用计价表子目时，注意换算；

(2) 地砖规格、地砖踢脚线与计价表中子目不同，要换算。

解　(1) 套用计价表计算各子目单价

12—9　碎石干铺：82.53 元/m³

12—11　C10 现浇砼垫层：213.08 元/m³

12—94 换　500×500 地砖面层：1 028.47 元/m³

分析　600×600 地砖换 500×500 地砖：

$$500\times 500\ 地砖数量=\frac{1}{0.5\times 0.5}\times 1.02\times 10=40.8(块)$$

增　$40.80\times 20.00-218.08=597.92(元)$

水泥砂浆改干硬性水泥浆：

增　$0.303\times 162.16+45.97\times 0.28-10.83-35.61=15.57(元)$

12—94 换　单价：$414.98+597.92+15.57=1\ 028.47(元/10\ m^2)$

12—102 换　地砖踢脚线：297.46 元/10 m

300×200 地砖换 500×150 地砖踢脚线

2 块×"1.02"×10=20.40(块)

增　$20.40\times 12.00-39.95=204.85(元)$

12—102 换　单价：$92.61+204.85=297.46(元/m)$

(2) 计算各子目价格

地砖地面

12—9　碎石垫层：$3.94\times 82.53=325.17(元)$

12—11　C10 现浇砼垫层：$2.36\times 213.08=502.87(元)$

12—94 换 500×500 地砖面层：40.20÷10×1 028.47＝4 134.45(元)
合计：4 962.49 元
地砖踢脚线
12—102 换 地砖踢脚线：44.76÷10×297.46＝1 331.43(元)
合计：1 331.43 元
该分部分项工程的造价为 4 962.49＋1 331.43＝5 293.92(元)

5.14 墙柱面工程

5.14.1 墙柱面工程计量

1) 墙柱面工程计算规则及运用要点
(1) 内墙面抹灰
① 内墙面抹灰工程量按结构尺寸面积计算。内墙面抹灰长度，以主墙间的图示净长计算，不扣除间壁所占的面积。其高度确定：不论有无踢脚线，其高度均自室内地坪面或楼面至天棚底面。应扣除门窗洞口和空圈所占的面积，不扣除踢脚线、挂镜线、0.3 m² 以内的孔洞和墙与构件交接处的面积；但其洞口侧壁和顶面抹灰亦不增加。垛的侧面抹灰面积应并入内墙面工程量内计算。

石灰砂浆、混合砂浆粉刷中已包括水泥护角线，不另行计算。
② 柱与单梁的抹灰按结构展开面积以平方米计算。柱与梁或梁与梁接头的面积不予扣除。砖墙中平墙的砼柱、梁等的抹灰(包括侧壁)应并入墙面抹灰工程量内计算。凸出墙面的砼柱、梁面(包括侧壁)抹灰工程量应单独计算，按相应子目执行。
③ 厕所、浴室隔断抹灰工程量，按单面垂直投影面积乘系数 2.3 计算。
(2) 外墙面抹灰
① 外墙面抹灰工程量按外墙面的垂直投影面积计算，应扣除门窗洞口和空圈所占的面积，不扣除 0.3 m² 以内的孔洞面积。但门窗洞口、空圈的侧壁、顶面及垛等抹灰，应按结构展开面积并入墙面抹灰中计算。外墙面不同品种砂浆抹灰，应分别计算按相应子目执行。
② 外墙窗间墙与窗下墙均抹灰，以展开面积计算。
③ 挑沿、天沟、腰线、扶手、单独门窗套、窗台线、压顶等，均以结构尺寸展开面积计算。窗台线与腰线连接时，并入腰线内计算。
④ 外窗台抹灰长度，如设计图纸无规定时，可按窗洞口宽度两边共加 20 cm 计算。窗台展开宽度一砖墙按 36 cm 计算，每增加半砖宽则另增 12 cm。
⑤ 单独圈梁抹灰(包括门、窗洞口顶部)、附着在砼梁上的砼装饰线条抹灰均以展开面积以平方米计算。
⑥ 阳台、雨篷抹灰按水平投影面积计算。定额中已包括顶面、底面、侧面及牛腿的全部抹灰面积。阳台栏杆、栏板、垂直遮阳板抹灰另列项目计算。栏板以单面垂直投影面积乘系数 2.1。水平遮阳板顶面、侧面抹灰按其水平投影面积乘系数 1.5，板底面积并入天棚抹灰内计算。
⑦ 勾缝按墙面垂直投影面积计算，应扣除墙裙、腰线和挑沿的抹灰面积，不扣除门、窗套、

零星抹灰和门、窗洞口等面积,但垛的侧面、门窗洞侧壁和顶面的面积亦不增加。

(3) 镶贴块料面层及花岗岩/大理石板挂贴

① 内、外墙面、柱梁面、零星项目镶贴块料面层均按块料面层的建筑尺寸(各块料面层+粘贴砂浆厚度=25 mm)面积计算。门窗洞口面积扣除,侧壁、附垛贴面应并入墙面工程量中。内墙面腰线花砖按延长米计算。

② 窗台、腰线、门窗套、天沟、挑檐、盥洗槽、地脚等块料面层镶贴,均以建筑尺寸的展开面积(包括砂浆及块料面层厚度)按零星项目计算。

③ 花岗岩、大理石板砂浆粘贴、挂贴均按面层的建筑尺寸(包括干挂空间、砂浆、板厚度)展开面积计算。

(4) 内墙、柱木装饰及柱包不锈钢镜面

① 内墙、内墙裙、柱(梁)面的计算:木装饰龙骨、衬板、面层及粘贴切片板按净面积计算,并扣除门、窗洞口及 0.3 m² 以上的孔洞所占的面积,附墙垛及门、窗侧壁并入墙面工程量内计算。单独门、窗套按相应章节的相应子目计算。柱、梁按展开宽度乘以净长计算。

② 不锈钢镜面、各种装饰板面的计算:方柱、圆柱、方柱包圆柱的面层,按周长乘地面(楼面)至天棚底面的图示高度计算,若地面天棚面有柱帽、底脚时,则高度应从柱脚上表面至柱帽下表面计算。柱帽、柱脚,按面层的展开面积以平方米计算,套柱帽、柱脚子目。

③ 玻璃幕墙以框外围面积计算。幕墙与建筑顶端、两端的封边按图示尺寸以平方米计算,自然层的水平隔离与建筑物的连接按延长米计算(连接层包括上、下镀锌钢板在内)。幕墙上下设计有窗者,计算幕墙面积时,窗面积不扣除,但每 10 m² 面积另增加幕墙框料 25 kg、人工 5 工日(幕墙上铝合金窗不再另外计算)。

④ 石材圆柱面按石材面外围周长乘以柱高(应扣除柱墩、柱帽高度)以平方米计算。石材柱墩、柱帽按结构柱直径加 100 mm 后的周长乘其高度以平方米计算。圆柱腰线按石材面周长计算。

2) 墙柱面工程工程量计算实例

【例 5.14.1】 一卫生间墙面装饰如图 4.4.4。做法为 12 厚 1:3 水泥砂浆底层,5 厚素水泥砂浆结合层。不考虑门、窗小面瓷砖,计算瓷砖的工程量。

[相关知识]

(1) 内、墙面镶贴块料面层均按块料面层的建筑尺寸(各块料面层+粘贴砂浆厚度=25 mm)面积计算,门窗洞口面积扣除,侧壁、附垛贴面应并入墙面工程量中;

(2) 内墙面腰线花砖按延长米计算。

解 工程量计算如下:

(1) 250×80 瓷砖腰线:(2.50+6.00)×2−1.25−0.75=15(m)

(2) 250×330 瓷砖:(2.50+6.00)×2×2.72−0.75×2.06−1.25×1.40−(2.50+1.20×2)×0.20−15.00×0.08=40.77(m²)

【例 5.14.2】 某学院门厅处一砼圆柱直径 ϕ600,柱帽、柱墩挂贴进口黑金砂花岗岩,柱身挂贴四拼进口米黄花岗岩,灌缝 1:2 水泥砂浆 50 mm 厚,贴好后酸洗打蜡。具体尺寸如图 4.4.5。计算相关工程量。

[相关知识]

(1) 计算柱帽、柱墩工程量,按结构柱直径加 100 mm 后的周长乘以其高以平方米计算。

(2) 石材线磨边加工及石材板缝嵌云石胶按延长米计算。

解 工程量计算如下：

(1) 黑金砂柱帽：$(0.60+0.10) \times \pi \times 0.20 = 0.44 (m^2)$

(2) 黑金砂柱墩：$(0.60+0.10) \times \pi \times 0.20 = 0.44 (m^2)$

(3) 四拼米黄柱身：$0.75 \times \pi \times (3.20-0.20 \times 2) = 6.60 (m^2)$

(4) 板缝嵌云石胶：$(3.20-0.20 \times 2) \times 4 = 11.20 (m)$

5.14.2 墙柱面工程计价

1) 墙柱面工程计价表应用要点

(1) 本章计价表内容共分 4 节：①一般抹灰，②装饰抹灰，③镶贴块料面层，④木装修及其他，共计 244 个子目。其中一般抹灰按砂浆品种分纸筋石灰砂浆、水泥砂浆、混合砂浆、其他砂浆、砖石墙面勾缝 5 小节，计 53 个子目；装饰抹灰含水刷石、干粘石、斩假石、嵌缝及其他 4 小节，计 19 个子目；镶贴块料面层分大理石板、花岗岩板、瓷砖、外墙釉面砖、陶瓷锦砖、凹凸假麻石、波形面砖、文化石 8 小节，计 82 个子目；木装修及其他分钢木龙骨、隔墙龙骨、夹板基层、各种面层、幕墙、网塑夹心板墙、彩钢夹心板墙等 7 小节，计 90 个子目。

(2) 定额中按中级抹灰考虑，设计砂浆品种、饰面材料规格如与定额取定不同时，应按设计调整，但人工数量不变。

(3) 本章均不包括抹灰脚手架费用，脚手架费用按第十九章相应子目执行。

(4) 墙、柱的抹灰及镶贴块料面层的砂浆品种、厚度与定额不同均应调整（纸筋石灰砂浆厚度不同不调整）。砂浆用量按比例调整。

(5) 在圆弧形墙面、梁面抹灰或镶贴块料面层（包括挂贴、干挂大理石、花岗岩板），按相应定额项目人工乘 1.18（工程量按其弧形面积计算）。

(6) 外墙面窗间墙、窗下墙同时抹灰，按外墙抹灰相应子目执行，单独圈梁抹灰（包括门、窗洞口顶部）按腰线子目执行，附着在砼梁上的砼线条抹灰按砼装饰线条抹灰子目执行。但窗间墙单独抹灰或镶贴块料面层，按相应人工乘 1.15。

(7) 内外墙贴面砖的规格与定额取定规格不符，数量应按下式确定：

$$实际数量 = \frac{10 m^2 \times (1+相应损耗率)}{(砖长+灰缝宽) \times (砖宽+灰缝厚)}$$

(8) 高在 3.60 m 以内的围墙抹灰均按内墙面相应抹灰子目执行。

(9) 外墙内表面的抹灰按内墙面抹灰子目执行；砌块墙面的抹灰按砼墙面相应抹灰子目执行。

(10) 花岗岩、大理石块料面层均不包括阳角处磨边，设计要求磨边或墙、柱面贴石材装饰线条者，按相应章节相应项目执行。

(11) 内墙、柱面木装饰及柱面包钢板：

① 设计木墙裙的龙骨与定额间距、规格不同时，应按比例换算。本定额仅编制了一般项目中常用的骨架与面层，骨架、衬板、基层、面层均应分开计算。

② 木饰面子目的木基层均未含防火材料，设计要求刷防火漆，按第十六章中相应子目执行。

③ 装饰面层中均未包括墙裙压顶线、压条、踢脚线、门窗贴脸等装饰线，设计有要求时，应按相应章节子目执行。

④ 铝合金幕墙龙骨含量、装饰板的品种设计要求与定额不同时应调整,但人工、机械不变。

⑤ 不锈钢镜面板包柱,其钢板成型加工费未包括在内,应按市场价格另行计算。

⑥ 网塑夹芯板之间设置加固方钢立柱、横梁应根据设计要求按相应章节子目执行。

⑦ 本定额未包括玻璃、石材的车边、磨边费用。石材车边、磨边按相应章节子目执行;玻璃车边费用按市场加工费另行计算。

2) 墙柱面工程计价表应用实例

【例 5.14.3】 一卫生间墙面装饰如图 4.4.4。做法为 12 厚 1∶3 水泥砂浆底层,5 厚素水泥砂浆结合层,工程量在例 5.14.1 中已计算。已知该工程为三类工程,250×330 瓷砖为 6.5 元/块,250×80 瓷砖腰线 15 元/块,其余材料价格按定额价,并且不考虑门、窗小面瓷砖。按计价表计价。

[相关知识]

(1) 瓷砖规格与计价表不同,瓷砖数量、单价均应换算;

(2) 贴面用素水泥砂浆与计价表不同,应扣除混合砂浆,增加括号内价格。

解 (1) 套用计价表计算各工程内容价格

① 13—117 换　250×330 瓷砖内墙面　1 048.97(元/10 m²)

分析:

瓷砖规格换算:$(1.71 \times 200 \times 300) \div (250 \times 330) \times 650.00 = 808.36$(元)

扣混合砂浆: -11.85 元

增素水泥砂浆: 21.74 元

13—117 换算单价:$620.60 - 389.88 + 808.36 - 11.85 + 21.74 = 1 048.97$(元/10 m²)

② 13—120 换　250×80 瓷砖腰线　643.25(元/10 m)

分析:

腰线规格换算:$(0.52 \times 200) \div 250 \times 1 500.00 = 624.00$(元)

扣混合砂浆: -0.78 元

增素水泥浆: 1.28 元

13—120 换算单价:$273.55 - 254.80 + 624.00 - 0.78 + 1.28 = 643.25$(元/10 m)

(2) 按计价表计价

瓷砖墙面

13—117 换　$1 048.97 \times 4.077 = 4 276.65$(元)

13—120 换　$643.25 \times 1.5 = 964.88$(元)

合计:5 241.53 元

【例 5.14.4】 某学院门厅处一砼圆柱直径 $\phi 600$ mm,柱帽、柱墩挂贴进口黑金砂花岗岩,柱身挂贴四拼进口米黄花岗岩,灌缝 1∶2 水泥砂浆 50 mm 厚,贴好后酸洗打蜡。具体尺寸如图 4.4.5,工程量在例 5.14.2 中已计算。计算该分项工程的造价(注:材料价格及费率均按定额执行)。

[相关知识]

(1) 按计价规范计算柱帽、柱墩工程量,按外围尺寸乘以高度以面积计算;

(2) 按计价表计算柱帽、柱墩工程量,按结构柱直径加 100 mm 后的周长乘以其高以平方米计算;

(3) 柱面石材云石胶嵌缝定额中未包括，要按第十七章相应子目执行。

解

套用计价表计算各工程内容价格

子目	项目名称	单位	单价	数量	合价(元)
13—104	柱身挂贴四拼米黄花岗岩	10 m²	17 266.81	0.66	11 396.10
13—107	柱墩挂贴黑金砂花岗岩	10 m²	25 533.56	0.044	1 123.48
13—108	柱帽挂贴黑金砂花岗岩	10 m²	29 119.96	0.044	1 281.28
17—44	板缝嵌云石胶	10 m	15.65	1.12	17.53
合计					13 818.39

5.15 天棚工程

5.15.1 天棚工程计量

1) 天棚工程计算规则及运用要点

(1) 天棚吊筋、龙骨与面层应分开计算，按设计套用相应定额。天棚饰面的面积按净面积计算，不扣除间壁墙、检修孔、附墙烟囱、柱垛和管道所占面积，但应扣除独立柱、0.3 m² 以上的灯饰面积(石膏板、夹板天棚面层的灯饰面积不扣除)与天棚相连接的窗帘面积。

(2) 天棚中假梁、折线、叠线等圆弧形、拱形、特殊艺术形式的天棚饰面，均按展开面积计算。

(3) 天棚龙骨的面积按主墙间的水平投影面积计算。天棚龙骨的吊筋按每 10 m² 龙骨面积套相应子目计算。

(4) 圆弧形、拱形的天棚龙骨应按其弧形或拱形部分的水平投影面积计算套用复杂型子目，龙骨用量按设计进行调整，人工和机械按复杂型天棚子目乘系数 1.8。

(5) 铝合金扣板雨篷，均按水平投影面积计算。

(6) 天棚面抹灰：

① 天棚面抹灰按主墙间天棚水平面积计算，不扣除间壁墙、垛、柱、附墙烟囱、检查洞、通风洞、管道等所占的面积。

② 密肋梁、井字梁、带梁天棚抹灰面积，按展开面积计算，并入天棚抹灰工程量内。

③ 斜天棚抹灰，按斜面积计算。

④ 楼梯底面、水平遮阳板底面和檐口天棚，并入相应的天棚抹灰工程量内计算。砼楼梯、螺旋楼梯的底板为斜板时，按其水平投影面积(包括休息平台)乘系数 1.18，底板为锯齿形时(包括预制踏步板)，按其水平投影面积乘系数 1.5 计算。

2) 天棚工程工程量计算实例

【例 5.15.1】 某学院一过道采用装配式 T 型(不上人型)铝合金龙骨，面层采用 600×600 钙塑板吊顶，如图 5.15.1。已知：吊筋为 $\phi 8$ 钢筋，吊筋高度为 1.00 m，主龙骨为 45×15×1.2 轻钢龙骨。T 型龙骨间距如图所示，计算相关工程量。

[相关知识]

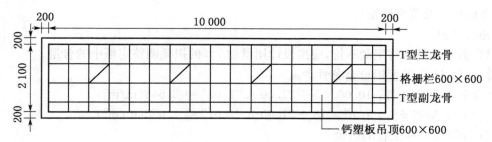

图 5.15.1 顶面图

(1) 天棚龙骨的面积按主墙间的水平投影面积计算;

(2) 天棚饰面的面积按净面积,不扣除间壁墙、检修孔、附墙烟囱、柱垛和管道所占面积,但应扣除独立柱、$0.3 m^2$ 以上的灯饰面积(石膏板、夹板天棚面层的灯饰面积不扣除)与天棚相连接的窗帘盒面积;

(3) 天棚龙骨的吊筋按每 $10 m^2$ 龙骨面积套相应子目计算。

解 工程量计算如下:

(1) 天棚吊筋:$10.00 \times 2.10 = 21.00 (m^2)$

(2) 天棚装配式 T 型铝合金龙骨:$10.00 \times 2.10 = 21.00 (m^2)$

(3) 钙塑板面层:$10.00 \times 2.10 - 0.60 \times 0.60 \times 4 = 19.56 (m^2)$

5.15.2 天棚工程计价

1) 天棚工程计价表应用要点

(1) 本章内容共分 5 节:①天棚龙骨,②天棚面层及饰面,③扣板雨篷、采光天棚,④天棚检修道,⑤天棚抹灰,共计 123 个子目。其中天棚龙骨分方木龙骨、轻钢龙骨、铝合金龙骨、铝合金方板龙骨、铝合金条板龙骨、天棚吊筋,计 45 个子目;天棚面层及饰面分三、五夹板面层、钙塑板面层、纸面石膏板面层、切片板面层、铝合金方板面层、铝合金条板面层、其他饰面,计 56 个子目;扣板雨篷、采光天棚分铝合金扣板雨篷、采光天棚,计 6 个子目;天棚检修道计 3 个子目;天棚抹灰分抹灰面层、预制板底勾缝及装饰线,计 13 个子目。

(2) 天棚的骨架基层分为简单、复杂型两种。简单型是指每间面层在同一标高的平面上;复杂型是指每一间面层不在同一标高平面上,其高差在 100 mm 以上(含 100 mm),但必须满足不同标高的少数面积占该间面积的 15% 以上。

(3) 设计小房间(厨房、厕所)内不用吊筋时,不能计算吊筋项目,并扣除相应定额中人工含量 0.67 工日$/10 m^2$。

(4) 上人型天棚吊顶检修道,分为固定、活动两种,应按设计分别套用定额。

(5) 天棚面层中回光槽按第十七章"其他零星工程"相应项目计算。

(6) 天棚面的抹灰按中级抹灰考虑,所取定的砂浆品种、厚度详见附录七。设计砂浆品种(纸筋石灰浆除外)厚度与定额不同均应按比例调整,但人工数量不变。

2) 天棚工程计价表应用实例

【例 5.15.2】 某学院一过道采用装配式 T 型(不上人型)铝合金龙骨,面层采用 600×600 钙塑板吊顶,如图 5.15.1。已知:吊筋为 $\phi 8$ 钢筋,吊筋高度为 1.00 m,主龙骨为 $45 \times 15 \times 1.2$ 轻钢龙骨。T 型龙骨间距如图所示,工程量在例 5.15.1 中已计算。计算该分项工程的造价(不考虑材差及费率调整)。

[相关知识]

铝合金龙骨设计与定额不符,应按设计用量加7%的损耗调整定额中的含量。

解 (1) 计算T型铝合金龙骨含量

铝合金T型主龙骨：$10.00 \times 5 \div 21.00 \times "1.07" = 2.548(m/m^2)$

铝合金T型副龙骨：$2.10 \times 18 \div 21.00 \times "1.07" = 1.926(m/m^2)$

(2) 计算该分项工程的造价

子目	项目名称	单位	单价	数量	合价(元)
14—42	天棚吊筋	10 m²	53.09	2.10	111.49
14—27	装配式T型(不上人型)铝合金龙骨 铝合金T型主龙骨调整含量： 　　(25.48－18.94)×5.25 = 34.34 铝合金T型副龙骨调整含量： 　　(19.26－18.20)×3.80 = 4.03 扣角铝：－24.55 单价：351.06＋34.34＋4.03－24.55 　　＝364.88(元/10 m²)	10 m²	364.88	2.10	766.25
14—53	钙塑板面层	10 m²	137.69	1.956	269.32
合计					1 147.06

5.16 门窗工程

5.16.1 门窗工程计量

1) 门窗工程计算规则及运用要点

(1) 购入成品的各种铝合金门窗安装,按门窗洞口面积以平方米计算,购入成品的木门扇安装,按购入门扇的净面积计算。

(2) 现场铝合金门窗扇制作、安装按门窗洞口面积以平方米计算。

(3) 各种卷帘门按洞口高度加600 mm乘卷帘门实际宽度的面积计算,卷帘门上有小门时,其卷帘门工程量应扣除小门面积。卷帘门上的小门按扇计算,卷帘门上电动提升装置以套计算,手动装置的材料、安装人工已包括在定额内,不另增加。

(4) 无框玻璃门按其洞口面积计算。无框玻璃门中,部分为固定门扇、部分为开启门扇时,工程量应分开计算。无框门上带亮子时,其亮子与固定门扇合并计算。

(5) 门窗框上包不锈钢板均按不锈钢板的展开面积以平方米计算,木门扇上包金属面或软包面均以门扇净面积计算。无框玻璃门上亮子与门扇之间的钢骨架横撑(外包不锈钢板),按横撑包不锈钢板的展开面积计算。

(6) 门窗扇包镀锌铁皮,按门窗洞口面积以平方米计算;门窗框包镀锌铁皮、钉橡皮条、钉毛毡按图示门窗洞口尺寸以延长米计算。

(7) 木门窗框、扇制作、安装工程量按以下规定计算：

① 各类木门窗(包括纱、纱窗)制作、安装工程量均按门窗洞口面积以平方米计算。

② 连门窗的工程量应分别计算，套用相应门、窗定额，窗的宽度算至门框外侧。

③ 普通窗上部带有半圆窗的工程量应按普通窗和半圆窗分别计算，其分界线以普通窗和半圆窗之间的横框上边线为分界线。

④ 无框窗扇按扇的外围面积计算。

2) 门窗工程工程量计算实例

【例 5.16.1】 三冒头无腰镶板双开门，门洞尺寸 1.20 m×2.20 m。门框毛料断面为 60 cm²，门扇门肚板断面同计价表，门设执手锁 1 把，插销 2 只，门铰链 4 副，门油调和漆 3 遍，计算相关工程量。

[相关知识]

(1) 各类木门窗(包括纱、纱窗)制作、安装工程量均按门窗洞口面积以平方米计算；

(2) 门窗制作安装的五金、铁件配件按"门窗五金配件安装"相应项目执行。

解 工程量计算如下：

(1) 门框制安 $1.20 \times 2.20 = 2.64(m^2)$

(2) 门扇制安 $2.64(m^2)$

(3) 门锁   1 把

(4) 插销   2 只

(5) 门铰链   4 副

(6) 门油漆 $2.64(m^2)$

5.16.2 门窗工程计价

1) 门窗工程计价表应用要点

(1) 本章计价表内容共分购入构件成品安装，铝合金门窗制作、安装，木门、窗框扇制安，装饰木门扇，门、窗五金配件安装，5 节共计 384 个子目。其中：①购入构件成品安装分铝合金门窗、塑钢门窗、彩板门窗、电子感应门、卷帘门、成品木门 6 小节，计 29 个子目；②铝合金门窗制作、安装分古铜色、银白色门，铝合金全玻、半玻平开门，全玻地弹门，古铜色、银白色窗，无框玻璃门扇，窗框包不锈钢板 9 小节，计 62 个子目；③木门、窗框扇制安分普通木窗、半截玻璃门、镶板门、胶合板门等 11 小节，计 234 个子目；④装饰木门扇分细木工板实心门扇、其他木门扇、门扇上包金属软包面 3 小节，计 17 个子目；⑤门、窗五金配件安装分门窗特殊五金、铝合金窗五金、木门窗五金配件 3 小节，计 42 个子目。

(2) 购入构件成品安装门窗单价中，除地弹簧、门夹、管子拉手等特殊五金外，玻璃及一般五金已包括在相应的成品单价中，一般五金的安装人工已包括在定额内，特殊五金和安装人工应按"门、窗配件安装"的相应子目执行。

(3) 铝合金门窗制作、安装

① 铝合金门窗制作、安装是按在现场制作编制的，如在构件厂制作，也按本定额执行，但构件厂至现场的运输费用应按当地交通部门的规定运费执行(运费不进入取费基价)。

② 铝合金门窗制作型材颜色分为古铜、银白色两种，应按设计分别套用定额，除银白色以外的其他颜色均按古铜色定额执行。

③ 铝合金门窗的五金应按"门、窗五金配件安装"另列项目计算。

④ 门窗框与墙或柱的连接是按镀锌铁脚、膨胀螺栓连接考虑的，若设计与定额不同，定额

中的铁脚、螺栓应扣除,其他连接件另外增加。

(4) 木门、窗制作安装

① 定额中的木材断面或厚度均以毛料为准,如设计图纸注明的断面或厚度为净料时,应增加断面刨光损耗:一面刨光加 3 mm,两面刨光加 5 mm,圆木按直径增加 5 mm。

② 木门窗框、扇定额断面,框料以边立框断面为准(框裁口处如为钉条者,应加贴条断面),扇料以立梃断面为准。

如设计框、扇断面与定额不同时,应按比例换算。换算公式如下:

$$\frac{\text{设计断面积(净料加刨光损耗)}}{\text{定额断面积}} \times \text{相应项目定额材积}$$

或:

$$(\text{设计断面积} - \text{定额断面积}) \times \text{相应项目框、扇每增减 10 cm}^2 \text{ 的材积}$$

上式断面积均以 10 m² 为计量单位。

③ 门窗制作安装的五金、铁件配件按"门、窗五金配件安装"相应项目执行,安装人工已包括在相应定额内。设计门、窗玻璃品种、厚度与定额不符,单价应调整,数量不变。

④ "门、窗五金配件安装"的子目中,五金规格、品种与设计不符时应调整。

2) 门窗工程计价表应用实例

【例 5.16.2】 三冒头无腰镶板双开门,门洞尺寸 1.20 m×2.20 m。门框毛料断面为 60 cm²,门扇门肚板断面同计价表,门设执手锁 1 把,插销 2 只,门铰链 4 副,门油调和漆 3 遍,工程量在例 5.16.1 中已计算。设该门为 3 类土建工程中的分部分项工程,求该门的价格(注:材料价差按计价表计算,不调整)。

[相关知识]

(1) 该门门框断面尺寸与定额不符,要调整;

(2) 该门是按建筑三类工程计算单价。

解 (1) 套用计价表计算各子目单价

15—214	门框制作	260.21 元/10 m²
15—215	门扇制作	681.96 元/10 m²
15—216	门框安装	23.15 元/10 m²
15—217	门扇安装	47.95 元/10 m²
15—218×0.5	门框断面每增 5 cm²	17.59 元/10 m²
15—346	门锁	39.77 元/把
15—347	门插锁	26.09 元/只
15—348	门铰链	18.76 元/副
16—5	木门调和漆 2 遍	220.38 元/10 m²

(2) 计算镶板木门的造价

15—214	门框制作	2.64÷10×260.21 = 68.70(元)
15—215	门扇制作	2.64÷10×681.96 = 180.04(元)
15—216	门框安装	2.64÷10×23.15 = 6.11(元)
15—217	门扇安装	2.64÷10×47.95 = 12.66(元)
15—218×05	门框断面每增 5 cm²	2.64÷10×17.59 = 4.64(元)

15—346	门锁	$1 \times 39.77 = 39.77(元)$
15—347	门插销	$2 \times 26.09 = 52.18(元)$
15—348	门铰链	$4 \times 18.76 = 75.04(元)$
16—5	木门油漆	$2.64 \div 10 \times 220.38 = 58.18(元)$

合计：497.32 元

5.17 油漆、涂料、裱糊工程

5.17.1 油漆、涂料、裱糊工程计量

油漆、涂料、裱糊工程计算规则及运用要点

（1）天棚、墙、柱、梁面的喷（刷）涂料和抹灰面乳胶漆，工程量按实喷（刷）面积计算，但不扣除 $0.3 m^2$ 以内的孔洞面积。

（2）木材面油漆

木材面的油漆工程量 ＝ 构件工程量 × 相应系数

抹灰面、木材面、构件面及金属面油漆系数见表 5.17.1。

表 5.17.1 抹灰面、木材面、构件面及金属面油漆系数表

序号	项目名称	系数	工程量计算方法
1	单层木门	1.00	按洞口面积计算
2	带上亮木门	0.96	
3	双层（一玻一纱）木门	1.36	
4	单层全玻门	0.83	
5	凹凸线条几何图案造型单层木门	1.05	
6	单层玻璃窗	1.00	
7	双层（一玻一纱）窗	1.36	
8	双层（单裁口）窗	2.00	
9	单层组合窗	0.83	
10	木扶手（不带托板）	1.00	按延长米
11	木扶手（带托板）	2.6	
12	窗帘盒（箱）	2.04	
13	窗帘棍	0.35	
14	纤维板、木板、胶合板天棚	1.00	长×宽
15	木方格吊顶天棚	1.2	
16	木间壁木隔断	1.90	外围面积 长（斜长）×高
17	玻璃间壁露明墙筋	1.65	
18	木栅栏、木栏杆（带扶手）	1.82	
19	零星木装修	1.10	展开面积

(续 表)

序号	项目名称	系数	工程量计算方法
20	木墙裙	1.00	长×宽
21	有凹凸线条几何图案的木墙裙	1.05	
22	槽形板、混凝土折板底面	1.3	水平投影面积
23	有梁板底(含梁底、侧面)	1.3	
24	混凝土板式楼梯底(斜板)	1.18	
25	混凝土板式楼梯底(锯齿形)	1.50	
26	单层钢门窗	1.00	按洞口面积计算
27	双层钢门窗	1.50	
28	钢百叶门窗	2.74	
29	满钢门或包铁皮门	1.63	
30	钢折叠门	2.30	框(扇)外围面积
31	射线防护门	3.00	
32	厂库房平开、推拉门	1.70	
33	平板屋面	0.74	斜长×宽
34	镀锌铁皮排水、伸缩缝盖板	0.78	展开面积
35	钢屋架、天窗架、挡风架、屋架梁、支撑、檩条	1.00	重量(t)
36	墙架(空腹式)	0.50	
37	钢柱、吊车梁、花式梁、柱、空花构件	0.63	
38	钢栅栏门、栏杆、窗栅	1.71	
39	钢爬梯	1.20	
40	零星铁件	1.30	

(3) 抹灰面的油漆、涂料、刷浆工程量＝抹灰的工程量。

5.17.2 油漆、涂料、裱糊工程计价

油漆、涂料、裱糊工程计价表应用要点如下：

(1) 本章是由油漆、涂料和裱糊三节组成,其中油漆按附着物主要划分为木材面、金属面和抹灰面 3 小节,涂料以部位划分为内、外墙 2 小节,裱糊以品种划分为墙纸与墙布 2 小节,共计 375 个子目。

(2) 油漆项目中,已包括钉眼刷防锈漆的工、料并综合了各种油漆的颜色,设计油漆颜色与定额不符时,人工、材料均不调整。

(3) 本定额已综合考虑分色及门窗内外分色的因素,如果需做美术图案者,可按实计算。

(4) 定额中规定的喷、涂刷的遍数,如与设计不同时,可按每增减一遍相应定额子目执行。

(5) 本定额抹灰面乳胶漆、裱糊墙纸饰面是根据现行工艺,将墙面封油刮腻子、清油封底、乳胶漆涂刷及墙纸裱糊分列子目,本定额乳胶漆、裱糊墙纸子目已包括再次找补腻子在内。

(6) 涂料定额是按常规品种编制的,设计用的品种与定额不符,单价可以换算,其余不变。

(7) 裱糊织锦缎定额中,已包括宣纸的裱糊工料费在内,不得另计。

5.18 其他零星工程

5.18.1 其他零星工程计量

其他零星工程计算规则及运用要点如下：

(1) 门窗套、筒子板按面层展开面积计算。

(2) 门窗贴脸按门窗洞口尺寸外围长度以延长米计算，双面钉贴脸者工程量乘以 2；挂镜线按设计长度以延长米计，暖气罩、玻璃黑板按外框投影面积计算。

(3) 窗帘盒及窗帘轨按延长米计算，如设计图纸未注明尺寸可按洞口尺寸加 30 cm 计算。

(4) 窗台板按平方米计算。如图纸未注明窗台板长度时，可按窗框外围两边共加 100 mm 计算；窗口凸出墙面的宽度，按抹灰面另加 30 cm 计算。

(5) 防潮层按实铺面积计算。成品保护层按相应子目工程量计算，台阶、楼梯按水平投影面积计算。

(6) 大理石洗漱台板工程量按平方米计算。浴帘杆、浴缸拉手及毛巾架以每副计算。镜面玻璃带框，按框的外围面积计算，不带框的镜面玻璃按玻璃面积计算。

(7) 平面型招牌基层按正立面投影面积计算，箱体式钢结构招牌基层按外围体积计算。灯箱的面层按展开面积以平方米计算。沿雨篷、檐口或阳台走向的立式招牌基层，按平面招牌复杂型执行时，应按展开面积计算。

(8) 招牌字按每个字面积在 0.2 m^2 内、0.5 m^2 内、0.5 m^2 外三个子目划分，字安装不论安装在何种墙面或其他部位均按字的个数计算。

(9) 单线木压条、木花式线条、木曲线条、金属装饰条及多线木装饰条、石材线等安装均按延长米计算。

(10) 石材线磨边加工及石材板缝嵌云石胶按延长米计算。

5.18.2 其他零星工程计价

其他零星工程计价表应用要点如下：

(1) 其他工程包括与建筑装饰工程相关的招牌、美术字、装饰条、墙地面装饰基层防水处理、成品保护、室内零星装饰和橱、柜、货架类。本章共有 139 个子目。

(2) 定额中除铁件、钢骨架已包括刷防锈漆一遍外，其余均未包括油漆、防火漆的工料，如设计涂刷油漆、防火漆按油漆相应定额子目套用。

(3) 本定额招牌分为平面型、箱体型两种，在此基础上又分为简单、复杂型。平面型是指厚度在 120 mm 以内在一个平面上有招牌。箱体型是指厚度超过 120 mm，一个平面上有招牌或多面有招牌。沿雨篷、檐口、阳台走向立式招牌，按平面招牌复杂项目执行。

简单型招牌是指矩形或多边形、面层平整无凹凸面者。复杂招牌是指圆弧形或面层有凹凸造型的，不论安装在建筑物的何种部位均按相应定额执行。

(4) 定额装饰线条安装为线条成品安装，定额均以安装在墙面上为准。设计安装在天棚面层时，按以下规定执行(但墙、顶交界处的角线除外)：钉在木龙骨基层上，其人工按相应定额乘系数 1.34；钉在钢龙骨基层上乘系数 1.68；钉木装饰线条图案者人工乘系数 1.50(木龙骨基层上)及 1.80(钢龙骨基层上)。设计装饰线条成品规格与定额不同应换算,但含量不变。

(5) 成品保护是指对已做好的项目面层上覆盖保护层,保护层的材料不同不得换算,实际施工中未覆盖的不得计算成品保护。

5.19 措施费及其他项目费计算

5.19.1 建筑物超高增加费用

1) 建筑物超高增加费计价表概况

本章根据《工程量清单计价规范》对定额的章节划分方式单独设置,划分为 2 节,一是建筑物超高增加费;二是单独装饰工程超高部分人工降效分段增加系数计算表,共 36 个子目。

2) 本章有关说明

(1) 建筑物超高增加费

① 建筑物设计室外地面至檐口的高度(不包括女儿墙、屋顶水箱、突出屋面的电梯间、楼梯间等的高度)超过 20 m 时,应计算超高费。

② 超高费内容包括:人工降效、高压水泵摊销、临时垃圾管道等所需费用。超高费包干使用,不论实际发生多少,均按本定额执行,不调整。

③ 建筑物超高费以超过 20 m 部分的建筑面积计算。

a. 檐高超过 20 m 部分的建筑物应按其超过部分的建筑面积计算。

b. 层高超过 3.6 m 时,以每增高 1 m(不足 0.1 m 按 0.1 m 计算)按相应子目的 20% 计算,并随高度变化按比例递增。

c. 建筑物檐高高度超过 20 m,但其最高一层或其中一层楼面未超过 20 m 时,则该楼层在 20 m 以上部分仅能计算每增高 1 m 的层高超高费。

d. 同一建筑物中有 2 个或 2 个以上的不同檐口高度时,应分别按不同高度竖向切面的建筑面积套用定额。

e. 单层建筑物(无楼隔层者)高度超过 20 m,其超过部分除构件安装按构件安装的计算规定执行外,另再按相应超高费项目计算每增高 1 m 的层高超高费。

(2) 单独装饰工程超高人工降效

① 单独装饰工程超高部分人工降效以超过 20 m 部分的人工费分段计算。

② "高度"和"层高",只要其中一个指标达到规定,即可套用该项目。

③ 当同一个楼层中的楼面和天棚不在同一计算段内,按天棚面标高段为准计算。

3) 计价表应用实例

【例 5.19.1】 如图 5.19.1 某楼主楼为 19 层,每层建筑面积为 1 000 m²,附楼为 6 层,每层建筑面积为 1 500 m²,主附楼底层层高均为 5 m,其余各层层高均为 3 m,计算该楼的超高费。

[相关知识]

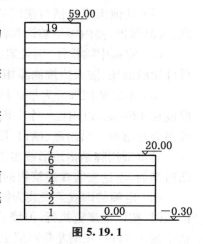

图 5.19.1

(1) 超过 20 m 部分的计算超高费；
(2) 建筑物檐高高度超过 20 m，但其最高一层或其中一层楼面未超过 20 m，则该楼面在 20 m 以上部分仅能计算每增高 1 m 的层高超高费；
(3) 有 2 个不同檐口高度时，分别按不同高度竖向切面的建筑面积套用。

解 (1) 工程量计算

① 计算楼面 20 m 以上各层建筑面积：$1\,000 \times 13 = 13\,000(m^2)$

② 计算楼面 20 m 以下第六层建筑面积，上层楼面 20.30 m，仅计算每增高 1 m 的增加费 (0.30 m)

③ 计算楼面 20 m 以下且屋面 20.30 m，顶层建筑面积 1 500 m² (已知)

(2) 套建筑与装饰工程计价表

① 套子目 18—4 换，单价计算说明：三类工程换算为一类工程

综合单价：

$$(13.65 + 0.54 + 7.74) + (13.65 + 7.74) \times (35\% + 12\%) = 31.98(元/m^2)$$
$$13\,000 \times 31.98 = 415\,740(元)$$

② 套子目 18—4 换×20%×0.3 按相应定额的 20% 计算增高高度 0.30 m

综合单价：

$$31.98 \times 20\% \times 0.30 = 1.92(元/m^2)$$
$$1\,000 \times 1.92 元/m^2 = 1\,920(元)$$

③ 套子目 18—1 换×20%×0.30

单价换算说明：

三类工程换算为一类工程；

每增高 1 m 按相应定额的 20% 计算；

增高高度 0.3 m 按比例调整。

综合单价：

$$[(5.46 + 0.54 + 3.39) + (5.46 + 3.93) \times (35\% + 12\%)] \times 20\% \times 0.30$$
$$= 0.83(元/m^2)$$
$$1\,500\,m^2 \times 0.83 = 1\,245(元)$$

(3) 该楼的总超高费用：$415\,740 + 1\,920 + 1\,245 = 418\,905(元)$

【例 5.19.2】 某多层民用建筑的檐口高度 25 m，共 6 层，室内外高差 0.3 m，第一层层高 4.7 m，第二至六层高 4.0 m，每层建筑面积 500 m²，计算超高费用。

解 (1) 工程量计算

① 计算楼面 20 m 以上的建筑面积：第六层的建筑面积 500 m²

② 计算楼面 20 m 以下第五层建筑面积，上层楼面 21 m，仅计算每增高 1 m 增加费 (1 m)：第五层的建筑面积 500 m²

③ 第六层的层高超 3.6 m，计算每增高 1 m 增加费 (0.4 m)

(2) 套建筑与装饰工程计价表

① 套子目 18—1 $500 \times 13.41 = 6\,705(元)$

② 套子目 18—1×20% $500 \times 13.41 \times 20\% = 1\,341(元)$

③ 套子目 18—1×20‰×0.4　　　500×13.41×20‰×0.4＝536.4(元)

(3) 该楼的总超高费用：6 705＋1 341＋536.4＝8 582.4(元)

5.19.2　脚手架费

1) 脚手架费计价表概况

本章沿用了单位估价表中的脚手架,并对其加以补充完善,使该章节与国家工程量清单计价规范措施清单的要求相吻合。本章共分脚手架和 20 m 以上脚手材料增加费 2 节,计 47 个子目。

2) 有关说明

(1) 脚手架工程

① 凡工业与民用建筑、构筑物所需搭设的脚手架,均按本定额执行。

② 本定额适用于檐高在 20 m 以内的建筑物,檐高不包括女儿墙、屋顶水箱、突出主体建筑的楼梯间等高度,如前后檐高不同,则按平均高度计算。檐高在 20 m 以上的建筑物脚手架除按脚手架子目计算外,其超过部分所需增加的脚手架加固措施等费用,均按超高脚手架材料增加费子目执行。构筑物、烟囱、水塔、电梯井按其相应子目执行。

③ 本定额已按扣件钢管脚手架与竹脚手架综合编制,实际施工中不论使用何种脚手架材料,均按本定额执行。

④ 以下情况下脚手架套用：

a. 高度在 3.60 m 以内的墙面、天棚、柱、梁抹灰(包括钉间壁、钉天棚)用的脚手架费用套用 3.60 m 以内的抹灰脚手架。

b. 室内(包括地下室)净高超过 3.60 m 时,天棚需抹灰(包括钉天棚)应按满堂脚手架计算,但其内墙抹灰不再计算脚手架。

c. 高度在 3.60 m 以上的内墙面抹灰,如无满堂脚手架可以利用时,可按墙面垂直投影面积计算抹灰脚手架。

d. 建筑物室内净高超过 3.60 m 的钉板间壁以其净长乘以高度计算一次脚手架(按抹灰脚手架定额执行),天棚吊筋与面层按其水平投影面积计算一次满堂脚手架。

e. 天棚面层高度在 3.60 m 内,吊筋与楼层的连结点高度超过 3.60 m,应按满堂脚手架相应项目基价乘以 0.60 计算。

f. 室内天棚面层净高 3.60 m 以内的钉天棚、钉间壁的脚手架与其抹灰的脚手架合并计算一次脚手架,套用 3.60 m 以内的抹灰脚手架。

g. 单独天棚抹灰计算一次脚手架,按满堂脚手架相应项目乘以 0.10 系数。

h. 室内天棚面层净高超过 3.60 m 的钉天棚、钉间壁的脚手架与其抹灰的脚手架合并计算一次满堂脚手架。

i. 室内天棚净高超过 3.60 m 的板下勾缝、刷浆、油漆可另行计算一次脚手架费用,按满堂脚手架相应项目乘以 0.10 计算;墙、柱梁面刷浆、油漆的脚手架按抹灰脚手架相应项目乘以 0.10 计算。

⑤ 瓦屋面坡度大于 45°时,屋面基层、盖瓦的脚手架费用应另按实计算。

⑥ 当结构施工搭设的电梯井脚手架使用延续至电梯设备安装时,套用安装用电梯井脚手架子目时应扣除定额中的人工及机械。

⑦ 构件吊装的脚手架,混凝土构件按体积以立方米计算,钢构件按构件的重量以吨位计算。

(2) 超高脚手架材料增加费

① 本定额中脚手架是按建筑物檐高在 20 m 以内编制的,檐高超过 20 m 时应计算脚手架材料增加费。

② 檐高超过 20 m 的脚手材料增加费内容包括:脚手架使用周期延长摊销费、脚手架加固。脚手架材料增加费包干使用,无论实际发生多少,均按本章规定执行,不调整。

③ 檐高超过 20 m 的脚手材料增加费按下列规定计算:

a. 檐高超过 20 m 部分的建筑物应按其超过部分的建筑面积计算。

b. 层高超过 3.60 m 每增高 0.10 m 按增高 1 m 的比例换算(不足 0.10 m 按 0.10 m 计算),按相应项目执行。

c. 建筑物檐高高度超过 20 m,但其最高一层或其中一层楼面未超过 20 m 时,则该楼层在 20 m 以上部分仅能计算每增高 1 m 的增加费。

d. 同一建筑物中有 2 个或 2 个以上的不同檐口高度时,应分别按不同高度竖向切面的建筑面积套用相应子目。

e. 单层建筑物(无楼隔层者)高度超过 20 m,其超过部分除构件安装按构件安装的规定执行外,另再按相应脚手增加费项目计算每增高 1 m 的脚手架材料增加费。

3) 脚手架工程工程量计算规则

(1) 脚手架工程量一般计算规则

① 凡砌筑高度超过 1.5 m 的砌体均需计算脚手架。

② 砌墙脚手架均按墙面(单面)垂直投影面积以平方米计算。

③ 计算脚手架时,不扣除门、窗洞口、空圈、车辆通道、变形缝等所占面积。

④ 同一建筑物高度不同时,按建筑物的竖向不同高度分别计算。

(2) 砌筑脚手架工程量计算规则

① 外墙脚手架按外墙外边线长度(如外墙有挑阳台,则每只阳台计算一个侧面宽度,计入外墙面长度,二户阳台连在一起的也只算一个侧面)乘以外墙高度以平方米计算。外墙高度指室外设计地坪至檐口女儿墙上表面高度,坡屋面至屋面板下(或椽子顶面)墙中心高度。

② 内墙脚手架以内墙净长乘以内墙净高计算。有山尖者算至山尖 1/2 处的高度;有地下室时,自地下室室内地坪至墙顶面高度。

③ 砌体高度在 3.60 m 以内者,套用里脚手架;高度超过 3.60 m 者,套用外脚手架。

④ 山墙自设计室外地坪至山尖 1/2 处高度超过 3.60 m 时,该整个外山墙按相应外脚手架计算,内山墙按单排脚手架外架子计算。

⑤ 独立砖(石)柱高度在 3.60 m 以内者,脚手架以柱的结构外围周长乘以柱高计算,执行砌墙脚手架里架子;柱高超过 3.60 m 者,以柱的结构外围周长加 3.60 m 乘以柱高计算,执行砌墙脚手架外架子(单排)。

⑥ 砌石墙到顶的脚手架,工程量按砌墙相应脚手架乘系数 1.50。

⑦ 外墙脚手架包括一面抹灰脚手架在内,另一面墙可计算抹灰脚手架。

⑧ 砖基础自设计室外地坪至垫层(或砼基础)上表面的深度超过 1.50 m 时,按相应砌墙脚手架执行。

⑨ 突出屋面部分的烟囱,高度超过 1.50 m 时,其脚手架按外围周长加 3.60 m 乘以实砌高度按 12 m 内单排外手架计算。

(3) 现浇钢筋砼脚手架工程量计算规则

① 钢筋砼基础自设计室外地坪至垫层上表面的深度超过 1.50 m，同时带形基础底宽超过 3.0 m、独立基础满堂基础及大型设备基础的底面积超过 16 m² 的砼浇捣脚手架（必须要满足两个条件），应按槽、坑土方规定放工作面后的底面积计算，按满堂脚手架相应定额乘以 0.3 系数计算脚手架费用。

② 现浇钢筋砼独立柱、单梁、墙高度超过 3.60 m 应计算浇捣脚手架。柱的浇捣脚手架以柱的结构周长加 3.60 m 乘以柱高计算；梁的浇捣脚手架按梁的净长乘以地面（或楼面）至梁顶面的高度计算；墙的浇捣脚手架以墙的净长乘以墙高计算。套柱、梁、墙砼浇捣脚手架子目。

③ 层高超过 3.60 m 的钢筋砼框架柱、墙（楼板、屋面板为现浇板）所增加的砼浇捣脚手架费用，以每 10 m² 框架轴线水平投影面积（注意是框架轴线面积），按满堂脚手架相应子目乘以 0.3 系数执行；层高超过 3.60 m 的钢筋砼框架柱、梁、墙（楼板、屋面板为预制空心板）所增加的砼浇捣脚手架费用，以每 10 m² 框架轴线水平投影面积，按满堂脚手架相应子目乘以 0.4 系数执行。

(4) 贮仓脚手架，不分单筒或贮仓组，高度超过 3.60 m，均按外边线周长乘以设计室外地坪至贮仓上口之间高度以平方米计算。高度在 12 m 内，套双排外脚手架，乘 0.7 系数执行；高度超过 12 m 套 20 m 内双排外脚手架乘 0.7 系数执行（均包括外表面抹灰脚手架在内）。

(5) 抹灰脚手架、满堂脚手架工程量计算规则

① 抹灰脚手架

a. 钢筋砼单梁、柱、墙，按以下规定计算脚手架：

单梁以梁净长乘以地坪（或楼面）至梁顶面高度计算；柱以柱结构外围周长加 3.60 m 乘以柱高计算；墙以墙净长乘以地坪（或楼面）至板底高度计算。

b. 墙面抹灰以墙净长乘以净高计算。

c. 如有满堂脚手架可以利用时，不再计算墙、柱、梁面抹灰脚手架。

d. 天棚抹灰高度在 3.60 m 以内，按天棚抹灰面（不扣除柱、梁所占的面积）以平方米计算。

② 满堂脚手架

天棚抹灰高度超过 3.60 m，按室内净面积计算满堂脚手架，不扣除柱、垛、附墙烟囱所占面积。

a. 基本层：高度在 8 m 以内计算基本层；

b. 增加层：高度超过 8 m，每增加 2 m，计算一层增加层，计算式如下：

$$增加层数 = \frac{室内净高 - 8}{2}$$

余数在 0.6 m 以内，不计算增加层，超过 0.6 m，按增加一层计算；

c. 满堂脚手架高度以室内地坪面（或楼面）至天棚面或屋面板的底面为准（斜的天棚或屋面板按平均高度计算）。室内挑台栏板外侧共享空间的装饰如无满堂脚手架利用时，按地面（或楼面）至顶层栏板顶面高度乘以栏板长度以平方米计算，套相应抹灰脚手架定额。

(6) 其他脚手架工程量计算规则

① 高压线防护架按搭设长度以延长米计算。

② 金属过道防护棚按搭设水平投影面积以平方米计算。

③ 斜道、烟囱、水塔、电梯井脚手架区别不同高度以座计算。滑升模板施工的烟囱、水塔，

其脚手架费用已包括在滑模计价表内,不另计算脚手架。烟囱内壁抹灰是否搭设脚手架,按施工组织设计规定办理,其费用按相应满堂脚手架执行,人工增加20%其余不变。

④ 高度超过3.60 m的贮水(油)池,其砼浇捣脚手架按外壁周长乘以池的壁高以平方米计算,按池壁砼浇捣脚手架项目执行,抹灰者按抹灰脚手架另计。

(7) 建筑物檐高超过20 m,即可计算檐高超过20 m脚手架材料增加费,建筑物檐高超过20 m,脚手架材料增加费按建筑物超过20 m部分建筑面积计算。

4) 脚手架费计算实例

【例5.19.3】 某工程取费三类工程,钢筋砼独立基础如图5.19.2所示,请判别该基础是否可计算浇捣脚手费,如可以计算,请计算出工程量和合价。

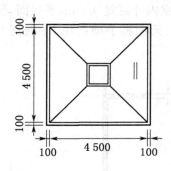 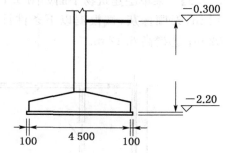

图 5.19.2

[相关知识]

(1) 计算钢筋砼浇捣脚手架的条件

砼带形基础:

① 自设计室外地坪至垫层上表面的深度超过1.5 m;

② 带形基础砼底宽超过3.0 m。

砼独立基础、满堂基础、大型设备基础:

① 自设计室外地坪至垫层上表面的深度超过1.5 m;

② 砼底面积超过16 m^2。

(2) 按槽坑上方规定放工作面后的底面积计算。

(3) 按满堂脚手架乘以0.3系数。

解 (1) 因为该钢筋砼独立基础深度 $2.2-0.3=1.9$ m >1.5 m

该钢筋砼独立基础砼底面积 $4.5\times4.5=20.25$ m^2 >16 m^2

同时满足两个条件,故应计算浇捣脚手架。

(2) 工程量计算

$(4.5+0.3)\times(4.5+0.3)=23.04(m^2)$(0.3 m为规定的工作面增加尺寸)

(3) 套建筑与装饰计价表

套19—7×0.3子目　$(23.04/10)\times63.23\times0.3=43.70$(元)

【例5.19.4】 某工程天棚抹灰需要搭设满堂脚手架,室内净面积为500 m^2,室内净高为11 m,计算该项满堂脚手费。

[相关知识]

(1) 计算满堂脚手的增加层数；
(2) 余数的处理，在 0.6 m 以内不计算增加层。

解 (1) 工程量为已知室内净面积 500 m²
(2) 计算增加层数 $= (11-8)/2 = 1.5$
余数 $0.5 < 0.6$，只能计算 1 个增加层。
(3) 套子目(2004 年江苏省计价表)：
19—8 $500 \times 79.12/10 = 3\,956$(元)
19—9 $500 \times 17.52/10 = 876$(元)
(4) 该项满堂脚手费合计：4 832 元。

【例 5.19.5】 某单层建筑物平面如图 5.19.3 所示，室内外高差 0.3 m，平屋面，预应力空心板厚 0.12 m，天棚抹灰，试根据以下条件计算内外墙、天棚脚手架费用：①檐高 3.52 m；②檐高 4.02 m；③檐高 6.12 m。

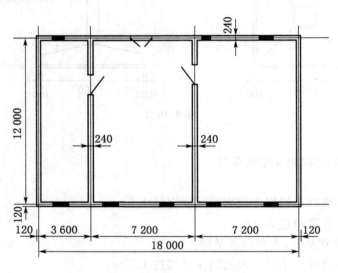

图 5.19.3

解 (1) 檐高 3.52 m
① 计算工程量：
a. 外墙砌筑脚手架
$$(18.24 + 12.24) \times 2 \times 3.52 = 214.58 (\text{m}^2)$$
b. 内墙砌筑脚手架
$$(12 - 0.24) \times 2 \times (3.52 - 0.3 - 0.12) = 72.91 (\text{m}^2)$$
c. 抹灰脚手架
高度 3.60 m 以内的墙面，天棚套用 3.60 m 以内的抹灰脚手架。
墙面抹灰 (按砌筑脚手可以利用考虑)：
$$[(12 - 0.24) \times 4 + (18 - 0.24) \times 2] \times (3.52 - 0.3 - 0.12) = 255.94 (\text{m}^2)$$
天棚抹灰：

$$[(3.6-0.24)+(7.2-0.24)\times 2]\times(12-0.24)=203.21(m^2)$$

抹灰面积小计：$255.94+203.21=459.15(m^2)$

② 套子目：

19—1　$(214.58+72.91)/10\times 6.88=197.79$(元)

19—10　$459.15/10\times 2.05=94.13$(元)

所以内外墙、天棚的脚手费 291.92(元)。

(2) 檐高 4.02 m

① 计算工程量：

a. 墙砌筑脚手架

$$(18.24+12.24)\times 2\times 4.02=245.06(m^2)$$

b. 墙砌筑脚手架

$$(12-0.24)\times 2\times(4.02-0.3-0.12)=84.67(m^2)$$

c. 抹灰脚手架

墙面抹灰：

$$[(12-0.24)\times 4\times(18-0.24)\times 2]\times(4.02-0.3-0.12)=297.22(m^2)$$

天棚抹灰：

$$[(3.6-0.24)+(7.2-0.24)\times 2]\times(12-0.24)=203.21(m^2)$$

抹灰面积小计：500.43 m^2

② 套子目(2004 年江苏省计价表)：

19—2　$245.06/10\times 65.26=1\,599.26$(元)

19—1　$84.67/10\times 6.88=58.25$(元)

19—10　$500.43/10\times 2.05=102.59$(元)

所以内外墙、天棚的脚手费 1 760.1 元。

(3) 檐高 6.12 m

① 计算工程量：

a. 墙砌筑脚手架

$$(18.24+12.24)\times 2\times 6.12=373.08(m^2)$$

b. 墙砌筑脚手架

$$(12-0.24)\times 2\times(6.12-0.3-0.12)=134.06(m^2)$$

c. 抹灰脚手架

净高超 3.6 m，按满堂脚手架计算：

$$[(3.6-0.24)+(7.2-0.24)\times 2]\times(12-0.24)=203.21(m^2)$$

② 套子目(2004 年江苏省计价表)：

19—2　$(373.08+134.06)/10\times 65.26=3\,309.60$(元)

19—8　$203.21/10\times 79.12=1\,607.80$(元)

所以内外墙、天棚的脚手费 4 917.4 元。

【例 5.19.6】 某工程施工图纸标明有独立柱 370 mm×490 mm 方形柱 10 根，高度

4.60 m;300 mm×400 mm 方形柱 6 根,高度 3.50 m,请计算柱的浇捣脚手费(三类工程)。

[相关知识]

现浇钢筋砼独立柱高度超 3.60 m 的应计算浇捣脚手架。

解 (1) 工程量

$$[(0.37+0.49)\times 2+3.6]\times 4.6\times 10 = 244.72(m^2)$$

(2) 套子目(2004 年江苏省计价表)

19—13　244.72/10×16.56 = 405.26(元)

柱的浇捣脚手费为 405.26 元。

【例 5.19.7】 某工程施工图标明有现浇钢筋砼剪力墙 3 道,净长长度共为 15.5 m,二层楼表面至三层楼表面层高 3.8 m,楼板厚 80 mm,试计算该 3 道剪力墙的浇捣脚手费。

[相关知识]

墙的浇捣脚手架以墙的净长乘以墙高计算。

解 (1) 工程量　　　$15.5\times(3.8-0.08) = 57.66(m^2)$

(2) 套子目

19—13　57.66/10×16.56 = 95.48(元)

剪力墙的浇捣脚手费 95.48 元。

5.19.3 模板工程

1) 模板工程计价表概况

本章共设置了 4 节：①现浇构件模板；②现场预制构件模板；③加工场预制构件模板；④构筑物工程模板,共计 254 个子目。

在定额编制中,现场预制构件的底模按砖底模考虑,侧模考虑了组合钢模板和复合木模板 2 种；加工场预制构件的底模按砼底模考虑,侧模考虑定型钢模板和组合钢模板 2 种；现浇构件除部分项目采用全木模和塑壳模外,都考虑了组合钢模板配钢支撑和复合木模板配钢支撑 2 种。在编制报价时施工单位应根据制定的施工组织设计中的模板方案选择一种子目或补充一种子目执行。

2) 本章有关说明

(1) 为便于施工企业快速报价,在附录中列出了混凝土构件的模板含量表,供使用单位参考。按设计图纸计算模板接触面积或使用砼含模量折算模板面积,这两种方法仅能使用其中一种,相互不得混用。使用含模量者,竣工结算时模板面积不得再调整。构筑物工程中的滑升模板是以立方米砼为单位的,模板系综合考虑。倒锥形水塔水箱提升以"座"为单位。

(2) 预制构件模板子目,按不同构件,分别以组合钢模板、复合木模板、木模板、定型钢模板、长线台钢拉模、加工厂预制构件配混凝土地模、现场预制构件配砖胎模、长线台配混凝土地胎模编制,使用其他模板时,不予换算。

(3) 模板工作内容包括清理、场内运输、安装、刷隔离剂、浇灌混凝土时模板维护、拆模、集中堆放、场外运输。木模板包括制作(预制构件包括刨光,现浇构件不包括刨光)；组合钢模板、复合木模板包括装箱。

(4) 现浇钢筋混凝土柱、梁、墙、板的支模高度以净高(底层无地下室者高需另加室内外高差)在 3.60 m 以内为准,净高超过 3.60 m 的构件其钢支撑、零星卡具及模板人工分别乘相应系数。但其脚手架费用应按脚手架工程的规定另行执行。注意:轴线未形成封闭框架的柱、梁、板称独立柱、梁、板。

(5) 支模高度净高是指
① 柱:无地下室底层是指设计室外地面至上层板底面、楼层板顶面至上层板底面;
② 梁:无地下室底层是指设计室外地面至上层板底面、楼层板顶面至上层板底面;
③ 板:无地下室底层是指设计室外地面至上层板底面、楼层板顶面至上层板底面;
④ 墙:整板基础板顶面(或反梁顶面)至上层板底面、楼层板顶面至上层板底面。

(6) 模板项目中,仅列出周转木材而无钢支撑的项目,其支撑量已含在周转木材中,模板与支撑按 7∶3 拆分。

(7) 模板材料已包含砂浆垫块与钢筋绑扎用的 22♯镀锌铁丝在内,现浇构件和现场预制构件不用砂浆垫块,而改用塑料卡,应根据定额说明增加费用。目前,许多城市已强行规定使用塑料卡,因此在编制标底和投标报价时一定要注意。

(8) 有梁板中的弧形梁模板按弧形梁定额执行(含模量=肋形板含模量)其弧形板部分的模板按板定额执行。

(9) 砖墙基上带形砼防潮层模板按圈梁定额执行。

(10) 砼底板面积在 1 000 m² 以内,有梁式满堂基础的反梁或地下室墙侧面的模板如用砖侧模时,砖侧模的费用应另外增加,同时扣除相应的模板面积(扣除的模板总量不得超过总的定额中的含模量,否则会出现倒挂现象);超过 1 000 m² 时,反梁用砖侧模,则砖侧模及边模的组合钢模应分别另列项目计算。

(11) 地下室后浇墙带的模板应按已审定的施工组织设计另行计算,但混凝土墙体模板含量不扣。

(12) 弧形构件按相应定额执行,但带形基础、设备基础、栏板、地沟如遇圆弧形,除按相应定额的复合模板执行外,其人工、复合木模板乘定额规定的系数调整,其他不变。

(13) 用钢滑升模板施工的烟囱、水塔、贮仓使用的钢提升杆是按 $\phi 25$ 一次性用量编制的,设计要求不同时,进行换算。定额中施工时是按无井架计算的,并综合了操作平台,不再计算脚手架和竖井架。

(14) 倒锥壳水塔塔身钢滑升模板项目,也适用于一般水塔塔身滑升模板工程。

(15) 本章的 20-246、20-247、20-248 子目砼、钢筋砼地沟是指建筑物室外的地沟,室内钢筋砼地沟按 20-87、20-88 子目执行。

(16) 现浇有梁板、无梁板、平板、楼梯、雨篷及阳台,底面设计不抹灰者,增加模板缝贴胶带纸人工 0.27 工日/10 m²,计 7.02 元。

3) 模板工程计算规则
(1) 现浇混凝土及钢筋混凝土模板工程量
① 现浇混凝土及钢筋混凝土模板工程量除另有规定者外,均按混凝土与模板的接触面积以平方米计算。若使用含模量计算模板接触面积者,其工程量=构件体积×相应项目含模量。
② 钢筋混凝土墙、板上单孔面积在 0.3 m² 以内的孔洞,不予扣除,洞侧壁模板不另增加,但突出墙面的侧壁模板应相应增加。单孔面积在 0.3 m² 以外的孔洞,应予扣除,洞侧壁模板面积并入墙、板模板工程量之内计算。

③ 现浇钢筋混凝土框架分别按柱、梁、墙、板有关规定计算,墙上单面附墙柱并入墙内工程量计算,双面附墙柱按柱计算,但后浇墙、板带的工程量不扣除。

④ 设备螺栓套孔或设备螺栓分别按不同深度以"个"计算;二次灌浆,按实灌体积以立方米计算。

⑤ 预制混凝土板间或边补现浇板缝,缝宽在 100 mm 以上者,模板按平板定额计算。

⑥ 构造柱外露均应按图示外露部分计算面积(锯齿形,则按锯齿形最宽面计算模板宽度)构造柱与墙接触面不计算模板面积。

⑦ 现浇混凝土雨篷、阳台、水平挑板,按图示挑出墙面以外板底尺寸的水平投影面积计算(附在阳台梁上的砼线条不计算水平投影面积)。挑出墙外的牛腿及板边模板已包括在内。复式雨篷挑口内侧净高超过 250 mm 时,其超过部分按挑檐定额计算(超过部分的含模量按天沟含模量计算)。竖向挑板按 100 mm 内墙定额执行。

⑧ 整体直形楼梯包括楼梯段、中间休息平台、平台梁、斜梁及楼梯与楼板连接的梁,按水平投影面积计算,不扣除小于 200 mm 的梯井,伸入墙内部分不另增加。

⑨ 圆弧形楼梯按楼梯的水平投影面积以平方米计算(包括圆弧形梯段、休息平台、平台梁、斜梁及楼梯与楼板连接的梁)。

⑩ 楼板后浇带以延长米计算(整板基础的后浇带不包括在内)。

■ 现浇圆弧形构件除定额已注明者外,均按垂直圆弧形的面积计算。

■ 栏杆按扶手的延长米计算,栏板竖向挑板按模板接触面积以平方米计算。扶手、栏板的斜长按水平投影长度乘系数 1.18 计算。

■ 劲性混凝土柱模板,按现浇柱定额执行。

■ 砖侧模分别不同厚度,按实砌面积以平方米计算。

(2) 现场预制混凝土及钢筋混凝土模板工程量

① 现场预制构件模板工程量,除另有规定者外,均按模板接触面积以平方米计算。若使用含模量计算模板面积者,其工程量=构件体积×相应项目的含模量。砖地模费用已包括在定额含量中,不再另行计算。

② 漏空花格窗、花格芯按外围面积计算。

③ 预制桩不扣除桩尖虚体积。

④ 加工厂预制构件有此项目,而现场预制无此项目,实际在现场预制时模板按加工厂预制模板子目执行。现场预制构件有此项目,加工厂预制构件无此项目,实际在加工厂预制时,其模板按现场预制模板子目执行。

(3) 加工厂预制构件的模板,除漏空花格窗、花格芯外,均按构件的体积以立方米计算。

① 混凝土构件体积一律按施工图纸的几何尺寸以实体积计算,空腹构件应扣除空腹体积。

② 漏空花格窗、花格芯按外围面积计算。

3) 模板工程费用计算实例

【例 5.19.8】 设现浇钢筋砼方形柱层高 5 m,板厚 100 mm,设计断面尺寸为 450 mm×400 mm,请计算模板接触面积和模板费用(按一类工程计取)。

[相关知识]

柱净高超 3.60 m 另计支模增加费:钢支撑、零星卡具及模板人工分别乘以调整系数。

解 (1) 模板接触面积

$$(0.45+0.4)\times 2\times(5-0.1)=8.33(m^2)$$

(2) 根据施工组织设计,施工方法按复合木模板考虑

① 20-26 换$_1$ 取费由三类工程换算为一类工程

$(83.72+85.33+9.36)+(83.72+9.36)\times(35\%+12\%)=222.16(元/m^2)$

② 20-26 换$_2$ 超 3.60 m 增加费,取费由三类工程换算为一类工程

$[(11.07+6.73)\times 0.07+83.72\times 0.05]\times(1+35\%+12\%)=7.99(元/m^2)$

(3) 套价(2004 年江苏省计价表):

20-26 换$_1$ $8.33/10\times 222.16=185.06(元)$
20-26 换$_2$ $8.33/10\times 7.99=6.65(元)$
模板费 $185.06+6.65=191.71(元)$

【例 5.19.9】 现浇有梁板中的主梁长为 14.24 m,断面尺寸 400 mm×300 mm,板厚 80 mm,采用塑料卡垫保护层,请计算模板费用(三类工程)。

[相关知识]
(1) 有梁板中的肋梁部分模板应套用现浇板子目;
(2) 用塑料卡代替砂浆垫块,应增加费用。

解 (1) 模板接触面积

$$[(0.4-0.08)\times 2+0.3]\times 14.24=13.39(m^2)$$

(2) 套子目(2004 年江苏省计价表)

20-57 $13.39/10\times 188.01=251.75(元)$
塑料卡费 $13.39/10\times 6=8.03(元)$

(3) 模板费 $251.75+8.03=259.78(元)$

【例 5.19.10】 设现浇 240 mm×250 mm 圈梁一道,其周长为 45 m,计算它的模板接触面积及模板费用(三类工程)。

解 (1) 模板接触面积

$$(0.25+0.25)\times 45=22.5(m^2)$$

(2) 套子目(2004 年江苏省计价表)

20-40 $22.5/10\times 198.51=446.65(元)$

【例 5.19.11】 某工程地面上钢筋砼墙厚 180 mm,砼工程量 1 200 m²,墙根据附录中砼及钢筋砼构件模板含量表计算模板接触面积。

解 $1\,200\times 13.63=16\,356(m^2)$

模板接触面积 16 356 m²

【例 5.19.12】 请计算"L"、"T"形墙体处构造柱模板工程量,墙体厚 240 mm,构造柱高 2.8 m,三类工程("L"形 20 根,"T"形 10 根)。

[相关知识]
构造柱按锯齿形最宽面计算模板宽度。

解 (1) 工程量

"L"形：$(0.3 \times 2 + 0.06 \times 2) \times 2.8 = 2.02 (m^2)$

"T"形：$(0.36 + 0.12 \times 2) \times 2.8 = 1.68 (m^2)$

工程量：$2.02 \times 20 + 1.68 \times 10 = 57.2 (m^2)$

(2) 套子目（2004年江苏省计价表）：

20-30　　$57.2/10 \times 261.15 = 1\,493.78$（元）

【例 5.19.13】 如图 5.19.4 所示独立基础，请计算该独立基础模板费用（三类工程）。

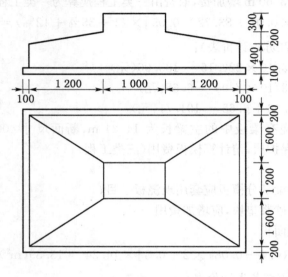

图 5.19.4

解 (1) 工程量

$$(3.4 + 2.2) \times 2 \times 0.4 + (1.0 + 0.6) \times 2 \times 0.3 = 5.44 (m^2)$$

(2) 套子目（2004年江苏省计价表）

20-11　　$5.44/10 \times 177.52 = 96.57$（元）

5.19.4　施工排水、降水、深基坑支护

1) 施工排水、降水、深基坑支护计价表概况

本章划分为：①施工排水；②施工降水；③深基坑支护3节，共30个子目。

2) 施工排水、降水、深基坑支护计价表说明

(1) 人工土方施工排水是在人工开挖湿土、淤泥、流砂等施工过程中的地下水排放发生的机械排水台班费用。

(2) 基坑排水必须同时具备两个条件：①地下常水位以下；②基坑底面积超过 $20\ m^2$，土方开挖以后，在基础或地下室施工期间所发生的排水包干费用，如果 ± 0.00 以上有设计要求待框架、墙体完成以后再回填基坑土方的，这个期间的排水费用应该另算。

(3) 井点降水项目适用于地下水位较高的粉砂土、砂质粉土或淤泥质夹薄层砂性土的地层。一般情况下，降水深度在 $6\ m$ 以内。井点降水使用时间根据施工组织设计确定。井点降水材料使用摊销量中包括井点拆除时材料损耗量。井点间距根据地质和降水要求由施工组织

设计确定,一般轻型井点管间距为1.2 m。

井点降水成孔工程中产生的泥水处理及挖沟排水工作应另行计算。

井点降水必须保证连续供电,在电源无保证的情况下,使用备用电源的费用应另计。

(4) 强夯法加固地基坑内排水是指击点坑内的积水排抽台班费用。

(5) 机械土方工作面中的排水费已包含在土方中,但地下水位以下的施工排水费用不包括,如发生,依据施工组织设计规定,排水人工、机械费用另行计算。

(6) 打、拔钢板桩单位工程打桩工程量小于50 t时,注意人工和机械要乘以1.25系数。场内运输超过300 m时,除按相应构件运输子目执行外,还要扣除打桩子目中的场内运输费。

3) 施工排水、降水、深基坑支护计算规则

(1) 人工土方施工排水不分土壤类别、挖土深度,按挖湿土工程量以立方米计算。

(2) 人工挖淤泥、流砂施工排水按挖淤泥、流砂工程量以立方米计算。

(3) 基坑、地下室排水按土方基坑的底面积以平方米计算。

(4) 强夯法加固地基坑内排水,按强夯法加固地基工程量以平方米计算。

(5) 井点降水50根为一套,累计根数不足一套者按一套计算,井点使用定额单位为套天,一天按24小时计算。井管的安装、拆除以"根"计算。

(6) 基坑钢管支撑为周转摊销材料基坑钢管支撑,其场内运输、回库保养均已包括在内。基坑钢管支撑以坑内的钢立柱、支撑、围檩、活络接头、法兰盘、预埋铁件的合并重量按吨计算。支撑处需挖运土方、围檩与基坑护壁的填充砼未包括在内,发生时应按实另行计算。

(7) 打、拔钢板桩按设计钢板桩重量以吨计算。

4) 施工排水、降水、深基坑支护费用计算实例

【例5.19.14】 某工程项目,整板基础,在地下常水位以下,基础面积$115.00 \times 10.5 \text{ m}^2$,该工程不采用井点降水,采用坑底明沟排水,请计算基坑排水费用(三类工程)。

[相关知识]

计算条件:(1) 地下常水位以下;

(2) 基坑底面积超过20 m²。

解 (1) 计算工程量

$$(115+0.3\times 2)\times(10.5+0.3\times 2)=1\ 283.16(\text{m}^2)$$

(2) 套子目(2004年江苏省计价表)

21-4　　$1\ 283.16/10 \times 297.77 = 38\ 208.66$(元)

该工程基坑排水费用38 208.66元,包干使用。

【例5.19.15】 若上题的工程项目因地下水位太高,施工采用井点降水,基础施工工期为80天,请计算井点降水的费用(成孔产生的泥水处理不计)。

解 (1) 计算井点根数

$$(115.00+0.3\times 2)/1.2 = 97(\text{根})$$

$$(10.5+0.3\times 2)/1.2 = 10(\text{根})$$

$$(97+10)\times 2 = 214(\text{根})$$

$$214/50 = 5(\text{套})$$

(2) 套2004年江苏省计价表子目

21-13　　$214/10 \times 346.97 = 7\ 425.16$(元)

21-14　214/10×109.15＝2 335.81(元)
21-15　5×481.93×80＝192 772(元)
(3) 本工程井点降水费用
$$7\ 425.16+2\ 335.81+192\ 772=202\ 532.97(元)$$

5.19.5　建筑工程垂直运输

1) 建筑工程垂直运输计价表概况

本章划分为建筑物垂直运输、构筑物垂直运输、单独装饰工程垂直运输和施工垂直运输机械基础等4节,共计57个子目。

本章中所指的工期定额为：[建标(2000)38号]文颁发的《全国统一建筑安装工程工期定额》；本章中所指的我省工期调整规定为：江苏省建设厅苏建定(2000)283号"关于贯彻执行《全国统一建筑安装工程工期定额》的通知"。

江苏省工期调整规定如下：

(1) 民用建筑工程中单项工程：±0.00以下工程调减5%；±0.00以上工程中的宾馆、饭店、影剧院、体育馆调减5%。

(2) 民用建筑工程中单位工程：±0.00以下结构工程调减5%；±0.00以上结构工程,宾馆、饭店及其他建筑的装修工程调减10%。

(3) 工业建筑工程均调减10%。

(4) 其他建筑工程均调减5%。

(5) 专业工程：设备安装工程中除电梯安装外均调减5%。

(6) 其他工程均按国家工期定额标准执行。

2) 建筑工程垂直运输费说明

(1) "檐高"是指设计室外地坪至檐口的高度,突出主体建筑物顶的女儿墙、电梯间、楼梯间、水箱等不计入檐口高度以内；"层数"指地面以上建筑物的高度。

(2) 本定额工作内容包括在江苏省调整后的国家工期定额内完成单位工程全部工程项目所需的垂直运输机械台班,不包括机械的场外运输、一次安装、拆卸、路基铺垫和轨道铺拆等费用。施工塔吊与电梯基础、施工塔吊和电梯与建筑物连接的费用单独计算。

(3) 本定额项目划分是以建筑物"檐高"、"层数"两个指标界定的,只要其中一个指标达到定额规定,即可套用该定额子目。

(4) 一个工程,出现两个或两个以上檐口高度(层数),使用同一台垂直运输机械时,定额不作调整；使用不同垂直运输机械时,应依照国家工期定额规定结合施工合同的工期约定,分别计算。

(5) 当建筑物垂直运输机械数量与定额不同时,可按比例调整定额含量。本定额按卷扬机施工配两台卷扬机,塔式起重机施工配一台塔吊一台卷扬机(施工电梯)考虑。

(6) 檐高3.60 m内的单层建筑物和围墙,不计算垂直运输机械台班。

(7) 垂直运输高度小于3.60 m的一层地下室不计算垂直运输机械台班。

(8) 预制混凝土平板、空心板、小型构件的吊装机械费用已包括在本定额中。

(9) 本定额中现浇框架系指柱、梁、板全部为现浇的钢筋混凝土框架结构。如部分现浇,部分预制,按现浇框架乘系数0.96。

(10) 柱、梁、墙、板构件全部现浇的钢筋混凝土框筒结构、框剪结构按现浇框架执行;筒体结构按剪力墙(滑模施工)执行。

3) 建筑工程垂直运输费计算规则

(1) 建筑物垂直运输机械台班用量,区分不同结构类型、檐口高度(层数),按国家工期定额以日历天计算。

(2) 单独装饰工程垂直运输机械台班,区分不同施工机械、垂直运输高度、层数,按定额工日分别计算。

(3) 烟囱、水塔、筒仓垂直运输机械台班,以"座"计算。超过定额规定高度时,按每增高 1 m 定额项目计算;高度不足 1 m,按 1 m 计算。

(4) 施工塔吊、电梯基础,塔吊及电梯与建筑物连接件,按施工塔吊及电梯的不同型号以"台"计算。

4) 工期定额说明

(1) 单项工程工期是指单项工程从基础破土开工(或原桩位打基础桩)起至完成建筑安装工程施工全部内容,并达到国家验收标准之日止的全过程所需的日历天数。

(2) 执行中的一些规定:

① 《全国统一建筑安装工程工期定额》是在原城乡建设环境保护部 1985 年制定的《建筑安装工程工期定额》基础上,依据国家建筑安装工程质量检验评定标准、施工及验收规范等有关规定,按正常施工条件、合理的劳动组织,以施工企业技术装备和管理的平均水平为基础,结合各地区工期定额执行情况,在广泛调查研究的基础上修编而成。

② 本定额是编制招标文件的依据,是签定建筑安装工程施工合同、确定合理工期及施工索赔的基础,也是施工企业编制施工组织设计、确定投标工期、安排施工进度的参考。

③ 单项(位)工程中层高在 2.20 m 以内的技术层不计算建筑面积,但计算层数。

以下情况可以调整工期:因重大设计变更或发包方原因造成停工,经承发包双方确认后,可顺延工期;因承包方原因造成停工,不得增加工期;施工技术规范或设计要求冬季不能施工而造成工程主导工序连续停工,经承发包双方确认后,可顺延工期;基础施工遇到障碍物或古墓、文物、流砂、溶洞、暗浜、淤泥、石方、地下水等需要进行基础处理时,由承发包双方确定增加工期。

④ 单项(位)工程层数超出本定额时,工期可按定额中最高项邻层数的工期差值增加。

⑤ 一个承包单位同时承包 2 个以上(含 2 个)单项(位)工程时,工期的计算,以一个单项(位)工程的最大工期为基数,另加其他单项(位)工程工期总和乘相应系数计算:加一个乘 0.35 系数,加两个乘 0.2 系数,加三个乘 0.15 系数,四个以上的单项(位)工程不另增加工期。

5) 建筑工程垂直运输费用计算实例

【例 5.19.16】 某办公楼工程,要求按照国家定额工期提前 15% 工期竣工。该工程为三类土、条形基础,现浇框架结构五层,每层建筑面积 900 m^2,檐口高度 16.95 m,使用泵送商品砼,配备 40 t-m 自升式塔式起重机、带塔卷扬机各一台。请计算该工程定额垂直运输费。

解 (1) 基础定额工期

1-2 50 天 × 0.95(省调整系数) = 47.5(天)

47.5 天四舍五入为 48 天

(2) 上部定额工期 1-1011 235 天

合计 48 + 235 = 283 天

(3) 定额综合单价 22-8 换 293.63 元/天

22-8 子目换算 该子目人工费、材料费为零,0.523 为机械台班含量,卷扬机不动,管理费、利润相应变化。

机械费:

其中塔式起重机 $0.523 \times 259.06 \times 0.92 = 124.65$(元)

卷扬机 89.68 元

机械费小计 214.33 元

管 理 费:$214.33 \times 25\% = 53.58$(元)

利　　润:$214.33 \times 12\% = 25.72$(元)

综合单价:$214.33 + 53.58 + 25.72 = 293.63$(元/天)

(4) 垂直运输费:

$293.63 \times [1 + 0.15(提前工期系数)] \times (283 天 \times 0.85)(合同工期) = 81\ 227.6$(元)

注意:由于是砼泵送因此塔吊台班要乘系数,而不是整个子目乘系数,合同工期比定额工期提前应计算提前工期系数,计算费用时也是按合同工期计算。

【例 5.19.17】 某工程单独招标地下室土方和主体结构部分的施工(打桩工程已另行发包出去)。该地下室 2 层、三类土、钢筋砼箱形基础,每层建筑面积 $1\ 400\ m^2$,现场配置一台 80 t·m 自升式塔式起重机。请计算该工程定额垂直运输费。

解 (1) 定额工期

2-6 115 天 × 0.95(省调整系数) = 109.25(天)

(2) 定额综合单价

22-27 换(二类工程,管理费 30%)617.26 元/天

(3) 垂直运输费

$617.26 \times 110 天 = 67\ 898.60$(元)

【例 5.19.18】 某大学砖混结构学生公寓工程概况如下:

(1) 该工程为留学生公寓位于江苏省,总建筑面积 $6\ 246\ m^2$,结构形式为砖混结构,基础采用筏基。

(2) 留学生公寓体型为"L"型,长边轴线尺寸为 57.04 m,短边轴线尺寸为 33.90 m,入口大门设在北面,建筑主体高 6 层,两翼作退层处理,局部高为 5 层。

(3) 建筑物层数为 6 层,首层 4.20 m,2~5 层 3.0 m,6 层 3.30 m。

(4) 建筑物入口大厅设 2 层共享空间,通过内通道与建筑各个功能用房相联系,北面为圆弧形阶梯、圆弧形雨篷与入口门厅形成富于变化的交流共享环境。

(5) 建筑物首层设会议、办公、接待、阅览、洗衣、库房、咖啡厅、设备用房及部分公寓用房,其他层全部为公寓用房(每间公寓设简易厨房及一套卫生间),顶层为水箱间与电梯机房。

(6) 建筑物有 2 座楼梯及 1 台电梯,其中 1 座楼梯设有封闭楼梯间。

(7) 建筑物每层均设有休息厅,屋顶设有屋顶平台,为留学生提供了充分的交流活动场所。

(8) 本建筑物设计抗震烈度为七度,耐火等级为二级。

(9) 屋面排水采用有组织外排水,直接排向室外。垃圾处理各自打包,由清洁工统一

运出。

(10) 建筑物首层面积为 1 089 m², 第 2 层为 1 010 m², 3～5 层均为 1 044 m², 第 6 层为 911 m², 顶层为 104 m², 总建筑面积 6 246 m²。

(11) 场地地面标高为 3.50～3.74 m, 按由上而下依次为人工填土、粘土、粉质粘土、粘土、粉质粘土、粉土。

(12) 基础采用筏片基础, 厚 300 m, 由Ⅱ类粘土作天然地基持力层, 承载力标准值 110 kPa, 在大开间部分设置地梁加强整体刚度。

(13) 给水系统:生活用水分为两个系统供水, Ⅰ区为 1～4 层, 由市政直接供水。Ⅱ区为 5～6 层, 由设在首层设备用房内的生活泵加压到顶层生活及消防合用水箱, 再由水箱上行下给供水, Ⅱ区生活泵共 2 台。

(14) 热源由 2 台燃油热水器提供热水, 主要供卫生间洗浴用水。

(15) 排水采用雨污分流制。

计算该工程的施工工期及垂直运输费。

[相关知识]

(1) 总工期为:±0.00 以下工期与±0.00 以上工期之和;

(2) ±0.00 以上工程首先按照结构类型进行大的分类, 这些结构类型包括砖混结构、内浇外砌结构、内浇外挂结构、全现浇结构、现浇框架结构、砖木结构、砌块结构、内板外砌结构、预制框架结构和滑模结构;

(3) 对于±0.00 m 以上工程的每一种结构类型,《工期定额》中按层数、建筑面积和地区类型来划分;

(4) 当建筑物垂直运输机械数量与定额不同时, 可按比例调整定额含量。

解 (1) 工期计算

① 基础工程工期(±0.00 m 以下工程工期)。该工程基础为筏基(满堂红基础), 查定额第 6 页, 见表 5.19.1。

表 5.19.1 无地下室工程

编 号	基础类型	建筑面积(m²)	工　期(天)	
			Ⅰ、Ⅱ类土	Ⅲ、Ⅳ类土
1-1	带形基础	500 以内	30	50
1-2		1 000 以内	45	50
1-3		1 000 以外	65	70
1-4	满堂红基础	500 以内	40	45
1-5		1 000 以内	55	60
1-6		1 000 以外	75	80
1-7	框架基础 (独立柱基)	500 以内	25	30
1-8		1 000 以内	35	40
1-9		1 000 以外	55	60

本工程地基为粘土、粉质粘土、粘土、粉质粘土、粉土, 属Ⅰ、Ⅱ类土, 单层面积为 1 041 m², 由编号 1-6 查得:基础工期 $T_1 = 75$ 天。

② 主体工程工期(±0.00 m 以上工程)。查《定额》第 10 页"住宅工程", 见表 5.19.2。

表 5.19.2 砖混结构工期表

编 号	层 数	建筑面积(m²)	工 期(天)		
			Ⅰ类	Ⅱ类	Ⅲ类
1-41	4	3 000 以内	125	135	155
1-42	4	5 000 以内	135	145	165
1-43	4	5 000 以外	150	160	185
1-44	5	3 000 以内	145	155	180
1-45	5	5 000 以内	155	165	190
1-46	5	5 000 以外	170	180	205
1-47	6	3 000 以内	170	180	205
1-48	6	5 000 以内	180	190	215
1-49	6	7 000 以内	195	205	235
1-50	6	7 000 以外	210	225	255
1-51	7	3 000 以内	195	205	235
1-52	7	5 000 以内	205	220	250
1-53	7	7 000 以内	220	235	265
1-54	7	7 000 以外	240	255	285

本工程在江苏,属Ⅰ类地区,层数为6层,建筑面积6 246 m²,由1-49查得:主体结构工期 $T_2 = 195$ 天。

③ 总工期。根据苏建定(2000)283号规定,江苏省定额工期调整如下:±0.00以下工程调减5%;±0.00以上住宅楼工程不作调整。

某大学留学生公寓施工总工期 $T = T_1 \times 0.95 + T_2 = 75 \times 0.95 + 195 = 266$(天)。

(2) 垂直运输费计算

本工程住宅,6层,建筑面积6 246 m²,檐口高度小于34 m,工程类别为三类。

根据施工组织设计,本工程使用2台塔式起重机。

套2004年江苏省计价表子目22-6换 该子目人工费、材料费为零,0.811为塔式起重机机械台班含量乘以2,卷扬机扣除,管理费、利润相应变化。

机械费:

其中塔式起重机 $0.811 \times 2 \times 102.73 = 166.63$(元)

机械费小计166.63元

管 理 费:$166.63 \times 25\% = 41.66$(元)

利 润:$166.63 \times 12\% = 20.00$(元)

综合单价:$166.63 + 41.66 + 20.00 = 228.29$(元/天)

本工程垂直运输费为 $266 \times 228.29 = 60\ 725.14$(元)

【例 5.19.19】 江苏省某市电信枢纽综合楼工程概况如下:

① 该工程位于江苏省某市,枢纽大楼主体地上17层,地下2层,裙房2层,总建筑面积33 329 m²,其中地上部分建筑面积29 807 m²,地下部分建筑面积3 522 m²。

② 枢纽大楼主体17层建筑面积为28 985 m²,结构采用现浇钢筋混凝土框架结构——筒体结构,裙房两层建筑面积为822 m²,也采用现浇钢筋混凝土框架结构,且主楼与裙房用沉降

缝分开。

③ 地基基础,由于缺乏工程地质考察报告,凭该地区施工经验可知,一般为砂类土,所以基础设计初选结构基础为桩-筏基础,桩选型为钻孔灌注桩。

④ 装修工程,裙房外墙拟采用石材饰面,主楼外墙采用面砖,室内装修材料的选择将依工艺的环境要求而定,初步定在中级装修水平。

求该工程的垂直运输费。

[相关知识]

(1) 主体建筑物施工工期的确定。根据已知设计情况,由《工期定额》说明,本工程分±0.00 m以下和±0.00 m以上两部分工期之和;

(2) ±0.00以上工程首先按照结构类型进行大的分类,这些结构类型包括砖混结构、内浇外砌结构、内浇外挂结构、全现浇结构、现浇框架结构、砖木结构、砌块结构、内板外砌结构、预制框架结构和滑模结构;

(3)《定额》第二章"单位工程"说明:单位工程±0.00 m以上结构由2种或2种以上结构组成。无变形缝时,先按全部面积查出不同结构的相应工期,再按不同结构各自的建筑面积加权平均计算;有变形缝时,先按不同结构各自的面积查出相应工期,再以其中一个最大的工期为基数,另加其他部分工期的25%计算。

解 (1) 工期确定

① ±0.00 m以下工程工期

本工程属综合楼工程,土质一般为砂类土为主,属Ⅰ、Ⅱ类土,由此可查《工期定额》第136页"±0.00 m以下结构工程",见表5.19.3。本工程由地下室2层,建筑面积为3 522 m²。

表 5.19.3 有地下室工程

编 号	层 数	建筑面积(m²)	工 期(天)	
			Ⅰ、Ⅱ类土	Ⅲ、Ⅳ类土
2-1	1	500 以内	50	55
2-2	1	1 000 以内	60	65
2-3	1	1 000 以外	75	80
2-4	2	1 000 以内	85	90
2-5	2	2 000 以内	95	100
2-6	2	3 000 以内	110	115
2-7	2	3 000 以外	130	135
2-8	3	3 000 以内	140	150
2-9	3	5 000 以内	160	170

根据子目号2-7查得:两层地下室工程工期 $T_1 = 130$ 天。

说明:本工程拟采用钻孔灌注桩基础,但因该分部不在报价范围内,故打桩工程不予考虑。

② ±0.00 m以上工程工期

本枢纽大楼为17层,建筑面积28 985 m²,结构采用现浇钢筋混凝土框架结构——筒体结构,裙房两层建筑面积822 m²,也采用现浇钢筋混凝土框架结构,且主楼与裙房用沉降缝分开。故其工期可以分为以下两部分:

a. 高层部分计算施工工期。查《定额》第 151 页"±0.00 以上结构工程",见表 5.19.4。

表 5.19.4 现浇框架结构工期表

编 号	层 数	建筑面积(m²)	工 期(天)		
			I类	II类	III类
2-199	16 以下	10 000 以内	320	335	370
2-200	16 以下	15 000 以内	335	350	385
2-201	16 以下	20 000 以内	350	365	405
2-202	16 以下	25 000 以内	370	385	425
2-203	16 以下	25 000 以外	390	410	455
2-204	18 以下	15 000 以内	365	380	420
2-205	18 以下	20 000 以内	380	395	435
2-206	18 以下	25 000 以内	395	415	460
2-207	18 以下	30 000 以内	415	435	480
2-208	18 以下	30 000 以外	440	460	505
2-209	20 以下	15 000 以内	390	410	455
2-210	20 以下	20 000 以内	405	425	470

该工程位于江苏省,属 I 类地区,所以,根据上表采用编号 2-207 查得:主体枢纽大楼工程工期 $T_{2-1} = 415$ 天。

b. 裙房部分施工工期。裙房两层建筑面积 822 m²,也采用现浇钢筋混凝土框架结构,且主楼与裙房用沉降缝分开。查《定额》第 149 页"±0.00 m 以上结构工程",见表 5.19.5。

表 5.19.5 现浇框架结构工期表

编 号	层 数	建筑面积(m²)	工 期(天)		
			I类	II类	III类
2-175	6 以下	3 000 以内	160	165	185
2-176	6 以下	5 000 以内	170	175	195
2-177	6 以下	7 000 以内	180	185	205
2-178	6 以下	7 000 以外	195	200	220
2-179	8 以下	5 000 以内	210	220	245
2-180	8 以下	7 000 以内	220	230	255
2-181	8 以下	10 000 以内	235	245	270
2-182	8 以下	15 000 以内	250	260	285
2-183	8 以下	15 000 以外	270	280	310
2-184	10 以下	7 000 以内	240	250	275
2-185	10 以下	10 000 以内	255	265	295
2-186	10 以下	15 000 以内	270	280	310

根据子目号 2-175 可查得:裙房部分施工工期 $T_{2-2} = 165$ 天。
高层部分施工工期 $T_2 = T_{2-1} + T_{2-2} \times 25\% = 415 + 160 \times 25\% = 455$(天)。

c. 装修工程。查《定额》第 168 页"其他建筑工程",见表 5.19.6。

表 5.19.6 装修标准:中级装修

编　号	建筑面积(m²)	工　期(天)		
		Ⅰ类	Ⅱ类	Ⅲ类
2-405	500 以内	65	70	80
2-406	1 000 以内	75	80	90
2-407	3 000 以内	95	100	110
2-408	5 000 以内	115	120	130
2-409	10 000 以内	145	150	165
2-410	15 000 以内	180	185	205
2-411	20 000 以内	215	225	250
2-412	30 000 以内	285	295	325
2-413	35 000 以内	325	340	375
2-414	35 000 以外	380	400	440

因为该工程初步定在中级装修水平,所以根据编号 2-412 得:装修工程工期 $T_3 = 285$ 天。

③ 该工程总工期(不包括打桩工程工期)

$$T = T_1 + T_2 + T_3 = 130 \times 0.95 + 455 \times 0.9 + 285 \times 0.9 = 790(\text{天})$$

(2) 垂直运输费计算

本工程高层,地上 17 层,地下 2 层,建筑面积 33 329 m²,工程类别为一类。
根据施工组织设计,本工程使用 1 台塔式起重机,1 台人货电梯。
套子目 22—10 换　定额子目中三类工程换算为一类工程,管理费、利润相应变化。
管　理　费:$(38.74 + 494.71) \times 35\% = 186.71$(元)
利　　　润:$(38.74 + 494.71) \times 12\% = 64.01$(元)
综合单价:$38.74 + 494.71 + 186.71 + 64.01 = 784.17$(元/天)
本工程垂直运输费:$790 \times 784.17 = 619\,494.3$(元)

5.19.6　场内二次搬运

1) 概况

本章按运输工具划分为机动翻斗车二次搬运和单(双)轮车二次搬运两部分,共 136 个子目。

2) 场内二次搬运说明

(1) 市区沿街建筑在现场堆放材料有困难,汽车不能将材料运入巷内的建筑,材料不能直接运到单位工程周边需再次中转,建设单位不能按正常合理的施工组织设计提供材料,构件堆放场地和临时设施用地的工程而发生的二次搬运费用,执行本章定额。

(2) 执行本定额时,应以工程所发生的第一次搬运为准。

(3) 水平运距的计算,分别以取料中心点为起点,以材料堆放中心为终点。超运距增加运距,不足整数者,进位取整计算。
(4) 运输道路已按 15% 以内的坡度考虑,超过时另行处理。
(5) 松散材料运输不包括做方,但要求堆放整齐。如需做方者,应另行处理。
(6) 机动翻斗车最大运距为 600 米,单(双)轮车最大运距为 120 米,超过时,应另行处理。
3) 场内二次搬运工程量计算规则
(1) 砂子、石子、毛石、块石、炉渣、矿渣、石灰膏按堆积原方计算。
(2) 混凝土构件及水泥制品按实体积计算。
(3) 玻璃按标准箱计算。
(4) 其他材料按表中计量单位计算。
4) 实例

【例 5.19.20】 某三类工程因施工现场狭窄,计有 300 t 弯曲成型钢筋和 20 万块空心砖发生二次转运,成型钢筋采用人力双轮车运输,转运运距 250 m,空心砖采用人力双轮车运输,转运运距 100 m,计算该工程定额二次转运费。

解 (1) 成型钢筋二次转运
23—107　　　　$300 \times 7.99 = 2\,397$(元)
23—108×4　　　$300 \times 0.64 \times 4 = 768$(元)
(2) 空心砖二次转运
23—31　　　　　$2\,000 \text{百块} \times 9.6 = 19\,200$(元)
23—32×1　　　 $2\,000 \text{百块} \times 2.7 = 5\,400$(元)
该工程定额二次转运费 27 765 元。

5.19.7　其他措施费

1) 其他措施费项目

它包括:①临时设施费;②夜间施工增加费;③大型机械设备进出场及安拆;④检验实验费;⑤环境保护费;⑥现场安全文明施工措施费;⑦已完工程及设备保护费;⑧室内空气污染测试费;⑨赶工措施费;⑩工程按质论价、特殊条件下施工增加费。

2) 其他措施费项目计算方法

(1) 实体措施费的计算

实体措施费是指工程量清单中,为保证某类工程实体项目顺利进行,按照国家现行有关建设工程施工及验收规范、规程要求,必须配套完成的工程内容所需的费用。

① 系数计算法

系数计算法是用与措施项目有直接关系的工程项目直接工程费(或人工费或人工费与机械费之和)合计作为计算基数,乘以实体措施费用系数。

实体措施费用系数是根据以往有代表性的工程资料,通过分析计算取得的。

② 方案分析法

方案分析法是通过编制具体的措施实施方案,对方案所涉及的各种经济技术参数进行计算后,确定实体措施费用。

(2) 配套措施费的计算

配套措施费不是为某类实体项目,而是为保证整个工程项目顺利进行,按照国家现行有关建设工程施工及验收规范、规程要求，必须配套完成的工程内容所需的费用。

配套措施费计算方法也包括系数计算法和方案分析法两种：

① 系数计算法

系数计算法是用整体工程项目直接费（或人工费，或人工费与机械费之和）合计作为计算基数，乘以配套措施费用系数。

配套措施费用系数是根据以往有代表性工程的资料，通过分析计算取得的。

② 方案分析法

方案分析法是通过编制具体的措施实施方案，对方案所涉及的各种经济参数进行计算后，确定配套措施费用。

3) 实例

【例 5.19.21】 某工程基础采用先张法预应力管桩，机械使用静力压桩机（2 000 kN），主体施工阶段使用一台塔式起重机（150 kN·m），装修阶段使用施工电梯（75 m），在主体施工阶段因甲方原因塔式起重机停置 3 天，装修阶段施工电梯因甲方原因停置 5 天，求该工程的大型机械设备进出场及安拆费，机械停置索赔费用。

[相关知识]

(1) 大型机械设备进出场及安拆费参考《江苏省施工机械台班费用定额 2004》；

(2) 机械停置台班费＝机械折旧费＋人工费＋其他费用；

(3) 机械停置一天只能按一个台班计算。

解 (1) 大型机械设备进出场及安拆费

① 静力压桩基

　　14032　场外运输费用：　17 720.67 元

　　14033　组装拆卸费：　7 832.38 元

② 塔式起重机

　　14042　场外运输费用：　15 360.69 元

　　14043　组装拆卸费：　19 917.25 元

③ 施工电梯

　　14048　场外运输费用：　6 463.11 元

　　14049　组装拆卸费：　5 607.86 元

本工程大型机械设备进出场及安拆费为 72 901.96 元。

(2) 机械停置索赔费用

① 塔式起重机

　　停置台班单价：225.12（折旧费）＋65（人工费）＋0（其他费用）＝ 290.12（元）

② 施工电梯

　　停置台班单价：74.80（折旧费）＋32.5（人工费）＋0（其他费用）＝ 107.3（元）

③ 索赔费用：290.12×3 天＋107.3×5 天 ＝ 1 406.86（元）

【例 5.19.22】 某住宅工程地处某市，当地环保部门规定环境保护费每平方建筑面积 0.3 元，住宅工程赶工措施费比定额工期提前 20% 以内，按分部分项工程费的 2%～3.5% 计取，住宅工程优良工程增加分部分项工程费的 1.5%～2.5%。该工程建筑面积 6 200 m²，甲方要求合同工期比定额工期提前 20%，该工程质量目标"市优"，请计算该工程的措施费（分部分项工程费为 248 万元）。

解 （1）环境保护费

$$6\ 200\ \text{m}^2 \times 0.3 = 1\ 860(\text{元})$$

（2）现场安全文明施工措施费（根据该市的规定报价时按暂定费率 1.5% 列入）

$$2\ 480\ 000 \times 1.5\% = 37\ 200(\text{元})$$

（3）临时设施费（根据以往工程的资料测算费率为 2%）

$$2\ 480\ 000 \times 2\% = 49\ 600(\text{元})$$

（4）夜间施工增加费

经测算发生的照明设施、夜餐补助和工效降低的费用为 25 000 元。

（5）二次搬运费

本工程材料不需转运，该费用为零。

（6）大型机械设备进出场及安拆费

本工程使用一台 60 kN·m 的塔式起重机：$8\ 144.85 + 6\ 814.16 = 14\ 959.01$（元）

（7）模板费用

根据建筑与装饰工程计价表第二十章计算，并考虑到可利用部分已折旧完的原有的旧周转材，该项费用 8 万元。

（8）脚手架费

根据建筑与装饰工程计价表第十九章计算，并考虑到可利用部分已折旧完的原有的旧周转材，该项费用 5 万元。

（9）施工降水、设备保护等本工程不发生。

（10）垂直运输机械费

根据建筑与装饰工程计价表第二十二章计算，费用为 8 万元。

（11）检验试验费

按分部分项工程费的 0.4% 计算

$$2\ 480\ 000 \times 0.4\% = 9\ 920(\text{元})$$

（12）赶工措施费

甲乙双方约定按分部分项工程费的 3% 计取

$$2\ 480\ 000 \times 3\% = 74\ 400(\text{元})$$

（13）工程优质奖

工程达到"市优"，甲乙双方约定按分部分项工程费的 2.5% 计取

$$2\ 480\ 000 \times 2.5\% = 62\ 000(\text{元})$$

该工程施工措施费

$$1\ 860 + 37\ 200 + 49\ 600 + 25\ 000 + 14\ 959.01 + 80\ 000 +$$
$$9\ 920 + 74\ 400 + 62\ 000 = 484\ 939.01(\text{元})$$

5.19.8 其他项目费计算

其他项目费是指预留金、材料购置费（仅指由招标人购置的材料费也即甲供材）、总承包服务费、零星工作项目费等估算金额的总和。

其他项目清单可以分为招标人部分、投标人部分，两个部分的内容组成见表 5.19.7。

表 5.19.7　其他项目清单计价表

工程名称：　　　　　　　　　　　　　　　　　　　　第　页　共　页

序　号	项　目　名　称	金　额(元)
1 1.1 1.2 1.3	招标人部分 预留金 材料购置费 其　他	
	小　计	
2 2.1 2.2 2.3	投标人部分 总包服务费 零星工作费 其　他	
	小　计	
	合　计	

1) 招标人部分

(1) 预留金

主要是建设单位考虑到可能发生的工程量变化和费用增加而预留的金额。引起工程量变化和费用增加的原因很多，主要可归纳为以下几个方面：

① 清单编制人员在统计工程量及变更工程量清单时发生的漏算、错算等引起的工程量增加（根据清单规范 4.0.9 条规定该部分工程量增加应由招标人承担）；

② 设计深度不够、设计质量低造成的设计变更引起的工程量增加；

③ 在现场施工过程中，应业主要求，并由设计或监理工程师出具的工程变更增加的工程量；

④ 其他原因引起的，且应由业主承担的费用增加，如各种索赔费用。

此处提出的工程量的变更主要是指工程量清单漏项或有误引起的工程量的增加和施工中的设计变更引起标准提高或工程量的增加等。

预留金由清单编制人根据业主意图和拟建工程的实际情况计算出金额，并填制表格。预留金是招标人的钱款，预留金属于招标人预留工程变更的费用，与投标人无关，投标人不得将此进行优惠让利。竣工结算时，应按承包人实际完成的工作内容和工作量结算，剩余部分仍归招标人所有。

预留金的计算，应根据设计文件的深度、设计质量的高低、拟建工程的成熟程度以及工程风险的性质来确定其额度。设计深度深，设计质量高，已经成熟的工程设计，一般预留工程总造价的 3%～5%即可。在初步设计阶段，工程设计不成熟的，最少要预留工程总造价的 10%～15%。

预留金作为工程造价费用的组成部分计入工程造价，但预留金的支付与否、支付额度以及用途，都必须通过甲方或（监理）工程师的批准。

(2) 材料购置费

是指业主出于特殊目的或要求，对工程消耗的某种或某几种材料，在招标文件中规定，由招标人采购的拟建工程材料费。该费用纳入工程造价中，待竣工财务结算时再退回业主。

(3) 其他

系指招标人部分可增加的新列项。例如,指定分包工程费,由于某分项工程或单位工程专业性较强,必须由专业队伍施工,即可增加这项费用,费用金额应通过向专业队伍询价(或招标)取得。

2) 投标人部分

计价规范中列举了总承包服务费、零星工作项目费两项内容。如果招标文件对承包商的工作范围还有其他要求,也应对其要求列项。例如,设备的厂外运输,设备的接、保、检,为业主代培技术工人等。

总承包服务费主要是指对建设工程的勘察、设计、施工、设备采购的全过程"交钥匙"方式的服务费,以及建设单位单独分包的由总包单位收取的配合费。

投标人部分的清单内容设置,除总承包服务费仅需简单列项外,其余内容应该量化的必须量化描述。如设备厂外运输,需要标明设备的台数,每台的规格重量,运距等。零星工作项目表要标明各类人工、材料、机械的消耗量,见表5.19.8和表5.19.9。

表5.19.8 零星工作项目表

工程名称:建筑安装工程 第 页 共 页

序 号	名 称	计量单位	数 量
1	人工		
1.1	一级工	工日	30.00
1.2	二级工	工日	40.00
1.3	三级工	工日	50.00
2	材料		
2.1	水泥 32.5	kg	10 000.00
2.2	石子 5~31.5 mm	kg	20 000.00
2.3	砂(江砂)	kg	30 000.00
3	机械		
3.1	25 t 履带吊	台班	3.00
3.2	40 t 汽车吊	台班	5.00
3.3	夯实机	台班	1.00

表5.19.9 零星工作项目计价表

工程名称:建筑安装工程 第 页 共 页

序 号	名 称	计量单位	数 量	综合单价(元)	合 价(元)
	土建				17 054
1	人工				4 100
1.1	一级工	工日	30.00	40	1 200
1.2	二级工	工日	40.00	35	1 400
1.3	三级工	工日	50.00	30	1 500
2	材料				6 700
2.1	水泥 32.5	kg	10 000.00	0.38	3 800
2.2	石子 5~31.5 mm	t	20.00	55	1 100
2.3	砂(江砂)	t	30.00	60	1 800

(续 表)

序 号	名 称	计量单位	数 量	综合单价(元)	合 价(元)
3	机 械				6 254
3.1	25 t 履带吊	台班	3.00	660	1 980
3.2	40 t 汽车吊	台班	5.00	850	4 250
3.3	夯实机	台班	1.00	24	24

零星工作项目中的工料机计量,要根据工程的复杂程度、工程设计质量的优劣,以及工程项目设计的成熟程度等因素来确定其数量。一般工程以人工计量为基础,按人工消耗总量的1‰取值即可。材料消耗主要是辅助材料消耗,按不同专业工人消耗材料类别列项,按工人每日消耗的材料数量计入。机械列项和计量,除了考虑人工因素外,还要参考各单位工程机械消耗的种类,可按机械消耗总量的1‰取值。

复 习 思 考 题

1. 什么是平整场地?如何计算?
2. 基础土方工程中,如何划分挖地槽、挖基坑和挖土方?
3. 带型基础工程量怎样计算?
4. 独立基础工程量怎样计算?基础与柱身的界限是怎样划分的?
5. 砼柱高是怎样确定的?
6. 什么叫有梁板?有梁板工程量怎样计算?
7. 什么叫无梁板?无梁板工程量怎样计算?
8. 什么叫平板?平板工程量怎样计算?
9. 现浇砼整体楼梯工程量怎样计算?
10. 钢筋工程量计算时,保护层、搭接、弯钩、弯起的规定及计算公式是怎样的?
11. 楼地面整体面层和块料面层工程量计算规则有何区别?试举例说明之。
12. 墙面一般抹灰、装饰抹灰、块料面层装饰的工程量计算有何异同?
13. 楼梯栏杆、扶手工程量如何计算?
14. 门窗油漆工程量怎样计算?
15. 在什么情况下应计算超高费?
16. 满堂脚手架如何计算?
17. 现浇砼柱和构造柱的模板应如何计算?
18. 在什么情况下另计砼柱、梁、墙、板的模板支撑超高?
19. 在什么情况下计算二次搬运费?

6 建设工程计价

6.1 建设工程投资估算

6.1.1 投资估算概述

1) 投资估算的概念

投资估算是指在建设项目的决策阶段,对将来进行该项目建设可能要花费的各项费用的事先匡算,该匡算有两种操作方式,一是在明确项目建设必须要达到的标准要求条件下,来匡算需要多少资金,另一方面是在投资额限制的条件下,来框定项目建设的规模与标准。实际操作时往往将这两者结合起来应用。

2) 投资估算的阶段划分

项目的投资决算过程一般要经历一个逐步详细的技术经济论证过程,通常把项目的投资决策过程划分为投资机会研究阶段、初步可行性研究阶段、详细可行性研究阶段,从而把投资估算工作也相应分为三个阶段。由于不同阶段待建项目的要求明确程度不同,对应的估价条件和资料的掌握程度不同,因而投资估算的准确程度不同,进而每个阶段投资估算所起的作用也不同,但随着阶段的不断发展,研究的不断深入,其投资估算将逐步准确。概括如表6.1.1。

表 6.1.1

投资估算阶段划分	投资估算误差幅度	主 要 作 用
投资机会研究	±30%以内	估出概略投资,作为有关部门审批项目建议书的依据,据此可否定一个项目,但不能完全肯定一个项目
初步可行性研究	±20%以内	在项目方案初步明确的基础上,作出投资估算,为项目进行技术经济论证提供依据
详细可行性研究	±10%以内	为全面、详细、深入的技术经济分析论证提供依据,是决定项目可行性,也是编制设计文件,控制初步设计概算的依据

3) 投资估算的作用

根据工程项目建设程序的要求,任何一个拟建项目,都须通过全面的技术、经济论证后,才能决定其是否正式立项。在对拟建项目的全面论证过程中,除考虑国家经济发展上的需求和技术上的可行性外,还要考虑经济上的合理性,而项目的投资额是经济评价的重要依据,因此,它具有以下作用:

(1) 是项目主管部门审批项目建议书的依据之一。在项目建议书阶段,主管部门将根据所报项目的类型、初步规划、规模及其对应的投资估算额来初步分析评价决策项目。

(2) 是可行性研究中进行经济评价和项目决策的重要依据。

(3) 是控制设计概算的依据。在项目决策后的实施过程中,为保证有效控制投资,应进行限额设计,以保证设计概算不得突破批准的投资估算额,并应控制在投资估算额以内。

(4) 是制定项目建设资金筹措计划的依据。

总之,投资估算的作用一是作为建设项目投资决策的依据,二是在项目决策以后,则成为项目实施阶段投资控制的依据。

6.1.2 投资估算编制的内容及要求

1) 建设项目总投资的构成

对建设项目总投资进行估算,首先需确定建设项目总投资的构成。对于总投资的构成在不同时期、不同条件下,在概念上存有不同的理解,但从投资估算角度看,总投资＝固定资产投资＋铺底流动资金的概念应得到统一,其中铺底流动资金是指项目建成后,为保证项目正常投产或运营所需的最基本的周转资金数额。固定资产投资又由建筑安装工程费、设备及家器具购置费、项目建设的其他费用、预备费组成。

2) 投资估算编制的内容

一份完整的投资估算,应包括投资估算编制依据,投资估算编制说明及投资估算总表,其中投资估算总表是核心内容,它主要包括上述的建设项目总投资的构成。但该构成的范围及按什么标准计算,要受编制依据的制约,所以估算编制中,编制依据及编制说明是不可缺少的内容,它是检验编制结果准确性的必要条件之一。它包括明确待估项目的项目特征、所在地区的状况、政策条件、估算的基准时间等。

3) 投资估算编制的要求

投资估算是建设项目投资决策的依据,是项目实施阶段投资控制的依据,因此投资估算质量如何将影响项目的取舍,影响项目真正的投资效益,因此投资估算不能太粗糙,必须达到国家或部门规定深度要求,如果误差太大,必然导致投资者决策失误,带来不良后果。所以投资估计的最根本要求是精度要求。

投资估算的另一个要求是责任要求,为了保证投资的精度要求,对估算编制部门或个人应予以一定的责任要求,以给予一定的约束,以防止主观上使估算不准确。在美国,凡上马的建设项目,都要进行前期可行性确定。咨询公司参与着前期的工程造价估算,一旦估算经有关方面批准,就成为不可逾越的标准。另外咨询公司对自己的估算要负全责,如实际工程超估算时,估算的咨询单位要进行认真分析,如没有确切的理由进行说明,咨询单位要以一定比例进行赔偿。这样便有效地控制着工程造价。而我国预算超估算,结算超预算的状况一直没有解决,这有待我国学习外国经验,参与工程全过程的控制,学习外国的赔偿方式,提高我们计价的准确性。

6.1.3 投资估算的编制依据及编制方法

1) 投资估算的编制依据

建设项目的投资估算编制必须根据一定的条件来进行,这些条件就是我们进行估算的根据,它一般包括以下方面:

(1) 项目特征:是指待建项目的类型、规模、建设地点、时间、总体建筑结构、施工方案、主要设备类型、建设标准等,它是进行投资估算的最根本的内容,该内容越明确,则估算结果相对越准确。

(2) 同类工程的竣工决算资料：为投资估算提供可比资料。

(3) 项目所在地区状况：该地区的地质、地貌、交通等情况等，是作为对同类投资资料调整的依据。

(4) 时间条件：待建项目的开工日期、竣工日期、每段时间的投资比例等。因为不同时间有不同的价格标准，利率高低等。

(5) 政策条件：投资中需缴哪些规费、税费及有关的取费标准等。

2) 投资估算的编制方法

投资估算的编制首先应分清项目的类型，然后根据该类项目的投资构成列出项目费用名称，进而依据有关规定、数据资料选用一定的估算方法，对各项费用进行估算。具体估算时，一般可分为动态、静态及铺底流动资金三部分，其中静态投资部分的估算，又因民用项目与工业生产项目的出发点及具体方法有着显著的区别。一般情况下，工业生产项目的投资估算从设备费用入手，而民用项目则往往从建筑工程投资估算入手，但基本方法概括起来有以下几种：

(1) 系数法

系数法的原理是以某部分的投资费用为基数，而其他部分的投资则通过测定的系数与基数相乘求得。如工业项目的总建设费用，可通过设备费为基数来求得，勘察设计监理费用可以匡算的投资为基数来求得等，该方法又可分为以下几种：

① 百分比系数

该法是以拟建项目或装置的设备费为基数，根据已建成的同类项目或装置的建筑安装工程费和其他费用等占设备百分比，求出相应的建筑安装及其他有关费用，其总和即为项目或装置的投资。公式如下：

$$C = E(1 + f_1 P_1 + f_2 P_2 + f_3 P_3) + I \tag{6.1.1}$$

式中：C——拟建项目或装置的投资额；

E——根据拟建项目或装置的设备清单按当时当地价格计算的设备费(包括运杂费)的总和；

P_1, P_2, P_3——分别为已建项目中建筑、安装及其他工程费用占设备费百分比；

f_1, f_2, f_3——分别为由于时间因素引起的定额、价格、费用标准等变化的综合高速系数；

I——拟建项目的其他费用。

② 朗格系数

这种方法是以设备费为基数。乘以适当系数来推算项目的建设费用。基本公式如下：

$$D = C(1 + \sum K_i) K_c \tag{6.1.2}$$

式中：D——总建设费用；

C——主要设备费用；

K_i——管线、仪表、建筑物等项费用的估算系数；

K_c——管理费、合同费、应急费等间接费在内的总估算系数。

总建设费用与设备费用之比为朗格系数 K_L。即

$$K_L = (1 + \sum K_i) \cdot K_c \tag{6.1.3}$$

表 6.1.2 所示是国外的流体加工系统的典型经验系数值。

表 6.1.2 流体加工系统的典型经验系数

主设备交货费用	C	直接费用之和 $[(1+\sum K_i)C]$ 通过直接费表示的间接费	$\sum K_i = 1.04 \sim 1.93$
附属其他直接费用与 C 之比(K_i)：			
主设备安装人工费	0.10~0.20	日常管理、合同费和利息	0.30
保温费	0.10~0.25	工程费	0.13
管线(碳钢)费	0.50~1.00	不可预见费	0.13
基础	0.03~0.13		
建筑物	0.07	总费用 $D = (1+\sum K_i)K_cC$	$K_c = 1+0.56 = 1.56$
构架	0.05	$= (3.18 \sim 4.57)C$	
防火	0.06~0.10		
电气	0.07~0.15		
油漆粉刷	0.06~0.10		

这种方法比较简单,但没有考虑设备规格、材质的差异,所以精确度不高。

③ 经验或规定系数

如估算主体建筑工程周边的附属及零星工程(道路、室外排水、围墙等)费用时,可以主体投资乘以 2.5% 加入总投资中,基本预备费可以匡算的静态投资的 6%~10% 来计算等。

(2) 指标估算法

指标估算法的原理是根据以往统计的或自行测定的投资估算指标来乘以待估项目的估算工程量,进行投资估算的一种方法。其中投资估算指标的表示形式有多方面,如建筑物以元/每平方米建筑面积,给排水工程或照明工程以元/米,变电工程以元/kV·A,道路工程以元/m²,饭店以元/单位客房间,医院以元/每个床位,等等。

采用这种方法时,一般根据项目的设计深度不同,选用不同的指标形式,同时要根据国家有关规定、投资主管部门或地区颁布的估算指标,结合工程的具体情况编制。一方面要注意,若套用的指标与具体工程之间的标准或条件有差异时,应加以必要的换算或调整;另一方面要注意,使用的指标单位应密切结合每个单位工程的特点,能正确反映其设计参数,切勿盲目地单纯套用一种单位指标。

① 单位面积综合指标估算法

对于单项工程的投资估算,其投资包括土建、给排水、采暖、通风、空调、电气、动力管道等所需费用。其数学计算式如下:

单项工程投资额 = 建筑面积 × 单位面积造价指标 × 价格浮动指数 ±
　　　　　　　　结构和装饰部分的价差

② 单元指标估算法

一般可按下式计算:

项目投资 = 单元估价指标 × 单元数 × 调整系数

(3) 生产能力指数法

生产能力指数法的原理是根据已建成的、性质类似的建设项目或生产装置的投资额和生产能力及拟建项目或生产装置的生产能力估算项目的投资额。计算公式如下:

$$C_2 = C_1 \left(\frac{A_2}{A_1}\right)^n \cdot f \tag{6.1.4}$$

式中：C_1，C_2——分别为已建类似项目或装置和拟建项目或装置的投资额；

A_1，A_2——分别为已建类似项目或装置和拟建项目或装置的生产能力；

f——为不同时期、不同地点的定额、单价、费用变更等的综合调整系数；

n——为生产能力指数，$0 \leqslant n \leqslant 1$。

若已建类似项目或装置的规模和拟建项目或装置的规模相差不大，生产规模比值以 0.5～2 之间，则指数 n 的取值近似为 1。

若已建类似项目或装置与拟建项目或装置的规模相差不大于 50 倍，且拟建项目的扩大仅靠增大设备规格来达到时，则 n 取值约在 0.6～0.7 之间；若是靠增加相同规格设备的数量来达到时，n 的取值在 0.8～0.9 之间。

采用这种方法，计算简单，速度快；但要求类似工程的资料可靠，条件基本相同，否则误差就会增大。

【例 6.1.1】 已知建设日产 10 t 氢氰酸装置的投资额为 18 000 美元，试估计建设日产 30 t 氢氰酸装置的投资额（生产能力指数 $n = 0.52$，$f = 1$）。

解 $C_2 = C_1 \left(\dfrac{A_2}{A_1}\right)^n \cdot f = 18\,000 \times \left(\dfrac{30}{20}\right)^{0.52} \times 1 = 31\,869.52$（美元）

【例 6.1.2】 若将设计中的化工生产系统的生产能力在原有的基础上增加一倍，投资额大约增加多少？

解 对于一般未加确指的化工生产系统，可按 $n=0.6$ 估计投资额。因此

$$\dfrac{C_2}{C_1} = \left(\dfrac{A_2}{A_1}\right)^n = \left(\dfrac{2}{1}\right)^{0.6} \approx 1.5$$

计算结果表明，生产能力增加一倍，投资额大约增加 50%。

(4) 动态投资估算

动态投资估算主要包括涨价预备费和建设期贷款利息的估算两部分内容，对于涉外项目，则还应考虑汇率的变化对投资的影响。有关涨价预备费和建设期贷款利息的计算可参见 2.1.2。

(5) 铺底流动资金估算

铺底流动资金是指项目建成后，为保证项目正常生产或服务运营所必需的周转资金。它的估算对于项目规模不大，同类资料齐全的可采用分项估算法，其中包括劳动工资、原材料、燃料动力等部分，对于大项目及设计深度浅的可采用指标估算法。

6.2 建设工程设计概算

6.2.1 设计概算的基本概念

1) 设计概算的含义

设计概算是指在工程建设项目的初步设计（或扩大初步设计）阶段，设计单位根据初步设计（或扩大初步设计）图纸、概算定额或概算指标、材料价格、费用定额和有关取费规定，对编制的建设工程对象进行概略的费用计算。

设计概算是工程建设项目初步设计文件的重要组成部分，它是工程初步设计阶段计算建

筑物、构筑物的造价以及从筹建开始起至交付使用时止所发生的全部建设费用的文件。根据国家有关规定,建设工程在初步设计阶段,必须编制设计概算;在报批设计文件的同时,必须要报批设计概算;施工图设计阶段,必须按照经批准的初步设计及其相应的设计概算进行施工图的设计工作。

2) 设计概算的编制依据

(1) 经批准的可行性研究报告。工程建设项目的可行性研究报告,由国家或地方计划或建设主管部门批准,其内容随建设项目的性质而异。一般包括:建设目的、建设规模、建设理由、建设布局、建设内容、建设进度、建设投资、产品方案和原材料来源等。

(2) 初步设计或扩大初步设计图纸和说明书。有了初步设计图纸和说明书,才能了解工程的具体设计内容和要求,并计算主要工程量。这些是编制设计概算的基础资料,并在此基础上制定概算的编制方案、编制内容和编制步骤。

(3) 概算定额、概算指标。概算定额、概算指标是由国家或地方建设主管部门编制颁发的一种能综合反映某种类型的工程建设项目在建设过程中资源和资金消耗量的数量标准,这种数量标准的大小与一定时期社会平均的生产率发展水平以及生产效率水平相一致。所以,概算定额、概算指标是计算概算造价的依据,不足部分可参照与其相应的预算定额或其他有关资料进行补充。

(4) 设备价格资料。各种定型的标准设备(如各种用途的泵、空压机、蒸汽锅炉等)均按国家有关部门规定的现行产品出厂价格计算。非标准设备按非标准设备制造厂的报价计算。此外,还应具备计算供销部门的手续费、包装费、运输费及采购保管费等费用的资料。

(5) 地区材料价格、工资标准。用于编制设计概算的材料价格及人工工资标准一般是由国家或地方工程建设造价主管部门编制颁发的、能反映一定时期材料价格及工资标准一般水平的指导价格。

(6) 有关取费标准和费用定额。地区规定的各种费用、取费标准、计算范围、材差系数等有关文件内容,必须符合建设项目主管部门制定的基本原则。

(7) 投资估算文件。经批准的投资估算是设计概算的最高额度标准。投资概算不得突破投资估算,投资估算应切实控制投资概算。根据国家有关规定,如果投资概算超过投资估算的10%以上,则要进行初步设计(或扩大初步设计)及概算的修正。

3) 设计概算的作用

工程建设项目设计概算文件是初步设计文件的重要组成部分。国家规定:建设项目在报审初步设计或扩大初步设计的同时,必须附有设计概算。没有设计概算,就不能作为完整的设计文件。具体地说,工程建设项目设计概算有以下作用:

(1) 国家制定和控制建设投资的依据

在我国,各项工程建设必须按国家批准的计划进行。国家投资的建设项目,只有当概算文件经主管部门批准后,才能列入年度建设计划,所批准的总费用就成为该建设项目投资的最高限额。国家拨款、银行贷款及竣工决算,都不能突破这个限额。

(2) 编制建设计划的依据

建设年度计划安排的工程项目,其投资需要量的确定、建设物资供应计划和建筑安装施工计划等,都以主管部门批准的设计概算作依据。

(3) 选择设计方案的重要依据

设计概算是设计方案的技术经济效果的反映,不同的设计方案具有了设计概算就能进行比较,选出技术上先进和经济上合理的设计方案,达到节约投资的目的。设计概算是考核设计经济合理性的依据。

(4) 签订工程总承包合同的依据

对于施工期限较长的大中型建设项目,可以根据批准的建设计划、初步设计和总概算文件确定工程项目的总承包价,采用工程总承包的方式进行建设。而设计概算一般用作建设单位和工程总承包单位签订总承包合同的依据。

(5) 办理工程拨款、贷款的依据

在施工图预算未编出以前,可先根据设计概算进行申请贷款和工程拨款。

(6) 控制施工图设计的依据

依据施工图设计编制的施工图预算不能超过设计概算所规定的造价,否则要对施工图设计进行修改,使施工图预算造价在概算的控制以内,或报请主管部门批准后,才能突破概算额。

(7) 考核和评价工程建设项目成本和投资效果的依据

工程建设项目的投资转化为建设项目法人单位的新增资产,可根据建设项目的生产能力计算建设项目的成本、回收期以及投资效果系数等技术经济指标,并将以概算造价为基础计算的指标与以实际发生造价为基础计算的指标进行对比,从而对工程建设项目成本和投资效果进行评价。

6.2.2 编制设计概算的基本方法

1) 编制设计概算的原则及步骤

编制设计概算的目的是计算相应的工程造价,在明确工程造价的概念及所需计算的费用范围基础上,根据工程造价的费用构成及不同费用的性质,采用逐个编制、层层汇总的原则开展编制工作。具体步骤如下:

(1) 编制**单位工程概算书**。通过单位工程概算书的编制,分别计算确定工程建设项目所属每个单位工程的概算造价。单位工程的概算造价即该单位工程的工程费。

(2) 编制**工程项目(单项工程)综合概算书**。编制工程项目(单项工程)综合概算书的目的,是为了分别计算确定工程建设项目所属每个工程项目(单项工程)的概算造价。而该概算造价是指发生在该工程项目(单项工程)的建造过程中并且能直接计算的费用,该费用一般包括该工程项目(单项工程)所属的各单位工程造价之和再加上该工程项目(单项工程)所属的设备、工器具购置费用。所以,编制工程项目(单项工程)综合概算书的方法是将各单位工程概算书进行汇总再加上该工程项目(单项工程)所属的设备、工器具购置费用即可。

(3) 编制**工程建设其他费用概算书**。编制工程建设其他费用概算书的目的是计算确定工程建设项目所属的各项工程建设其他费用。其编制方法是根据概算工程的具体情况,采用一览表的形式,分别计算各项工程建设其他费用并汇总。

(4) 编制**工程建设项目总概算书**。编制工程建设项目总概算书的目的是计算确定该工程建设项目在要求的概算范围内的总造价。工程建设项目总概算的编制方法是将各工程项目(单项工程)综合概算书进行汇总再加上相应的工程建设其他费用概算书即可。

2) 设计概算编制的准备工作

(1) 深入现场,调查研究,掌握第一手材料。对新结构、新材料、新技术和非标准设备价格要搞清楚并落实,认真收集其他有关基础资料(如定额、指标等)。

(2) 根据设计要求、总体布置图和全部工程项目一览表等资料,对工程项目的内容、性质、建设单位的要求、建设地区的施工条件等,作一概括性的了解。

(3) 在掌握和了解上述资料与情况的基础上,拟出编制设计概算的提纲,明确编制工作的主要内容、重点、步骤和审核方法。

(4) 根据已拟定的设计概算编制提纲,合理选用编制依据,明确取费标准。

6.2.3 单位工程设计概算的编制方法

单位工程设计概算是初步设计文件的重要组成部分。设计单位在进行初步设计时,必须同时编制出单位工程设计概算。

单位工程设计概算,是在初步设计阶段,利用国家颁发的概算指标、概算定额或综合预算定额(如江苏省在没有概算定额时规定其综合预算定额具有概算定额的作用)等,按照设计要求,概略地计算建筑物或构筑物的造价,以及确定人工、材料和机械等需用量。

一般情况下,施工图预算造价不允许超过设计概算造价,以使设计概算能起到控制施工图预算的作用。建筑单位工程设计概算的编制,既要保证及时性,又要保证正确性。

单位工程设计概算,一般有下列两种编制方法:一是根据概算指标进行编制;二是根据概算定额进行编制。

1) 利用概算指标编制设计概算

(1) 编制特点

概算指标一般是以建筑面积(或建筑体积)为单位,以整幢建筑物为依据而编制的指标。它的数据均来自各种已建的建筑物预算或竣工结算资料,用其建筑面积(或建筑体积)除需要的各种人工、材料等而得出。

由于概算指标通常是按每幢建筑物每 100 m^2 建筑面积(或每幢建筑物每 1 000 m^3 建筑体积)表示的价值或工料消耗量,因此,它比概算定额更为扩大、综合,所以按此编制的设计概算比按概算定额编制的设计概算更加简化,精确度显然也要比用概算定额编制的设计概算低一些,是一种对工程造价估算的方法。但由于编制速度快,能解决时间紧迫的要求,该法仍有一定的实用价值。

(2) 编制方法

在初步设计阶段编制设计概算,如已有初步设计图纸,则可根据初步设计图纸、设计说明和概算指标,按设计的要求、条件和结构特征(如结构类型、基础、内外墙、楼板、屋架;建筑外型、层数、层高、檐高、屋面、地面、门窗、建筑装饰等),查阅概算指标中相同类型的建筑物的简要说明和结构特征,来编制设计概算;如无初步设计图纸无法计算工程量或在可行性研究阶段只具有轮廓方案,也可用概算指标来编制设计概算。

① 直接套用概算指标编制概算

如果拟编工程项目在设计上与概算指标中的某建筑物相符,则可直接套用指标进行编制。以指标中所规定的土建工程每百平方米或每千立方米的造价或人工、主要材料消耗量,乘以设计工程项目的概算建筑面积(或建筑体积),即可得出该设计工程的全部概算价值(即直接费)和主要材料消耗量。具体步骤及计算公式如下:

a. 根据概算指标中的人工工日数及工资标准计算人工费:

每平方米建筑面积人工费＝指标人工工日数×地区日工资标准

b. 根据概算指标中的主要材料数量及材料预算价格计算材料费：

每平方米建筑面积主要材料费＝∑（主要材料数量×地区材料预算价格）

c. 按求得的主要材料费及其他材料费占主要材料费中的百分比，求出其他材料费：

每平方米建筑面积其他材料费＝每平方米建筑面积主要材料费×
其他材料费与主要材料费的比率

d. 按求得的人工费、材料费、机械费，求出直接费：

每平方米建筑面积直接费＝人工费＋主要材料费＋其他材料费＋机械费

施工机械使用费在概算指标中一般是用"元"表示的，故不需计算，可直接按概算指标确定。

e. 按求得的直接费及地区规定取费标准，求出间接费、税金等其他费用及材料价差。

f. 将直接费和其他费用相加，得出概算单价：

每平方米建筑面积概算单价＝直接费＋间接费＋材料价差＋税金

g. 用概算单价和建筑面积相乘，得出单位工程概算造价：

设计工程概算造价＝设计工程建筑面积×每平方米建筑面积概算造价

h. 最后计算主要材料和人工用量：

设计所需主要材料、人工用量＝设计工程建筑面积×
每平方米建筑面积主要材料、人工耗用量

② 换算概算指标编制概算

由于随着建筑技术的发展，新结构、新技术、新材料的应用，设计做法也在不断地发展。因此，在套用概算指标时，设计的内容不可能完全符合概算指标中所规定的结构特征。此时，就不能简单地按照类似的或最相近的概算指标套算，而必须根据差别的具体情况，对其中某一项或某几项不符合设计要求的内容，分别加以修正和换算。经换算后的概算指标，方可使用。换算方法如下：

单位建筑面积造价换算概算指标＝原概算指标单价－
换出结构构件单价＋换入结构构件单价

其中：

换出（或换入）结构构件单价＝换出（或换入）结构构件工程量×相应的概算定额单价

设计内容与概算指标规定不符时需要换算概算指标，其目的是为了保证概算价值的正确性。具体编制步骤如下：

a. 根据概算指标求出每平方米建筑面积的直接费；

b. 根据求得的直接费，算出与设计对象不符的结构构件的价值；

c. 将换入结构构件工程量与相应概算定额单价相乘，得出设计对象所要的结构构件价值；

d. 将每平方米建筑面积直接费，减去与设计对象不符的结构构件价值，加上设计对象所要的结构构件价值，即为修正后的每平方米建筑面积的直接费；

e. 求得修正后的每平方米建筑面积的直接费后，就可按照"直接套用概算指标法"，编制出单位工程概算。

2)利用概算定额编制设计概算

(1)编制依据

① 初步设计或扩大初步设计的图纸资料和说明书；

② 概算定额；

③ 概算费用指标；

④ 施工条件和施工方法。

(2)编制方法

利用概算定额编制单位工程设计概算的方法，与利用预算定额编制单位工程施工图预算的方法基本上相同，概算书所用表式与预算书表式亦基本相同。不同之处在于设计概算项目划分较施工图预算粗略，是把施工图预算中的若干个项目合并为一项，并且采用的是概算工程量计算规则。

利用概算定额编制概算，其编制对象必须是设计图纸中对建筑、结构、构造均有明确规定，图纸内容比较齐全、完善，能够计算工程量。该法编制精度高，是编制设计概算的常用方法。

利用概算定额编制设计概算的具体步骤如下：

① 熟悉设计图纸，了解设计意图、施工条件和施工方法

由于初步设计图纸比较粗略，一些结构构造尚未能详尽表示出来，如果不熟悉结构方案和设计意图，就难以正确地计算出工程量，因而也就不能准确地计算出土建工程的造价；同样，如果不了解地质情况、土壤类别、挖土方法、余土外运等施工条件和施工方法，也会影响编制设计概算的准确性。

② 列出工程设计图中各分部分项的工程项目，并计算其工程量

在熟悉设计图纸和了解施工条件的基础上，按照概算定额分部分项工程的划分，列出各分项工程项目。工程量计算应按概算定额中规定的工程量计算规则进行，并将各分项工程量按概算定额编号顺序，填入工程概算表内。

由于设计概算项目内容比施工图预算项目内容扩大，在计算工程量时，必须熟悉概算定额中每个项目所包括的工程内容，避免重算和漏算。

③ 确定各分部分项工程项目的概算定额单价(基价)和工料消耗指标

工程量计算完毕并经复核整理后，即按照概算定额中分部分项工程项目的顺序，查概算定额的相应项目，将项目名称、定额编号、工程量及其计量单位、定额基准价和人工、材料消耗量指标，分别填入工程概算表和工料分析表中的相应"栏"内。

当设计图中的分项工程项目名称、内容与采用的概算定额中相应的项目完全一致时，即可直接套用定额进行计算；如遇有某些不相符时，则按规定对定额进行换算后才可以套用定额进行计算。

④ 计算各分部分项工程的直接费和总直接费

将已算出的各分部分项工程的工程量及已查出的相应定额基准价相乘，即可得出各分项工程的直接费；汇总各分项工程的直接费，即可得到该单位工程的总直接费。

直接费计算结果，均可取整数，小数点后四舍五入。如果规定有地区的人工、材料价差调整指标，计算直接费时，还应按规定的调整系数进行调整计算。

⑤ 计算间接费和税金等费用

根据总直接费、各项施工取费标准,分别计算间接费和税金等费用。

⑥ 计算单位工程的基本预备费

单位工程的基本预备费是指设计中无法预先估计而在施工中可能出现的费用。如不扩大工程范围、不改变结构方案的设计变更所增加的费用,其计算方法是在直接费、间接费、税金等总和的基础上,乘以一个合理的费率。

⑦ 计算单位工程概算总造价

将上面算得的直接费、间接费、税金、预备费等,相加起来,即得到单位工程概算总造价。

⑧ 计算每平方米建筑面积造价

将建筑面积除概算总造价,即求出每平方米建筑面积的概算造价。

⑨ 进行概算工料分析

工料分析是指对主要工种人工和主要建筑材料进行分析,计算出人工、材料的总耗用量。

⑩ 编写概算编制说明

江苏省规定,在应用概算定额编制单位建筑设计概算时,可在基准价基础上增加概算编制期的材料价差、有权部门批准的政策性调价,然后根据工程特点、工期等情况再增加预备费(5%～10%)。

6.2.4 工程建设项目设计总概算的编制

工程建设项目总概算是综合反映工程建设项目在建设过程中所需发生的所有一次性建设费用总和的概算文件。为了全面地计算和确定工程建设项目在建设过程中所需发生的所有一次性建设费用的总和,一般应根据工程造价的费用构成及不同费用的性质,在概算编制工作中采用逐个编制、层层汇总的原则。首先编制单位工程概算,其次编制工程项目综合概算,在此基础上通过综合汇总,而得到工程建设总概算。

下面结合江苏省有关编制设计概算的规定,具体讨论工程建设项目总概算文件所需包括的内容及响应的编制步骤。

工程建设项目设计概算是设计文件的重要组成部分,采用两阶段设计的建设项目,初步设计阶段必须编制设计概算;采用三阶段设计的建设项目,除了初步设计阶段必须编制设计概算外,技术设计阶段必须编制修正概算。

设计概算必须根据批准的可行性研究报告、初步设计文件、设备清单、概算定额或指标、费用标准、技术经济指标等资料,并考虑工程建设期贷款利率、汇率等动态因素进行编制,应完整地反映工程建设项目的全部投资费用。

1) 工程建设项目设计总概算

一般应由以下内容组成:

(1) 封面、签署页及目录;

(2) 编制说明;

(3) 总概算表;

(4) 前期工程费统计汇总表;

(5) 单项(位)工程概算表;

(6) 建筑工程概算表;

(7) 设备安装工程概算表;

(8) 工程建设其他费用概算表；
(9) 工程主要工程量表；
(10) 工程主要材料汇总表；
(11) 工程主要设备汇总表；
(12) 工程工日数量表；
(13) 分年度投资汇总表；
(14) 资金供应量汇总表。

2) 主要内容的要求及编制步骤

(1) 封面、签署页应按统一规定格式填写，其中签署页应设立工程经济人员的资格证号栏目，填写编制、校审人员的姓名及盖资格证书专用章。

(2) 编制说明应包括以下主要内容：

① 工程概况，简述工程建设项目的性质、特点以及生产规模、建设周期、建设地点等主要情况，引进项目应说明引进内容以及国内配套工程等主要情况；

② 资金来源及投资方式；

③ 编制依据及编制原则；

④ 投资分析，主要分析各项投资的比重等经济指标以及国内外同类工程的比较并分析投资高低的原因；

⑤ 其他需要说明的问题。

(3) 总概算表由静态投资和动态投资两部分组成，静态投资部分应根据工程所有项目，以前期工程费统计汇总表、各单项工程概算表、工程建设其他费用概算表、主要材料汇总表、主要设备汇总表为基础汇总编制；动态投资部分应按照建设项目的性质，计列相应的税、费。

(4) 单项工程概算应以其所辖的单位工程概算为基础汇总编制。单项工程是指建成后可以独立发挥生产能力或使用功能的工程。

(5) 单位工程概算应分为建筑工程概算和安装工程概算，单位工程是单项工程的组成部分，是指具有单独设计，可以单独组织施工，但不能独立发挥生产能力或使用功能的工程。单位工程概算由建筑安装工程费中的直接费、间接费、利润和税金组成，是编制单项工程概算的依据。

(6) 概算中，国内工程建设项目的投资额均以人民币计算，其中引进部分应列出外币金额；合资项目应分别列出外币和人民币，合计金额以人民币计算。

(7) 一个建设项目如由几个设计单位承担设计时，主体设计单位应负责制定统一概算的编制原则、编制依据及其他有关事项，负责汇编并对编制质量负责；其他设计单位负责各自承担设计部分的概算编制并做好配合协作工作。

设计单位在编制概算时，必须完整填报工程项目主要设备材料价格，并依据市场实际价格和各种设备、材料的品牌、性能及价格的不同，明确品牌、规格、型号及产地，择优选用。

(8) 设计概算的编制必须严格执行国家的有关方针、政策，要真正做到概算能控制预算，批准的设计概算是确定建设项目投资额的依据。

6.3 建设工程施工图预算

1) 施工图预算的概念

施工图预算是指工程建设进入施工图设计阶段,根据施工图这个研究对象,按照各专业工程的预算工程量计算规则统计、计算出的工程数量,并考虑实施施工图的施工组织设计确定的施工方案或方法,按照现行预算定额或计价定额、工程建设费用定额、材料预算价格和建设主管部门规定的费用计算程序及其他取费规定等,确定的单位工程或单项工程造价的经济文件。显然,施工图预算不是工程建设产品的价格,它仅仅是指工程建设产品生产过程中的计划造价。

2) 施工图预算的作用

在我国,长期以来,除总包交钥匙工程外,一般的建筑及安装工程产品,都以施工图预算的工程造价,作为招标、投标和结算工程价款的主要依据,所以施工图预算对工程建设各方都有着重要的作用。目前,部分地区大力推行合理低价中标,施工企业可以根据自身特点确定合理报价,传统的施工图预算在投标报价中的作用将逐渐弱化,但是,施工图预算的原理、依据、方法和编制程序仍是投标报价的重要的参考资料。

(1) 施工图预算对投资方的作用

① 根据施工图修正建设投资

施工图比初步设计图更具体、更完善,它是指导施工活动开展的技术文件。在初步设计阶段,根据初步设计图所做的设计概算,有控制施工图预算的作用,但概算定额比预算定额更综合、扩大,设计概算中反映不出各专业工程的造价。而施工图预算依据施工图和预算定额等取费规定编制,确定的工程造价是该单位工程实际的计划成本,投资方或建设单位按施工图预算修正建设资金,并控制资金的合理使用,更具有实际的意义。

② 根据施工图预算确定招标标底

建筑及安装工程招标的标底金额,一般按施工图预算确定。标底通常在施工图预算的基础上考虑工程特殊施工措施费、工程质量要求、目标工期招标工程的范围、自然条件等因素而编制。标底是衡量投标单位报价的重要依据,是评标的重要尺度。目前有不少地区试行无标底招标,将工程定价完全交给市场,这在市场经济发育完善的国家是经常采用的方法。

(2) 施工图预算对施工企业的作用

① 根据施工图预算确定投标报价

在竞争激烈的建筑市场,积极参与投标的施工企业,根据施工图预算确定投标报价,制定投标策略,从某种意义上是关系到企业生存与发展的重大课题。

② 根据施工图预算进行施工准备

施工企业中标和签订工程承包合同后,劳动力的调配、安排,材料的采购、贮存,机械台班的安排使用,内部承包合同的签订等,均可以施工图预算为依据安排。

③ 根据施工图预算拟定降低成本措施

在招标承包制中,根据施工图预算确定的中标价格,是施工企业收取工程价款的依据,企业必须根据工程实际,合理利用时间、空间,拟订人工、材料、机械台班、管理费等降低成本的技术、组织和安全技术措施,确保工程快、好、省地完成,以获得良好经济效益。

④ 根据施工图预算编制施工预算

在拟定降低工程计划成本措施基础上,施工企业在施工前,可编制施工预算。施工预算仍然是以施工图计算的工程量为依据,并采用企业内部的施工定额而编制和确定人工、材料、机械台班数量及工程直接费用,施工预算是施工企业内部实际支出的依据。

(3) 施工图预算对其他方面的作用

① 对于工程咨询单位而言,尽可能客观、准确地为委托方作出施工图预算,这是其水平、素质和信誉的体现。

② 对于工程造价管理部门而言,施工图预算是监督、检查执行定额标准、合理确定工程造价、测算造价指数及审定招标工程标底的重要依据。

6.4 招标人预算编制

6.4.1 招标人预算编制概述

在实施工程量清单招标条件下,招标人预算的作用、编制原则,以及编制依据等也发生了相应的变化。

1) 招标人预算的作用

在以往的招投标工作中,招标人预算价格在评标定标过程中都起到了不可替代的作用,在实施工程量清单报价条件下,形成了由招标人按照国家统一的工程量计算规则计算工程数量,由投标人自主报价,经评审低价中标的工程造价计价定价模式。招标人预算的作用在招标投标中的重要性逐渐弱化,这也是工程造价管理与国际接轨的必然趋势。

2) 招标人预算的编制原则

(1) 工程量清单的编制与计价必须遵循四统一原则

四统一即项目编码统一;项目名称统一;计量单位统一;工程量计算规则统一。

四统一原则即是在同一工程项目内对内容相同的分部分项工程只能有一组项目编码与其对应,同一编码下分部分项工程的项目名称、计量单位、工程量计算规则必须一致。四统一原则下的分部分项工程计价必须一致。

(2) 遵循市场形成价格的原则

市场形成价格是市场经济条件下的必然产物。长期以来我国工程招标招标人预算价格的确定受国家(或行业)工程预算定额的制约,招标人预算价格反映的是社会平均消耗水平,不利于市场经济条件下企业间的公平竞争。

工程量清单计价由投标人自主报价,有利于企业发挥自己的最大优势。各投标企业在工程量清单报价条件下必须对单位工程成本、利润进行分析,统筹考虑,精心选择施工方案,并根据企业自身能力合理地确定人工、材料、施工机械等生产要素的投入与配置,优化组合,有效地控制现场费用和技术措施费用,形成最具有竞争力的报价。

工程量清单下的招标人预算价格反映的是由市场形成的具有社会先进水平的生产要素市场价格。

(3) 体现公开、公平、公正的原则

工程造价是工程建设的核心内容,也是建设市场运行的核心。工程量清单下的招标人预算价格应充分体现公开、公平、公正原则。公开、公平、公正不仅是投标人之间的公开、公平、公正,亦包括招投标双方间的公开、公平、公正。即招标人预算价格的确定,应同其他商品一样,由市场价值规律来决定,不能人为地盲目压低或提高。

(4) 风险合理分担原则

风险无处不在,对建设工程项目而言,存在风险是必然的。

工程量清单计价方法,是在建设工程招投标中,招标人按照国家统一的工程量计算规则计算提供工程数量,由投标人依据工程量清单所提供的工程数量自主报价,即由招标人承担工程量计量的风险,投标人承担工程价格的风险。在招标人预算的编制过程中,编制人应充分考虑招投标双方风险可能发生的几率,风险对工程量变化和工程造价变化的影响,在招标人预算价格中予以体现。

(5) 标底计价内容、计价口径与工程量清单计价规范下招标文件的规定完全一致的原则

标底的计价过程必须严格按照工程量清单给出的工程量及其所综合的工程内容进行计价,不得随意变更或增减。

(6) 一个工程只能编制一个招标人预算的原则

要素市场价格是工程造价构成中最活跃的成分,只有充分把握其变化规律才能确定标底价格的唯一性。一个招标人预算的原则,即是确定市场要素价格唯一性的原则。

3) 招标人预算的编制依据

(1)《建设工程工程量清单计价规范》。

(2) 招标文件的商务条款。

(3) 工程设计文件。

(4) 有关工程施工规范及工程验收规范。

(5) 施工组织设计及施工技术方案。

(6) 施工现场地质、水文、气象,以及地上情况的有关资料。

(7) 招标期间建筑安装材料及工程设备的市场价格。

(8) 工程项目所在地劳动力市场价格。

(9) 由招标方采购的材料、设备的到货计划。

(10) 招标人制订的工期计划。

6.4.2 招标人预算的编制

1) 工程招标人预算的编制程序

工程招标人预算的编制必须遵循一定的程序才能保证招标人预算价格的正确性。

(1) 确定招标人预算的编制单位。招标人预算由招标单位(或业主)自行编制,或受其委托具有编制标底资格和能力的中介机构代理编制。

(2) 搜集审阅编制依据。

(3) 取定市场要素价格。

(4) 确定工程计价要素消耗量指标。

(5) 勘察施工现场。

(6) 招标文件质疑。对招标文件(工程量清单)表述不清的问题向招标人质疑,请求解释,

明确招标方的真实意图,力求计价精确。

(7) 综合上述内容,按工程量清单表述工程项目特征和描述的综合工程内容进行计价。

(8) 招标人预算初稿完成。

2) 招标人预算的编制方法

招标人预算由五部分内容组成:分部分项工程量清单计价、措施项目计价、其他项目清单计价、规费、税金。

(1) 分部分项工程量清单计价

分部分项工程量清单计价有预算定额调整法、工程成本测算法两种方法。

按测算法计算工程成本,编制人员必须有丰富的现场施工经验,才能准确地确定工程的各种消耗。造价人员应深入现场,不断积累现场施工知识,当现场知识累积到一定程度后才能自如完成相关估算。工程技术与工程造价相结合是今后工程造价人员业务素质发展的方向。

管理费的计算可分为费用定额系数计算法和预测实际成本法。费用定额系数计算法是利用有关的费用定额取费标准,按一定的比例计算管理费。在工程量清单计价条件下,基本直接费的组成内容已经发生变化。一部分费用进入措施清单项目,造成人工费基数不完整。在利用费用定额系数法计算管理费时,要注意调整因基数不同造成的影响。

预测实际成本法是把施工现场和总部为本工程项目预计要发生的各项费用逐项进行计算,汇总出管理费总额,建筑工程以直接费为权数分摊到各分部分项工程量清单中。

利润是投标报价竞争最激烈的项目,在标底编制时其利润率的确定应根据拟建项目的竞争程度,以及参与投标各单位在投标报价中的竞争能力而确定。例如,有五家单位投标,其中三家企业近期工程量不足急于承揽新的工程,这样就会产生激烈的竞争。竞争的手段首先是消减工程利润。标价的编制就要顺应形势以低利润计价,以免投标价与标底价产生较大的偏离。

综上所述,招标人预算必须严格遵照《建设工程工程量清单计价规范》进行编制,以工程量清单给出的工程数量和综合的工程内容,按市场价格计价。对工程量清单开列的工程数量和综合的工程内容不得随意更改、增减,必须保持与各投标单位计价口径的统一。

分部分项工程量清单计价详见 6.5。

(2) 措施项目清单计价

《建设工程工程量清单计价规范》为工程量清单的编制与计价提供了一份措施项目一览表,供招标投标双方参考使用。

招标人预算编制人要对表内内容逐项计价。如果编制人认为表内提供的项目不全,亦可列项补充。

措施项目计价按单位工程计取。

招标人预算中措施项目的计算依据主要来源于施工组织设计和施工技术方案。招标人预算中措施项目的计算,宜采用成本预测法估算。计价规范提供的措施项目费分析表可用于计算此项费用。

(3) 其他项目清单计价

其他项目清单计价按单位工程计取。分为招标人、投标人两部分,分别由招标人与投标人填写。由招标人填写的内容包括预留金、材料购置费等。由投标人填写的内容包括总承包服务费、零星工作项目费等。

招标人部分的数据由招标人填写,并随同招标文件一同发至投标人或招标人预算编制人。在招标人预算计价中,编制人如数填写不得更改。

投标人部分由投标人或招标人预算编制人填写,总承包服务费根据工程规模、工程的复杂程度、投标人的经营范围计取,一般不大于分包工程总造价的5%。

零星工作项目表,由招标人提供具体项目和数量,由投标人或招标人预算编制人对其进行计价。

零星工作项目计价表中的单价为综合单价,其中人工费综合了管理费与利润,材料费综合了材料购置费及采购保管费,机械综合了机械台班使用费,车船使用税以及设备的调遣费。

(4) 规费

规费亦称地方规费,是税金之外由政府或政府有关部门收取的各种费用。各地收取的内容多有不同,在编制招标人预算时应按工程所在地的有关规定计算此项费用。

(5) 税金

税金包括营业税、城市维护建设税、教育费附加等三项内容。因为工程所在地的不同,税率也有所区别。编制招标人预算时应按工程所在地规定的税率计取税金。

6.5 分项工程清单计价

工程量清单表格应按照计价规范规定设置,按照计价规范附录要求计列项目,工程量清单中的12位编码的前9位应按照附录中的编码确定,后3位由清单编制人根据同一项目的不同做法确定,工程量清单的计量单位应按照计价规范附录中的计量单位确定。

在编制工程量清单时,要详细描述清单中每个项目的特征,要明确清单中每个项目所含的具体工程内容。在工程量清单计价时,要依据工程量清单的项目特征和工程内容,按照计价表的定额项目、计量单位、工程量计算规则和施工组织设计确定清单中工程内容的含量和价格。

工程量清单的综合单价,是由单个或多个工程内容按照计价表规定计算出来的价格汇总,除以按计价规范规定计算出来的工程量。用计算式可表示为

工程量清单的综合单价=∑(计价表项目工程量×计价表项目综合单价)/清单工程量

6.5.1 土石方工程清单计价

1) 土石方工程清单计价应用要点

(1) "平整场地"可能出现±300 mm以内的全部是挖方或全部是填方,需外运土方或取(购)土回填时,在工程清单中应描述弃土或取土运距,这部分的运输或购土应包括在"平整场地"项目报价内。

(2) "挖基础土方"在工程量清单计价时要把按施工方案或计价表规定的放坡、工作面等增加的施工量,计算在"挖基础土方"项目报价内。

(3) 工程量清单"挖基础土方"项目中应描述弃土运距,弃土运输包括在"挖基础土方"项目报价内。

(4) 挖基础土方工程如发生排地表水、挡土板支拆、截桩头、基底钎探、土方运输等工作内容,都应包括在报价内。

(5) 管沟土方工程量不论有无管沟设计均按长度计算,管沟开挖加宽工作面、放坡和接口处加宽工作面,以及管沟土方回填都应包括在"管沟土方"报价内。

(6) "土(石)方回填"包括取土回填的土方开挖以及土方指定范围内的运输,挖基础土方放坡、工作面等增加的回填量,应包括在报价内。

2) 土石方工程清单计价实例

【例 6.5.1】 某工厂工具间基础平面图及基础详图(见图 4.3.1),土壤为三类土、干土,场内运土,人工挖土。要求:①挖基础土方的工程量清单;②挖基础土方的工程量清单计价。

解 (1) 挖基础土方的工程量清单
① 确定项目编码和计量单位
项目编码:010101003001 挖基础土方 计量单位:m^3
② 描述项目特征
三类干土、带形基础、垫层底宽 1.2 m、挖土深度 1.6 m、场内运土 150 m
③ 按计价规范规定计算工程量(参见例 4.3.1)
$$1.60 \times 1.20 \times (28.0 + 7.60) = 68.35 (m^3)$$

(2) 挖基坑土方的工程量清单计价
① 按计价表规定计算各项工程内容的工程量(参见例 5.2.1)
人工挖地槽　　$1.60 \times (1.8 + 2.86) \times 1/2 \times (28.0 + 6.40) = 128.24 (m^3)$
人力车运土　　工程量同挖土　　$128.24 (m^3)$
② 套计价表定额计算各项工程内容的综合价(参见例 5.2.3)
1—24　　　　人工挖地槽　　　　$128.24 \times 16.77 = 2\,150.58$(元)
1—92+95×2 人力车运土 150 m　　$128.24 \times 8.61 = 1\,104.15$(元)
③ 计算挖基础土方的综合价、综合单价
挖基础土方的工程量清单综合价:$2\,150.58 + 1\,104.15 = 3\,254.73$(元)
挖基础土方的工程量清单综合单价:$3\,254.73/68.35 = 47.62$(元$/m^3$)

【例 6.5.2】某建筑物为三类工程,地下室如图 4.3.2,地下室墙外壁做涂料防水层,施工组织设计确定用反铲挖掘机挖土,土壤为三类土,机械挖土坑内作业,土方外运 1 km,回填土已堆放在距场地 150 m 处。

要求计算:① 挖基础土方、土方回填的工程量清单;② 挖基础土方、土方回填的工程量清单计价。

解 (1) 挖基础土方的工程量清单
① 确定项目编码和计量单位
项目编码:010101003001　挖基础土方　计量单位:m^3
② 描述项目特征
三类干土、整板基础、垫层面积 31.0 m×21.0 m、挖土深度 3.05 m、场外运土 1 km
③ 按计价规范计算工程量(参见例 4.3.2)
$$3.05 \times 31.0 \times 21.0 = 1\,985.55 (m^3)$$

(2) 挖基础土方的工程量清单计价
① 按计价表规定计算工程内容的工程量(参见例5.2.2)
机械挖土方：   2 083.36 m³
运机械挖出的土方：   2 083.36 m³
人工修边坡：   174.46 m³
运人工挖出的土方：   174.46 m³
机械挖、运人工挖出的土方：174.46×1.3＝226.80(m³)
② 套计价表定额计算各项工程内容的综合价(参见例5.2.4)
(注：该题的土方挖运由施工组织设计决定，详见例5.2.4中的相关知识，计价表的定额换算详见例5.2.4的定额计价。)

1—202	反铲挖掘机挖土、装车	2.083×2 657.21＝5 534.97(元)
1—239 换	自卸汽车运土1 km	2.083×7 811.31＝16 270.96(元)
1—(3＋11)×2	人工挖土方深4 m以内	174.46×29.58＝5 160.53(元)
1—89	人工挖土运20 m	174.46×1.79＝312.28(元)
1—202 换	反铲挖掘机挖一类土、装车	0.227×2 247.84＝510.26(元)
1—239 换	自卸汽车运土1 km	0.227×7 811.31＝1 773.17(元)

③ 计算挖基础土方的综合价、综合单价
挖基础土方的工程量清单综合价：(②中6项合计)29 562.17元
挖基础土方的工程量清单综合单价：29 562.17/1 985.55＝14.89(元/m³)

(3) 土方回填的工程量清单
① 确定项目编码和计量单位
项目编码：010103001001   土方回填   计量单位：m³
② 描述项目特征
基坑夯填、一类土，运距150 m
③ 按计价规范计算工程量(参见例4.3.2)   回填土量：95.71 m³

(4) 土方回填的工程量清单计价
① 按计价表规定计算工程内容的工程量(参见例5.2.2)   回填土量：367.98 m³
② 套计价定额计算各项工程内容的综合价(参见例5.2.4)

1—104	基坑回填土	367.98×10.70＝3 937.39(元)
1—1	人工挖一类土	367.98×3.95＝1 453.52(元)
1—92＋95×2	人力车运土150 m	367.98×8.61＝3 168.31(元)

③ 计算土方回填的综合价、综合单价
土方回填的工程量清单综合价：(②中3项合计)8 559.22元
土方回填的工程量清单综合单价：8 559.22/95.71＝89.43(元/m³)

【例6.5.3】 某工厂工具间平面图(见图4.3.8)，局部位置土壤高出自然地面200 mm，范围4 m×5 m，该部分土需外运150 m。
要求计算：①平整场地的工程量清单；②平整场地的工程量清单计价。
[相关知识]
(1) 300 mm以内的挖、填、找平按平整场地计算；

（2）平整场地工程量计算规则，计价规范是按底层建筑物外墙外边线面积计算，计价表是按底层建筑物外墙外边线每边加 2 m 后的面积计算；

（3）挖土或填土需土方外运或内运，在清单计价时要包括在平整场地项目报价内。

解 （1）平整场地的工程量清单

① 项目编码：010101001001　平整场地　计量单位：m²

② 项目特征：外墙外边线 9.24 m×5.24 m、高出地面 200 mm，4 m×5 m 范围内的土方外运 150 m

③ 按计价规范规定计算工程量：$9.24 \times 5.24 = 48.42 (m^2)$

（2）平整场地的工程量清单计价

① 按计价表规定计算各项工程内容的工程量

平整场地　　　　 $(9.24+2.0 \times 2) \times (5.24+2.0 \times 2) = 122.34(m^2)$

外运土 150 m　　 $0.20 \times 4 \times 5 = 4.0(m^3)$

② 套计价表定额计算各项工程内容的综合价

1—98　　　　　　平整场地　　　　　　　　$12.23(10 m^2) \times 18.74 = 229.19(元)$

1—92+95×2　　　人力车运土 150 m　　　　$4.0(m^3) \times 8.61 = 34.44(元)$

③ 平整场地的工程量清单综合价：（② 中 2 项合计）263.63 元

平整场地的工程量清单综合单价：$263.63/48.42 = 5.44(元/m^2)$

【例 6.5.4】 某厂房为框架结构，二类工程，有 20 个桩承台（见图 6.5.1），每个桩承台下有 4 根直径为 400 mm 的砼灌注桩，土壤为三类土、干土，凿桩头长 400 mm，场内运土 50 m。

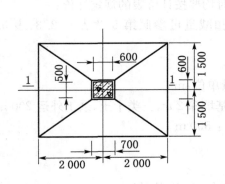 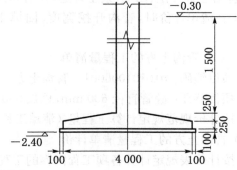

图 6.5.1

要求计算：① 挖基础土方的工程量清单；② 挖基础土方的工程量清单计价。

［相关知识］

（1）挖基础土方量，计算清单工程量时，按计价规范的规定，垫层面积乘挖土深度，在清单计价时，则要按施工组织设计或计价表的规定加工作面、放坡；

（2）清单计价时，挖土、运土、凿桩头均包括在报价内；

（3）计价表综合单价中的管理费是按三类工程计算的，二类工程要调整其中的管理费。

解 （1）挖基础土方的工程量清单

① 项目编码：010101003001　挖基础土方　计量单位：m³

② 项目特征：垫层面积 4.2 m×3.2 m，基坑深度 2.1 m，凿砼灌注桩头直径 400 mm、长 400 mm、每坑 4 个，三类干土，20 个基坑，场内运土 50 m

③ 按计价规范规定计算工程量（清单工程量）
$$4.20 \times 3.20 \times 2.10 \times 20 = 564.48 (m^3)$$
(2) 挖基础土方的工程量清单计价
① 按计价表规定计算各项工程内容的工程量
人工挖地坑（按 1∶0.33 放坡）
$$[2.10/6 \times (4.80 \times 3.80 + 6.18 \times 5.18 + 10.98 \times 8.98)] \times 20 = 1\,041.97(m^3)$$
凿桩头　　$0.20 \times 0.20 \times 3.14 \times 0.4 \times 4 \times 20 = 4.02(m^3)$
② 套计价表定额计算各项工程内容的综合价（二类工程，(1)(3) 两项管理费由 25% 调至 30%）

1—56	人工挖地坑	$1\,041.97(m^3) \times 20.11 = 20\,954.02(元)$
2—101	凿桩头	$4.02(m^3) \times 66.83 = 268.66(元)$
1—92	人力车运土 50 m	$1\,041.97(m^3) \times 6.48 = 6\,751.97(元)$

③ 挖基础土方的工程量清单综合价：(② 中 3 项合计)27 974.65 元
挖基础土方的工程量清单综合单价：27 974.65/564.48＝49.56(元/m³)

【例 6.5.5】 某小区内的钢筋混凝土排水管直径 600 mm，中心线长 500 m，基坑深度 2 m，三类干土，管沟开挖回填后余土外运 200 m。

要求计算：① 管沟土方的工程量清单；② 管沟土方的工程量清单计价。

[相关知识]
(1) 计算清单工程量时，按计价规范的规定，按管沟中心线长计算，清单中管沟土方的工程内容包括土方开挖、回填、余土外运，在清单计价时均要按计价表的规定计价；
(2) 在清单计价时，管沟开挖宽度、回填土和扣减量可参照第 5 章表 5.2.3、表 5.2.4 取定。

解 (1) 管沟土方的工程量清单
① 项目编码：010101006001　管沟土方　计量单位：m
② 项目特征：砼管直径 600 mm，总长 500 m，基坑深 2 m，三类干土，余土外运 200 m
③ 按计价规范规定计算工程量（清单工程量）：500 m
(2) 管沟土方的工程量清单计价
① 按计价表规定计算各项工程内容的工程量：
人工挖地槽（地槽底宽查表 5.2.3 为 1.5 m，按 1∶0.33 放坡）
$$2.0 \times (1.5 + 2.82) \times 1/2 \times 500 = 2\,160.0(m^3)$$
基槽回填（管外径所占的体积查表 5.2.4 为 0.33 m³/m）
$$2\,160.0 - 0.33 \times 500 = 1\,995.0(m^3)$$
余土外运　　$2\,160.0 - 1\,995.0 = 165.0(m^3)$
② 套计价表定额计算各项工程内容的综合价：

1—24	人工挖地槽	$2\,160.0 \times 16.77 = 36\,223.20(元)$
1—104	基槽回填土	$1\,995.0 \times 10.70 = 21\,346.50(元)$
1—92+95×3	双轮车运土 200 m	$165.0 \times 9.79 = 1\,615.35(元)$

③ 管沟土方的工程量清单综合价：(② 中 3 项合计)：59 185.05 元
管沟土方的工程量清单综合单价：59 185.05/500 = 118.37(元/m)

6.5.2 地基及桩基础工程清单计价

1) 地基及桩基础工程清单计价应用要点

（1）试桩按相应桩项目编码单独列项，试桩与打桩之间间歇时间，机械在现场的停置，应包括在打试桩报价内。

（2）"预制钢筋混凝土桩"项目在计价时，要将预制桩制作、运输、打桩、送桩，包括在报价内，如果桩刷防护材料也应包括在报价内。

（3）"接桩"项目适用于预制钢筋混凝土方桩、管桩和板桩的接桩，接桩应在工程量清单中描述接头材料。

（4）人工挖孔桩挖孔时采用的护壁（如：砖砌护壁、预制钢筋混凝土护壁、现浇钢筋混凝土护壁、钢模周转护壁等），应包括在报价内。

（5）钻孔灌注砼桩的钻孔，护壁的泥浆搅拌、运输、泥浆池、泥浆沟槽的砌筑、拆除、灌砼的充盈量，应包括在报价内。

（6）预制桩的模板在措施项目中计算报价，各种桩的钢筋在混凝土及钢筋混凝土项目中计算报价。

2) 地基及桩基础工程清单计价实例

【例 6.5.6】 某工程桩基础为现场预制砼方桩（见图 4.3.3），C30 商品砼，室外地坪标高 -0.3 m，桩顶标高 -1.80 m，桩计 150 根。

要求计算：① 打预制方桩的工程量清单；② 打预制方桩的工程量清单计价。

［相关知识］

（1）凿桩头在挖基础土方工程清单计价中计算；

（2）桩内钢筋在钢筋工程清单计价中计算；

（3）模板在措施项目清单中计算。

解 （1）打预制方桩的工程量清单

① 项目编码：010201001001　预制钢筋砼桩

计量单位：根（也可以为 m，由清单编制人定）

② 项目特征：桩长 8.4 m、桩断面 300 mm×300 mm、C30 商品砼、桩顶标高 -1.8 m、150 根

③ 按计价规范规定计算工程量 150 根

（2）打预制方桩的工程量清单计价

① 按计价表规定计算各项工程内容的工程量（参见例 5.3.1）

打桩　　$0.3 \times 0.3 \times 8.4 \times 150 = 113.4 (m^3)$

送桩　　$0.3 \times 0.3 \times 2.0 \times 150 = 27.0 (m^3)$

桩制作 C30 砼：113.4 m^3

② 套计价表定额计算各项工程内容的综合价（参见例 5.3.3）

2—1 换　　打预制方桩　　　$113.40 \times 201.14 = 22\,809.28$（元）

（注：定额换算一是调整了管理费率，二是小型项目乘系数，详见例 5.3.3 的定额计价）

2—5 换　　打预制方桩送桩　　$27.0 \times 182.85 = 4\,936.95$（元）

5—334 换　　方桩制作　　　$113.40 \times 327.89 = 37\,182.73$（元）

(3) 打预制方桩的工程量清单综合价(② 中 3 项合计):64 928.96 元

打预制方桩的工程量清单综合单价:64 928.96/150=432.86(元/根)

【例 6.5.7】 某工程桩基础是钻孔灌注砼桩(见图 4.3.4),C25 砼现场搅拌,土孔中砼充盈系数为 1.25,自然地面标高-0.45 m,桩顶标高-3.0 m,设计桩长 12.30 m,桩进入岩层 1 m,桩直径 ϕ600 mm,计 100 根,泥浆外运 5 km。

要求计算:① 钻孔灌注砼桩的工程量清单;② 钻孔灌注砼桩的工程量清单计价。

解 (1) 钻孔灌注砼桩的工程量清单

① 项目编码:010201003001　混凝土灌注桩　计量单位:m

② 项目特征:桩长 12.3 m、桩直径 600 mm、C25 砼自拌、桩顶标高-3.0 m、桩进入岩层 1 m、计 100 根、泥浆外运 5 km

③ 按计价规范规定计算工程量:12.3×100=1 230(m)

(2) 钻孔灌注砼桩的工程量清单计价

① 按计价表规定计算各项工程内容的工程量(参见例 5.3.2)

钻土孔	0.30×0.30×3.14×13.85×100=391.40(m³)
钻岩石孔	0.30×0.30×3.14×1.0×100=28.26(m³)
土孔灌注砼桩	0.30×0.30×3.14×11.90×100=336.29(m³)
岩石孔灌注砼桩	0.30×0.30×3.14×1.0×100=28.26(m³)
泥浆外运=钻孔体积	391.40+28.26=419.66(m³)

②套计价定额计算各项工程内容的综合价(参见例 5.3.4)

2—29	钻土孔	391.40×177.38=69 426.53(元)
2—32	钻岩石孔	28.26×749.58=21 183.13(元)
2—35 换	土孔灌注砼桩	336.29×307.13=103 284.75(元)
2—36 换	岩石孔灌注砼桩	28.26×272.07=7 688.70(元)
2—37	泥浆外运	419.66×76.45=32 083.01(元)

泥浆池费用按施工组织设计要求计算:2 000 元

(3) 钻孔灌注砼桩的工程量清单综合价(②中 6 项合计):235 666.12 元

钻孔灌注砼桩的工程量清单综合单价:235 666.12/1230=191.60(元/m)

6.5.3 砌筑工程清单计价

1) 砌筑工程清单计价应用要点

(1) 基础垫层包括在各类基础项目内,垫层的材料种类、厚度、材料的强度等级、配合比,应在工程量清单中进行描述。

(2) "砖基础"项目适用于各种类型砖基础,基础类型应在工程量清单中进行描述,砖基础所包含的工作内容:垫层、基础、防潮层、材料运输等,应包括在报价内。

(3) "实心砖墙"、"空心砖墙"项目适用于实心砖、空心砖砌筑的各种墙(外墙、内墙、直墙、弧墙,以及不同厚度、不同砂浆砌筑的墙),在编制清单时,用第五级项目编码将不同的墙体分别列项,并对墙的特征进行描述,在清单计价时,按计价表的规定套相应计价表定额计价。

(4) "砖窨井、检查井"、"砖水池、化粪池"在工程量清单中以"座"计算,其工作内容:挖、运、填土,井(池)底、壁、盖砌筑、制作,粉刷均包括在报价内。井(池)内如有铁爬梯在金属结构项目中报价,钢筋在混凝土及钢筋混凝土项目中报价,如井(池)施工需脚手架、模板,则在措施项目中报价。

2) 砌筑工程清单计价实例

【例 6.5.8】 某工厂工具间基础平面图及基础详图见图 4.3.1,室内地坪±0.00,防潮层—0.06,防潮层以下用 M10 水泥砂浆砌标准砖基础,防潮层以上为多孔砖墙身。

要求计算:① 砖基础的工程量清单;② 砖基础的工程量清单计价。

解 (1) 砖基础的工程量清单
① 项目编码:010301001001　砖基础　计量单位:m^3
② 项目特征:M10 水泥砂浆砌标准砖、埋深 1.6 m、防水砂浆防潮层
③ 按计价规范规定计算工程量(参见例 4.3.5)

$$0.24 \times (1.54 + 0.197) \times [(9.0 + 5.0) \times 2 + 4.76 \times 2] = 15.64(m^3)$$

(2) 砖基础的工程量清单计价
① 按计价表规定计算各项工程内容的工程量(参见例 5.4.1)
砖基础　　$0.24 \times (1.54 + 0.197) \times [(9.0 + 5.0) \times 2 + 4.76 \times 2] = 15.64(m^3)$
防潮层　　$0.24 \times [(9.0 + 5.0) \times 2 + 4.76 \times 2] = 9.00(m^2)$
② 套计价定额计算各项工程内容的综合价(参见例 5.4.3)
3—1 换　　砖基础　　$15.64 \times 188.24 = 2\,944.07(元)$
3—42　　防潮层　　$0.90 \times 80.68 = 72.61(元)$
(3) 砖基础的工程量清单综合价(② 中 2 项合计):3 016.68 元
砖基础的工程量清单综合价:$3\,016.68/15.64 = 192.88(元/m^3)$

【例 6.5.9】 某工厂工具间平面图、剖面图、墙身大样图见图 4.3.8,构造柱 240 mm×240 mm,有马牙槎与墙嵌接,圈梁 240 mm×300 mm,屋面板厚 100 mm,门窗上口无圈梁处设置过梁厚 120 mm,过梁长度为洞口尺寸两边各加 250 mm,窗台板厚 60 mm,长度为窗洞口尺寸两边各加 60 mm,窗两侧有 60 mm 宽砖砌窗套,砌体材料为 KP1 多孔砖,女儿墙为标准砖。

要求计算:① 墙身的工程量清单;② 墙身的工程量清单计价。

解 (1) 一砖多孔砖墙的工程量清单
① 项目编码:010304001001　多孔砖墙计量　单位:m^3
② 项目特征:240 mm 厚 KP1 多孔砖内、外墙,M5 混合砂浆砌筑
③ 按计价规范规定计算工程量(参见例 4.3.6)
外墙:11.47 m^3
内墙:4.79 m^3
合计:16.26 m^3

(2) 一砖多孔砖墙的工程量清单计价
① 按计价表规定计算工程量(参见例 5.4.2)
外墙:11.47 m^3
内墙:4.79 m^3
合计:16.26 m^3

② 套计价定额（参见例 5.4.4）

3—22　　KP1 一砖多孔砖墙　　16.26×184.17 = 2 994.60（元）

(3) 一砖多孔砖墙的工程量清单综合价：2 994.60 元

一砖多孔砖墙的工程量清单综合单价：2 994.60/16.26 = 184.17（元/m^3）

(4) 半砖多孔砖墙的工程量清单

① 项目编码：010304001002　　多孔砖墙计量　单位：m^3

② 项目特征：115 厚 KP1 多孔砖内墙，M5 混合砂浆砌筑

③ 按计价规范规定计算工程量（参见例 4.3.6）：0.65 m^3

(5) 半砖多孔砖墙的工程量清单计价

① 按计价表规定计算工程量（参见例 5.4.2）：0.62 m^3

② 套计价定额（参见例 5.4.4）

3—21　　KP1 多孔砖 1/2 砖墙　　0.62×190.56 = 118.15（元）

(6) 半砖多孔砖墙的工程量清单综合价：118.15 元

半砖多孔砖墙的工程量清单综合单价：118.15/0.68 = 173.75（元/m^3）

(7) 女儿墙的工程量清单

① 项目编码：010302001001　　标准砖墙　　计量单位：m^3

② 项目特征：240 mm 厚标准砖女儿墙 M5 混合砂浆砌筑

③ 按计价规范规定计算工程量（参见例 4.3.6）：1.61 m^3

(8) 女儿墙的工程量清单计价

① 按计价表规定计算工程量（参见例 5.4.2）：1.61 m^3

② 套计价定额（参见例 5.4.4）

3—29　　标准砖一砖外墙　　1.61×197.70 = 318.30（元）

(9) 女儿墙的工程量清单综合价：318.30 元

女儿墙的工程量清单综合单价：318.30/1.61 = 197.70（元/m^3）

【例 6.5.10】　某住宅小区内砖砌排水窨井，计 10 座，见图 4.3.9，深度 1.3 m 的 6 座，1.6 m 的 4 座，窨井底板为 C10 砼，井壁为 M10 水泥砂浆砌 240 厚标准砖，底板 C20 细石砼找坡，平均厚度 30 mm，壁内侧及底板粉 1：2 防水砂浆 20 mm，铸铁井盖，排水管直径为 200 mm，土为三类土。

要求计算：① 窨井的工程量清单；② 窨井的工程量清单计价。

解　(1) 深度为 1.3 m 窨井的工程量清单（窨井 1）

① 项目编码：010303003001　　窨井 1　计量单位：座

② 项目特征：内径 700 mm、240 mm 厚 M10 水泥砂浆砌标准砖井壁、C10 砼底板 100 厚、井深 1.3 m，底板 C20 细石砼找坡 3 cm 厚、内壁底板抹防水砂浆、铸铁井盖、三类干土

③ 按计价规范规定计算工程量　6 座

(2) 深度为 1.3 m 窨井的工程量清单计价

① 按计价表规定计算工程量（参见例 5.12.1）

人工挖地坑：　　1.46×0.99×0.99×3.14 = 4.49（m^3）

基坑打夯：　　0.99×0.99×3.14 = 3.08（m^2）

砼垫层：　　0.10×0.69×0.69×3.14 = 0.15（m^3）

垫层模板：	$0.10 \times 1.38 \times 3.14 = 0.43(m^2)$
砖砌体：	$0.24 \times 1.30 \times 2.95 = 0.92(m^3)$
细石砼找坡：	$0.35 \times 0.35 \times 3.14 = 0.38(m^2)$
井内抹灰：	$0.38 + 2.79 = 3.17(m^2)$
抹灰脚手架：	$2.79 m^2$
井盖：	1套
回填土：	$4.49 - 0.15 - 0.92 - 1.30 \times 0.38 = 2.93(m^3)$
余土外运：	$4.49 - 2.93 = 1.56(m^3)$

② 套计价定额（参见例5.12.2）

1—55	人工挖地坑	$4.49 \times 6 \times 16.77 = 451.78(元)$
1—100	基坑打夯	$0.308 \times 6 \times 6.17 = 11.40(元)$
2—120	C10砼垫层	$0.15 \times 6 \times 206.0 = 185.40(元)$

（注：模板、抹灰脚手架在措施项目清单中计算）

11—28	砖砌窨井	$0.92 \times 6 \times 218.04 = 1\ 203.58(元)$
12—18—19×2	细石砼找坡	$0.038 \times 6 \times 82.22 = 18.75(元)$
11—30	井壁抹灰	$0.317 \times 6 \times 113.83 = 216.50(元)$
11—25	铸铁盖板安装	$1.0 \times 6 \times 271.29 = 1\ 627.74(元)$
1—104	基坑回填土	$2.93 \times 6 \times 10.70 = 188.11(元)$
1—92+95×2	余土外运	$1.56 \times 6 \times 8.61 = 80.59(元)$
1—1	挖外运土	$1.56 \times 6 \times 3.95 = 36.97(元)$

(3) 窨井1的工程量清单综合价（②中10项合计）：4 020.82元

窨井1的工程量清单综合单价：$4\ 020.82/6 = 670.13$(元/座)

(4) 深度为1.6m窨井的工程量清单（窨井2）

① 项目编码：010303003002　窨井2　计量单位：座

② 项目特征：内径700 mm、240 mm厚M10水泥砂浆砌标准砖井壁，C10砼底板100 mm厚、井深1.6 m，底板C20细石砼找坡3 cm，内壁底板抹防水砂浆，铸铁井盖、三类干土。

③ 按计价规范规定计算工程量　4座

(5) 深度为1.6 m窨井的工程量清单计价

① 按计价表规定计算工程量（参见例5.12.1）

人工挖地坑：	$3.14 \times 1.76/3 \times (1.57^2 + 0.99^2 + 0.99 \times 1.57) = 9.21(m^3)$
基坑打夯：	$0.99 \times 0.99 \times 3.14 = 3.08(m^2)$
砼垫层：	（同窨井1）$0.15\ m^3$
垫层模板：	（同窨井1）$0.43\ m^2$
砖砌体：	$0.24 \times 1.60 \times 2.95 = 1.13(m^3)$
细石砼找坡：	（同窨井1）$0.38\ m^2$
井内抹灰：	$0.38 + 3.45 = 3.83(m^2)$
抹灰脚手架：	$3.45\ m^2$
井盖：	1套
回填土：	$9.21 - 0.15 - 1.13 - 1.60 \times 0.38 = 7.32(m^3)$

余土外运：　　　　　　　9.21－7.32＝1.89(m³)
② 套计价定额(参见例 5.12.2)

1—56	人工挖地坑	9.21×4×19.40＝714.70(元)
1—100	基坑打底夯	0.308×4×6.17＝7.60(元)
2—120	C10 砼垫层	0.15×4×206.0＝123.60(元)
11—29	圆形砖砌窨井	1.13×4×219.46＝991.96(元)
12—18—19×2	细石砼找坡	0.038×4×82.22＝12.50(元)
11—30	井壁抹灰	0.383×4×113.83＝174.39(元)
11—25	铸铁盖板安装	1.0×4×271.29＝1 085.16(元)
1—104	基坑回填土	7.32×4×10.70＝313.30(元)
1—92＋95×2	余土外运	1.89×4×8.61＝65.09(元)
1—1	挖外运土	1.89×4×3.95＝29.86(元)

(6) 窨井 2 的工程量清单综合价(② 中 10 项合计)：3 518.16 元

窨井 2 的工程量清单综合单价：3 518.16/4＝879.54(元/座)

【例 6.5.11】　某单位围墙共 100 m 长，附墙垛 12 个(见图 6.5.2)，基础为 M5 水泥砂浆砌标准砖，垫层为 C10 非泵送商品砼。

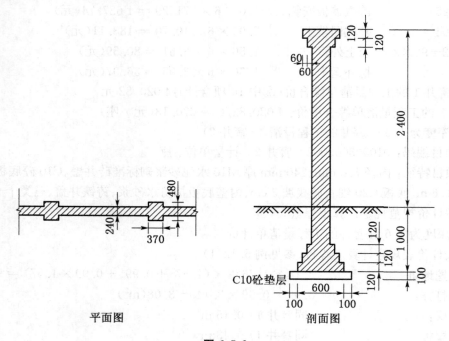

图 6.5.2

要求计算：① 围墙基础的工程量清单；② 围墙基础的工程量清单计价。

[相关知识]

(1) 砖围墙基础与墙身的划分以设计室外地坪为分界线，设计室外地坪以下为基础，以上为墙身；

(2) 清单计价时，垫层、基础、打底夯均包括在报价内。

解 (1) 围墙基础的工程量清单

① 项目编码：010301001001　砖基础　计量单位：m³

② 项目特征：M5 水泥砂浆砌 240 mm 厚标准砖基础、深 1.0 m、等高式三层大放脚、双面墙垛、C10 砼垫层 100 mm 厚(非泵送商品砼)

③ 按计价规范规定计算工程量（清单工程量）

（查计价表定额下册附 1 137 页的表，240 mm 厚墙折加高度为 0.394 m，365 mm 厚墙折加高度为 0.259 m）

墙身基础　　　0.24×(1.0+0.394)×100.0＝33.46(m³)

墙垛基础　　　0.37×(1.0+0.259)×0.12×2×12＝1.34(m³)

围墙基础清单工程量合计：34.80 m³

(2) 围墙基础的工程量清单计价

① 按计价表规定计算各项工程内容的工程量

基础打底夯（宽度为基坑宽度）　　1.2×100.0＝120.0(m²)

C10 砼垫层　　0.1×(0.80×100.0+0.12×0.57×2×12)＝8.16(m³)

M5 水泥砂浆砖基础(工程量同清单量)：34.80 m³

② 套计价表定额计算各项工程内容的综合价

1—100　　　基础打底夯　　　　　　12.0(10 m²)×6.17＝74.04(元)

2—122　　　C10 砼垫层（非泵送商品砼)8.16(m³)×273.17＝2 229.07(元)

3—1　　　　M5 水泥砂浆砖基础　　　34.80(m³)×185.80＝6 465.84(元)

③ 围墙基础的工程量清单综合价（②中 3 项合计）：8 768.95 元

围墙基础的工程量清单综合单价：8 768.95/34.80＝251.98(元/m³)

【例 6.5.12】 某单位围墙共 100 m 长，附墙垛 12 个(见图 6.5.2)，围墙墙身为 M2.5 混合砂浆砌标准砖。要求计算：①围墙的工程量清单；②围墙的工程量清单计价。

［相关知识］

(1) 计算工程量清单时，围墙高度算至砖压顶上表面，凸出墙面的压顶不计算，凸出墙面的砖垛并入墙体积内；

(2) 计算工程量清单计价时，围墙的砖压顶及砖垛并入墙体积内。

解 (1) 围墙的工程量清单

① 项目编码：010302001001　标准砖围墙　计量单位：m³

② 项目特征：M2.5 混合砂浆砌标准砖墙，高 2.4 m，双面墙垛

③ 按计价规范规定计算工程量（清单工程量）

墙身　　　　0.24×2.4×100.0＝57.60(m³)

墙垛　　　　0.37×2.4×0.12×2×12＝2.56(m³)

围墙清单工程量计：60.16 m³

(2) 围墙的工程量清单计价

① 按计价表规定计算各项工程内容的工程量

墙身　　　　0.24×2.4×100.0＝57.60(m³)

墙垛　　　　0.37×2.4×0.12×2×12＝2.56(m³)

压顶　　　　(0.06×0.12×2+0.12×0.12×2)×(100.0−0.37×12)＝4.13(m³)

墙身合计：64.29 m³
② 套计价表定额计算各项工程内容的综合价
3—44 换　　M2.5 混合砂浆砖砌围墙
换算内容：M5 混合砂浆改为 M2.5 混合砂浆
单价：197.23 － 29.01 ＋ 27.71 ＝ 195.93（元）
　　　64.29(m³)×195.93 ＝ 12 596.34(元)
③ 围墙的工程量清单综合价：12 596.34 元
围墙的工程量清单综合单价：12 596.34/60.16 ＝ 209.38(元/m³)

【例 6.5.13】　某建筑物为三类工程，共有 6 个卫生间，每个卫生间内的大便槽长 1.2 m×4 m（见图 6.5.3），零星砌砖。

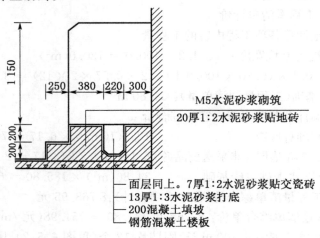

图 6.5.3

要求计算：① 零星砌砖的工程量清单；② 零星砌砖的工程量清单计价。
[相关知识]
（1）零星砌砖的工程量清单计量单位有多种（m³、m²、m、个），由清单编制人员定；
（2）在清单计价时，砌砖体、砼找坡包括在报价内；地砖、瓷砖面层不在此处计价，在装饰工程中报价。

解　（1）零星砌砖的工程量清单
① 项目编码：010302006001　零星砌砖　计量单位：m
② 项目特征：M5 水泥砂浆砌标准砖大便槽，槽内 C20 细石砼找坡平均厚 3 cm
③ 按计价规范规定计算工程量（清单工程量）　　1.20×4×6 ＝ 28.80(m)
（2）零星砌砖的工程量清单计价
① 按计价表规定计算各项工程内容的工程量
零星砌砖　　(0.20×0.25 ＋ 0.40×0.38 ＋ 0.40×0.30)×1.2×4×6 ＝ 9.27(m³)
槽内细石砼找坡　　0.22×1.2×4×6 ＝ 6.34(m²)
② 套计价表定额计算各项工程内容的综合价
3—47 换　　M5 水泥砂浆小型砌体
换算内容：M5 混合砂浆改为 M5 水泥砂浆

单价：$222.57-26.84+25.91=221.64$(元)
　　　$9.27\times221.64=2\,054.60$(元)
12—18—19×2　　C20 细石砼找坡　　$0.63\times82.22=51.80$(元)
③ 零星砌砖的工程量清单综合价(② 中 2 项合计)：2 106.40 元
零星砌砖的工程量清单综合单价：$2\,106.40/28.8=73.14$(元/m)

6.5.4　混凝土及钢筋混凝土工程清单计价

1) 混凝土及钢筋混凝土工程清单计价应用要点

(1) 本章共 17 节 69 个项目。包括现浇混凝土基础、现浇混凝土柱、现浇混凝土梁、现浇混凝土墙、现浇混凝土板、现浇混凝土楼梯、现浇混凝土其他构件、后浇带、预制混凝土柱、预制混凝土梁、预制混凝土屋架、预制混凝土板、预制混凝土楼梯、其他预制构件、混凝土构筑物、钢筋工程、螺栓铁件等。适用于建筑物、构筑物的混凝土工程。

(2) "带形基础"项目适用于各种带形基础，墙下的板式基础包括浇筑在一字排桩上面的带形基础。应注意：工程量不扣除浇入带形基础体积内的桩头所占体积。

(3) "独立基础"项目适用于块体柱基、杯基、柱下的板式基础、无筋倒圆台基础、壳体基础、电梯井基础等。

(4) "满堂基础"项目适用于地下室的箱式、筏式基础等。

(5) "设备基础"项目适用于设备的块体基础、框架基础等。应注意：螺栓孔灌浆包括在报价内。

(6) "桩承台基础"项目适用于浇筑在组桩(如：梅花桩)上的承台，应注意：工程量不扣除浇入承台体积内的桩头所占体积。

(7) "矩形柱"、"异形柱"项目适用于各型柱，除无梁板柱的高度计算至柱帽下表面，其他柱都计算全高。应注意：① 单独的薄壁柱根据其截面形状，确定以异形柱或矩形柱编码列项。② 柱帽的工程量计算在无梁板体积内。③混凝土柱上的钢牛腿按规范附录 A.6.6 零星钢构件编码列项。

(8) "直形墙"、"弧形墙"项目也适用于电梯井。应注意：与墙相连接的薄壁柱按墙项目编码列项。

(9) 混凝板采用浇筑复合高强薄型空心管时，其工程量应扣除管所占体积，复合高强薄型空心管应包括在报价内。采用轻质材料浇筑在有梁板内，轻质材料应包括在报价内。

(10) 单跑楼梯的工程量计算与直型楼梯、弧型楼梯的工程量计算相同，单跑楼梯如无中间休息平台时，应在工程量清单中进行描述。

(11) "其他构件"项目中的压顶、扶手工程量可按长度计算，台阶工程量可按水平投影面积计算。

(12) "电缆沟、地沟""散水、坡道"需抹灰时，应包括在报价内。

(13) "后浇带"项目适用于梁、墙、板的后浇带。

(14) 附录要求分别编码列项的项目(如：箱式满堂基础、框架式设备基础等)，可在第五级编码上进行分项编码。如：框架式设备基础，010401004001 设备基础、010401004002 框架式设备基础柱、010401004003 框架式设备基础梁、010401004004 框架式设备基础墙、010401004005 框架式设备基础板。这样列项：①不必再翻后面的项目编码。②一看就知道是框架式设备的基础,柱、梁、墙、板,比较明了。

2) 混凝土及钢筋混凝土工程清单计价实例

【例 6.5.14】 业主根据设备基础(框架)施工图(工程类别按三类工程):

(1) 砼强度等级 C35

(2) 柱基础为块体工程量 6.24 m³,墙基础为带形基础,工程量 4.16 m³,柱截面 450 mm×450 mm,工程量 12.75 m³,基础墙厚度 300 mm,工程量 10.85 m³,基础梁截面 350 mm×700 mm,工程量 17.01 m³,基础板厚度 300 mm,工程量 40.53 m³

(3) 砼合计工程量 91.54 m³

(4) 螺栓孔灌浆:1:3 水泥砂浆 12.03 m³

(5) 钢筋:$\phi12$ 以内,工程量 2.829 t;$\phi12\sim\phi25$ 内,工程量 4.362 t

要求计算综合单价。

解 (1)招标人编制清单

① 清单工程量套子目

010401004 设备基础

010416001 现浇钢筋

② 编制分部分项工程量清单

分部分项工程量清单见表 6.5.1。

表 6.5.1 分部分项工程量清单

工程名称:某工厂　　　　　　　　　　　　　　　　　　第　页　共　页

序号	项目编号	项目名称	计量单位	工程数量
		A.4 混凝土及钢筋混凝土工程		
	010401004001	设备基础 块体柱基础:6.24 m³ 带形墙基础:4.16 m³ 基础柱:截面 450 mm×450 mm 基础墙:厚度 300 mm 基础梁:截面 350 mm×700 mm 基础板:厚度 300 mm 混凝土强度:C35 螺栓孔灌浆细石混凝土强度 C35	m³	91.54
	010416001001	现浇钢筋 $\phi10$ 以内:2.829 t $\phi10$ 以外:4.326 t	t	7.191
		本页小计		
		合　计		

(2) 投标人报价计算

① 套《2004 年江苏省计价表》

a. 柱基础

5—7 换　　C30 柱基　　$6.24\times240.39^3=1\ 500.03$(元)

单价换算:$227.65+8.61+4.13=240.39$(元/m³)

b. 带形砼基础

5—3 换　　C30 条形砼基础　　$4.16 \times 241.43 = 1\,004.35$(元)
单价换算：$228.69 + 8.61 + 4.13 = 241.43$(元/m³)

c. 柱

5—13　　C30 砼柱　　$12.75 \times 277.28 = 3\,535.32$(元)

d. 砼墙

5—26　　C30 砼墙　　$10.85 \times 271.61 = 2\,946.97$(元)

e. 基础梁

5—17　　基础梁 C30　　$17.01 \times 251.44 = 4\,276.99$(元)

f. 基础板

5—6 换　　基础板 C30　　$40.53 \times 243.76 = 9\,879.59$(元)
单价换算：$230.35 + 9.06 + 4.35 = 243.76$(元/m³)

g. 螺栓孔灌浆

5—8　　螺栓孔灌浆 C35　　$12.03 \times 204.42 = 2\,459.17$(元)

h. $\phi 12$ 以内钢筋

4—1　　$\phi 12$ 以内钢筋　　$2.829 \times 3\,421.48 = 9\,679.37$(元)

i. $\phi 25$ 以内钢筋

4—2　　$\phi 25$ 以内钢筋　　$4.362 \times 3\,241.82 = 14\,140.82$(元)

② 填写分部分项工程量清单计价表

a. 分部分项工程量清单见表 6.5.2。

表 6.5.2　分部分项工程量清单

工程名称：某工厂　　　　　　　　　　　　　　　　　　第　页　共　页

序号	项目编号	项目名称	计量单位	工程数量	金额(元) 综合单价	金额(元) 合价
	010401004001	A.4 混凝土及钢筋混凝土工程 设备基础 　块体柱基础：6.24 m³ 　带形墙基础：4.16 m³ 　基础柱：截面 450 mm×450 mm 　基础墙：厚度 300 mm 　基础梁：截面 350 mm×700 mm 　基础板：厚度 300 mm 　混凝土强度：C35 　螺栓孔灌浆细石混凝土强度 C35	m³	91.54	279.6	25 602.43
	010416001001	现浇钢筋 　$\phi 10$ 以内：2.829 t 　$\phi 10$ 以外：4.326 t	t	7.191	3 312.50	23 820.18
		本页小计				
		合　计				

b. 分部分项工程量清单综合单价见表 6.5.3 和表 6.5.4。

表 6.5.3 分部分项工程量清单综合单价计算表

工程名称：某工厂 计量单位：m³
项目编码：010401004001 工程数量：91.54
项目名称：现浇设备基础(框架) 综合单价：279.69 元

序号	定额编号	工程内容	单位	数量	其中(元)					
					人工费	材料费	机械费	管理费	利润	小计
	5—7 换	柱基础：混凝土强度 C35	m³	6.24	121.68	1 205.69	93.16	53.73	25.77	1 500.03
	5—3 换	带形砼基础：混凝土强度 C35	m³	4.16	81.12	808.12	62.11	35.82	17.18	1 004.35
	5—13	基础柱：截面 450 mm×450 mm，混凝土强度 C35	m³	12.75	636.48	2 552.93	80.58	179.27	86.06	3 535.32
	5—26	基础墙：厚度 300 mm、混凝土强度 C35	m³	10.85	442.90	2 246.17	68.57	127.92	61.41	2 946.97
	5—17	基础梁：截面 350 mm×700 mm，混凝土强度 C35	m³	17.01	336.12	3 413.23	294.27	157.68	75.69	4 276.99
	5—6 换	基础板：厚度 300 mm、混凝土强度 C35	m³	40.53	864.10	7 866.87	605.11	367.20	176.31	9 879.59
	5—8	螺栓孔灌浆	m³	12.03	62.56	2 201.37	125.59	47.04	22.62	2 459.18
		合计			2 544.96	20 294.38	1 329.39	968.66	465.04	25 602.43

表 6.5.4 分部分项工程量清单综合单价计算表

工程名称：某工厂 计量单位：t
项目编码：010416001001 工程数量：7.191
项目名称：现浇设备基础（框架）钢筋 综合单价：3 312.50 元

序号	定额编号	工程内容	单位	数量	其中(元)					
					人工费	材料费	机械费	管理费	利润	小计
	4—1	现浇混凝土钢筋 φ12 以内	t	2.829	934.87	8 174.48	163.60	274.61	131.80	9 679.36
	4—2	现浇混凝土钢筋 φ25 以内	t	4.362	724.70	12 643.61	368.15	273.24	131.12	14 140.82
		合计			1 659.57	20 818.09	531.75	547.85	262.92	23 820.18

6.5.5 厂库房大门、特种门、木结构工程清单计价

1) 厂库房大门、特种门、木结构工程清单计价应用要点

(1) 本章共 3 节 11 个项目。包括厂库房大门、特种门、木屋架、木构件。适用于建筑物、构筑物的特种门和木结构工程。

(2) 原木构件设计规定梢径时，应按原木材积计算表计算体积。

(3) 设计规定使用干燥木材时，干燥损耗及干燥费应包括在报价内。

(4) 木材的出材率应包括在报价内。

(5) 木结构有防虫要求时，防虫药剂应包括在报价内。

(6) "木板大门"项目适用于厂库房的平开、推拉、带观察窗、不带观察窗等各类型木板大门。需描述每樘门所含门扇数和有框或无框。

(7) "钢木大门"项目适用于厂库房的平开、推拉、单面铺木板、双单铺木板、防风型、保暖型等各类型钢木大门。应注意：①钢骨架制作安装包括在报价内；②防风型钢木门应描述防风材料或保暖材料。

(8)"全钢板门"项目适用于厂库房的平开、推拉、折叠、单面铺钢板、双面铺钢板等各类型全钢板门。

(9)"特种门"项目适用于各种防射线门、密闭门、保温门、隔音门、冷藏库门、冷冻间门等特殊使用功能门。

(10)冷藏门、冷冻间门、保温门、变电室门、隔音门、防射线门、人防门、金库门等,应按 A.5.1 中特种门项目编码列项。

(11)带气楼的屋架和马尾、折角以及正交部分的半屋架,应按相关屋架编码列项。

2)计价实例

【例 6.5.15】 某跃层住宅室内木楼梯,共 1 套,楼梯斜梁截面:80 mm×150 mm,踏步板 900 mm×300 mm×25 mm,踢脚板 900 mm×150 mm×20 mm,楼梯栏杆 $\phi 50$,硬木扶手为圆形 $\phi 60$,除扶手材质为桦木外,其余材质为杉木。业主根据全国工程量清单的计算规则计算出木楼梯工程量如下(三类工程):

(1)木楼梯斜梁体积为 0.256 m³;(2)楼梯面积为 6.21 m²(水平投影面积);(3)楼梯栏杆为 8.67 m(垂直投影面积为 7.31 m²);(4)硬木扶手 8.89 m

要求计算综合单价。

解 (1)招标人编制清单

① 清单工程量套子目

010503003　　木楼梯
020107002　　木栏杆

② 编制分部分项工程量清单

分部分项工程量清单见表 6.5.5。

表 6.5.5　分部分项工程量清单

工程名称:某跃层住宅　　　　　　　　　　　　　　　　第　页　共　页

序 号	项目编号	项 目 名 称	计量单位	工程数量
	010503003001	A.5 厂库房大门、特种门、木结构工程 木楼梯 　木材种类:杉木 　刨光要求:露面部分刨光 　踏步板:900 mm×300 mm×25 mm 　踢脚板:900 mm×150 mm×20 mm 　斜梁截面:80 mm×150 mm 　刷防火漆 2 遍 　刷地板清漆 2 遍	m²	6.21
	020107002001	木栏杆(硬木扶手) 　木材种类:栏杆杉木　扶手桦木 　刨光要求:刨光 　栏杆截面 $\phi 50$ 　扶手截面 $\phi 60$ 　刷防火漆 2 遍 　栏杆刷聚氨酯清漆 2 遍 　扶手刷聚氨酯清漆 2 遍	m	8.67
		本页小计		
		合　　计		

(2) 投标人报价计算

① 套《2004 年江苏省计价表》

a. 木楼梯(含楼梯斜梁、踢脚板)制作、安装

8—65　　木楼梯　　6.21×2 440.87÷10＝1 515.78(元)

b. 楼梯刷防火漆 2 遍

16—212　　防火漆 2 遍　　6.21×2.3×83.41÷10＝119.13(元)

c. 楼梯刷清漆 2 遍

16—56　　清漆 2 遍　　6.21×2.3×69.47÷10＝99.22(元)

d. 木栏杆、木扶手制作安装

12—164　　木栏杆、木扶手　　8.67×1 230.60÷10＝1 066.93(元)

e. 木栏杆、木扶手刷防火漆 2 遍

16—212　　木栏杆、木扶手防火漆　　7.31×1.82×83.4÷10＝110.97(元)

f. 木栏杆木扶手刷聚氨酯漆 2 遍

16—96　　木栏杆、木扶手聚氨酯漆　　7.31×1.82×146.43÷10＝194.81(元)

② 填写分部分项工程量清单计价表格

a. 分部分项工程量清单见表 6.5.6。

表 6.5.6　分部分项工程量清单

工程名称：某跃层住宅　　　　　　　　　　　　　　　　第　页　共　页

序号	项目编号	项目名称	计量单位	工程数量	金额(元)	
					综合单价	合价
	010503003001	A.5 厂库房大门、特种门、木结构工程 木楼梯 木材种类：杉木 刨光要求：露面部分刨光 踏步板：900 mm×300 mm×25 mm 踢脚板：900 mm×150 mm×20 mm 斜梁截面：80 mm×150 mm 刷防火漆 2 遍 刷地板清漆 2 遍	m²	6.21	279.24	1 734.09
	020107002001	木栏杆(硬木扶手) 木材种类：栏杆杉木　扶手桦木 刨光要求：刨光 栏杆截面 φ50 扶手截面 φ60 刷防火漆 2 遍 栏杆刷聚氨酯清漆 2 遍 扶手刷聚氨酯清漆 2 遍	m	8.67	158.32	1 372.63
		本页小计				
		合　计				

b. 分部分项工程量清单综合单价见表 6.5.7 和表 6.5.8。

表 6.5.7　分部分项工程量清单综合单价计算表

工程名称：某跃层住宅　　　　　　　　　　　　　　　　　　　　　　　计量单位：m²
项目编码：010503003001　　　　　　　　　　　　　　　　　　　　　　工程数量：6.21
项目名称：木楼梯　　　　　　　　　　　　　　　　　　　　　　　　　综合单价：279.24 元

序号	定额编号	工程内容	单位	数量	其　中（元）					
					人工费	材料费	机械费	管理费	利润	小计
	8—65	木楼梯	10 m²	0.621	252.52	1 169.82	0	63.13	30.3	1 515.77
	16—212	防火漆2遍	10 m²	1.428	49.98	50.64	0	12.50	6.00	119.12
	16—56	清漆2遍	10 m²	1.428	55.98	22.52	0	13.99	6.71	99.20
		合　计			358.48	1 242.99	0	89.62	43.01	1 734.09

表 6.5.8　分部分项工程量清单综合单价计算表

工程名称：某跃层住宅　　　　　　　　　　　　　　　　　　　　　　　计量单位：m
项目编码：020107002001　　　　　　　　　　　　　　　　　　　　　　工程数量：8.67
项目名称：木栏杆、扶手　　　　　　　　　　　　　　　　　　　　　　综合单价：158.32 元

序号	定额编号	工程内容	单位	数量	其　中（元）					
					人工费	材料费	机械费	管理费	利润	小计
	12—164	木栏杆制作、安装	10 m	0.867	234.26	745.99	0	58.57	28.11	1 066.93
	16—212	栏杆刷防火漆2遍	10 m²	1.33	46.55	47.16	0	11.64	5.59	110.94
	16—96	栏杆刷聚氨酯清漆2遍	10 m²	1.33	104.27	51.90	0	26.07	12.52	194.76
		合　计			385.08	845.05	0	96.28	46.22	1 372.63

6.5.6　金属结构工程清单计价

1) 金属结构工程清单计价应用要点

(1) 本章共7节24个项目。包括钢屋架、钢网架、钢托架、钢桁架、钢柱、钢梁、压型钢板楼板、墙板、钢构件、金属网。适用于建筑物、构筑物的钢结构工程。

(2) 钢构件的除锈刷漆包括在报价内。

(3) 钢构件的拼装台的搭拆和材料摊销应列入措施项目费。

(4) 钢构件需探伤（包括射线探伤、超声波探伤、磁粉探伤、金相探伤、着色探伤、荧光探伤等）应包括在报价内。

(5) "钢屋架"项目适用于一般钢屋架和轻钢屋架、冷弯薄壁型钢屋架。

(6) "钢网架"项目适用于一般钢网架和不锈钢网架。不论节点形式（球形节点、板式节点等）和节点连接方式（焊结、丝结）等均使用该项目。

(7) "实腹柱"项目适用于实腹钢柱和实腹式型钢混凝土柱。

(8) "空腹柱"项目适用于空腹钢柱和空腹型钢混凝土柱。

(9) "钢管柱"项目适用于钢管柱和钢管混凝土柱。应注意：钢管混凝土柱的盖板、底板、穿心板、横隔板、加强环、明牛腿、暗牛腿应包括在报价内。

(10) "钢梁"项目适用于钢梁和实腹式型钢混凝土梁、空腹式型钢混凝土梁。

(11) "钢吊车梁"项目适用于钢吊车梁及吊车梁的制动梁、制动板、制动桁架，车挡应包括

在报价内。

(12)"压型钢板楼板"项目适用于现浇混凝土楼板,使用压型钢板作永久性模板,并与混凝土叠合后组成共同受力的构件。压型钢板采用镀锌或经防腐处理的薄钢板。

(13)"钢栏杆"适用于工业厂房平台钢栏杆。

(14)型钢混凝土柱、梁浇筑混凝土和压型钢板楼板上浇筑钢筋混凝土,混凝土和钢筋应按 A.4 中相关项目编码列项。

2) 计价实例

【例 6.5.16】 某单层工业厂房屋面钢层架 12 榀,现场制作,根据《2004 年江苏省计价表》计算该屋架每榀 2.76 t,刷红丹防锈漆 1 遍,防火漆 2 遍,构件安装,场内运输 650 m,履带式起重机安装高度 5.4 m,跨外安装,请计算钢屋架的综合单价(三类工程)。

解 (1)招标人编制清单

① 清单工程量套子目

010601001　　钢屋架

② 编制分部分项工程量清单

分部分项工程量清单见表 6.5.9。

表 6.5.9　分部分项工程量清单

工程名称:某工业厂房　　　　　　　　　　　　　　　　　　　第　　页　共　　页

序号	项目编号	项目名称	计量单位	工程数量
	010601001001	A.6 金属结构工程 钢屋架 钢材品种规格:L50 mm×50 mm×4 mm 单榀屋架重量:2.76 t 屋架跨度:9 m 屋架无探伤要求 屋架防火漆 2 遍 屋架调和漆 2 遍	榀	12

(2)投标人报价计算

① 套《2004 年江苏省计价表》

工程量 2.76×12=33.12 (t)

6—7	钢屋架制作	33.12 t×4716.44 = 156 208.49(元)
16—264	红丹防锈漆 1 遍	33.12×1.1×88.39 = 3 220.22(元)
16—272	防火漆 2 遍	33.12×291.54 = 9 655.80(元)
16—260	调和漆 2 遍	33.12×131.87 = 4 367.53(元)
7—25	金属构件运输	33.12×37.49 = 1 241.67(元)
7—120 换	钢屋架安装(跨外)	33.12×325.02 = 10 764.66(元)
单价:人工费		55.90×1.18 = 65.96(元)
材料费		80.16 元
机械费		103.51+51.47×0.18 = 112.77(元)
管理费		(65.96+112.77)×25% = 44.68(元)
利润		(65.96+112.77)×12% = 21.45(元)

单价合计:325.02 元/t
② 填写分部分项工程量计价表格
a. 分部分项工程量清单见表 6.5.10。

表 6.5.10 分部分项工程量清单

工程名称:某工业厂房　　　　　　　　　　　　　　　　　　　第　页　共　页

序号	项目编号	项目名称	计量单位	工程数量	金额(元)	
					综合单价	合价
	010601001001	A.6 金属结构工程 钢屋架 钢材品种规格:L50 mm×50 mm×4 mm 单榀屋架重量:2.76 t 屋架跨度:9 m 屋架无探伤要求 屋架防火漆 2 遍 屋架调和漆 2 遍	榀	12	1 545.85	185 458.20
		本页小计				
		合　计				

b. 分部分项工程量清单综合单价见表 6.5.11。

表 6.5.11 分部分项工程量清单综合单价计算表

工程名称:某工业厂房　　　　　　　　　　　　　　　　　　计量单位:榀
项目编码:010601001001　　　　　　　　　　　　　　　　　工程数量:12
项目名称:钢屋架　　　　　　　　　　　　　　　　　　　综合单价:15 454.85 元

序号	定额编号	工程内容	单位	数量	其　中(元)					
					人工费	材料费	机械费	管理费	利润	小计
	6—7	钢屋架制作	t	33.12	14 389.32	112 651.72	17 403.90	7 948.47	3 815.09	156 208.5
	16—264	红丹防锈漆 1 遍	t	36.43	1 101.64	1 710.75	0	275.41	132.24	3 220.04
	16—272	防火漆 2 遍	t	33.12	4 553.34	3 417.65	0	1 138.33	546.48	9 655.8
	16—260	调和漆 2 遍	t	33.12	1 836.17	1 852.07	0	459.04	220.25	4 367.53
	7—25	金属构件运输	t	33.12	47.69	171.56	733.28	195.41	93.73	1 241.67
	7—120 换	钢屋架安装	t	33.12	2 184.60	2 654.90	3 734.94	1 479.80	710.42	10 764.66
		合计			24 112.76	122 458.65	21 872.12	11 496.46	5 518.21	185 458.2

6.5.7 屋面及防水工程清单计价

1) 屋面及防水工程清单计价要点

(1) 应搞清屋面及防水工程中各条清单中所包含的工作内容,哪些内容应包括在报价内,分别套用适合的计价表项目或根据相应的企业定额进行计价。

(2) 掌握屋面及防水工程中各条清单的工程量计算规则。

(3) 根据每条清单的项目特征,分析人、材、机的消耗量,准确组价。

2) 计价实例

【例 6.5.17】 计算出例 4.3.14 中列出的清单项目的综合单价,并列出该分项工程量清单计价表。

解 (1) 卷材防水屋面清单项目综合单价的计算

本清单项目下包含 SBS 卷材和 1:3 水泥砂浆分格找平层这 2 个分项工程。可以先计算出每平方米卷材清单项目中所包含的计价表中分项工程含量,乘以相应的计价表综合单价进行汇总计算,得出清单单价;也可以根据计价表项目的总工程量乘以相应的计价表综合单价,再除以清单总工程量,得出清单单价。

计算步骤如下:

步骤 1:分别计算出单位清单项目数量中所含的计价表项目的数量、含量及单价和合价

① 卷材(计价表编号 9—30),清单工程量为 55.57 m^2:

数量(见例 4.3.14 计算结果):55.57 m^2

含量:55.57 ÷ 55.57 = 1.00(m^2) = 0.10(10 m^2)

计价表综合单价(见例 5.10.3 计算结果):489.78 元/10 m^2

合价:489.78 × 0.10 = 48.98(元)

② 1:3 水泥砂浆有分格找平层(计价表编号 9—75):

数量(见例 4.3.14 的计算结果):55.01 m^2

含量:55.01 ÷ 55.57 = 0.99(m^2) = 0.099(10 m^2)

计价表综合单价(见例 5.10.3 计算结果):102.37 元/10 m^2

合价:102.37 × 0.099 = 10.13(元)

步骤 2:计算本清单项目综合单价

本条清单综合单价:48.98 + 10.13 = 59.11(元/mm^2)

(2) 刚性防水屋面清单项目

本清单项目下包含 40 mm 厚 C20 细石砼厚刚性防水层和 1:3 水泥砂浆分格找平层这两个内容。这里先计算出计价表项目总价,再除以清单工程量,得出清单单价(计算时引用例 5.10.1 计算出的计价表工程量和例 5.10.3 计算出的计价表综合单价)。

计算步骤如下:

步骤 1:分别计算出清单项目中所含的计价表项目的数量、单价和合价

① 刚性防水屋面(计价表编号为 9—72):

数量:55.01 m^2 = 5.501(10 m^2)

计价表综合单价:231.76 元/10 m^2

合价:235.40 × 5.501 = 1 294.94 元

② 1:3 水泥砂浆有分格找平层(计价表编号 9—75):

数量:55.01 m^2 = 5.501(10 m^2)

计价表综合单价:102.37 元/10 m^2

合价:102.37 × 5.501 = 563.14(元)

步骤 2:用上述总合价除以清单数量,即得出清单单价

本条清单综合单价:(1 294.94 + 563.14) ÷ 55.01 = 33.78(元/m^2)

(3) 屋面排水管清单项目

本条清单下包含排水管、雨水口和雨水斗 3 个计价表项目。

计算步骤如下：

步骤 1：分别计算出清单项目中所含的计价表项目的数量、单价和合价

① D100UPVC 排水管（计价表编号为 9—188）：

数量：73.20 m ＝7.32(10 m)

计价表综合单价：254.85 元/10 m

合价：254.85×7.32 ＝ 1 865.50(元)

② D100 铸铁带罩雨水口（计价表编号 9—196）：

数量：6 只 ＝0.6(10 只)

计价表综合单价：221.94 元/10 只

合价：221.94×0.6 ＝ 133.16(元)

③ D100UPVC 雨水斗（计价表编号 9—190）：

数量：6 只 ＝0.6(10 只)

计价表综合单价：300.77 元/10 只

合价：300.77×0.6 ＝ 180.46(元)

步骤 2：用上述总合价除以清单数量，即得出清单单价

本条清单综合单价：(1 865.50＋133.16＋180.46)÷73.20 ＝ 29.77(元/m)

(4) 屋面天沟、沿沟清单项目

本条清单下包括 SBS 卷材防水层、C20 细石砼找坡和 1∶2 水泥砂浆面层 3 个计价表项目。

计算步骤如下：

步骤 1：分别计算出清单项目中所含的计价表项目的数量、单价和合价

① SBS 卷材（计价表编号为 9—30）：

数量：33.68 m^2＝3.368(10 m^2)

计价表综合单价：489.78 元/10 m^2

合价：489.78×3.368 ＝ 1 649.58(元)

② C20 细石砼找坡平均 25 mm 厚（计价表编号为 12—18、12—19）：

数量：17.88 m^2＝1.788(10 m^2)

计价表综合单价：91.53 元/10 m^2

合价：91.53×1.788 ＝ 163.66(元)

③ 防水砂浆屋面无分格 20 mm 厚（计价表编号为 9—70、9—71）

数量：33.68 m^2＝3.368(10 m^2)

计价表综合单价：113.74 元/10 m^2

合价：113.74×3.368 ＝ 383.08(元)

步骤 2：用上述总合价除以清单数量，即得出清单单价

本条清单综合单价：(1 649.58＋163.66＋383.08)÷27.33 ＝ 80.36(元/m^2)

该分部的分部分项工程量清单计价见表 6.5.12。

表 6.5.12　分部分项工程量清单计价表

工程名称：示例工程　　　　　　　　　　　　　　　　　　　　　第1页　共1页

序号	项目编码	项目名称	计量单位	工程数量	金额(元)	
					综合单价	合价
1	010702001001	第七章　屋面及防水工程屋面卷材防水 1. 卷材品种、规格：SBS改性沥青卷材，厚3 mm 2. 防水层作法：冷粘 3. 找平层：1∶3 水泥砂浆 20 厚，分格，高强 APP 嵌缝膏嵌缝	m²	55.57	59.11	3 284.74
2	010702003001	屋面刚性防水 1. 防水层厚度：40 mm 2. 嵌缝材料：高强 APP 嵌缝膏嵌缝 3. 砼强度等级：C20 细石砼 4. 找平层：1∶3 水泥砂浆 20 厚，分格，高强 APP 嵌缝膏嵌缝	m²	55.01	33.78	1 858.24
3	010702004001	屋面排水管 1. 排水管品种、规格、颜色：白色 D110UPVC 增强塑料管 2. 排水口：D100 带罩铸铁雨水口 3. 雨水斗：矩形白色 UPVC 增强塑料雨水斗	m	73.20	29.77	2 179.16
4	010702005001	屋面天沟、沿沟 1. 材料品种：SBS改性沥青卷材，厚3 mm 2. 防水层作法：冷粘 3. 找坡：C20 细石砼找坡 0.5% 4. 找平层：1∶2 防水砂浆 20 厚，不分格	m²	27.33	80.36	2 196.24
		小　　计				9 518.38

6.5.8　楼地面工程清单计价

1）楼地面工程清单计价应用要点

（1）本章共9节42个项目。包括整体面层；块料面层；橡塑面层；其他材料面层；踢脚线；楼梯装饰；扶手、栏杆、栏板装饰；台阶装饰；零星装饰等项目。适用于楼地面、楼梯、台阶等装饰工程。

（2）零星装饰适用于小面积（0.5 m² 以内）少量分散的楼地面装饰，其工程部位或名称应在清单项目中进行描述。

（3）楼梯、台阶侧面装饰，可按零星装饰项目编码列项，并在清单项目中进行描述。

（4）包括垫层的地面和不包括垫层的楼面应分别计算工程量。在编制清单时，用第五级项目编码将地面和楼面分别列项，在清单计价时，按计价表的规定套相应计价表定额计价。有填充层和隔离层的楼地面往往有二层找平层，报价时应注意。

（5）台阶面层与平台面层是同一种材料时，台阶计算最上一层踏步（加 30 cm），平台面层中必须扣除该面积。如平台计算面层后，台阶不再计算最上一层踏步面积，但应将最后一步台阶的踢脚板面层考虑在报价内。

2）计价实例

【例 6.5.18】 某工厂工具间如图 4.3.8 所示，水泥砂浆地面做法见苏 J9501—2/2，其中

60厚C15混凝土垫层改为60厚C20混凝土垫层,水泥砂浆踢脚线高150 mm(假设该工程内容为一类土建建筑工程中的分部分项工程,材料价格按计价表)。

要求计算:①水泥砂浆地面、水泥砂浆踢脚线的工程量清单;②水泥砂浆地面、水泥砂浆踢脚线的工程量清单计价。

[相关知识]

(1) 混凝土强度等级不同,单价要换算;

(2) 工程类别与计价表单价中的标准不同要换算;

(3) 按计价规范水泥砂浆踢脚取 m^2 为计量单位,按设计图示长度乘以高度计算。按计价表,踢脚线以 m 为单位,按延长米计算,其洞口、门口长度不予扣除,但洞口、门口、垛、附墙烟囱等侧壁也不增加;

(4) 本题按土建一类取费,计价表中的管理费和利润要作相应调整。

解 (1) 水泥砂浆地面的工程量清单

① 确定项目编码和计量单位

项目编码:020101001001　水泥砂浆地面　计量单位:m^2

② 项目特征描述

夯实地基上100厚碎石,60厚C20混凝土垫层,20厚1:2水泥砂浆面层压实抹光

③ 按计价规范计算工程量(参见例4.4.1)

水泥砂浆地面:39.41 m^2

(2) 水泥砂浆地面的工程量清单计价

① 按计价表规定计算工程内容的工程量(参见例5.13.1)

水泥砂浆地面:39.41 m^2

100厚碎石垫层:3.94 m^3

60厚C20混凝土垫层:2.36 m^3

② 套用计价表定额计算各项工程内容的综合价(参见例5.13.3)

12—9 换　　　3.94×84.09 = 331.31(元)

12—11 换　　 2.36×239.42 = 565.03(元)

12—22 换　　 39.41÷10×83.31 = 328.32(元)

③ 计算水泥砂浆地面的综合价、综合单价

水泥砂浆地面的工程量清单综合价(② 中3项合计):1 224.66 元

水泥砂浆地面的工程量清单综合单价:1 224.66÷39.41 = 31.07 元/m^2

(3) 水泥砂浆踢脚线的工程量清单

① 确定项目编码和计量单位

项目编码:020105001001　水泥砂浆踢脚线　计量单位:m^2

② 项目特征描述

踢脚线高150 mm,10厚1:2水泥砂浆底面

③ 按计价规范计算工程量(参见例4.4.1)

水泥砂浆踢脚线:6.71 m^2

(4) 水泥砂浆踢脚线的工程量清单计价

① 按计价表规定计算工程内容的工程量(参见例5.13.1)

水泥砂浆踢脚线：50.40 m
② 套用计价表定额计算各项工程内容的综合价（参见例 5.13.3）
12—27 换　　50.40÷10×26.36＝132.85（元）
③ 计算水泥砂浆踢脚线的综合价、综合单价
水泥砂浆踢脚线的工程量清单综合价：132.85 元
水泥砂浆踢脚线的工程量清单综合单价：132.85÷6.71＝19.80（元/m^2）

【例 6.5.19】　某工厂工具间设计如图 4.3.8 所示。500×500 地砖地面做法见苏 J9501—14/2，踢脚线采用 500×150 成品地砖，水泥砂浆粘贴。设该工程为土建三类工程，500×500 地砖 20 元/块，500×150 地砖踢脚线 12 元/块，辅材不计价差。

要求计算：①地砖地面、地砖踢脚线的工程量清单；②地砖地面、地砖踢脚线的工程量清单计价。

[相关知识]
(1) 地砖结合层为干硬性水泥砂浆，套用计价表子目时，注意换算；
(2) 地砖规格、地砖踢脚线与计价表中子目不同，要换算。

解　(1) 地砖地面的工程量清单
① 确定项目编码和计量单位
项目编码：020102002001　　地砖地面　　计量单位：m^2
② 项目特征描述
夯实地基上 100 厚碎石垫层，60 厚 C10 混凝土，刷素水泥浆结合层一道，10 厚 1∶2 干硬性水泥砂浆结合层，撒素水泥面（洒适量清水），500×500 地面砖干水泥擦缝
③ 按计价规范计算工程量
地砖地面　　2.76×4.76×3＝39.41（m^2）
(2) 地砖地面的工程量清单计价
① 按计价表规定计算工程内容的工程量（参见例 5.13.2）
100 厚碎石垫层：3.94 m^3
60 厚 C10 混凝土垫层：2.36 m^3
地砖面层：40.20 m^2
② 套用计价表定额计算各项工程内容的综合价（参见例 5.13.4）
12—9　　　　碎石垫层　　　　　3.94×82.53＝325.17（元）
12—11　　　 C10 现浇砼垫层　　2.36×213.08＝502.87（元）
12—94 换　　500×500 地砖面层　40.20÷10×1 028.47＝4 134.45（元）
③ 计算水泥砂浆地面的综合价、综合单价
地砖地面的工程量清单综合价（② 中 3 项合计）：4 962.49 元
地砖地面的工程量清单综合单价：4 962.49÷39.41＝125.92（元/m^2）
(3) 地砖踢脚线的工程量清单
① 确定项目编码和计量单位
项目编码：020105003001　　地砖踢脚线　　计量单位：m^2
② 项目特征描述
1∶3 水泥砂浆底，1∶2 水泥砂浆粘贴地砖踢脚线 500×150

③ 按计价规范计算工程量

地砖踢脚线　[(2.76+4.76)×2×2+(2.76×2+4.76-0.12)×2-1.20×2(门1)-0.90×2×3(门2)+0.24×2×4(门洞侧)+0.12×2(门洞侧)]×0.15=6.71(m²)

(4) 地砖踢脚线的工程量清单计价

① 按计价表规定计算工程内容的工程量(参见例5.13.2)

地砖踢脚线：44.76 m

② 套用计价表定额计算各项工程内容的综合价(参见例5.13.4)

12—102 换　　地砖踢脚线　　44.76÷10×297.46=1 331.43 元

③ 计算地砖踢脚线的综合价、综合单价

地砖踢脚线的工程量清单综合价：1 331.43 元

地砖踢脚线的工程量清单综合单价：1 331.43÷6.71=198.42(元/mm²)

6.5.9　墙柱面工程清单计价

1) 墙柱面工程清单计价应用要点

(1) 本章共 10 节 25 个项目。包括墙面抹灰、柱面抹灰、零星抹灰、墙面镶贴块料、柱面镶贴块料、零星镶贴块料，墙饰面、柱(梁)饰面、隔断、幕墙等工程。适用于一般抹灰、装饰抹灰工程。

(2) 主墙的界定：是指结构厚度在 120 mm 以上(不含 120 mm)的各类墙体。

(3) 柱面抹灰项目、石材柱面项目、块料柱面项目适用于矩形柱、异形柱(包括圆形柱、半圆形柱等)。

(4) 零星抹灰和零星镶贴块料面层项目适用于小面积(0.5 m²)以内少量分散的抹灰和块料面层。

(5) 设置在隔断、幕墙上的门窗，可包括在隔断、幕墙项目报价内，也可单独编码列项，并在清单项目中进行描述。

(6) 带肋全玻璃幕墙是指玻璃幕墙带玻璃肋，玻璃肋的工程量应合并在玻璃幕墙工程量内计算，报价时应注意。

2) 计价实例

【例 6.5.20】　一卫生间墙面装饰如图 4.4.4。做法为 12 厚 1:3 水泥砂浆底层，5 厚素水泥砂浆结合层。已知该工程为三类工程，250×330 瓷砖为 6.5 元/块，250×80 瓷砖腰线 15 元/块，其余材料价格按定额价，并且不考虑门、窗小面瓷砖。

要求计算：① 瓷砖墙面的工程量清单；② 瓷砖墙面的工程量清单计价。

[相关知识]

(1) 瓷砖规格与计价表不同，瓷砖数量、单价均应换算；

(2) 贴面用素水泥砂浆与计价表不同，应扣除混合砂浆，增加括号内价格。

解　(1) 瓷砖墙面的工程量清单

① 确定项目编码和计量单位

项目编码：020204003001　瓷砖墙面　计量单位：m²

② 项目特征描述

夯块料墙面：12 厚 1:3 水泥砂浆底层，5 厚素水泥浆结合层，瓷砖规格为 250×330，瓷砖

腰线规格为 250×80
③ 按计价规范计算工程量(参见例 4.4.5)
瓷砖墙面：41.97 m²
(2) 瓷砖墙面的工程量清单计价
① 按计价表规定计算工程内容的工程量(参见例 4.14.1)
250×80 瓷砖腰线：15 m
250×330 瓷砖：40.77 m²
② 套用计价表定额计算各项工程内容的综合价(参见例 5.14.3)
13—117 换　　　1 048.97×4.077＝4 276.65(元)
13—120 换　　　643.25×1.5＝964.88(元)
③ 计算瓷砖墙面的综合价、综合单价
瓷砖墙面的工程量清单综合价(② 中 2 项合计)：5 241.53 元
瓷砖墙面的工程量清单综合单价：5 241.53÷41.97＝124.89(元/m²)

【例 6.5.21】 某学院门厅处一直径 φ600 砼圆柱，柱帽、柱墩挂贴进口黑金砂花岗岩，柱身挂贴四拼进口米黄花岗岩，灌缝 1∶2 水泥砂浆 50 mm 厚，贴好后酸洗打蜡。具体尺寸如图 4.4.5。

(注：材料价格及费率均按定额执行)
要求计算：① 石材圆柱面的工程量清单；② 石材圆柱面的工程量清单计价。
[相关知识]
(1) 按计价规范计算柱帽、柱墩工程量，按外围尺寸乘以高度以面积计算；
(2) 按计价表计算柱帽、柱墩工程量，按结构柱直径加 100 mm 后的周长乘以其高以平方米计算；
(3) 柱面石材云石胶嵌缝定额中未包括，要按第十七章相应子目执行。
解 (1) 石材圆柱面的工程量清单
① 确定项目编码和计量单位
项目编码：020205001001　石材圆柱面　计量单位：m²
② 项目特征描述
石材圆柱面：砼圆柱面结构尺寸直径 φ600，柱身饰面尺寸为直径 φ750，柱帽、柱墩挂贴进口黑金砂，柱身挂贴四拼进口米黄花岗岩，灌缝 1∶2 水泥砂浆 50 mm 厚，板缝嵌云石胶，石材面进行酸洗打蜡
③ 按计价规范计算工程量(参见例 4.4.6)
石材圆柱面：7.54 m²
(2) 石材圆柱面的工程量清单计价
① 按计价表规定计算工程内容的工程量(参见例 5.14.2)
黑金砂柱帽：0.44 m²
黑金砂柱墩：0.44 m²
四拼米黄柱身：6.60 m²
板缝嵌云石胶：11.20 m
② 套用计价表定额计算各项工程内容的综合价(参见例 5.14.4)

子目	项目名称	单位	单价	数量	合价(元)
13—104	柱身挂贴四拼米黄花岗岩	10 m²	17 266.81	0.66	11 396.10
13—107	柱墩挂贴黑金砂	10 m²	25 533.56	0.044	1 123.48
13—108	柱帽挂贴黑金砂	10 m²	29 119.96	0.044	1 281.28
17—44	板缝嵌云石胶	10 m	15.65	1.12	17.53
合计					13 818.39

③ 计算瓷石材圆柱面的综合价、综合单价

石材圆柱面的工程量清单综合价(② 中 4 项合计)：13 818.39 元

石材圆柱面的工程量清单综合单价：13 818.39÷7.54 = 1 832.68(元/m²)

6.5.10 天棚工程清单计价

1) 天棚工程清单计价应用要点

(1) 本章共 3 节 9 个项目。包括天棚抹灰、天棚吊顶、天棚其他装饰。适用于天棚装饰工程。

(1) 天棚的检查孔、天棚内的检修走道、灯槽等应包括在报价内。

(2) 天棚吊顶的平面、跌级、锯齿形、阶梯形、吊挂式、藻井式以及矩形、弧形、拱形等应在清单项目中进行描述；

(3) 采光天棚和天棚设置保温、隔热、吸音层时，按附录 A 相关项目编码列项。

(4) 天棚面层适用于：石膏板、埃特板、装饰吸声罩面板(包括矿棉装饰吸声板、贴塑矿(岩)棉吸声板、膨胀珍珠岩装饰吸声制品、玻璃棉装饰吸声板等)、塑料装饰罩面板(钙塑泡沫装饰吸声板、聚苯乙烯泡沫塑料装饰吸声板、聚氯乙烯塑料天花板等)、纤维水泥加压板(包括轻质硅酸钙吊顶板等)、金属装饰板(包括铝合金罩面板、金属微孔吸声板、铝合金单体构件等)、木质饰板(胶合板、薄板、板条、水泥木丝板、刨花板等)、玻璃饰面(包括镜面玻璃、激光玻璃等)。

(5) 格栅吊顶面层适用于木格栅、金属格栅、塑料格珊等。

(6) 吊筒吊顶适用于木(竹)质吊筒、金属吊筒、塑料吊筒以及圆形、矩形、扁钟形吊筒等。

(7) 灯带格栅有不锈钢格栅、铝合金格栅、玻璃类格栅等。

(8) 送风口、回风口适用金属、塑料、木质风口。

(9) "抹装饰线条"线角的道数以一个突出的棱角为一道线，应在报价时注意。

2) 计价实例

【例 6.5.22】 某学院一过道采用装配式 T 型(不上人型)铝合金龙骨，面层采用 600×600 钙塑板吊顶，如图 5.15.1。已知：吊筋为 $\phi 8$ 钢筋，吊筋高度为 1.00 m，主龙骨为 45×15×1.2 轻钢龙骨。T 型龙骨间距如图所示(不考虑材差及费率调整)。

要求计算：① 吊顶的工程量清单；② 吊顶的工程量清单计价。

[相关知识]

(1) 计价规范计算规则规定天棚按水平投影面积计算。扣除单个 0.3 m² 以外的孔洞所占的面积。计价表规定天棚龙骨的面积按主墙间的水平投影面积计算。天棚饰面的面积按净面积，不扣除间壁墙、检修孔、附墙烟囱、柱垛和管道所占面积，但应扣除独立柱、0.3 m² 以上的灯饰面积(石膏板、夹板天棚面层的灯饰面积不扣除)与天棚相连接的窗帘盒面积；

(2)铝合金龙骨设计与定额不符,应按设计用量加7%的损耗调整定额中的含量。

解 (1)吊顶的工程量清单

① 确定项目编码和计量单位

项目编码:020302001001　铝合金T型龙骨钙塑板吊顶　计量单位:m²。

② 项目特征描述

铝合金龙骨钙塑板吊顶,φ8吊筋高度1.00 m,主龙骨为45×15×1.20轻钢龙骨,装配式T型(不上人型)铝合金龙骨,面层钙塑板规格600×600

③ 按计价规范计算工程量

铝合金T型龙骨钙塑板吊顶:$10 \times 2.10 - 0.60 \times 0.60 \times 4 = 19.56(m^2)$

(2)吊顶的工程量清单计价

① 按计价表规定计算工程内容的工程量(参见例5.15.1)

天棚吊筋:21.00 m²

天棚装配式T型铝合金龙骨:21.00 m²

钙塑板面层:19.56 m²

② 套用计价表定额计算各项工程内容的综合价(参见例5.15.2)

a. 计算T型铝合金龙骨含量

铝合金T型主龙骨:2.548(m/m²)

铝合金T型副龙骨:1.926(m/m²)

b. 计算清单造价

子　目	项　目　名　称	单　位	单　价	数　量	合价(元)
14—42	天棚吊筋	10 m²	53.09	2.10	111.49
14—27	装配式T型(不上人型)铝合金龙骨	10 m²	364.88	2.10	766.25
14—53	钙塑板面层	10 m²	137.69	1.956	269.32
合　　计					1 147.06

③ 计算吊顶的综合价、综合单价

铝合金T型龙骨钙塑板吊顶的工程量清单综合价(② 中2合计):1 147.06元

铝合金T型龙骨钙塑板吊顶的工程量清单综合单价:$1\,147.06 \div 19.56 = 58.64(元/m^2)$

6.5.11 门窗工程清单计价

1) 门窗工程清单计价应用要点

(1)本章共9节57个项目。包括木门、金属门、金属卷帘门、其他门,木窗、金属窗、门窗套、窗帘盒、窗帘轨、窗台板。适用于门窗工程。

(2)门窗框与洞口之间缝隙的填塞,应包括在报价内。

(3)门窗套、贴脸板、筒子板和窗台板项目,包括底层抹灰,如底层抹灰已包括在墙、柱面底层抹灰内,应在工程量清单中进行描述,在报价时应予注意。

(4)木门窗的制作应考虑木材的干燥损耗、刨光损耗、下料后备长度、门窗走头增加的体积等,在报价时应予注意。

(5)防护材料分防火、防腐、防虫、防潮、耐磨、耐老化等材料,应根据清单项目要求报价。

(6) 实木装饰门项目也适用于竹压板装饰门。

(7) 转门项目适用于电子感应和人力推动转门。

(8) "特殊五金"项目指贵重五金及业主认为应单独列项的五金配件,特殊五金名称是指拉手、门锁、窗锁等,用途是指具体使用的门或窗,应在工程量清单中进行描述。

(9) 凡面层材料有品种、规格、品牌、颜色要求的,应在工程量清单中进行描述。

2) 计价实例

【例6.5.23】 镶板双开门,门洞尺寸 1.20 m×2.20 m。门框毛料断面为 60 cm^2,门扇门肚板断面同计价表,门设执手锁 1 把,插销 2 只,门铰链 4 副,门油调和漆 3 遍,设该门为 3 类土建工程中的分部分项工程。

(注:材料价差按计价表计算,不调整)

要求计算:①门的工程量清单;②门的工程量清单计价。

[相关知识]

(1) 该门门框断面尺寸与定额不符,要调整;

(2) 该门是按建筑三类工程计算单价。

解 (1) 门的工程量清单

① 确定项目编码和计量单位

项目编码:20401001001　镶板木门　计量单位:樘

② 项目特征描述

三冒头镶板无腰双开门,门扇面积 1.10×2.15=2.37 m^2,门框断面 60 cm^2,门扇边梃断面 45 cm^2,门肚板厚 17 mm。执手锁 1 把,插销 2 只,门铰链 4 副,门油调和漆 3 遍

③ 按计价规范计算工程量

镶板门木门　1 樘

(2) 门的工程量清单计价

① 按计价表规定计算工程内容的工程量(参见例 5.16.1)

门框制安	2.64 m^2
门扇制安	2.64 m^2
门锁	1 把
插销	2 只
门铰链	4 副
门油漆	2.64 m^2

② 套用计价表定额计算各项工程内容的综合价(参见例 5.16.2)

15—214	门框制作	68.70 元
15—215	门扇制作	180.04 元
15—216	门框安装	6.11 元
15—217	门扇安装	12.66 元
15—218×05	门框断面每增 5 cm^2	4.64 元
15—346	门锁	39.77 元
15—347	门插销	52.18 元
15—348	门铰链	75.04 元

| 16—5 | 木门油漆 | 58.18元 |

③ 计算门的综合价、综合单价

石材圆柱面的工程量清单综合价(②中9项合计):497.32元

镶板木门的工程量清单综合单价:497.32元/樘

6.5.12 油漆、涂料、裱糊工程清单计价

油漆、涂料、裱糊工程清单计价应用要点如下:

(1) 本章共9节29个项目。包括门油漆、窗油漆、扶手、板条面、线条面、木材面油漆、金属面油漆、抹灰面油漆、喷刷涂料、裱糊等。适用于门窗油漆、金属、抹灰面油漆工程。

(2) 有关项目中已包括油漆、涂料的不再单独按本章列项。

(3) 连窗门可按门油漆项目编码列项。

(4) 木扶手区别带托板与不带托板,在编制清单时,用第五级项目编码将不同的木扶手分别列项,在清单计价时,按计价表的规定套相应计价表定额计价。

(5) 有线角、线条、压条的油漆、涂料面的工料消耗应包括在报价内。

(6) 抹灰面的油漆、涂料,应注意基层的类型,如:一般抹灰墙柱面与拉条灰、拉毛灰、甩毛灰等油漆、涂料的耗工量与材料消耗量的不同。在清单计价时,按计价表的规定套相应计价表定额计价。

(7) 空花格、栏杆刷涂料工程量按外框单面垂直投影面积计算,应注意其展开面积工料消耗应包括在报价内。

(8) 刮腻子应注意刮腻子遍数,是满刮,还是找补腻子。在清单计价时,按计价表的规定套相应计价表定额计价。

(9) 墙纸和织锦缎的裱糊,应注意设计要求对花还是不对花。在报价时套相应计价表定额计价。

6.5.13 其他零星工程清单计价

其他零星工程工程清单计价应用要点如下:

(1) 本章共7节48个项目。包括柜类、货架、暖气罩、浴厕配件、压条、装饰线、雨篷、旗杆、招牌、灯箱、美术字等项目。适用于装饰物件的制作、安装工程。

(2) 压条、装饰线项目已包括在门扇、墙柱面、天棚等项目内的,不再单独列项。

(3) 洗漱台项目适用于石质(天然石材、人造石材等)、玻璃等,洗漱台现场制作,切割、磨边等人工、机械的费用应包括在报价内。

(4) 旗杆的砌砖或混凝土台座,台座的饰面可按相关附录的章节另行编码列项,也可将旗杆台座及台座面层一并纳入报价。

(5) 台柜项目以"个"计算,应按设计图纸或说明,包括台柜、台面材料(石材、皮革、金属、实木等)、内隔板材料、连接件、配件等,均应包括在报价内。

6.6 招标人预算的审查与应用

1) 招标人预算的审查

(1) 招标人预算审查的意义

招标人预算编制完成后,需要认真进行审查。加强对招标人预算的审查,对于提高工程量清单计价水平,保证招标人预算质量具有重要作用。

① 发现错误,修正错误,保证招标人预算价格的正确率。

② 促进工程造价人员提高业务素质,成为懂技术、懂造价的复合型人才,以适应市场经济环境下工程建设对工程造价人员的要求。

③ 提供正确的工程造价基准,保证招标投标工作的顺利进行。

(2) 招标人预算的审查过程

招标人预算的审查分三个阶段进行。

① 编制人自审

招标人预算初稿完成后,编制人要进行自我审查,检查分部分项工程生产要素消耗水平是否合理,计价过程的计算是否有误。

② 编制人之间互审

编制人之间互审可以发现不同编制人对工程量清单项目理解的差异,统一认识,准确理解。

③ 审核单位审查

审核单位审查包括对招标文件的符合性审查,计价基础资料的合理性审查,招标人预算整体计价水平的审查,招标人预算单项计价水平的审查,是完成定稿的权威性审查。

(3) 招标人预算审查的内容

① 符合性

符合性包括计价价格对招标文件的符合性,对工程量清单项目的符合性,对招标人真实意图的符合性。

② 计价基础资料合理性

计价基础资料的合理,是招标人预算价格合理的前提。计价基础资料包括:工程施工规范、工程验收规范、企业生产要素消耗水平、工程所在地生产要素价格水平。

③ 招标人预算整体价格水平

招标人预算价格是否大幅度偏离概算价,是否无理由偏离已建同类工程造价,各专业工程造价是否比例失调,实体项目与非实体项目价格比例是否失调。

2) 招标人预算的应用

招标人预算最基本的应用形式,是招标人预算价格与各投标单位投标价格的对比。对比分为工程项目总价对比、分项工程总价对比、单位工程总价对比、分部分项工程综合单价对比、措施项目列项与计价对比、其他项目列项与计价对比。

在《建设工程工程量清单计价规范》下的工程量清单报价,为招标人预算价格在商务标测评中建立了一个基准的平台,即招标人预算价格的计价基础与各投标单位报价的计价基础完全一致,方便了招标人预算价格与投标报价的对比。

(1) 工程项目总价对比

对各投标单位工程项目总报价进行排序,确定招标人预算价格在全部投标报价中所处的位置。位置处于中间,说明报价价格正常。测算最高价及最低价与招标人预算价格的偏离程度,可得到工程建设市场价格的变动趋势,排除不合理报价后的平均报价与招标人预算价格之比,就形成了以招标人预算价格为基础的平均工程造价综合指数,用以指导今后招标人预算的编制,或为社会提供工程造价依据。

如果业主主要简化评标过程,即可根据合理最低价或接近招标人预算价格确定中标单位。

(2) 分项工程总价对比

因为各个分项工程在工程项目内重要程度不同,业主需要了解各投标单位分项工程的报价水平,就要进行分项工程总价对比。以招标人预算价格为基准,判别各投标单位对不同分项工程的投入,用以检验投标单位资源配置的合理性。

(3) 单位工程总价对比

单位工程总价是按专业划分的最小单位的完全工程造价。对比招标人预算价格,可得知投标单位拟按专业划分的资源配置状况,用以检验投标单位资源配置的合理性。

(4) 分部分项工程综合单价对比

分部分项工程综合单价,是工程量清单报价的基础数据,在以上总价对比、分析的基础上,对照招标人预算的分部分项工程综合单价,查阅偏离招标人预算的分部分项工程综合单价分析表,可以了解到投标人是否正确理解了工程量清单的工程特征及综合工程内容,是否按工程量清单的工程特征和综合工程内容进行了正确的计价。以及投标价偏离招标人预算价格的原因,以此判断投标价的正确与错误。

(5) 措施项目列项与计价对比

以招标人预算为基准,对比分析投标人的措施项目列项与计价,不仅可以了解工程报价的高低,以及报价高低的原因,还可以了解投标单位的工作作风、施工习惯,乃至企业的整体素质,有助于招标人合理地确定中标单位。

措施项目在招标测评中,不能以项目多少,价格高低论优劣。在总报价合理的前提下,施工措施项目计价合理,内容齐全,是实现工程总体目标的有力保证。

(6) 其他项目列项与计价对比

其他项目分招标人和投标人两部分内容。仅就投标人部分与招标人预算价格对比,用以判别项目列项的合理性及报价水平。

复习思考题

1. 什么是投资估算?投资估算的作用有哪些?
2. 投资估算的编制依据有哪些?
3. 投资估算的编制方法有哪些?编制时应如何选用?
4. 投资估算的编制应关注哪些注意事项?
5. 简述设计概算的概念及作用。
6. 简述编制设计概算的原则及步骤。
7. 什么是施工图预算?施工图预算的作用有哪些?
8. 施工图预算的编制依据有哪些?
9. 编制施工图预算的方法有哪些?

7 施工招标投标报价

7.1 概述

7.1.1 投标工作机构与工作内容

投标报价是整个投标工作中最重要的一环。一项工程好坏的重要标志是工期、造价、质量,而工期与质量尽管从承包商的历史、技术状况可以看出一部分,但真正的工期与质量还要在施工开始以后才能直观地看出。可是报价却是在开工之前确定,因此,工程投标报价对于承包商来说是至关重要的。

投标报价要根据具体情况,充分进行调查研究,内外结合,逐项确定各种定价依据,切实掌握本企业的成本,力求做到:报价对外有一定的竞争力,对内又有盈利,工程完工后又非常接近实际水平。这样就必须采取合理措施,提高管理水平,更要讲究投标策略,运用报价技巧,在全企业范围内开动脑筋,才能作出合理的标价。

随着竞争程度的激烈和工程项目的复杂,报价工作成为涉及企业经营战略、市场信息、技术活动的综合性商务活动,因此必须进行科学的组织。

1) 投标报价工作机构

投标报价,不论承包方式和工程范围如何,都必须涉及承包市场竞争态势、生产要素市场行情、工程技术规范和标准、施工组织和技术、工料消耗标准或定额、合同形式和条款以及金融、税收、保险等方面的问题。因此,需要有专门的机构和人员对投标报价的全部活动加以组织和管理,组织一个业务水平高、经验丰富、精力充沛的投标报价工作机构是投标获得成功的基本保证。

投标报价工作机构一般由公司分管副总直接领导,工作机构的成员应是懂技术、懂经济、懂造价、懂法律的多面手,这样的报价班子人员精干,工作效率高,可以提高报价工作的连续性、协调性和系统性。但是,对上述多方面知识都很精深且能力强的专门人才是比较少的,因此在实际工作中,对投标报价工作机构的领导人及注册造价工程师尽可能按上述要求配备,对工作机构的其他人员则侧重某一方面的专长。一般来说,投标报价工作机构的工作人员应由经济管理、专业技术、商务金融和合同管理等方面的人才组成。

经济管理类人才,主要是指工程造价人员。他们对本公司各类分部分项工程工料消耗的标准和水平应了如指掌,而且对本公司的技术特长和优势以及不足之处有客观的分析和认识,对竞争对手和生产要素市场的行情和动态也非常熟悉。他们应对所掌握的信息和数据进行正确的处理,使投标报价工作建立在可靠的基础之上。另外,他们对常见工程的主要技术特点和常用施工方法也应有足够的了解。

专业技术类人才,主要是指懂设计和施工的技术人员他们应掌握本专业最新的技术知识,具备熟练的实际操作能力,能解决本专业的技术难题,以便在投标报价时从本公司的实际技术水平出发,根据投标工程的技术特点和需要,选择适当的施工方案。

商务金融类人才,是指从事金融、贸易、采购、保险、保函、贷款等方面工作的专业人员。他们要懂税收、保险、财会、外汇管理和结算等方面的知识,根据招标文件的有关规定选择有关的工作方案,如材料采购计划、贷款计划、保险方案、保函业务等。

合同管理类人才,是指从事合同管理和索赔工作的专业人员。他们应熟悉与工程承包有关的重要法律,能对招标文件所规定采用的合同条件进行深入分析,从中找出对承包商有利和不利的条款,提出要予以特别注意的问题,并善于发现索赔的可能性及其合同依据,以便在报价时予以考虑。

投标报价工作机构仅仅做到个体素质好还不够,各类专业人员既要有明确分工,又要能通力合作,及时交流信息。为此,投标报价工作机构的负责人就显得相当重要,他不仅要具有比一般人员更全面的知识和更丰富的经验,而且要善于管理、组织和协调,使各类专业人员都能充分发挥自己的主动性和积极性以及专业特长,按照既定的工作程序开展投标报价工作。

另外,作为承包商来说,要注意保持投标报价工作机构成员的相对稳定,以便积累和总结经验,不断提高其素质和水平,提高投标报价工作的效率,从而提高本公司投标报价的竞争力。一般来说,除了专业技术类人才要根据投标工程的工程内容、技术特点等因素而有所变动之外,其他三类专业人员尽可能不作大的调整或变动。

2) 投标报价的工作步骤

投标报价是正确进行投标决策的重要内容,其工作内容繁多,工作量大,而时间往往十分紧迫,因而必须周密地进行,统筹安排,遵照一定的工作程序,使投标报价工作有条不紊、紧张而有序地进行,投标报价工作在投标者通过资格预审并获得招标文件后即开始。其主要工作环节可概括为询价、估价和报价。

(1) 询价

询价是投标报价非常重要的一个环节。建筑材料、施工机械设备(购置或租赁)的价格有时差异较大,"货比三家"对承包商总是有利的。询价时要注意两个问题:一要确保产品质量满足招标文件的有关规定,二是要关注供货方式、时间、地点、有无附加费用。如果承包商准备在工程所在地招募劳务,必须进行劳务询价,主要有两种情况:一种是成建制的劳务公司,相当于劳务分包,一般费用较高,但素质较可靠,工效较高,承包商的管理任务较轻;另一种是在劳务市场招募零散劳动力,这种方式虽然劳务价格较低,但往往素质达不到要求,承包商的管理工作较繁重。报价人员应在对劳务市场充分了解的基础上决定采用哪种方式,并以此为依据进行估价。分包商的选择往往也需要通过询价决定。如果总包商或主包商在某一地区有长期稳定的任务来源,这时与一些可靠的分包商建立相对稳定的总分包关系,分包询价工作可以大大简化。

(2) 估价

估价与报价是两个不同的概念。估价是指估价人员在施工进度计划、主要施工方法、分包计划和资源安排确定之后,根据本公司的工料机消耗标准以及询价结果,对本公司完成招标工程所需要支出的费用的估价。其原则是根据本公司的实际情况合理补偿成本。不考虑其他因素,不涉及投标决策问题。

(3) 报价

报价是在估价的基础上,分析该招标工程以及竞争对手的情况,判断本公司在该招标工程上的竞争地位,拟定本公司的经营目标,确定在该工程上的预期利润水平。报价实质上是投标决策,要考虑运用适当的投标技巧或策略,与估价的任务和性质是不同的。因此,报价通常是由承包商主管经营管理的负责人作出。

7.1.2 投标文件的编制原则

1) 资格预审书的编制原则

资格预审是在投标之前发包单位对各个承包单位在财务状况、技术能力等方面所进行的一次全面审查。只有那些财力雄厚、技术水平高、经验丰富、信誉高的承包单位才有可能通过,各个方面比较薄弱的公司很难通过。编制资格预审书时必须掌握下列几个原则性的问题:

(1) 获得信息后,针对工程性质、规模、承包方式及范围,首先进行一次决策,以决定是否有能力承包。

(2) 针对资格预审文件要求,要求报什么就应该报什么,与文件要求无关的内容不要报送,于事无补。

(3) 应反映承包商的真正实力。资格预审最主要的目的是考察承包商的能力,特别要注意对财力、人员资格、承包经验、施工设备等必须满足要求。应避免使业主对承包商产生不信任感。

(4) 资格预审的所有内容应有证明文件。以往的经验及成就中所列出的全部项目,都要有用户的证明文件(原件),以证明真实性,有关人员提供相应的资格证明文件;财力方面应由相关机构提供证明。

(5) 施工设备要有详细的性能说明。许多公司在承包工程中所报出的施工机具,仅明示名称、规格、型号、数量,这是不行的。因为施工所付出的劳动相当大,现代建筑工程没有施工机具几乎是不可能的。因此,业主对装饰施工机具的要求很严、很细。

(6) 资格预审文件的内容不能做任何改动,有错误也不能改。如果承包商有不同看法、异议或补充等,可在最后一项"声明"一栏里填写清楚,或另加表格加以补充。

(7) 编制资格预审书时要特别注意打分最多的几项。如:业绩、人员、机具这三项一般得分最多的,一定要不丢分或少丢分。

(8) 报送的资格预审资料应有一份原件及数份复印件,并按指定的时间、地点报送。

2) 技术标和商务标的编制原则

技术标和商务报价是是否中标的关键。如果水平太低而不能中标,则在整个投标过程所耗费的费用,全部付诸东流。下面将说明报送技术标和商务标的主要原则。

(1) 技术标与商务报价必须统一,不应出现矛盾

有时报价书的关键数字在技术标与商务标中不统一,主要有以下几种情况:技术标中对一项工程耗用的工日数大于商务标中的工日数,特别是高峰人数一般都大得多;耗用机械在技术标中比商务标大;施工方案与商务标计算时的口径不一;进度计划中的时间、人数与商务标不一致。

出现上述问题,主要有以下两方面的原因:

① 编制技术标与商务标的两套班子脱节,技术人员考虑的问题与编制商务标人员所考虑的问题不一样。如:商务标编制人员,根据所选定额计算工日数,然后以工期除以工日数而得出人员数,而技术标编制人员根据组织要求及施工条件因素,重点考虑的是留有余地,所以与定额水平往往有一定差距;

② 定额的编制是考虑了通常使用的施工方法,当施工方案发生变化时,编制商务标时,往往套用相近的定额,致使出现口径不一的现象。

这些问题的出现,将产生如下后果:

标书质量低劣,前后矛盾,使业主无法衡量承包商的水平而将其淘汰;使报价水平降低,费用过高而不中标;商务标中标后,成本失控而造成亏损。

(2) 技术标及商务标编制过程中应遵循的原则

① 遵守报价的计算程序。当资格预审合格后,承包商将接到购买标书的通知。在研究、吃透标书的基础上,进行现场调查和质疑,然后开始编制报价书。

② 商务标编制人员将计算依据通知技术标编制人员,而技术标编制人员将所考虑的方案通知商务标编制人员,取得一致意见。

③ 用人工工日数、施工机械耗用台班数编制进度计划。

④ 用各种材料用量和各种施工机械耗用台班数控制技术标中各种材料、机械的数量。

7.1.3 投标中应注意的问题

(1) 从计算标价开始到工程完工为止往往时间较长,在建设期内工资、材料价格、设备价格等可能上涨,这些因素在投标时应该予以充分考虑。

(2) 公开招标的工程,承包者在接到资格预审合格的通知后,或采用邀请招标方式的投标者,在收到招标者的投标邀请信后,即可按规定购买标书。取得招标文件后,投标者首先要详细弄清全部内容,然后对现场进行实地勘察。重点要了解劳动力、道路、水、电、大宗材料等供应条件,以及水文地质条件,必要时地下情况应取样分析。这些因素对报价影响颇大,招标者有义务组织投标者参观现场,对提出的问题给以必要的介绍和解答。

(3) 除对图纸、工程量清单和技术规范、质量标准等要进行详细审核外,对招标文件中规定的其他事项如:开标、评标、决标、保修期、保证金、保留金、竣工日期、拖期罚款等,一定要搞清楚。

(4) 投标者对工程量清单要认真审核,发现重大错误应通知招标单位,未经许可,投标单位无权变动和修改。投标单位可以根据实际情况提出补充说明或计算出相关费用,写成函件作为投标文件的一个组成部分。招标单位对于工程量差错而引起的投标计算错误不承担任何责任,投标单位也不能据此索赔。

(5) 估价计算完毕,可根据相关资料计算出最佳工期和可能提前完工的时间,以供决策。进而报出工期、费用、质量等具有竞争力的报价。

(6) 投标单位准备投标的一切费用,均由投标单位自理。

(7) 注意投标的职业道德,不得行贿、营私舞弊,更不能串通一气哄抬标价,或出卖标价,损害国家和企业利益。如有违反,即取消投标资格,严重者给予必要的经济与法律制裁。

7.2 承包商投标报价准备工作

7.2.1 研究招标文件

认真研究招标文件,旨在搞清承包商的责任和报价的范围,明确招标书中的各种问题,使得在投标竞争中做到报价适当,击败竞争对手;在实施过程中,依据合同文件不致承包失误;在执行过程中能索取应该索取的赔款,使承包商获得理想的经营效果。

招标文件包括投标者须知,通用合同条件、专用合同条件、技术规范、图纸、工程量清单,以及必要的附件,如各种担保或保函的格式等。这些内容可归纳为两个方面:一是投标者为投标所需了解并遵守的规定,二是投标者投标所需提供的文件。

招标文件除了明确招标工程的范围、内容、技术要求等技术问题外,还反映业主在经济、合同等方面的要求或意愿,是承包商投标的主要依据。因此,对招标文件进行仔细的分析研究是投标报价工作中不可忽视的重要环节。

招标文件中关于承包商的责任是十分苛刻的。投标和承包工程始终存在着制约的矛盾,工程业主聘请有经验的咨询公司编制严密的招标文件,对承包商的制约条款几乎达到无所不包的地步,承包商基本上是受限制的一方。但是,有经验的承包商并不是完全束手无策。既应当接受那些基本合同的限制,同时,对那些明显不合理的制约条款,可以在投标价中埋下伏笔,争取在中标后作某些修改,以改善自己的地位。

由于招标文件内容很多,涉及多方面的专业知识,因而对招标文件的研究要作适当的分工。一般来说,经济管理类人员研究投标者须知、图纸和工程量清单等内容;专业技术类人员研究技术规范和图纸以及工程地质勘探资料等内容;商务金融类人员研究合同中的有关条款和附件等内容;合同管理类人员研究条件,尤其要对专用合同条件予以特别注意。不同的专业人员所研究的招标文件的内容可能有部分交叉,相互配合,及时交换意见相当重要。

1) 研究投标须知

(1) 弄清招标项目的资金来源

进行公开招标的工程大多是政府投资项目。这些项目的建筑工程资金可通过多种途径解决,可以是政府提供资金,也可以是地方政府或部门提供资金。投标人通过对资金来源的分析,可以了解建设资金的落实情况和今后的支付实力,并摸清资金提供机构的有关规定。

(2) 投标担保

投标担保是对招标者的一个保护。若投标者在投标有效期内撤销投标,或在中标后拒绝在规定时间内签署合同,或拒绝在规定时间内提供履约保证,则招标者有权没收投标担保。投标担保一般由银行或其他担保机构出具担保文件(保函),金额一般为投标价格的1%~3%,或业主规定的某一数额。投标报价人员要注意招标文件对投标担保形式、担保机构、担保数额和担保有效期的规定等,其中任何一项不符合要求,均可能视为招标文件未作出根本响应而判定为废标。

(3) 投标文件的编制和提交

投标须知中对投标文件的编制和提交有许多具体规定,例如,投标文件的密封方式和要求,投标文件的份数和语种,改动处必须签名或盖章,工程量清单和单价表的每一页页末写明合计金额、最后一页页末写明总计金额,等等。投标报价人员必须注意每一个细节,以免被判为废标。若邮寄提交投标书,要充分考虑邮递所需的时间,以确保在投标截止之前到达。

(4) 更改或备选方案

投标报价人员必须注意投标须知中对更改或备选方案的规定。一般来说,招标文件中的内容不得更改,如有任何改动,该投标书即不予考虑。若业主在招标文件中鼓励投标者提出不同方案投标。这时,投标者所提出的方案一定要具有比原方案明显的优点,如降低造价、缩短工期等。

必须注意的是,在任何情况下,投标者都必须对招标文件中的原方案报价,相应的投标书必须完整,符合招标文件中的所有规定。

(5) 评标定标办法

对于大型、复杂的建设项目来说,在评标时,除考虑投标价格外,还需考虑其他因素,有时在招标文中明确规定了评标所考虑的各种因素,如投标价格、工期、施工方法的先进性和可靠性、特殊的技术措施等。若招标文件不给定评定因素的权重,投标报价人员要对各评标因素的相对重要作出客观的分析,把估价的计算工作与方案很好地结合起来。需要说明的是,除少数特殊工程之外,投标价格一般都是很重要的因素。

2) 合同条件分析

(1) 承包商的任务、工作范围和责任

这是投标报价最基本的依据,通常由工程量清单、图纸、工程说明、技术规范所定义。在分项承包时,要注意本公司与其他承包商,尤其是工程范围相邻或工序相衔接的其他承包商之间的工程范围界限和责任界限;在施工总包或主包时,要注意在现场管理和协调方面的责任;另外,要注意为业主管理人员或监理人员提供现场工作和生活条件方面的责任。

(2) 工程变更及相应的合同价格调整

工程变更几乎是不可避免的,承包商有义务按规定完成,但同时也有权利得到合理的补偿。工程变更包括工程数量增减和工程内容变化。一般来说,工程数量增减所引起的合同价格调整的关键在于如何调整幅度,这在合同条款中并无明确规定。投标报价人员应预先估计哪些分项工程的工程量可能发生变化、增加还是减少以及幅度大小,并内定相应的合同价格调整计算方式和幅度。至于合同内容变化引起的合同价格调整,究竟调还是不调、如何调,都很容易发生争议。投标报价人员应注意合同条款中有关工程变更程序、合同价格调整前提等规定。

(3) 付款方式、时间

投标报价人员应注意合同条款中关于工程预付款、材料预付款的规定,如数额、支付时间、起扣时间和方式;还要注意工程进度款的支付时间、每月保留金扣留的比例、保留金总额及退还时间和条件等。根据这些规定和预计的施工进度计划,投标报价人员可绘出本工程现金流量图,计算出占有资金的数额和时间,从而可计算出需要支付的利息数额并计入投标报价。如果合同条款中关于付款的有关规定比较含糊或明显不合理,应要求业主在标前答疑会上澄清或解释,最好能修改。

(4) 施工工期

合同条款中关于合同工期、工程竣工日期、部分工程分期交付工期等规定,是投标者制订施工进度计划的依据,也是投标报价的重要依据。但是,在招标文件中业主可能并未对施工工期作出明确规定,或仅提出一个最后期限,而将工期作为投标竞争的一个内容,相应的开竣工日期仅是原则性的规定。投标报价要注意合同条款中有无工期奖的规定,工期长短与估价结果之间的关系,尽可能做到在工期符合要求的前提下报价有竞争力,或在报价合理的前提下工期有竞争力。

(5) 业主责任

通常,业主有责任及时向承包商提供符合开工条件要求的施工场地、设计图纸和说明,及时供应业主负责采购的材料和设备,办理有关手续、及时支付工程款等。投标者所制订的施工进度计划和作出的估价都是以业主正确和完全履行其责任为前提的。虽然投标报价人员在投标报价中不必考虑由于业主责任而引起的风险费用,但是,应当考虑到业主不能正确和完全履行其责任的可能性以及由此而造成的承包商损失。因此,投标报价人员要注意合同条款中关于业主责任措辞的严密性以及关于索赔的有关规定。

3) 工程报价及承包商获得补偿的权利

(1) 合同种类

招标项目可以采用总价合同、单价合同、成本加酬金合同,"交钥匙"合同中的一种或几种,有的招标项目可能对不同的工程内容采用不同的计价合同种类。两种合同方式并用的情况是较为常见的。承包商应当充分注意,在总价合同中承担着工程量方面的风险,应当将工程量核算得准确一些;在单价合同中,承担着单价不准确的风险,就应对每一子项工程的单价作出详尽细致的分析和综合。

(2) 工程量清单

应当仔细研究招标文件中工程量清单的编制体系和方法。例如有无初期付款,是否将临时工程、机具设备、临时水电设备设施等列入工程量表。业主对初期工程单独付款,抑或要求承包商将初期准备工程费用摊入正式工程中,这两种不同报价体系对承包商计算标价有很大影响。

另外,还应当认真考虑招标文件中工程量的分类方法及每一子项工程具体含义和内容。在单价合同方式中,这一点尤其重要。为了正确地进行工程估价,投标报价人员应对工程量清单进行认真分析,主要应注意以下三方面问题:

① 工程量清单复核

工程量清单中的各分部分项工程量并不十分准确,若设计深度不够则可能有较大的误差。工程量清单仅作为投标报价的基础,并不作为工程结算的依据,工程结算以经监理工程师审核的实际工程量为依据。如此,估价还要复核工程量,因为工程量的多少,是选择施工方法、安排人力和机械、准备材料必须考虑的因素,也自然影响分项工程的单价。如果工程量不准确,偏差太大,就会影响估价的准确性。若采用固定总价合同,对承包商的影响就更大。因此,投标报价人员一定要复核工程量,若发现误差太大,应要求业主澄清,但不得擅自改动工程量。

② 措施项目、其他项目及零星项目计价

措施项目清单计价表中的序号、项目名称必须按其他项目清单中的相应内容填写。投标人可根据施工组织设计采取的措施增加项目。其他项目清单计价表中的序号、项目名称必须按其他项目清单中的相应内容填写。零星工作项目计价表中的人工、材料、机械名称、计量单位和相应数量应按零星工作项目表中相应的内容填写,工程竣工后零星工作费应按实际完成的工程量所需费用结算。

计日工是指在工程实施过程中,业主有一些临时性的或新增的但未列入工程量清单的工作,需要使用人工、机械(有时还可能包括材料)。投标者应对计日工报出单价,但并不计入总价。投标报价人员应注意工作费用包括哪些内容、工作时间如何计算。一般来说,计日工单价可报得较高,但不宜太高。

(3) 永久工程之外项目的报价要求

如对旧建筑物的拆除、监理工程师的现场办公室的各项开支、模型、广告、工程照片和会议费用等,招标文件有何具体规定,应怎样列入工程总价中去。搞清楚一切费用纳入工程总报价的方法,不得有任何遗漏或归类的错误。

(4) 承包商可能获得补偿的权利

搞清楚有关补偿的权利可使承包商正确估计执行合同的风险。一般惯例,由于恶劣气候或工程变更而增加工程量等,承包商可以要求延长工期。有些招标文件还明确规定,如果遇到自然条件和人为障碍等不能合理预见的情况而导致费用增加时,承包商可以得到合理的补偿。但是某些招标项目的合同文件,故意删去这一类条款,甚至写明"承包商不得以任何理由而索取合同价格以外的补偿",这就意味着承包商要承担很大的风险。在这种情况下,承包商投标时不得不增大不可预见费用，而且应当在投标致函中适当提出，以便在商签合同时争取修订。

除索取补偿外，承包商也要承担违约罚款、损害赔偿，以及由于材料或工程不符合质量要求而返工等责任。搞清楚责任及赔偿限度等规定，也是投标报价风险的一个重要方面，承包商也必须在投标前充分注意和估量。

7.2.2 工程现场调查

工程现场调查是投标者必须经过的投标程序。业主在招标文件中应明确注明投标者进行工程现场调查的时间和地点。投标者所提出的报价一般被认为是在审核招标文件后并在工程现场调查的基础上编制出来的。一旦报价提出以后，投标者就无权因为现场调查不周、情况了解不细或其他因素考虑不全面提出修改报价、调整报价或给予补偿等要求。因此，工程现场调查既是投标者的权利又是投标者的责任，必须慎重对待。

工程现场调查之前一定要作好充分准备。首先，针对工程现场调查所要了解的内容对招标文件的内容进行研究，主要是工作范围、专用合同条件、设计图纸和说明等。应拟订尽可能详细的调查提纲，确定重点要解决的问题，调查提纲尽可能标准化、规格化、表格化，以减少工程现场调查的随意性，避免因选派的工程现场调查人员的不同而造成调查结果的明显差异。

现场调查所发生的费用由承包商自行承担，可列入标价内，但对于未中标的承包商将是一笔损失。调查的主要内容包括三方面。

1）一般情况调查

（1）当地自然条件调查

包括年平均气温、年最高气温和最低气温，风向图、最大风速和风压值，日照，年平均降雨（雪）量和最大降雨（雪）量，年平均湿度、最高和最低湿度，其中尤其要分析全年不能或不宜施工的天数。

（2）交通、运输和通讯情况调查

① 当地公路运输情况，如公路、桥梁收费、限速、限载、管理等有关规定，运费，车辆租赁价格，汽车零配件供应情况，油料价格及供应情况；

② 当地铁路运输情况，如动力、装卸能力、提货时间限制、运费、运输保险和其他服务内容等；

③ 当地水路运输情况，如离岸停泊情况（码头吃水或吨位限制、泊位等）、装卸能力、平均装卸时间和压港情况，运输公司的选择及港口设施使用的申请手续等；

④ 当地水、陆联运手续的办理、所需时间、承运人责任、价格等；

⑤ 当地空运条件及价格水平；

⑥ 当地网络、电话、传真、邮递的可靠性、费用、所需时间等。

（3）生产要素市场调查

① 主要建筑装饰材料的采购渠道、质量、价格、供应方式；

② 工程上所需的机、电设备采购渠道、订货周期、付款规定、价格，设备供应商是否负责安装、如何收费，设备质量和安装质量的保证；

③ 施工用地方材料的货源和价格、供应方式；

④ 当地劳动力的技术水平、劳动态度和工效水平、雇佣价格及雇佣当地劳务的手续、途径等。

2) 工程施工条件调查

(1) 工程现场的用地范围、地形、地貌、地物、标高；

(2) 工程现场周围的道路、进出场条件(材料运输、大型施工机具)、有无特殊交通限制(如单向行驶、夜间行驶、转弯方向限制、货载重量、高度、长度限制等规定)；

(3) 工程现场施工临时设施、大型施工机具、材料堆放场地安排的可能性，是否需要二次搬运；

(4) 工程现场临近建筑物与招标工程的间距、高度；

(5) 市政给水及污水、雨水排放管线位置、标高、管径、压力、废水、污水处理方式，市政消防供水管径、压力、位置等；

(6) 当地供电方式、方位、距离、电压等；

(7) 工程现场通讯线路的连接和铺设；

(8) 当地政府有关部门对施工现场管理的一般要求、特殊要求及规定，是否允许节假日和夜间施工；

(9) 建筑装饰构件和半成品的加工、制作和供应条件；

(10) 是否可以在工程现场安排工人住宿，对现场住宿条件有无特殊规定和要求；

(11) 是否可以在工程现场或附近搭建食堂，自己供应施工人员伙食，若不可能，通过什么方式解决施工人员餐饮问题，其费用如何；

(12) 工程现场附近治安情况如何，是否需要采用特殊加强施工现场保卫工作；

(13) 工程现场附近的生产厂家、商店、各种公司和居民的一般情况，本工程施工可能对他们所造成的不利影响程度；

(14) 工程现场附近各种社会设备设施和条件，如当地的卫生、医疗、保健、通讯、公共交通、文化、娱乐设施等情况，其技术水平、服务水平、费用，有无特殊的地方病、传染病等等。

3) 对业主方的调查

对业主方的调查包括对业主、建设单位、咨询公司、设计单位及监理单位的调查。

(1) 工程的资金来源、额度及到位情况；

(2) 工程的各项审批手续是否齐全，是否符合工程所在地关于工程建设管理的各项规定；

(3) 工程业主是首次组织工程建设，还是长期有建设任务，若是后者，要了解该业主在工程招标、评标上的习惯做法，对承包商的基本态度，履行业主责任的可靠程度，尤其是能否及时支付工程款、合理对待承包商的索赔要求；

(4) 业主项目管理的组织和人员，其主要人员的工作方式和习惯、工程建设技术和管理方面的知识和经验、性格和爱好等个人特征；

(5) 若业主委托咨询单位进行施工阶段监理，要弄清其委托监理的方式，弄清业主项目管理人员和监理人员的权力和责任分工以及与监理有关的主要工作程序；

(6) 调查监理工程师的资历，对承包商的基本态度，对承包商的正当要求能否给予合理的补偿，当业主与承包商之间出现合同争端时，能否站在公正的立场提出合理的解决方案。

7.2.3 确定影响投标报价的其他因素

确定影响投标报价的其他因素即确定施工方案。主要包括确定进度计划，主要分部工程施工方案，资源计划及分包计划。

1) 拟定进度计划

招标文件中一般都明确对工程项目的工期及竣工日期的要求,有时还规定分部工程的交工日期,有时合同中还规定了提前工期奖及拖期惩罚条款。

投标报价前编制的进度计划不是直接指导施工的作业计划,不必十分详细,但都必须标明各项主要工程的开始和结束时间,要合理安排各个工序,体现主要工序间的合理逻辑关系,并在考虑劳动力、施工机械、资金运用的前提下优化进度计划。施工进度计划必须满足招标文件的要求。

2) 选择施工方法

施工方法影响工程造价,投标报价前应结合工程情况和本企业施工经验,机械设备及技术力量等,选择科学、经济、合理的施工方法,必要时还可进行技术经济分析,比选适当的施工方法。

3) 资源安排

资源安排是由施工进度计划和施工方法决定的。资源安排涉及劳动力、施工机械、材料和工程设备以及资金的安排。资源安排合理与否,对于保证施工进度计划的实现、保证工程质量和承包商的经济效益均有重要意义。

(1) 劳动力的安排

劳动力的安排计划一方面取决于施工进度计划,另一方面又影响施工进度计划。因此,施工总进度计划的编制与劳动力的安排应同时考虑,劳动力的安排要尽可能均衡,避免短期内出现劳动力使用高峰,从而增加施工现场临时设施,降低功效。

(2) 施工机械设备的安排

施工机械的安排,一方面应尽可能满足施工进度计划的要求,另一方面考虑本企业现有的机械条件,也可以采用租赁的方式。安排施工机械应采用经济分析的方法,并与施工进度、施工方法等同时考虑。

(3) 材料及工程设备的安排

材料及设备的采购应满足施工进度的要求,安排太紧有可能耽误施工进度,购买太早又会造成资金的积压。材料采购时应考虑采购地点、产品质量、价格、运输方式、所需时间、运杂费以及合理的储备数量。设备采购应考虑设备价格、订货周期、运输所需时间及费用、付款方式等。

(4) 资金的安排

根据施工进度计划,劳动力和施工机械安排,材料和工程设备采购计划,可以绘制出工程资金需要量图。结合业主支付的工程预付款、材料和设备预付款、工程进度款等,就可以绘制出该工程的资金流量图。要特别注意业主预付款和进度款的数额、支付的方式和时间、预付款起扣时间、扣款方式和数额等。此外,贷款利率也是必须考虑的重要因素之一。

4) 分包计划

作为总包商或主承包商,如果对某些分部分项工程由自己施工不能保证工程质量要求或成本过高而引起报价过高时,就应当对这些工程内容考虑选择适当的分包商来完成。通常对以下工程内容可考虑分包:

(1) 劳务性工程

对不需要什么技术,也不需要施工机械和设备的工作内容,在工程所在地选择劳务分包公司通常是比较经济的,例如,室外绿化、清理现场施工垃圾、施工现场二次搬运、一般维修工作等。

(2) 需要专用施工机械的工程

这类工程亦可以在当地购置或租赁施工机械由自己施工。但是,如果相应的工程量不大,或专用机械价格或租赁费过高时,可将其作为分包工程内容。

(3) 机电设备安装工程

机电设备供应商负责相应设备的安装在工程承包中是常见的,这比承包商自己安装要经济,而且有利于保证安装工程质量。可依据分包内容选择分包商,若分包商报价不低于自己施工的费用时可调整分包内容。

7.3 工程询价及价格数据维护

工程询价及价格数据维护是工程估价的基础。承包商在估价前必须通过各种渠道,采用各种手段对所需各种材料、设备、劳务、施工机械等生产要素的价格、质量、供应时间、供应数量等进行系统的调查,这一工作过程称为询价。

询价不仅要了解生产要素价格,而且还应对影响价格的因素有准确的了解,这样才能够为工程估价提供可靠的依据。因此,询价人员不但应具有较高的专业技术知识,还应熟悉和掌握市场行情并有较好的公共关系能力。

由于投标报价往往时间十分紧迫,因此,投标报价人员在平时就应做好价格数据的维护工作。投标报价人员可从互联网及其他公共媒体获得一部分价格信息,从工程造价主管部门及中介机构获得一部分价格信息,结合询价结果形成本企业的生产要素价格、半成品价格信息库,并不断维护更新。

7.3.1 生产要素询价

1) 劳务询价

随着经评审最低价中标法的推行,人工单价也必将随行就市。投标报价人员可参考国际惯例将操作工人划分为高级技术工、熟练工、半熟练工和普工等若干个等级,分别确定其人工单价,若为劳务分包,还应考虑劳务公司的管理费用。

2) 材料询价

材料价格在工程造价中占有很大的比例,约占60%~70%,材料价格是否合理对工程估价影响很大。因此,对材料进行询价是工程询价中最主要的工作。当前建筑市场竞争激烈、价格变化迅速,作为投标报价人员必须通过询价搜集市场上的最新价格信息。

(1) 询价渠道

① 生产厂商。与生产厂商直接联系一方面可获得准确的询价,另一方面因为减少了流通环节,售价比市场价要便宜。

② 生产厂商的代理商、代理人或从事该项业务的经纪人。

③ 经营该项产品的门市部。

④ 咨询公司。向咨询公司进行询价,所得的询价资料比较可靠,但要支付一定的咨询费。

⑤ 同行或友好人士。

⑥ 自行进行市场调查或信函询价。

询价要抱着"货比三家不吃亏"的原则进行,并要对所询问的资料汇总分析。但要特别注意业主在招标文件中明确规定采用某厂生产的某种牌号产品的条文。询价时,该厂商报价可能还较合适,可到订货时,一旦知道该产品是业主指定需要的产品则可能会提价。遇到这种情况,在中标后既要订货迅速,又要订货充足,并配齐足够的配件,否则可能会吃亏。

(2) 询价内容

材料询价一般考虑以下内容:

① 材料的规格和质量要求,应满足设计和施工验收规范规定的标准,并达到业主或招标文件提出的要求。

② 材料的数量及计量单位应与工程总需要相适应,并考虑合理的损耗。

③ 材料的供应计划,包括供货期及每段时间内材料的需求量应满足施工进度。

④ 到货地点及当地各种交通限制。

⑤ 运输方式、材料报价的形式、支付方式,及所报单价的有效时间。

承包商询价部门应备有用于材料询价的标准文件格式供随时使用。有时还可从技术规范或其他合同文件中摘取有关内容作为询价单的附件。

(3) 询价分析

询价人员在项目的施工方案初步研究后,应立即发出材料询价单,并催促材料供应商及时报价。收到询价单后,询价人员应从各种渠道所询得的材料报价及其他有关资料加以汇总整理。对同种材料,从不同经销部门所得到的所有资料进行比较分析,选择合适、可靠的材料供应商的报价,提供给工程估价及投标报价人员使用。询价资料应采用表格形式,并借助计算机进行分析、管理。

3) 施工机械设备询价

施工用的大型机械设备,不一定要从基地运往工程所在地,有时在当地租赁更为有利。因此,在估价前有必要进行施工机械设备的询价。对必须采购的机械设备,可向供应厂商询价,其询价方法与材料询价方法基本一致。对于租赁的机械设备,可向专门从事租赁业务的机构询价,并详细了解其计价方法。例如,各种机械每台时的租赁费,最低计费起点,燃料费和机械进出场运费以及机上人员工资是否包括在台时租赁费内,如需另行计算,这些费用项目的具体数额为多少等。

7.3.2 分包询价

1) 分包形式

分包形式通常有两种,即业主指定分包形式与总包确定分包形式。

(1) 业主指定分包形式

这种形式是由业主直接与分包单位签订合同。总包商或主承包商仅负责在现场为分包商提供必要的工作条件、协调施工进度或提供一些约定的施工配合,总包商可向业主收取一定数量的管理费。指定分包的另一种形式是由业主和监理工程师指定分包商,由总包商或主承包商与指定分包商签订分包合同,并不与业主直接发生经济关系。当然,这种指定分包商,业主不能强制总包商或主承包商接受。

(2) 总包确定分包形式

这种形式由总包商或主承包商直接与分包商签订合同,分包商完全对总包商负责,而不与业主发生关系。如果承包合同没有明文禁止分包,或没有明文规定分包必须由业主许可,采用这种形式是合法的,业主无权干涉。分包工程应由总包商统一报价,业主也不能干涉。总承包商最好在签订分包合同前,向业主报告,以取得业主许可。

2) 分包询价的内容

除由业主指定的分包工程项目外,总承包商应在确定施工方案的初期就定出需要分包的工程范围。决定分包范围主要考虑工程的专业性和项目规模。大多数承包商都把自己不熟悉的专业化程度高或利润低、风险大的分部分项工程分包出去。决定了分包工作内容后,总承包商应备函将准备分包的图纸、说明送交预定的几个分包商,请他们在约定的时间内报价,以便进行比较选择。

分包询价单相当于一份招标文件,其主要内容应包括:

(1) 分包工程施工图及技术说明;

(2) 分包工程在总包工程中的进度安排;

(3) 需要分包商提供服务的时间,以及这段时间可能发生的变化范围,以便适应施工进度计划不可避免的变动;

(4) 分包商对分包工程应负的责任和应提供的技术措施;

(5) 总包商提供的服务设施及分包商到总包现场认可的日期;

(6) 分包商应提供的材料合格证明、施工方法及验收标准、验收方式;

(7) 分包商必须遵守的现场安全和劳资关系条例;

(8) 分包工程报价及报价日期。

上述资料主要来源于合同文件和总承包商的施工计划,询价人员可把合同文件中有关部分的复印件、图纸、总包施工计划有关细节发给分包商,使他们能清楚地了解在总工程中工作、工期需要达到的水平,以及与其他分包商之间的关系。

3) 分包询价分析

分包询价分析在收到各分包商报价单之后,可从以下几方面开展工作:

(1) 分析分包标函的完整性

审核分包标函是否包括分包询价单要求的全部工作内容,对于那些分包商用模棱两可的含糊语言来描述的工作内容,既可解释为已列入报价又可解释为未列入报价,应予以特别注意。必须要求用更确切的语言加以明确,以免今后工作中引起争议。

(2) 核实分项工程单价的完整性

投标报价人员应核准分项工程单价的内容,如材料价格是否包括运杂费,分项单价是否含人工费、管理费等。

(3) 分析分包报价的合理性

分包工程报价高低,对总包商影响很大。总包商应对分包商的标函进行全面分析,不能仅把报价的高低作为唯一的标准。作为总包商,除了要保护自己的利益之外,还应考虑分包商的利益。与分包商友好交往,实际上也是保护了总包商的利益。总包商让分包商有利可图,分包商也会帮助总包商共同搞好工程项目,完成总包合同。

(4) 其他因素分析

对有特殊要求的材料或施工技术的关键性的分包工程,投标报价人员不仅要弄清标函的报价,还应当分析分包商对这些特殊材料的供货情况和为该关键分项工程配备人员等措施是否有保证。

分析分包询价时还要分析分包商的工程质量,合作态度及其可信赖性。总包商在决定采用某个分包商的报价之前,必须通过各种渠道来确定并肯定该分包商是可信赖的。

7.3.3 价格数据维护

承包商进行工程投标报价需要用到大量的价格数据,投标报价人员应注意各类价格数据的积累与维护。

1) 价格信息的获得

通常价格信息可以从下列渠道获得:

(1) 互联网

许多工程造价网站提供当地或本部门、本行业的价格信息,不少材料设备供应商也利用互联网介绍其产品性能和价格。网络价格信息量大,更新快,成本低,适用于产品性能和价格的初步比选,但主要材料价格尚需进一步核实。

(2) 政府部门

各地工程造价管理机构定期发布各类材料预算价格,材料价格指数及材差调整系数,可以作为编制投标报价的主要依据。

(3) 厂商及其代理人

主要设备及主要材料应向厂商及其代理人询价,货比三家以求获得更准确的价格信息。

(4) 其他

投标报价人员还可从同行、招标市场及相关机构或部门,如运输公司等获得各类价格信息。

2) 价格数据的分类

(1) 按价格种类划分

按价格种类可划分为人工单价、材料价格、机械台班价格、设备价格。人工单价又可按不同工种、不同熟练程度细分。材料按大类划分为建筑材料、安装材料、装饰材料,建筑材料又可细分为:地方材料及建材制品,木材及竹材类,金属及有色金属类,金属制品类,涂料类,防水及保温材料类,燃料及油料类。《江苏省建筑与装饰工程计价表(2004年)》对上述分类有详细的论述,并按一定的分类规则给出了代码编号。这些人工、材料及机械的代码编号可以作为造价软件中的电算代码,承包商的投标报价人员可以参照这种分类方法建立本企业的价格信息库。

(2) 按价格用途划分

按价格用途可分为以下几类:

① 辅助价格信息。这是计算基础价格即要素单价的辅助资料,如材料的运输单价、中转堆放、过闸装卸收费标准等。

② 基础价格。包括人工、材料、机械单价。

③ 半成品单价。如抹灰砂浆等混合材料单价。

3) 价格数据的维护

价格数据面广量大,变化快,工程投标报价人员要在平时积累各类价格数据,应用计算机和网络技术,实现本企业内各分公司间的信息共享;参加有关的工程造价协会,实现会员间的信息共享,从而为快速准确投标报价作好充分准备。

7.4 工程估价

7.4.1 分项工程单价计算

分项工程单价由直接费、管理费和利润等组成。

1) 分项工程直接费估价方法

分项工程直接费包括人工费、材料费和机械使用费。估算分项工程直接费涉及人工、材料、机械的用量和单价。每个建筑工程，可能有几十项、几百项分项工程，在这些分项工程中，通常是较少比例的（例如20%）的分项工程包含合同工程款的绝大部分（例如80%），因此可根据不同分项工程所占费用比例的重要程度，采用不同的估价方法。

(1) 计价表估价法

这是我国施工单位仍主要采用的估价方法，有些项目可以直接套用地区计价表中的人工、材料、机械台班用量，有些项目应根据承包商自身情况在地区估价表的基础上进行适当调整，也可自行补充本企业的定额消耗量。人工、材料、机械台班的价格则尽量采用市场价或招标文件指定的价格。

(2) 作业估价法

计价表估价法是以定额消耗为依据，不考虑作业的持续时间，当机械设备所占比重较大，使用均衡性较差，机械设备搁置时间难以在定额估价中给予恰当的考虑，这时可以采用作业估价法进行计算。

采用作业估价法应首先制定施工作业计划。即先计算各分项工程的工作量，各分项工程的资源消耗，拟定分项工程作业时间及正常条件下人工、机械的配备及用量，在此基础上计算该分项工程作业时间内的人工、材料、机械费用。

(3) 匡算估价法

对于某些分项工程的直接费单价的估算，估价人员可以根据以往的实际经验或有关资料，直接估算出分项工程中人工、材料的消耗定额，从而估算出分项工程的直接费单价。采用这种方法，估价人员的实际经验直接决定了估价的准确程度。因此，往往适用于工程量不大，所占费用比例较小的那些分项工程。

2) 分项工程基础单价的计算与确定

分项工程基础单价是指人工、材料、半成品、设备单价及施工机械台班使用费等。

(1) 人工工资单价的计算与确定

人工工资单价的计算与确定有下列三种方法。

① 综合人工单价

工人不分等级，采用综合人工单价。人工预算单价由下列内容组成：基础工资、工资性津贴、流动施工津贴、房租津贴、职工福利费、劳动保护费等。

② 分等级分工种工资单价

可以将工人划分为高级熟练工、熟练工、半熟练工和普工，不同等级、不同工种的工作采用不同的工资标准。

工资单价可以由基本工资、辅助工资、工资附加费、劳动保护费四部分组成。其中基本工资由技能工资、岗位工资、年功工资三部分组成;辅助工资由地区津贴、施工津贴、夜餐津贴、加班津贴等组成;工资附加费包括职工福利基金、工会经费、劳动保险基金、职工待业保险基金等四项内容。

③ 人工费价格指数或市场定价

人工费单价的计算还可以采用国家统计局发布的工程所在地的人工费价格指数,即职工货币工资指数,结合工程情况调整确定该工程人工工资单价。投标报价时人工工资单价也可根据市场行情,或向劳务公司询价确定。但工资单价的内容应包含政策规定的劳动保险或劳保统筹、职工待业保险等内容。

(2) 材料、半成品和设备单价的计算

造价人员通过询价可以获得材料、设备的报价,这些报价是材料、设备供应商的销售价格,估价人员还必须仔细确定材料设备的运杂费用、损耗费以及采购保管费用。若同一种材料来自不同的供应商,则按供应比例加权平均计算单价。

半成品主要是按一定的配合比混合组成的材料,如砂浆等。这些材料应用广泛,可以先计算各种配合比下的混合材料的单价。也可根据各种材料所占总工程量的比例,加权计算出综合单价,作为该工程统一使用的单价。

(3) 施工机械使用费

施工机械使用费由基本折旧费、运杂费、安装拆卸费、燃料动力费、机上人工费、维修保养费以及保险费等组成。有时施工机械台班费还包括银行贷款利息、车船使用税、牌照税、养路费等。

在招标文件中,施工机械使用费可以列入不同的费用项目中,一是在施工措施项目中列出机械使用费的总数。在工程单价中不再考虑;二是全部摊入工程量单价中;三是部分列入施工措施费,如垂直运输机械等,部分摊入工程量单价,如土方机械等。具体处理方法应根据招标文件的要求确定。

施工机械若向专业公司租借,其机械使用费就包括付给租赁公司的租金以及机上人员工资、燃料动力费和各种消耗材料费用。若租赁公司提供机上操作人员,且租赁费包含了他们的工资,估价人员可适当考虑他们的奖金、加班费等内容。

3) 管理费的内容

工程估价时,有许多内容在招标文件中没有直接开列,但又必须编入工程估价,这些内容包括许多项目,各个工程情况也不尽相同。这里我们将可以分摊到每个分项工程单价的内容,称为管理费,也称分摊费用,而将不宜分摊到每个分项工程单价的内容称为措施项目费用,措施项目费单独列项,独立报价。

7.4.2 措施项目费的估算

措施项目费按招标文件要求单独列项,各个工程的内容可能不一样。如沿海某市将措施项目费确定为施工图纸以外,施工前和施工期间可能发生的费用项目以及特殊项目费用。内容包括:履约担保手续费、工期补偿费、风险费、优质优价补偿费、使用期维护费、临时设施费、夜间施工增加费、雨季施工增加费、高层建筑施工增加费、施工排水费、保险费、维持交通费、工地环卫费、工地保安费、大型施工机械及垂直运输机械使用费、施工用脚手费、施工照明费、流动津贴、临时停水停电影响费、施工现场招牌围板费、职工上下班交通费、特殊材料设备采购费、原有建筑财产保护费、地盘管理费、业主管理费及其他等项目。计算施工措施费时,避免与分项工程单价所含内容重复(如脚手架费、临时设施费等)。施工措施费需逐项分析计算。

7.5 投标报价

估价人员在分项工程单价和拟建项目初步标价的基础上,根据招标工程具体情况及收集到的各方面的信息资料,对初拟标价进行自评,应用报价技巧,经过报价决策,最终确定招标项目的投标报价。

7.5.1 标价自评

标价自评是在分项工程单价及其汇总表的基础上,对各项计算内容进行仔细检查,对某些单价作出必要的调整,并形成初步标价后,再对初步标价作出盈亏及风险分析,进而提出可能的低标价和可能的高标价,供决策者选择。

1) 影响标价调整的因素
(1) 业主及其工程师

实践表明,业主及其工程师对承包商的效益有较大的影响,因此报价前应对业主及其工程师作出分析。

① 业主的资金情况。若业主资金可靠,标价可适当降低,若业主资金紧缺或可能很难以及时到位,标价宜适当提高。

② 业主的信誉情况。若业主是政府拨款或是信誉良好的大型企事业单位,则资金风险小,标价可降低,反之标价应提高。

③ 业主及工程师的其他情况。包括业主及工程师是否有建设管理经验,是否喜欢为难承包商等。

(2) 竞争对手

竞争对手是影响报价的重要因素。承包商不仅要收集分析对手的既往工程资料,更应采取有效措施,了解竞争对手在本工程项目中的各种信息。

(3) 分包商

承包商应慎重选择分包商,并对分包商的报价作出严格的比选,以确保分包商的报价科学合理,从而提高总报价的竞争力。

(4) 工期

工期的延误有两种原因,一是非承包商原因造成的工期延误,从理论上讲,承包商可以通过索赔获得补偿,但从我国工程实际出发,这种工期延误给承包商造成的损失往往很难由索赔完全获得,因此报价应对这种延误考虑适当的风险及损失;二是由于承包商原因造成的工期延误,如管理失误、质量问题等导致工期延误,不仅增大承包商的管理费、劳务费、机械费及资金成本,还可能发生违约拖期罚款。因此投标阶段可对工期因素进行敏感性分析,测定工期变化对费用增加的影响关系。

(5) 物价波动

物价波动可能造成材料、设备、工资及相关费用的波动,报价前应对当地的物价趋势幅度作出适当的预测,借助敏感性分析测出物价波动时对项目利润的影响。

(6) 其他可变因素

影响报价的因素很多。有些因素难以作出定量分析,有些因素投标人无法控制。但投标人仍应对这些因素作出必要的预测和分析,如政策法规的变化,汇率利率的波动等。

2) 标价风险分析

在项目实施过程中,承包商可能遭遇到各种风险。标价风险分析就是要对影响标价的风险因素进行评价,对风险的危害程度和发生概率作出合理的估计,并采取有效对策与措施来避免或减少风险。

风险管理的内容包括:风险识别、风险分析与评价、风险处理和风险监督。对潜在的可能损失的识别是最重要和困难的任务,识别风险可依靠观察、掌握有关知识、调查研究、实地踏勘、采访或参考有关资料、听取专家意见、咨询有关法规等方法进行。

风险分析和评价是对已识别的风险进行分析和评价,这一阶段的主要任务是测度风险量 R。德国人马特提出风险量的测度模型为:

$$R = f(p,q,A)$$

式中:p——风险发生的概率;

q——风险对项目财务的影响量;

A——风险评价员的预测能力。

从上述模型可以看出,由于均为风险评价员预测而得出,所以评价员的预测能力和水平就成了至关重要的因素。

常见的工程风险有两类:一是因投标报价人员素质低、经验少,在投标报价计算存在有质差、量差、漏项等造成的费用差别;另一类是属于投标报价时依据不足、工程量粗糙等造成的费用差别。对这些风险估算可遵循下列原则:现场勘察资料充分,风险系数小,反之风险系数大;标书计算依据完整、详细,风险系数可以小一些;规模大、工期长的工程,风险系数应大一些;分包多,用当地工人多,风险系数应增大。

风险费用的计算可以采用系数方法。现将某工程风险系数计算如表 7.5.1。

表 7.5.1 某工程风险系数计算表

费用名称	占造价比例(%)	风险概率(%)	风险系数
工程设备	37	4.4	0.016 28
材料采购	8	10	0.008
人工费	12	15	1.018
施工机械	2.6	15	0.003 9
分包	24	4.8	0.115 2
施工管理费	4.8	15	0.007 2
上涨增加费	10	15	0.025
其他	0.6	20	0.001 2
合计	100		8.11%

该工程风险系数为 8.11%。

3) 标价盈亏分析

（1）标价盈余分析

标价盈余分析，是指对标价所采用数据中的人工、材料、机械消耗量，人工、材料、机械台班（时）价，综合管理费，施工措施费，保证金、保险费、贷款利息等各计价因素逐项分析，重新核实，找出可以挖掘潜力的地方。经上述分析，最后得出总的估计盈余总额。

（2）标价亏损分析

标价亏损分析是对计价中可能少算或低估，以及施工中可能出现的质量问题，可能发生的工期延误等带来的损失的预测。主要内容包括：可能发生的工资上涨，材料设备价格上涨，质量缺陷造成的损失，投标报价计算失误，业主或监理工程师引起的损失，不熟悉法规、手续而引起的罚款，管理不善造成的损失等。

（3）盈亏分析后的标价调整

投标报价人员可根据盈亏分析调整标价：

$$低标价 = 基础标价 - 估计盈利 \times 修正系数$$
$$高标价 = 基础标价 + 估计亏损 \times 修正系数$$

修正系数一般约为 0.5~0.7。

4) 提高报价的竞争力

业主通过招标促使多个承包商在以价格为核心的各方面（如工期、质量、技术能力、施工等）展开竞争，从而达到工期短、质量好、费用低的目的。承包商要击败其他竞争对手而中标，在很大程度上取决于能否迅速报出极有竞争力的价格。

提高报价的竞争力，可从以下几个方面入手。

（1）提高报价的准确性

既要注意核实各项报价的原始数据，使报价建立在数据可靠、分析科学的基础之上，更要注意施工方案比选、施工设备选择，从而实现价格、工期、质量的优化。

（2）价格水平务求真实准确

对工程所在地的情况应尽最大可能调查清楚，这样报价才有针对性。对于那些专业性强，技术水平要求高的工程，可以报高。有时候在特殊情况下，一个高级工的工资可能高于工程师，工种之间的价格也要有区别。对于物资价格应了如指掌，用货比三家的原则选择最低的价格，力争报出有竞争力的价格。

（3）提高劳动生产率

长期以来，我国的承包商往往重视向业主算钱，而忽视企业内部的管理。承包商要想提高竞争力，取得好的效益，就必须大力挖掘企业内部的潜力。通过周密科学安排计划，巧妙地减少工序交叉和组织工序衔接，提倡一专多能，使劳动效率能够最大限度地发挥出来；采用先进的施工工艺和方法，提高机械化水平，特别是应用先进的中小型机械及相应工具，借以加快进度、缩短工期；认真控制质量减少返工损失等，也会增加盈利。

（4）加强和改善管理，降低成本

科学的施工组织，合理的平面布置，高效的现场管理，可以减少二次搬运，节省工时和机具，减少临时房屋的面积，提高机械的效率，从而降低成本。

（5）降低非生产人员的比例

减少机构层次，降低非生产人员比例，要求他们既懂技术又懂管理，提高工作效率，降低管理费用。

(6) 提高生产人员技术素质

生产人员技术素质高,可提高效率,保证质量,这对提高报价竞争力影响很大。

总之,认真分析影响报价的各项因素,充分合理地反映本企业较高的管理、技术和生产水平,可以提高报价的竞争力。

7.5.2 投标报价决策

在招标市场的激烈竞争中,任何建筑施工企业都必须重视投标报价决策问题的研究,投标报价决策是企业经营成败的关键。

1) 投标报价决策的主要内容

建筑施工企业的投标报价决策,实际就是解决投标过程中的对策问题,决策贯穿竞争的全过程,对于招标投标中的各个主要环节,都必须及时作出正确的决策,才能取得竞争的全胜。投标报价决策的主要内容可概括为下列四方面:

(1) 分析本企业在现有资源条件下,在一定时间内,应当和可承揽的工程任务数量。

(2) 对可投标工程的选择和决定。当只有一项工程可供投标时,决定是否投标;有若干项工程可供投标时,正确选择投标对象,决定向哪个或哪几个工程投标。

(3) 确定进行某工程项目投标后,在满足招标单位对工程质量和工期要求的前提下对工程成本的估价作出决策,即对本企业的技术优势和实力结合实际工程作出合理的评价。

(4) 在收集各方信息的基础上,从竞争谋略的角度确定高价、微利、保本等方面的投标报价决定。

投标报价应遵循经济性和有效性的原则。所谓经济性,是尽量利用企业的有限资源,发挥企业的优势,积极承揽工程,保证企业的实际施工能力和工程任务的平衡。所谓有效性,是指决策方案必须合理可行,必须促进企业兴旺发达,谨防因决策失误而导致企业背上包袱。

2) 确定企业承揽工程任务的能力

企业承揽的工程任务超过了企业的生产能力,就只能追加单位工程量投入的资源,从而增大成本;企业承揽任务不足,人力窝工,设备闲置,维持费用增加,可能导致企业亏损。因此,正确分析企业的生产能力十分重要。

(1) 用企业经营能力指标确定生产能力

企业经营能力指标包括:技术装备产值率、流动资金周转率、全员劳动生产率等。这些指标均以年为单位,并依据历史数据,再采用一元线性回归等方法考虑生产能力的变动趋势,确定未来的生产能力和经营规模。

(2) 用量、本、利分析确定生产能力

根据量本利关系计算出盈亏平衡点,即确定企业或内部核算单位保本的最低限度的经营规模。盈亏平衡点可按实物工程量、营业额等分别计算。

(3) 用边际收益分析方法确定生产能力

产品的成本可分为固定成本和变动成本两部分,在一定限度下总成本随着产量的增加而增加,但单位产品的成本却随着产量的增加而逐渐减少。因为固定成本是不变的,产量越多,摊入每个产品的固定成本越来越少,但产量超过一定限度时,必须追加设备、管理人员等,这样平均成本又会随着产量的增加而增加。我们把由增加每一个产品而同时增加的成本,称为边际成本,即每增加一个单位产量而需追加的成本。

当边际成本小于平均成本时,平均成本是随产量的增加而减少;若边际成本大于平均成本,这时再增大产量就是增大平均成本。因此企业生产存在一个最高产量点。在盈亏平衡点与最高产量点之间的产量都是可盈的产量。

上述三种确定企业生产能力的具体方法,读者可参阅有关书籍。

3) 决定是否参加某项工程投标

(1) 确定投标的目标

能获得最大的利润或确保企业有活干即可,也可能为了克服一次生存危机。

(2) 确定对投标机会判断的标准

即达到什么标准就决定参加投标,达不到该标准则不参加投标。投标的目标不同,确定的判断标准也不同。判断标准一般从三个方面综合拟定。一是现有技术对招标工程的满足程度,包括技术水平、机械设备、施工经验等能否满足施工要求;二是经济条件,如资金运转能否满足施工进度、利润的高低等;三是对生存与发展方面的考虑,包括招标单位的资信是否已经履行各项审批手续、工程会不会中途停建缓建、有没有内定的得标人、能不能通过该工程的施工而取得有利于本企业的社会影响、竞争对手的情况、自身的优势等。将上述三方面的内容分别制定打分标准,若该工程打分达到某一标准则决定投标。

(3) 判断是否投标的步骤

首先应确定评价是否投标的影响因素,其次确定评分方法,再依据以往经验确定最低得分标准。

举例如表7.5.2,该工程影响投标因素共八个方面,权数合计为20,每个因素按5分制打分,满分100分。该工程最低得分标准65分,实际打分70分,满足最低得分标准,可以投标。

表7.5.2 投标条件评分表

影响投标的因素	权 数	评 价	得 分
技术水平	4	5	20
机械设备能力	4	3	12
设计能力	1	3	3
施工经验	3	5	15
竞争的激烈程度	2	3	6
利润	2	2	4
对今后机会的影响	2	0	0
招标单位信誉	2	5	10
合 计	20		70
最低可接受的分数			65

(4) 与竞争者对比分析,确定是否投标

首先确定对比分析的因素及评分标准,再收集各竞争对手的信息,采用表7.5.3的方法综合评分。若得分优于对手,显然参加投标是合适的;若与对手不相上下,则应考虑应变措施;若明显低于对手,则是否投标要慎重考虑。

表 7.5.3 投标优势评价表

评价因素 (满分5分)	投标单位			
	A	B	C	D
劳动工效与技术装备水平 L	3	3	5	3
施工速度 V	4	3	5	3
施工质量 M	3	4	4	2
成本控制水平 C	2	3	4	5
在本地区的信誉与影响 B	3	3	5	3
与招标单位的关系及交往渠道 R	3	3	4	5
过去中标的概率 P	3	3	4	3
合 计	21	22	31	24

4) 选择投标工程

当企业有若干工程可供投标时,选择其中一项或几项工程投标。

(1) 权数计分评价法

即采用表 8.5.2 所示的方法对不同的投标工程打分,选择得分较高的一个或几个工程去投标。

(2) 其他决策方法

有条件时可采用线性规划模型分析、决策树等现代管理中的决策方法决定是否投标。

复 习 思 考 题

1. 承包商投标报价工作机构应由哪些人员组成?
2. 简述投标报价的工作步骤。
3. 简述投标文件的编制原则。
4. 承包商进行投标报价要做好哪些准备工作?
5. 工程现场调查的内容有哪些?一般应采取哪些方法?
6. 如何进行工程询价?
7. 如何进行分包询价?
8. 造价人员如何做好价格数据的维护工作?
9. 常用的报价策略和技巧有哪些?

8 建设工程实施阶段计价

8.1 建设工程施工合同的签订与履行

8.1.1 合同签订前的审查分析

1) 概述

工程承包经过招标、投标、授标的一系列交易过程之后,根据《合同法》规定,发包人和承包人的合同法律关系就已经建立。但是,由于建设工程标的规模大、金额高、履行时间长、技术复杂,再加上可能由于时间紧,工程招标投标工作较仓促,从而可能会导致合同条款完备性不够,甚至合法性不足,给今后合同履行带来很大困难。因此,中标后,发包人和承包人在不背离原合同实质性内容的原则下,还必须通过合同谈判,将双方在招投标过程中达成的协议具体化或作某些增补或删减,对价格等合同条款进行法律认证,最终订立一份对双方均有法律约束力的合同文件。根据我国《招标投标法》及《房屋建筑和市政基础设施工程施工招标投标管理办法》规定,发包人和承包人必须在中标通知书发出之日起 30 日内签订合同。

由于这是双方合同关系建立的最后也是最关键的一步,因而无论是发包人还是承包人都极为重视合同的措辞和最终合同条款的制定,力争在合同条款上通过谈判全力维护自己的合法利益。双方愿意进一步通过谈判签订合同的原因是:

(1) 完善合同条款。招标文件中往往存在缺陷和漏洞,如工程范围含糊不清,合同条款较抽象,可操作性不强,合同中出现错误、矛盾和争议等,从而给今后合同履行带来很大困难。为保证工程顺利实施,必须通过合同谈判完善合同条款。

(2) 降低合同价格。在评标时,虽然从总体上可以接受承包人的报价,但发现承包人投标报价仍有部分不太合理。因此,希望通过合同谈判,进一步降低正式的合同价格。

(3) 评标时发现其他投标人的投标文件中某些建议非常可行,而中标人并未提出,发包人非常希望中标人能够采纳这些建议。因此需要与承包人商讨这些建议,并确定由于采纳建议导致的价格变更。

(4) 讨论某些局部变更,包括设计变更、技术条件或合同条件变更对合同价格的影响。对承包人来说,由于建筑市场竞争非常激烈,发包人在招标时往往提出十分苛刻的条件,在投标时,承包人只能被动应付,而进入合同谈判、签订合同阶段,由于被动地位有所改变,承包人往往利用这一机会与发包人讨价还价,力争改善自己的不利处境,以维护自己的合法利益。承包人的主要目标有:

① 澄清标书中某些含糊不清的条款,充分解释自己在投标文件中的某些建议或保留意见;

② 争取改善合同条件，谋求公正和合理的权益，使承包人的权利与义务达到平衡；

③ 利用发包人的某些修改变更进行讨价还价，争取更为有利的合同价格。

为了切实维护自己的合法利益，在合同谈判之前，无论是发包人还是承包人都必须认真仔细地研究招标文件及双方在招投标过程中达成的协议，审查每一个合同条款，分析该条款的履行后果，从中寻找合同漏洞及于己不利的条款，力争通过合同谈判使自己处于较为有利的位置，以改善合同条件中一些主要条款的内容，从而能够从合同条款上全力维护自己的合法权益。

2) 合同审查分析的内容

合同审查分析是一项技术性很强的综合性工作，它要求合同管理者必须熟悉与合同相关的法律法规，精通合同条款，对工程环境有全面的了解，有合同管理的实际工作经验并有足够的细心和耐心。

土木工程合同审查分析主要包括以下几方面内容：

(1) 合同效力的审查与分析

合同必须在合同依据的法律基础范围内签订和实施，否则会导致合同全部或部分无效，从而给合同当事人带来不必要的损失。这是合同审查分析的最基本也是最重要的工作。合同效力的审查与分析主要从以下几方面入手：

① **合同当事人资格审查**即合同主体资格的审查。无论是发包人还是承包人必须具有发包和承包工程、签订合同的资格，即具备相应的民事权利能力和民事行为能力。有些招标文件或当地法规对外地或外国承包商有一些特别规定，如在当地注册、获取许可证等。在我国，承包人要承包工程不仅必须具备相应的民事权利能力(营业执照、许可证)，而且还必须具备相应的民事行为能力(资质等级证书)。

② **工程项目合法性审查**即合同客体资格的审查。主要审查工程项目是否具备招标投标合同的一切条件，包括：是否具备工程项目建设所需要的各种批准文件；工程项目是否已经列入年度建设计划；建设资金与主要建筑材料和设备来源是否已经落实等。

③ **合同订立过程审查**。如审查招标人是否有规避招标行为和隐瞒工程真实情况的现象；投标人是否有串通作弊、哄抬标价或以行贿的手段谋取中标的现象；招标代理机构是否有泄露应当保密的与招标投标活动有关的情况和资料的现象，以及其他违反公开、公平、公正原则的行为。

有些合同需要公证，或由官方批准后才能生效，这应当在招标文件中说明。在国际工程中，有些国家项目、政府工程，在合同签订后，或业主向承包商发出中标通知书后，还得经过政府批准，合同才能生效。对此，应当特别注意。

④ **合同内容合法性审查**主要审查合同条款和所指的行为，如分包转包的规定、劳动保护的规定、环境保护的规定、赋税和免税的规定、外汇额度条款、劳务进出口等条款是否符合相应的法律规定。

(2) 合同的完备性审查

根据《合同法》规定，合同应包括合同当事人、合同标的、标的的数量和质量、合同价款或酬金、履行期限、地点和方式、违约责任和解决争议的方法等内容。一份完整的合同应包括上述所有条款。由于建设工程的工程活动多，涉及面广，合同履行中不确定性因素多，从而给合同履行带来很大风险。如果合同不够完备，就可能会给当事人造成重大损失。因此，必须对合同的完备性进行审查。合同的完备性审查包括：

① **合同文件完备性审查**即审查属于该合同的各种文件是否齐全。如发包人提供的技术文件等资料是否与招标文件中规定相符，合同文件是否能够满足工程需要等。

② **合同条款完备性审查**是合同完备性审查的重点，即审查合同条款是否齐全，对工程涉及的各方面问题是否都有规定，合同条款是否存在漏项等。合同条款完备性程度与采用何种合同文本有很大关系：

a. 如果采用合同示范文本，如 FIDIC 条件，或我国施工合同示范文本等，则一般认为该合同条款较完备。此时，应重点审查专用合同条款是否与通用合同条款相符，是否有遗漏等。

b. 如果未采用合同示范文本，但合同示范文本存在。在审查时应当以示范文本为样板，将拟签订的合同与示范文本的对应条款一一对照，从中寻找合同漏洞。

c. 无标准合同文本，如联营合同等。无论是发包人还是承包人在审查该类合同的完备性时，应尽可能多地收集实际工程中的同类合同文本，进行对比分析，以确定该类合同的范围和合同文本结构形式。再将被审查合同按结构拆分开，并结合工程实际情况从中寻找合同漏洞。

（3）合同条款的公正性审查

公平公正、诚实信用是《合同法》的基本原则，当事人无论是签订合同还是履行合同，都必须遵守该原则。但是，在实际操作中，由于建筑市场竞争异常激烈，而合同的起草权又掌握在发包人手中，承包人只能处于被动应付的地位，因此业主所提供的合同条款往往很难达到公平公正的程度。所以，承包人应逐条审查合同条款是否公平公正，对明显缺乏公平公正的条款，在合同谈判时，通过寻找合同漏洞、向发包人提出自己的合理化建议、利用发包人澄清合同条款及进行变更的机会，力争使发包人对合同条款作出有利于自己的修改。同时，发包人应当认真审查研究承包人的投标文件，从中分析投标报价过程中承包人是否存在欺诈等违背诚实信用原则的现象。对施工合同而言，应当重点审查以下内容。

① 工作范围。即承包人所承担的工作范围，包括施工、材料和设备供应、施工人员的提供、工程量的确定、质量、工期要求及其他义务。工作范围是制定合同价格的基础，因此工作范围是合同审查与分析中一项极其重要不可忽视的问题。招标文件中往往有一些含糊不清的条款，故有必要进一步明确工作范围。在这方面，经常发生的问题有：

a. 因工作范围和内容规定不明确或承包人未能正确理解而出现报价漏项，从而导致成本增加甚至整个项目出现亏损。

b. 由于工作范围不明确，对一些应包括进去的工程量没有进行计算而导致施工成本上升。

c. 规定工作内容时，对于规格、型号、质量要求、技术标准文字表达不清楚，从而在实施过程中易产生合同纠纷。

因此，合同审查一定要认真仔细，规定工作内容时一定要明确具体，责任分明。特别是在固定总价合同中，根据双方已达成的价格，查看承包人应完成哪些工作，界面划分是否明确，对追加工程能否另计费用。对招标文件中已经体现，工程数量也已列入，但总价中未计入者，是否已经逐项指明不包括在本承包范围内，否则要补充计价并相应调整合同价格。为现场监理工程师提供的服务如包含在报价内，分析承包人应提供的办公及住房的建筑面积、标准，工作、生活设备数量和标准等是否明确。合同中有否诸如"除另有规定外的一切工程"、"承包人可以合理推知需要提供的为本工程服务所需的一切工程"等含糊不清的词句。

② 权利和责任。合同应公平合理地分配双方的责任和权益。因此，在合同审查时，一定要列出双方各自的责任和权利，在此基础上进行权利义务关系分析，检查合同双方责权是否平衡，合同有否逻辑问题等。同时，还必须对双方责任和权力的制约关系进行分析。如在合同中规定一方当事人有一项权力，则要分析该权力的行使会对对方当事人产生什么影响，该权力是否需要制约，权力方是否会滥用该权力，使用该权力的权力方应承担什么责任等。据此可以提出对该项权力的反制约。例如合同中规定"承包商在施工中随时接受工程师的检查"条款。作为承包商，为了防止工程师滥用检查权，应当相应增加"如果检查结果符合合同规定，则业主应当承担相应的损失（包括工期和费用赔偿）"条款，以限制工程师的检查权。

如果合同中规定一方当事人必须承担一项责任，则要分析承担该责任应具备什么前提条件，相应拥有什么权力，以及对方不履行相应的义务应承担什么责任等。例如，合同规定承包商必须按时开工，则在合同中应相应规定业主应按时提供现场施工条件，及时支付预付款等。

在审查时，还应当检查双方当事人的责任和权益是否具体、详细、明确，责权范围界定是否清晰等。例如，对不可抗力的界定必须清晰，如风力为多少级，降雨量为多少毫米，地震的震级为多少等等。如果招标文件提供的气象、水文和地质资料明显不全，则应争取列入非正常气象、水文和地质情况下业主提供额外补偿的条款，或在合同价格中约定对气象、水文和地质条件的估计，如超过该假定条件，则需要增加额外费用。

③ 工期和施工进度计划

工期。工期的长短直接与承发包双方利益密切相关。对发包人而言，工期过短，不利于工程质量，还会造成工程成本增加；而工期过长，则影响发包人正常使用，不利于发包人及时收回投资。因此，发包人在审查合同时，应当综合考虑工期、质量和成本三者的制约关系，以确定一最佳工期。对承包人来说，应当认真分析自己能否在发包人规定的工期内完工；为保证自己按期竣工，发包人应当提供什么条件，承担什么义务；如发包人不履行义务应承担什么责任，以及承包人不能按时完工应当承担什么责任等。如果根据分析，很难在规定工期内完工，承包人应在谈判过程中依据施工规划，在最优工期的基础上，考虑各种可能的风险影响因素，争取确定一个承发包双方都能够接受的工期，以保证施工的顺利进行。

开工。主要审查开工日期是已经在合同中约定还是以工程师在规定时间发出开工通知为准，从签约到开工的准备时间是否合理，发包人提交的现场条件的内容和时间能否满足施工需要，施工进度计划提交及审批期限，发包人延误开工、承包人延误进场各应承担的责任等。

竣工。主要审查竣工验收应当具备什么条件，验收的程序和内容；对单项工程较多的工程，能否分批分幢验收交付，已竣工交付部分，其维修期是否从出具该部分工程竣工证书之日算起；工程延期竣工罚款是否有最高限额；对于工程变更、不可抗力及其他发包人原因而导致承包人不能按期竣工的，承包人是否可延长竣工时间等。

④ 工程质量。主要审查工程质量标准的约定能否体现优质优价的原则，材料设备的标准及验收规定，工程师的质量检查权力及限制，工程验收程序及期限规定，工程质量瑕疵责任的承担方式，工程保修期期限及保修责任等。

⑤ 工程款及支付问题。工程造价条款是工程施工合同的关键条款，但通常会发生约定不明或设而不定的情况，往往为日后争议和纠纷的发生埋下隐患。实际情况表明，业主与承包商之间发生的争议、仲裁和诉讼等，大多集中在付款上，承包工程的风险或利润，最终也都要在付款中表现出来。因此，无论发包人还是承包人都必须花费相当多的精力来研究与付款有关的

各种问题。包括:

合同价格。包括合同的计价方式,如采用固定价格方式,则应检查在合同中是否约定合同价款风险范围及风险费用的计算方法,价格风险承担方式是否合理;如采用单价方式,则应检查在合同中是否约定单价随工程量的增减而调整的变更限额百分比(如15%、20%或25%);如采用成本加酬金方式,则应检查合同中成本构成和酬金的计算方式是否合理。还应分析工程变更对合同价格的影响。

同时,还应检查合同中是否约定工程最终结算的程序、方式和期限。对单项工程较多的工程,是否约定按各单项工程竣工日期分批结算;对"三边"工程,能否设定分阶段决算程序。当合同当事人对结算工程最终造价有异议时应当如何处理等。

工程款支付主要包括以下内容:

预付款。由于施工初期承包人的投入较大,因此如在合同中约定预付款以支付承包人初期准备费用是公平合理的。对承包人来说,争取预付款既可以使自己减少垫付的周转资金及利息,也可以表明业主的支付信用,减少部分风险。因此,承包人应当力争取得预付款,甚至可适当降低合同价款以换取部分预付款,同时还要分析预付款的比例、支付时间及扣还方式等。在没有预付款时,通过合同,分析能否要求发包人根据工程初期准备工作的完成情况给付一定的初期付款。

付款方式采用工程进度按月支付的,主要审查工程计量及工程款的支付程序,以及检查合同中是否有中期支付的期限及延期支付的责任。对于采用按工程形象进度付款的,应重点分析各付款阶段付款额对工程资金现金流的影响,以合理确定各阶段的付款比例。

支付保证包括承包人预付款保证和发包人工程款支付保证。对预付款保证,应重点审查保证的方式及预付款保证的保值是否随被扣还的预付款金额而相应递减。业主支付能力直接影响到承包商资金风险是否会发生及风险发生后影响程度的大小,承包商事先必须详细调查业主的资信状况,并尽可能要求业主提供银行出具的资金到位的证明或资金支付担保。

保留金。主要检查合同中规定的保留金限额是否合理,保留金的退还时间,分析能否以维修保函代替扣留的应付款。对于分批交工的工程,是否可分批退还保留金。

⑥违约责任。违约责任条款订立的目的在于促使合同双方严格履行合同义务,防止违约行为的发生。发包人拖欠工程款、承包人不能保证工程质量或不按期竣工,均会给对方以及第三人带来不可估量的损失。因此,违约责任条款的约定必须具体、完整,审查时要注意:

a. 对双方违约行为的约定是否明确,违约责任的约定是否全面。在工程施工合同中,双方的义务繁多,因此一些违反非合同主要义务的责任承担往往容易被忽视。而违反这些义务极可能影响到整个合同的履行,所以,应当注意必须在合同中明确违约行为,否则很难追究对方的违约责任。

b. 违约责任的承担是否公平。针对自己关键性权利,即对方的主要义务,应向对方规定违约责任,如对承包人必须按期完工、发包人必须按规定付款等,都要详细规定各自的履行义务和违约责任。在对自己确定违约责任时,一定要同时规定对方的某些行为是自己履约的先决条件,否则自己不应当承担违约责任。

c. 对违约责任的约定不应笼统化,而应区分情况作相应约定。有的合同不论违约的具体情况,笼而统之约定一笔违约金,这很难与因违约而造成的实际损失相匹配,从而导致出现违约金过高或过低等不合理现象。因此,应当根据不同的违约行为,如工程质量不符合约定、工期延误等分别约定违约责任。同时,对同一种违约行为,应视违约程度,承担不同的违约责任。

d. 虽然规定了违约责任,在合同中还要强调,以作为督促双方履行各自的义务和承担违约责任的一种保证措施。此外,在合同审查时,还必须注意合同中关于保险、担保、工程保修、争议的解决及合同的解除等条款的约定是否完备、公平合理。

8.1.2 签订工程承包合同

1) 办理好相关手续

签订工程承包合同之前,必须办理好履约保证书和各项保险手续。

履约保证书是投标单位在中标之后,为确保自己能履行拟签订的承包合同,而必须在承包合同签订之前,先向业主交纳的保证书。保证书提出的保证金数额的确定方法一般有两种:一种是按标价的10%计算;另一种是按规定的数额确定。若承包人履约,则履约保证书的有效期应持续到完工之日。若承包人违约,该保证书的有效期就要持续到保证人以保证金额赔偿了业主方面的损失之日止。

需要办理的各项保险手续主要指:工程保险、第三方保险、工人人身保险等。

2) 商签工程承包合同

工程承包合同是由工程业主和承包商双方以承揽包工方式完成某一工程项目而签订的合同。它是双方履行各自权利、义务的具有法律效力的经济契约。业主根据合同条款对工程的工期、质量、价格等方面进行全面监督,并对承包商支付报酬;承包商则根据合同条款完成该项工程的施工建造,并取得酬金。因此,也可以认为工程承包合同是承包商保证为业主完成委托任务,业主保证按商定的条件给承包商支付酬金的法律凭证。

8.1.3 履行工程承包合同

工程承包合同的履行过程亦即商品交易中的付款提货过程。

1) 承包人的履约工作

在履约过程中,承包人必须按照合同的约定保质、保量、如期地将工程交付给发包人使用,并根据合同中规定的价格及支付条款收取工程款。其主要工作是:

(1) 办理好预付款保证书,及时收取预付款。

(2) 备工、备料,做好施工前的各项准备工作。

(3) 按计划精心组织施工,确保工程质量、工期和安全施工。

(4) 保存好全套工程项目资料并做好记录。

必须妥善保存的文件、资料,主要是指投标文件、标书、图纸以及与业主、工程师的来往信件,各种财务方面及工程量计算方面的原始凭据等。

需作好的各项记录是:工程师通知的工程变更记录、暂定项目的工程量记录、标书外的零星点工及零星机械使用量记录、天气记录、工伤事故记录等。这些记录均须取得有关方面的签认。

(5) 办理支付证书并交工程师签认。根据工程的实际进度,及时累计所完成的各项工程量(包括开办费中的一些设备购置费、临时设施费等),并及时办理支付款项证明书,送交工程师签认,以便能及时领取应得款项。

(6) 及时以书面形式向工程师报告那些无法按照合同规定供应的材料、设备等,并提出合适的代用品的建议,及时征得工程师的同意,以保证工程进度和承包人在价格方面不受影响。

(7) 注意进行施工索赔必需的各项工作。包括:分析标书及图纸等方面的漏误、核对施工中的项目内容与标书及图纸的出入,详细记录影响施工的恶劣气候的天数、由于工程所在国当局的原因及业主方面人员的原因贻误工期的具体情况、工程变更的具体情况等。

对上述各类问题导致必须增加的费用额及必须延长的施工工期日数,均应以书面形式及时(一般是一个月以内)地通知工程师或其代表,请他们签认,以备日后能较顺利地进行费用和工期两方面的施工索赔。

2) 发包人的履约工作

发包人在履约过程中,主要是按合同的约定协同施工,主要有:

(1) 按期提交合格的工程施工现场。

(2) 据合同的约定协助承包方办理相关的各项手续。

(3) 及时进行材料、设备样品的认可。

(4) 做好工程的检验、检查工作,及时办理验收手续。

(5) 按合同的规定,如期向承包人支付款项。

(6) 委派工程师。委派得力的驻地工程师,代表业主全面负责工程实施的各项工作,解决、处理好应由缔约双方协商的各项重要事宜。

8.1.4 建设工程承包合同纠纷的解决

建设工程承包合同在履行过程中,由于受双方国家的政治、经济、自然条件等诸多因素影响,且工程本身情况复杂又变化多端,履约中不可避免地会出现一些预料不到的问题。缔约双方从维护各自权益的角度出发,对这些问题的解决就难免产生矛盾和纠纷。这些纠纷应当依据双方在合同中规定解决纠纷的有关条款及国际通用的解决工程承包合同纠纷的常用方法进行解决。

1) 履约中常见的主要纠纷

建设工程承包合同在履行过程中出现的各种纠纷可概括为以下几类:

(1) 工作命令

原则上承包商有义务执行工程师下达的所有工作命令,但工程承包合同又通常规定承包商有权在规定的期限内对工程师下达的工作命令提出异议和要求,因此,可能导致双方之间产生分歧,尤其是发生了不可预见事件时,更是如此。

(2) 工程材料及施工质量和标准

关于工程的质量和标准,虽有技术规范、设计图纸和合同条款的规定,但有些标准并非绝对的,有些标准并无十分明确的界限,工程质量能否得到监理工程师的认可,与工程师的水平、立场、态度关系极大,因此,也经常产生争议。

(3) 工程付款依据

这方面的分歧主要产生于对已实施工程的确认。通常是在对施工日志、工程进度报表的确认及对工程付款中临时、正式账单审核签字时产生的争议和纠纷。

(4) 工期延误

工期纠纷是工程承包合同缔约双方间最常发生的纠纷。主要表现在对造成工期延误原因的确认和应采取的处理方法等方面的争议。

(5) 合同条款的解释

由于某些合同在签订时只是原则性地提及双方的权利和义务,缺乏限定条款;有些合同中部分条款的措辞有时可以有多种解释,因而在合同实施中往往导致对合同条款如何解释产生分歧。

(6) 不可抗力及不可预见事件

因为各国的法律对这两类事件赋予的定义存在差异,有些合同在签订时很难对这两者的界限予以明确规定,尤其是一些人为因素如罢工、内乱等造成的事件。所以,履约过程中此类事件一旦发生,双方极易出现纠纷。

(7) 工程验收

业主或工程师与承包商在工程验收时,往往围绕工程是否合格的问题上发生纠纷。工程是否合格的问题弹性很大,除明显的施工缺陷外,对于工程的评价通常很难确定一个双方完全一致公认的标准,极易为此发生争议。

(8) 工程分包

某些合同签订时对于是否允许分包并未作出明确规定,而承包商则利用合同中未设明确禁止分包的条款,在没有征得业主同意的情况下,进行了工程分包,因而导致双方产生纠纷。

(9) 工程变更

工程承包合同实施过程中,往往出现工程变更的量或时间与合同规定的范围稍有不符,而双方都斤斤计较,因此产生分歧。

(10) 误期付款

尽管合同中都有明文规定业主拖欠工程款应付延期利息,但执行起来却非常困难,特别是延期利息数额巨大时,势必导致双方纠纷的产生。

除上述种种情况外,因工程设计修改及由此导致的工程性质及用料改变;业主无正当理由而拖延了对承包商提出要求的答复;承包商违章施工造成第三者受害;战争摧毁承包商已实施的工程;业主中途将合同转让导致与新老承包商之间难以合理确定酬金等问题,都会导致承发包双方产生纠纷。

2) 解决合同纠纷的基本方法

解决工程承包合同纠纷常用的方法有:

(1) 协商

协商是指缔约双方的当事人直接进行接触、磋商、自行解决纠纷和争议的一种方法。

进行协商的一般做法是,通过双方的接触和磋商,互相均作出一定限度的让步,在双方都认为能够接受的基础上,消除争议,达成和解,使问题得以解决。

用协商的方法来解决纠纷和争议,有利于保持双方的良好合作关系,并且能节省费用。

(2) 调解

调解是指由工程师(或法律专家)受当事人之托作为调解人,对缔约人发生的争端,通过全面、公正地考虑双方的权益而作出决定性的解决意见,双方照此办理,使争端得到解决的一种方法。

调解的做法大致是这样的:若工程业主和承包商在合同或工程建造方面发生的争端,双方均可将争端提交工程师(或法律专家),请其进行调解。调解人在接到任何一方的请求后,即可考虑可行的调解意见,并于三个月内,将自己所考虑的决定意见通知业主和承包商。双方若都对调解决定满意,即调解有效,该决定意见对双方均有约束力;若有任何一方对决定不满意,均可在一个月内提出仲裁要求,此时,调解无效。

用调解的方法解决争端,一般花费不大,解决问题也较快。但由于调解决定需要双方自愿履行,其约束力和强制性均较差。

(3) 仲裁

仲裁是指通过仲裁组织,按照仲裁程序,由仲裁员作为裁判,对于那些涉及金额巨大或后果严重,双方均不愿作较大让步,经过反复协商、调解仍无法解决的争端或一方有意毁约,态度恶劣,无诚意解决问题的争端作出裁决,是解决争端的一种常用方法。

仲裁有自己的仲裁组织,有固定的仲裁程序,由作为裁判的仲裁员来对双方争议的事项作出具体裁决。仲裁员的裁决是对双方均有约束力的最终裁决。尽管仲裁组织本身并没有强制能力和强制措施,但是法院可出面根据胜诉方的要求,强制败诉方执行裁决,致使败诉方无法忽视裁决而逃避责任,从而保障裁决的约束力和强制性。仲裁有较大的灵活性。仲裁能迅速解决问题且费用较省。

(4) 诉讼

诉讼是指按照诉讼程序法向有管辖权的法院起诉,通过法院的判决,来解决那些通过协商、调解均无法解决,且所涉及金额巨大、后果严重、合同中又没签订仲裁条款的争端解决方法。

上述争端中,双方当事人中的任何一方,都有权向当地法院起诉,申请判决。这种诉讼一般称为"民事诉讼"。法院的判决是具有法律约束力和强制性的,无任何协调余地。但是所需的花费比较多,时间也比较长。

以上简述了解决工程承包合同争端的几种基本方法。其中仲裁是最普遍的一种方法。

8.2 建设工程标后预算

建设工程标后预算是在建设工程施工前,由施工单位内部编制的预算,它在工程承包合同价的控制下,根据施工定额编制。

在每一个建设工程开工之前,施工单位都必须编制作业进度计划,计算工程材料用量、分析施工所需的工种、人工数量、机械台班消耗数量和直接费用,并提出各类构配件和外加工项目委托书等,以便有计划、有组织地进行施工,从而达到节约人力、物力和财力的目的。因此,编制标后预算和进行工料分析,是建设施工企业管理工作中的一项重要措施和制度。

8.2.1 建设工程标后预算概述

1) 标后预算的内容与作用

标后预算包括工程量、人工、材料和机械台班数量。以单位工程为对象,按分部工程进行计算。标后预算由说明书及表格两大部分组成。

(1) 说明书部分

说明书部分简要说明以下几方面的内容:

① 编制的依据,如采用什么定额、图纸等。

② 工程性质、范围及地点。

③ 设计图纸和说明书的审查意见及现场的主要资料。

④ 施工方案、施工期限。

⑤ 施工中采取的主要技术措施和降低成本的措施。

(2) 表格部分

标后预算为了满足各职能部门的管理要求,常采用以下几种表格:

① 标后预算工料分析表。这是标后预算中的基本表格,该表格依据工程量乘以工料消耗量编制。

② 标后预算工、料和机械消耗量汇总表。

③ "两算"对比表。用于进行合同价与标后预算对比。

④ 其他表格。如门窗加工表、五金明细表等。

(3) 标后预算的作用

标后预算有以下几方面的作用:

① 标后预算是施工单位计划部门安排作业和组织施工,进行施工管理的依据。

② 标后预算是施工管理部门或项目经理部向班组下达施工任务单和限额领料单的依据。

③ 标后预算是劳务部门安排劳动人数和进场时间的依据。

④ 标后预算是材料部门编制材料供应计划,进行备料和按时组织进场的依据。

⑤ 标后预算是财务部门定期进行经济活动分析,核算工程成本的依据。

⑥ 标后预算是施工企业加强内部管理,进行"两算"对比的依据。

2) 标后预算的编制依据

① 会审后的施工图和说明书。标后预算要分层、分段地编制。采用会审后的施工图和说明书以及会审纪要来编制,目的是使标后预算更符合实际情况。

② 企业的劳动定额、材料消耗定额和施工机械台班定额。

③ 施工组织设计或施工方案。标后预算与施工组织设计或施工方案中选用的施工机械、施工方法等有密切关系,所以它是编制标后预算必不可少的依据。

④ 报价书。标后预算的分项工程项目划分比报价书的分项工程项目划分要细一些,但有的工程量与报价书是相同的,为了减少重复计算,标后预算可参考报价书。

⑤ 人工工资标准及材料预算价格。

⑥ 现场实际勘测资料。

3) 标后预算的编制方法

标后预算的编制方法有实物法和实物金额法两种。

(1) 实物法

根据图纸以及施工定额计算出工程量套用企业定额,计算并分析汇总工、料以及机械台班数量。

(2) 实物金额法

实物金额法又可分为以下两种:

① 根据实物法计算工、料和机械台班数量,分别乘以工、料和机械台班的单价,求出人工费、材料费和机械使用费。

② 根据施工定额的规定计算工程量,套用计价表的人工、材料费和机械使用费,计算出标后预算的人工费、材料费和施工机械使用费。

4) 标后预算的编制步骤

(1) 熟悉图纸,了解现场情况及施工组织情况。

（2）根据图纸、定额、现场情况列出工程项目，再计算工程量。

（3）套用企业定额，计算人工、材料、机械用量。

（4）工料分析。根据所用定额逐项进行工料分析，并将同类项目工料相加汇总，形成完整的分部、分层、分段工料汇总表。

（5）编写编制说明及计算其他表格（门窗加工表、五金配件表等）。

（6）编制标后预算与合同价对比表。

8.2.2 标后预算与合同价对比分析

1）标后预算与合同价的不同点

（1）工程项目粗细程度不同

① 标后预算的工程量计算要分层、分段、分工种、分项进行，其项目比较多。

② 标后预算项目划分比较细。

（2）计算范围不同

标后预算一般算到直接费为止，投标报价要完成整个工程造价计算。

（3）所考虑的施工组织方面的因素多少不同

标后预算所考虑的施工组织方面的因素比投标报价细得多。

2）标后预算与合同价的对比分析

（1）对比方法

① **实物对比法**是将标后预算与合同价的人工、材料、机械台班消耗数量分别进行对比。

② **实物金额对比法**是将标后预算与合同价的人工费、材料费、机械使用费分别进行对比。

（2）对比的内容

① 人工。一般标后预算应低于合同价 10%～15%。

② 材料。标后预算消耗量总体上低于合同价。因为施工操作损耗一般低于计价表中的材料损耗。

③ 机械台班。计价表中的机械台班耗用量是综合考虑的；施工定额要求根据实际情况计算，即根据施工组织设计或施工方案规定的进场施工的机械种类、型号、数量、工期计算。机械台班采用以金额表示的机械费进行标后预算与合同价对比。

（3）对比的范围

对比的范围可根据管理的要求灵活确定，可以是一个主要工序、一个分项工程、一个分部工程直至一个单位工程，可以对人工、材料、机械用量分别对比，或仅对比其中一项，也可以用实物金额法对比人工费、材料费、机械费。

8.2.3 合同价与实际消耗对比分析

综合分析可采取预算、财务、施工等职能部门配合的方法进行，通过对工程实际耗用情况与承包合同价的绝对和相对比较，有利于对工程完成情况、经营成果提出合理的、有说服力的综合评价，并通过分析找出降低成本的突破口。

1）承包合同价与实际消耗降低程度分析

承包合同价与实际成本项目的对比分析，首先应将工程造价划分为若干个项目。划分的方法可参照责任会计中的成本项目划分方法。合理划分项目，有利于分析出各责任单位的成本节超情况。

如某工程各项费用的实际消耗与预算成本对比分析见表 8.2.1。

表 8.2.1　实际消耗降低程度分析表

成本项目	预算(万元)	实际(万元)	降低额(万元)	降低率(%)(占本项)	降低率(%)(占总成本)
人工费	15.6	15.3	0.3	1.92	0.19
材料费	100.2	93.2	7.0	6.99	4.40
机械使用费	8.4	8.9	−0.5	−5.95	−0.31
其他直接费	3.0	2.8	0.2	6.67	0.13
工程直接成本	127.2	120.2	7.0	5.50	4.40
管理费	31.8	29.4	2.4	7.55	1.50
工程总成本	159.0	149.6	9.4	5.91	5.91

（1）工程预算成本 159.0 万元，实际成本 149.6 万元，实际比预算降低 9.4 万元，即该工程的成本降低率为 5.91%。

（2）在各成本项目中，材料费比重最大，降低额也最大，降低额 7.0 万元，降低率占材料费的 6.99%，占工程总成本的 4.40%。

（3）在各成本项目中，只有机械费超支，应分析原因，是因机械进退场不合理，台班数量多了，还是由于机械台班使用费发生了变化。

2）合同价与实际工程成本相对构成分析

这项分析的目的是找出各成本项目对实际总成本降低计划的影响程度，分析结果见表 8.2.2。

表 8.2.2　合同价与实际成本相对构成对比分析表

成本项目	合同价成本构成(%)	实际成本构成(%)	增减(±)(%)
人工费	9.81	10.22	+0.41
材料费	63.02	62.30	−0.72
机械使用费	5.28	5.95	+0.67
其他直接费	1.89	1.87	−0.02
工程直接成本	80.00	80.35	+0.35
管理费	20.00	19.65	−0.35
工程总成本	100	100	

从分析表中可看出：

（1）实际成本中，材料费、其他直接费、管理费比重降低，人工费和机械使用费比重上升。

（2）对比重降低项目应分析原因，总结经验。如管理费比重下降可能是施工临时设施搭设较少，未遇上冬雨季施工或其他原因。

（3）人工费、机械使用费比重上升，说明现场管理水平有待提高，应深入分析原因。

施工单位应在施工前根据工程情况和施工方案制定计划成本，并在工程完工后对计划成本与实际成本进行对比分析，这种分析更能反映施工技术和管理水平。

8.2.4 建设工程成本项目分析方法

在上述综合分析的基础上,进一步分析成本节超原因,应根据工程实际情况,参照下列方法进行。

1) 人工费分析

影响人工费节超可能有以下原因:

(1) **工日差**即预算工日数与实际使用工日数之差,可根据合同价的工料分析结果与实际施工记录对比分析。

(2) **日工资标准差**即合同价的日平均工资标准与实际日平均工资标准之差。

2) 材料费分析

材料费的节超直接影响工程成本,是分析的重点。

(1) **量差**即实际消耗量与合同价用量之差,包括两个方面:一是采购进场过程中的短少;二是施工消耗超定额。

(2) **价差**即材料实际单价与合同价价格之差。

3) 机械使用费分析

机械使用费直接以费用的形式分析有一定的难度,因此计算机械实际成本时,涉及到机械折旧、大修、擦拭、保管等费用均难以计算,故机械使用应着重于提高效益,合理组织进退场,加强动力燃料管理,加强维护保养等。

4) 其他直接费分析

分析方法是以合同价中的量或价与实际的量或价相比较。

5) 管理费分析

可将报价中间接费拆分成若干项目再分别与相应项目的实际费用相比较。各项目分析方法、分析范围可能有所不同。如劳保支出不能以一个单位工程为分析对象,可以以该独立核算单位年内建安工作量或更大的范围进行统一分析。

8.3 工程变更价款处理

工程变更直接影响工程造价。发生工程变更的原因有:业主对工程有新的要求、设计文件粗糙而引起的工程内容调整、施工条件变更、业主对进度计划的变更等。

8.3.1 工程变更的控制

工程变更包括新增工程内容、设计变更、施工条件变更、业主要求的进度计划变更等。工程变更的效果可能有两种情况:一是通过变更促进工程的功能完善、设计合理、节约成本、提高投资效益;二是因工程变更导致建设规模扩大、建设标准提高、投资超概算。因此对工程变更必须作出科学合理的分析,严格控制不合理变更。

1) 控制投资规模

施工过程中必须严格控制新增工程内容,严禁通过设计变更扩大建设规模。若工程变更导致造价超支部分在预备费中难以调剂时,必须报经概算审批部门批准后方可发出变更通知。

2) 尽量减少设计变更

施工阶段的设计变更往往因设计深度不够、设计不合理或不切实际而引起,这种变更常因贻误变更时机而造成经济损失。因此,设计单位应预先考虑周到,减少设计变更。对承包商因在施工技术或施工管理中发生失误而要求设计者发出某种变更以弥补其损失的行为必须严格禁止。

对必须且合理的设计变更,应先作工程量及造价变化分析,经业主同意,设计单位审查签证,发出相应图纸和说明后,方可发出变更通知,并调整原合同确定的工程造价。

3) 控制施工条件变更

施工条件变更是指施工中实际遇到的现场条件与招标文件中描述的现场条件有本质的差异,承包商因此向业主提出费用和工期的索赔。因此,承发包双方均应做好现场记录资料和试验数据的收集整理工作,把握施工条件变化引起的施工质量和施工工期变化的科学性、合理性,从而控制合同价款的变化。

4) 业主要求的进度计划变更

业主由于某种原因要求较合同进一步缩短工期,承包商因此加大成本并提出相应的索赔要求。因此业主应在科学决策的前提下,慎重地提出缩短工期的要求。

8.3.2 工程变更价款的确定

工程变更必然导致合同价款的变化。因非承包商原因发生的工程变更,由业主承担费用支出并顺延工期;因承包商违约或不合理施工导致的工程变更,由承包商承担责任。

确定工程变更价款的步骤为:

(1) 承包商提出变更价格

承包商根据实际施工方案,在确保施工质量及安全的前提下,科学、合理、经济地编制预算,并计算出与变更前相应部分的合同价款的差额,确定该项变更引起的工期顺延天数,报监理单位或业主批准。

(2) 监理单位或业主方的造价工程师审核承包商提出的变更价格

审核时可依据下列原则:

① 合同中有适用于该工程变更的价格,按合同已有的价格计算该变更价款。

② 合同中有类似于该工程变更的价格,则以此为基础,适当调整后计算变更价款。

③ 合同中没有适用或类似的价格,造价工程师应对承包商提出的价格进行核定,其结果应与承包商达成一致。若有争议,可请造价管理部门裁定,或按合同中的有关规定执行。

8.3.3 工程签证

合同造价确定后,施工过程中如有工程变更和材料代用,可由施工单位根据变更核定单和材料代用单来编制变更补充预算,经建设单位签证,对原合同价进行调整。为明确建设单位和施工单位的经济关系和责任,凡施工中发生一切合同预算未包括的工程项目和费用,必须及时根据施工合同规定办理签证,以免事后发生补签和结算困难。

1) 追加合同价款签证

指在施工过程中发生的,经建设单位确认后按计算合同价款的方法增加合同价款的签证。主要内容如下:

(1) 设计变更增减费用。建设单位、设计单位和授权部门签发设计变更单,施工单位应及时编制增减预算,确定变更工程价款,向建设单位办理结算。

(2) 材料代用增减费用。因材料数量不足或规格不符,应由施工单位的材料部门提出经技术部门决定的材料代用单,经设计单位、建设单位签证后,施工单位应及时编制增减预算,向建设单位办理结算。

(3) 设计原因造成的返工、加固和拆除所发生的费用。可按实结算确定。

(4) 技术措施费。施工时采取施工合同中没有包括的技术措施及因施工条件变化所采取的措施费用,应及时与建设单位办理签证手续。

(5) 材料价差。合同规定允许调整的材料价格的变化,可以计算材料价格的差值。

2) 费用签证

指建设单位在合同价款之外需要直接支付的开支的签证,主要内容如下:

(1) 图纸资料延期交付造成的窝工损失。

(2) 停水、停电、材料计划供应变更、设计变更造成停工、窝工的损失。

(3) 停建、缓建和设计变更造成材料积压或不足的损失。

(4) 因停水、停电、设计变更造成机械停置的损失。

(5) 其他费用。包括建设单位不按时提供各种许可证,不按期提供建设场地,不按期拨款的利息或罚金的损失,计划变更引起临时工招募或遣散等费用。

8.4 索 赔

8.4.1 索赔管理

1) 索赔管理

索赔是指合同履行过程中,合同一方因对方不履行或没有全面适当地履行合同所设定的义务而遭受损失时,向对方提出的赔偿或补偿要求。

建设工程索赔主要发生在施工阶段,合同双方分别为业主与承包商。

业主也称招标人。在国内,即指建设单位或其法人代表,也称**甲方**。业主作为工程建设的发包人,采用招标方式,雇用承包人,通过一定的合法程序,签订承包合同。

承包商也称承包人。在国内,即指施工单位或其法人代表,也称**乙方**。

承包商向业主提出的索赔称为索赔,业主向承包商提出的索赔称为反索赔。一般来说,业主在向承包商索赔的过程中占有主动地位,可以直接从应付给承包商的工程款中扣抵,因此这里讲的索赔主要是指承包商向业主的索赔。

索赔是法律和合同赋予的正当权利,承包商应当重视索赔,善于索赔。我们不提倡国际承包市场上惯用的低标价、高索赔以获取利润的投标策略,但必要的施工索赔制度,应该得到大力提倡和推行。索赔的含义可概括为以下 3 个方面:

(1) 承包商应当获得的利益,业主未能给予认可和支付,承包商以正式函件索要。

(2) 由于一方违约给另一方造成损失,受损方向对方提出赔偿损失的要求。

(3) 施工中遇到应由业主承担责任的不利自然条件或特殊风险事件,承包商向业主提出补偿损失的要求。

2) 索赔事项分类

建设施工过程中,引起索赔的事项很多,经常引发索赔的事项有:

(1) 业主违约。如工程缓建、停建、拖欠工程款等。

(2) 业主代表或监理工程师的不当行为。

(3) 合同文件的缺陷。

(4) 合同变更,如设计变更、追加或取消某项工作等。

(5) 不可抗力事件,如自然灾害、社会动乱、物价大幅上涨等。

(6) 第三方原因,如业主指定的供应商违约,业主付款被银行延误等。

上述索赔事项的索赔内容包括费用索赔和工期索赔两类。费用索赔是指承包商向业主提出赔偿损失或补偿额外费用的要求;工期索赔是指承包商在索赔事件发生后向业主提出延长工期,推迟竣工日期的要求。

3) 施工索赔的原则

提出索赔的一方必须收集充分的证据,采用合适的方法,并依据下列原则及时提出索赔要求:

(1) 以合同为依据

施工索赔涉及面广,法律程序严格,参与施工索赔的人员应熟悉施工的各个环节,通晓建设合同和法律,并具有一定的财会知识。索赔工作人员必须对合同条件、协议条款有深刻的理解,以合同为依据做好索赔的各项工作。

(2) 以索赔证据为准绳

索赔工作的关键是证明承包商提出的索赔要求是正确的,还要准确地计算出要求索赔的数额,并证明该数额是合情合理的,而这一切都必须基于索赔证据。索赔证据必须是实施合同过程中存在和发生的;索赔证据应当能够相互关联、相互说明,不能互相矛盾,索赔证据应当具有可靠性,一般应是书面内容,有关的协议、记录均应有当事人的签字认可;索赔证据的取得和提出都必须及时。

承包商必须保存一套完整的工程项目资料,这是做好索赔工作的基础。下列资料均有可能成为索赔证据:

① 招标文件、合同文本及附件、中标通知书、投标书。

② 工程量清单、工程预算书、设计文件及其他技术资料。

③ 各种纪要、协议及双方来往信函。

④ 施工进度计划及具体的施工进度安排。

⑤ 施工现场的有关资料及照片。

⑥ 施工阶段的气象资料。

⑦ 工程检查验收报告、材料质检报告及其他技术鉴定报告。

⑧ 施工阶段水、电、路、气、通讯等情况记录。

⑨ 政府发布的材料价格变动、工资调整信息。

⑩ 有关的财务、会计核算资料。

■ 建筑材料采购、供应、使用等方面的凭据。

■ 有关的政策、法规等。

(3) 及时、合理地处理索赔

索赔发生后,承发包双方应依据合同及时、合理地处理索赔。若单项索赔累积,可能影响承包商资金周转和施工进度,甚至增加双方矛盾。此外,拖到后期综合索赔,往往还牵涉到利息、预期利润补偿等问题,从而使矛盾进一步复杂化,增加了处理索赔的困难。

4)施工索赔的内容

(1)不利自然条件引起的索赔

承包商在工程施工期间遇到不利的自然条件或人为障碍,而这些条件与障碍是有经验的承包商也不能预见到的,则承包商可以提出索赔。

不利自然条件是指施工中遇到的实际自然条件比招标文件中所描述的更为恶劣和困难,这些不利自然条件导致承包商必须花费更多的时间和费用,此时,承包商可提出索赔。在有些合同条件中,往往写明承包商应在投标前确认现场环境及性质,即要求承包商承认已经考察和检查了的周围环境,承包商不得因误解这些资料而提出索赔。

(2)工期延长和延误的索赔

这类索赔的内容包括两方面:一是承包商要求延长工期;二是承包商要求赔偿工期延误造成的损失。由于两方面索赔不一定同时成立,因此应分别编制索赔报告。

① 可以给予补偿的工期延误。对因场地条件变更、合同文件缺陷、业主或设计单位原因造成临时停工、处理不合理设计图纸造成的耽搁、业主供应的设备或材料推迟到货、场地准备工作不顺利、业主或监理工程师提出或认可的变更、该工程项目其他承包商的干扰等造成的工期延误,承包商有权要求延长工期和补偿费用。

② 可以给予延长工期的索赔。对于因战争、罢工、异常恶劣气候等造成的工期拖延,承包商可以要求适当推迟工期,但一般得不到收回损失费用的权利。

③ 有些工期延误不影响关键路线施工,承包商得不到延长工期的承诺,但可能获得适当的赔偿。

(3)施工中断或工效降低的索赔

在业主或设计单位原因引起的施工中断、工效降低以及业主提出的比合同工期提前竣工而导致的工程费用增加,承包商可以提出人工、材料及机械费用的索赔。

(4)因工程终止或放弃提出的索赔

因非承包方原因造成工程终止或放弃,承包商有权提出盈利损失及补偿损失两方面的索赔。盈利损失等于该工程合同价款与完成该工程所需花费的差额;补偿损失等于承包商在该工程已花费的费用减去已结算的工程款。

(5)关于支付方面的索赔

① 关于价格调整方面的索赔。施工过程中价格调整的方法应在合同中明确规定。一般按各省市定额站颁发的材料预算价格调整系数或单项材料调整。有的地区开始应用材料价格指数进行动态结算。也可在合同中规定哪些费用一次包死,不得调整。

② 货币贬值导致的索赔。在引进外资的项目中,需使用多种货币时,合同中应明确有关货币汇率、货币贬值及动态结算的有关内容。

③ 拖延支付的索赔。业主未按合同规定时间支付工程款,承包商有权索赔利息。

5)施工索赔程序

承包商应当积极地寻找索赔机会,及时收集索赔发生时的有关证据,提出正确的索赔理由。

(1)发出索赔通知

索赔事件发生后,承包商应立即起草索赔通知,其内容包括索赔要求和相关证据。索赔通知应在索赔事件发生后的 20 天内向业主发出。

(2) 索赔的批准

业主在收到索赔通知后的 10 天内给予批准,或要求承包商进一步补充索赔理由和证据。业主若在 10 天内未予答复,则视为该项索赔已经批准。

6) 施工索赔文件

(1) 索赔信

索赔信由承包商致业主或其代表,内容包括:索赔事件的内容、索赔理由、费用及工期索赔要求、附件说明。

(2) 索赔报告

索赔报告是索赔文件的核心内容,包括标题、事实与理由、费用及工期损失的计算结果。

(3) 详细计算书及证据

这部分内容可繁可简,视具体情况而定。

8.4.2 索赔费用的计算

1) 计算索赔费用的原则

承包商在进行费用索赔时,应遵循以下两个原则:

(1) 所发生的费用应该是承包商履行合同所必需的,若没有该项费用支出,合同无法履行。

(2) 承包商不应由于索赔事件的发生而额外受益或额外受损,则费用索赔应以赔(补)偿损失为原则,实际损失可作为费用索赔值。实际损失包括两部分:一是直接损失,指导实际工程中实际成本的增加或费用的超支;二是间接损失,指可能获得的利润的减少。

2) 索赔费用的组成

索赔费用的组成与建设工程造价的组成相似,主要包括:

(1) 人工费。包括完成业主要求的合同外工作而发生的人工费、非承包商责任造成工效降低或工期延误而增加的人工费、政策规定的人工费增长等。

(2) 材料费。包括索赔事件引起的材料用量增加、材料价格大幅度上涨、非承包商原因造成的工期延误而引起的材料价格上涨和材料超期存储费用。

(3) 施工机械使用费。包括完成业主要求的合同外工作而发生的机械费、非承包商原因造成的工效降低或工期延误而增加的机械费、政策规定的机械费调增等。

(4) 现场管理费。指承包商完成业主要求的合同外工作、索赔事件工作、非承包商原因造成的工期延长期间的现场管理费,主要包括管理人员工资及办公费等。

(5) 企业管理费。主要指非承包商原因造成的工期延长期间所增加的企业管理费。

(6) 利息。指业主拖期付款利息、索赔款的利息、错误扣款的利息等。利率按双方协议或银行贷款、透支利率计算。

(7) 利润。对工程范围、工作内容变更及施工条件变化等引起的索赔,承包商可按原报价单中的利润百分率计算利润。

3) 费用索赔的计算方法

费用索赔的计算方法有分项法和总费用法两种。

(1) 分项法

即对每个索赔文件所引起的损失费用分别计算索赔值。该索赔值可能包括该项工程施工过程中所发生的额外人工费、材料费、施工机械使用费及相应的管理费、利润等。分项法计算准确,应用面广,必须注意第一手资料的收集与整理。

(2) 总费用法

发生多次索赔事件后,重新计算该工程的实际总费用,再减去合同价,其差即为索赔金额。这种方法有两方面的缺点:一是实际发生的总费用中可能包括承包商的施工组织不合理等因素;二是投标报价时为竞争中标而压低标价,现在则通过索赔得到补偿。因此,只有难以应用分项法计算实际费用时才应用。

8.4.3 业主反索赔

(1) 工期延误反索赔

由于承包商原因推迟了竣工日期,业主有权提出反索赔,要求承包商支付延期竣工违约金。违约金的组成包括:工期延长而引起的贷款利息增加;工期延长而增加的业主管理费及监理费;工期延长,本工程不能使用而租用其他建筑物的费用;业主的盈利损失等。违约金一般按每延误一天罚款一定金额表示,并在合同文件中具体约定,累计赔偿额一般不超过合同总额的 10%。

(2) 施工缺陷反索赔

当承包商使用的材料质量不符合合同规定、施工质量达不到合同约定的标准、保修期未满以前未完成应该修补的工程时,业主有权提出关于施工缺陷的索赔。

(3) 对超额利润的反索赔

若设计变更增加的工程量很多,承包商需投入的固定成本变化不大,单位产品成本下降,承包商预期收益增大;或政策法规的调整致使承包商获得超额利润时,双方可讨论调整合同价,业主收回部分超额利润。

(4) 对指定分包商付款的反索赔

承包商未能向业主指定的其他分包商转付工程款,且又无合理证明时,业主可从承包商应得款项中扣除分包款,并直接付给指定分包商。

(5) 业主合理终止合同或承包商不正当放弃工程的反索赔

业主合理终止合同,或承包商不合理放弃工程,业主有权向承包商索赔。新的承包商完成未完工程所需工程款与原合同未付部分的差额即为反索赔金额。例如,按原合同未完工程造价 100 万元,新的承包商完成该部分需 110 万元,则业主向原承包商反索赔 10 万元。

8.5 建设工程价款结算

建设工程投资大,若等工程全部竣工再结算,必然使施工企业资金发生困难。因此施工企业在施工过程中所消耗的生产资料、支付给工人的报酬及所需的周转资金,必须通过预付备料款和工程款的形式,定期或分期向建设单位结算以得到补偿。

8.5.1 工程备料款

1) 备料款的收取

按合同规定,施工单位要向建设单位收取工程备料款。备料款以形成工程实体的材料的需要量及其储备的时间长短计算。计算公式为

$$工程备料款额度 = \frac{预收备料款数额}{建筑工作量} \times 100\%$$

假定某施工企业承建某建设单位的建设工程,双方签订的合同中规定,工程备料款额度按25%计算,当年计划工作量为200万元,则

$$预收备料款 = 2\,000\,000 \times 25\% = 500\,000(元)$$

2) 工程备料款的扣还

随着工程的进展,预收的备料款应陆续扣还,在工程全部竣工之前扣完。确定预收备料款开始扣还的时间,应该以未施工工程所需主要材料及构件的耗用额度刚好同备料款相等为原则。扣还的办法有3种:一是按照公式计算来确定起扣点和扣抵额;二是按照规定办法扣还备料款;三是竣工后结算。

(1) 按公式计算起扣点及扣抵额

$$起扣时已完价值 = 当年施工合同总值 - \frac{预收备料款}{全部材料比重}$$

在上例中,假定全部材料比重为62.5%,则预收备料款起扣时已完工程价值,即起扣点为

$$200 - \frac{50}{62.5} = 120(万元)$$

未完工程为

$$200 - 120 = 80(万元)$$

所需主要材料费为

$$80 \times 62.5\% = 50(万元)$$

应扣还的预付备料款,可按下列公式计算:

$$第一次扣抵额 = (累计已完工程价值 - 起扣点已完工程价值) \times 全部材料比重$$
$$以后每次扣抵额 = 每次完成工程价值 \times 全部材料比重$$

在上例中,当截止某次结算日期时,累计已完工程价值140万元,超过起扣点则

$$第一次扣抵额 = (140 - 120) \times 62.5\% = 12.5(万元)$$

若再完成40万元工作量,则

$$扣抵额 = 40 \times 62.5\% = 25(万元)$$

(2) 按规定办法扣还备料款

由于按公式计算起扣点和扣抵额,理论上虽较为合理,但使用较繁,所以在工程价款结算中常采用固定的比例扣还备料款。如有的地区规定在工程进度到达61%左右,每完成10%进度,扣还预付备料款总额度的25%。

(3) 竣工后结算

这种方法适用于投资不大、工程简单、工期短的工程。预付备料款后不分次扣还，而是当备料款和工程进度款累计达到施工合同总值的95%时便停付工程进度款，待工程竣工验收后一并计算。

8.5.2 工程进度款

工程进度款的结算要体现完成多少工程给多少钱的原则，只有在质量上符合设计要求，才能按照完成工程量和规定预算价值办理进度款的结算。

1) 定期结算

每月由施工企业提出已完工程月报表、工程价款结算账单，送建设单位和经办银行办理已完工程款的结算。

（1）月中预支，月终一次结算。月中预支额一般为当月计划工作量的50%，月终按实际统计进度办理月终结算。

有些地方还采用月初预支按月结算、分句预支按月结算、分月预支按季结算的办法。

（2）不实行预支，月终直接进行一次结算。

2) 分段结算

即把建筑工程按形象进度划分为几个施工阶段进行结算，或者分段预支完工后一次结算。

（1）按段落预支按段落结算

根据工程的性质和特点，划分若干施工段落，测算出每个段落的造价占合同造价的比重乘以该单位工程的合同造价，即为每次预支金额，该段落完成后再办理结算手续。

（2）按段落分项预支，完工后一次结算

这种方法的分段落预支同(1)，不同的是将结算手续简化为完工后一次结算。

3) 分次预支，完工后一次结算

对投资少、工期短、技术比较简单的工程可实行分次预支，完工后一次结算的简便方法。

不论采用上述何种方法，预付备料款和工程进度款之和，不能超过单位工程预算造价的95%，保留5%待竣工验收后最后结清。

【例8.5.1】 某建设工程承包合同价600万元，合同规定2月开工，5月完工，预付备料款25%，竣工结算时留5%尾款。资料表明，该类型工程主要材料、构件金额占工程价款的62.5%。该工程实际完成工程情况已经造价工程师审查签证，工程实际进度如表8.5.1。试根据预付款起扣点理论公式计算按月结算工程款及竣工结算工程款。

表 8.5.1 工程实际进度　　　　　　　　　　　　　　单位：万元

2月	3月	4月	5月	合同价款调整增加额
100	140	180	180	30

解 ① 预付备料款为

$$600 \times 25\% = 150(万元)$$

② 预付备料款起扣点为

$$600 - \frac{150}{62.5} = 360(万元)$$

③ 按月结算情况如表8.5.2。

表 8.5.2　按月结算情况　　　　　　　　　　　　　　　　　　　　单位：万元

月　份	2月	3月	4月	5月	合　计
完成产值	100	140	180	180＋30＝210	630
应　结　算 （预付150万元）	100	140	100＋140＋180＝420＞360 此时应开始扣预付款 ①直接结算部分： 360－100－140＝120 ②扣除预付款再结算部分： (420－360)×(1－62.5％)＝22.5 ③合计结算： 120＋22.5＝142.5	① 应结算： 180×(1－62.5)＋30＝97.5 ② 留尾数： 630×5％＝31.5 ③实际结算： 97.5－31.5＝66.0	按月结算合计： 100＋140＋142.5＋66 ＝448.5

8.5.3　建设工程竣工结算

建设工程项目竣工验收后办理的最后一次结算称为竣工结算。建设工程竣工结算，是以招投标文件及承包合同价为基础，对施工过程中发生工程变更、材料代用、材料价格变化、机械进退场费、二次搬运费、水电费用等按合同规定可以调整的内容作出增减调整。

工程变更价款的调整已在 8.3 中叙述，这里着重介绍材料价格变化引起的工程价款调整，常用的调整方法有以下 3 种。

1）按实际价格结算

承发包双方经招标投标确定承包合同价。竣工时，按合同约定，材料价格变化在规定幅度以下时，由承包商承担；材料价格变化在规定幅度以上时，由业主承担价格风险，并按合同规定调整结算价。

2）按调价文件结算

承发包双方经招标投标确定承包合同价，在合同期内，按当地造价管理部门调价文件的规定调整工程造价，实现工程造价的动态结算。

3）按工程造价指数结算

建设市场的供求行情及价格水平经常波动，这给工程造价的合理确定和有效控制带来了困难。编制工程造价指数是解决这一问题的有效途径。

价格指数是反映不同时期商品价格相对变化程度和趋势的指数。价格指数分为定基指数和环比指数。定基指数是指各时期商品价格同某一固定时期的商品价格对比编制的指数；环比指数是指各时期商品价格是以其前一时期商品价格为基础计算的价格指数。

建设工程造价指数综合性强，需按一定的结构层次编制。首先应计算人工、材料、机械台班等投入品价格指数；其次在投入品价格指数的基础上计算人工费、材料费、机械费等费用指数；再计算直接工程费指数、管理费指数等；最后汇总编制不同结构类型的建设工程造价指数。

建设工程造价指数不同于一般的材料价格系数，它综合反映人工、材料、机械、间接费等各种因素的变化，应用建设工程造价指数调整工程造价较为方便、准确。

8.6　工程竣工决算

工程竣工决算是单项工程或建设项目完工后，以竣工结算资料为基础编制的，是反映整个工程项目从筹建到全部竣工的各项建设费用文件。由建设单位财务及有关部门编制。

8.6.1 竣工决算的作用

工程竣工后,及时编制工程竣工决算有以下几方面的作用:

(1) 正确校核固定资产价值,考核和分析投资效果。

(2) 及时办理竣工决算,并依此办理新增固定资产移交转账手续,可以缩短建设周期,节约基建投资。如不及时办理移交手续,不仅不能提取固定资产折旧,而且所发生的维修费、职工工资等都要在基建投资中支出。

(3) 办理竣工决算后,工厂企业可以正确计算投入使用的固定资产折旧费,合理计算生产成本和企业利润。

(4) 通过编制竣工决算,可全面清理基本建设财务,便于及时总结基本建设经验,积累各项技术经济资料。

(5) 正确编制竣工决算,有利于正确地进行设计概算、施工图预算、竣工决算之间的"三算"对比。

8.6.2 竣工决算的主要内容

工程竣工决算的内容包括文字说明和决算报表两部分。

1) 文字说明

文字说明包括工程概况、设计概算和基建计划执行情况,各项技术经济指标完成情况,各项拨款使用情况,建设成本和投资效果分析,建设过程中的主要经验、存在问题和解决意见等。

2) 决算报表

(1) 大中型项目包括竣工工程概况表、竣工财务决算表、交付使用财产总表及明细表。

(2) 小型项目包括竣工决算总表和交付使用财产明细表。

表格的详细内容及具体做法按地方基建主管部门的规定填报。

复 习 思 考 题

1. 发包人和承包人在合同签订前应做好哪些审查分析工作?
2. 解决工程承包合同争端有哪几种基本方法?
3. 如何认识和发挥行业协会估价管理的作用?
4. 业主方进行造价管理的内容有哪些?
5. 如何做好建设项目的后评价?
6. 什么是索赔?为什么会有索赔?
7. 应如何正确看待和处理索赔?
8. 如何认识和运用工程造价的动态结算?
9. 竣工结算与竣工决算的区别何在?各自应如何编制?
10. 业主单位在设计阶段的造价控制应抓住哪些主要环节?

9 建设工程交易与定价

9.1 建设工程交易

9.1.1 建设工程交易概述

建设工程交易的客体可以是整个建设工程项目,也可以是单项工程实体,建筑材料、工程设备、工程咨询、工程管理服务等,还可以是技术、租赁、劳务等各种生产要素。狭义的建设工程交易活动常以工程承发包为主要内容。

与一般商品交易相比,建设工程交易具有下列特点:

(1) 建设工程交易的偶然性

建设工程交易的标的是工程产品,而工程产品具有单件性的特点。此外,在市场经济环境下,除专业化的工程开发商,如房地产商外,工程产品的卖方与买方,即承发包双方多次合作的机会较少。因此,从这一角度看,建设工程交易具有偶然性的特点。交易的偶然性,势必会使交易成本上升。

(2) 建设工程交易的长期性

一般商品交易是一手交钱,一手交货;而建设工程交易是先订货,后生产,交易过程包括了整个生产或施工过程。一般建设工程交易过程较长,交易成本也可能较高。

(3) 建设工程实施过程和交易过程重叠性

建设工程交易过程是先订货后生产。订货仅是交易的始点,交易随工程的实施而逐步展开。因而工程实施过程中的技术因素、环境因素等方面对建设工程的交易势必有影响。

(4) 建设工程交易的不确定性

建设工程交易过程包括生产过程,而工程建设过程受众多因素的影响,具有不确定性。因此,建设工程交易的不确定性,不仅会增加交易成本,还会诱发交易过程的争端。

(5) 建设工程交易双方的信息不对称性

由于交易过程的一次性和先订货后生产,在交易市场选择中存在着委托方和代理方在履约能力方面的信息不对称;在合同签订后又存在着工作努力程度的信息不对称。这种信息的不对称,给工程承包方产生了机会主义的动因,使工程发包方面临着"承包方是否诚信的风险"。

(6) 建设工程合同的不完备性

工程交易要经过一个签订交易合同及漫长的履行合同的过程。由于工程实施过程具有不确定性,先前签订的合同不可能将这些不确定性全考虑在内,因此,建设工程合同具有不完备性,即不可能将合同履行过程中的各种情况作出明确的规定。合同的不完备性,同样会诱发交易过程的争端和交易成本的上升。

9.1.2 建设工程交易模式

建设工程交易模式主要是指业主将工程项目进行发包的方式,这种发包方式决定了工程项目的组织模式、项目管理机制,从而对工程项目管理成本或交易产生重大影响。为工程项目选择或设计一个科学、合理的交易方式,对降低项目交易成本、实现项目目标至关重要。

工程交易模式可分为自主型和代理型两大类。所谓自主型交易模式,即由项目业主直接与工程承包人进行的工程交易;所谓代理型交易模式,即项目业主委托代理人,由代理人与工程承包人进行的工程交易。对代理型交易模式,工程交易可视为由业主与代理人的项目管理交易及代理人与工程承包人的工程交易的总和。

以下简介国内外较为流行的建设工程交易模式。

1) DBB 模式

DBB 模式即设计—招标—建造模式,是国际上最早应用的建设工程发包方式之一。目前在世界银行、亚洲开发银行的贷款项目,以及采用国际咨询工程师联合会合同条件的国际工程项目均采用这种方式。我国目前广泛应用的监理制就属 DBB 模式。

DBB 模式具有下列特点:

(1) 充分竞争,降低造价,提高专业化水平。DBB 模式可根据工程特点和建设市场情况,科学组织分析,充分利用竞争机制,降低合同价,选择专业承包人。合理分标可使每个标的规模相对较小,满足招标条件的投标人增加,提高工程招标的竞争性。对专业性较强的工程,单独分标,有利于业主选择优秀的专业承包人。

(2) 业主管理工作量大,交易费用高。在 DBB 模式下,承发包合同较多,业主的协调管理工作量大,交易费用较大。业主要组织多次工程招标,并与多个承包商签约。显然,工程合同增加后,管理界面复杂,合同管理中的沟通、协调工作量大,而且分标的数量越多,协调工作量越大,交易费用也越高。

(3) 对业主的管理能力有较高要求。采用 DBB 模式不仅交易费用高,而且要求业主有较高的驾驭建设市场和工程技术,以及组织、协调、决策等方面的能力。合理分标的前提是要对工程技术的特点有充分把握,同时对建设市场的情况有充分了解;施工合同分多后,对排除标段间的施工干扰、不同标段间进度和资源供应的协调提出了较高的要求,若业主方缺乏这种管理和协调能力,施工过程中的索赔、合同纠纷和争端将会大量出现。

(4) 要求各标段相对独立。采用 DBB 模式,要求各标段有较强的独立性,减少标段间施工干扰,防止因标段间相互干扰而增大工程交易费用。

2) 建设工程总承包模式

建设工程总承包是指工程总承包人受业主委托,按照合同约定对工程项目的勘察、设计、采购、施工、试运行等实际全过程或若干阶段的承包。建设工程总承包人按照合同约定对工程项目的质量、工期、造价等向业主负责;还可依法将所承包工程中的部分工作发包给具有相应资质的分包商,分包商按照分包合同的约定对总承包人负责。

(1) 总承包的范围及分类

建设工程总承包按所承担的任务范围又可分为以下方式:

① **施工总包**(General Contractor,GC)是指建设工程总承包商按照合同约定,承担建设工

程的全部施工任务,并对工程施工承担全部责任。

② **设计—施工总承包**(Design Build,DB)是指建设工程总承包企业按照合同约定,承担建设工程的设计和施工任务,对承包工程的质量、安全、工期、造价全面负责。

③ **设计—采购—施工**(Engineering,Procurement and Construction,EPC)/**交钥匙总承包**(Turnkey)是指工程总承包商按照合同约定,承担工程项目的设计、采购、施工、试运行服务等工作,对承包工程的质量、安全、工期、造价全面负责。Turnkey 是 EPC 业务和责任的延伸,最终是向业主提交一个满足使用功能、具备使用条件的工程项目。

(2) 总承包模式的特点

① GC 模式。由总承包商负责分包商管理,与 DBB 模式相比,可以减少标段间的干扰,优化界面管理,减少业主方的管理工作量。

② DB 模式。采用 DB 模式,业主首先委托顾问或设计单位完成初步设计,设计深度以满足 DB 模式的招标为原则。然后,通过竞争招标来选择 DB 承包人。

DB 承包人对设计、施工阶段工程的质量、进度和成本负责,并以竞争性招标方式选择分包商或使用本公司的专业人员自行完成工程的建设任务。

DB 模式是对 DBB 模式的发展,在英美等国,采用 DB 模式的市场份额约 45%,超过了 DBB 模式。与 DBB 模式相比,DB 模式可以充分发挥设计在控制工程投资中的作用,有利于提高设计质量,控制进度,明确质量责任。但纪念性建筑、新型建筑等不宜采用 DB 模式。

一般而言,规模和难度较大的工程项目,采用 DB 模式更为有利。因为当工程规模和难度较大时,更能使优秀的承包商体现价值,在优化设计和施工过程方面独树一帜,在保证工程质量、实现业主的工程功能基础上,为自身也争得相应的回报。

③ EPC 模式。EPC 模式一般是指 EPC 总承包商负责工程项目的策划、计划、设计、采购、施工等全过程的总承包,与 DB 总承包方式相比,EPC 的承包工程范围进一步向工程项目的前期延伸。

EPC 模式在 20 世纪 80 年代首先在美国出现,后来得到广泛的认同,并在国际工程承包市场上的应用逐渐扩大,FIDIC 于 1999 编制了标准的 EPC 合同条件。EPC 是目前国际上工程承包,特别是技术复杂的大型工程承包中采用的主要方式之一。

EPC 承包商自主性较强,可以运用管理经验,为业主和承包商自身创造更多的利益。

采用 EPC 模式的工程项目,主要合同只有一个,招标、合同谈判的成本低,合同又是固定总价合同。因此,一般合同实施中的由于工程变更、索赔原因使工程费用增加的机会将减少,由于合同争端所导致费用增加的可能性也较小。因此,整体上工程的交易成本较低。但单一合同导致 EPC 总承包人承担更多的责任和风险,当然也拥有更多获利的机会。

3) CM 模式

CM(Construction Management)**模式**发源于美国,与 DBB 模式相比,增加了 CM 单位。CM 单位承担建设管理的任务,从详细设计阶段介入,为设计方提供施工方面的建议,并负责随后的施工管理。采用 CM 模式将详细设计、招标、施工等工作相互搭接,即采用阶段施工法,可以缩短建设工期。

CM 模式是一种施工管理或管理型承包模式,CM 单位的工作重点是协调设计与施工的关系,以及对分包商和施工现场进行管理。CM 单位的早期介入,可以通过合理化建议来影响设计,但它区别于 DB 模式的是,它与设计单位没有紧密的合作关系。

CM模式实行有条件的"边设计、边施工",从而大大缩短建设周期,这是CM模式最大的优点。

为保证采用CM模式的顺利实施,对CM单位的工程技术、项目管理能力、工程经验等方面有较高的要求,对CM单位派驻现场的项目经理的知识结构、技术和管理能力也有较高的要求。

在CM模式中,分阶段多次招标,且设计、施工、施工管理均分离,协调工作量大,整个工程的交易费用比其他交易方式会高。

4) PM模式

PM(Project Management)**模式**的概念较为广泛,人们经常将业主方、设计方、施工方等参与工程建设过程的管理统称为项目管理,即PM。但对PM模式,一般是指业主委托工程项目管理公司或咨询公司,采用科学的方法和手段,对工程项目的全过程或项目的实施阶段进行管理服务。PM模式是20世纪60年代初开始在欧美国家广泛应用的一种项目管理模式。

(1) PM与CM的区别

PM与CM的区别主要表现在:

① PM与CM的管理目标不同。PM公司进行项目管理,实现工程的建设目标;而CM尽管也对提高工程项目管理水平有好处,但其主要目标是缩短工程建设工期,最大的特点是采用快速路径法。

② PM与CM介入工程项目的时间不同。CM公司一般是在项目初步设计完成后才介入,工作的重点是施工过程协调、组织和管理。PM公司一般参与全过程的项目管理,经常从项目开始就介入,将项目管理工作分为两个阶段,第一阶段称为项目定义阶段,PM公司要负责组织或完成初步设计,编制工程设计、采购和施工的招标书,确定各项目承包商;第二阶段称为执行阶段,由中标承包商负责实施,包括详细设计、采购和施工,PM公司代表业主负责全部项目的管理工作,直到项目完成。

③ PM与CM的属性有差异。PM公司一般是智力密集型和咨询管理类公司,没有施工机械设备,不具备施工能力;CM公司经常是工程总承包性质的公司,具有施工机械设备和施工承包能力。

④ PM与CM合同计价和风险分配原则不同。PM公司获得的是管理咨询服务酬金,合同价通常按工程概算的百分比计取;而CM合同价经常采用成本加利润的方式。PM公司一般仅承担职业责任风险,而CM公司除此之外还需承担其他风险。

我国工程建设领域推行的代建制,与PM模式很相似。

(2) PM的衍生模式

① PMC模式

PMC(Project Management Contractor)**模式**是PM的一种衍生模式,是指PM公司除了向业主提供PM中的项目管理服务外,还承包部分工程设计、施工的内容,甚至对整个工程的设计、施工进行承包,但PM公司的角色主要还是项目管理者,很少做项目的设计,绝不做具体的施工。

值得注意的是,不管如何PMC公司的主要任务仍是项目管理,这是与DB或EPC模式的主要差别所在。

② PMT模式

PMT(Project Management Team)**模式**是 PM 模式的另一种衍生模式,也称一体化项目管理模式,是指项目业主和 PM 公司分别派出人员共同组成项目管理团队。

PMT 的特点是业主与项目管理公司在组织结构和项目管理的各个环节上都实行一体化运作,以实现业主和项目管理公司的资源优化配置。项目管理团队成员只有职责之分,而不究其来自何方。这样,项目业主既可以利用 PM 公司的项目管理技术和人才优势,又不失去对项目的决策权,既有利于业主把主要精力放在核心业务上,又有利于项目竣工交付使用后业主的运营管理。

5) 不同交易模式对比分析

不同的交易模式,业主投入建设工程的管理工作量不同。将上述各模式对比分析如图 9.1.1。在图 9.1.1 中,自上而下,业主的管理工作量由大变小。DBB 模式业主需投入较大的管理工作量,PM 模式业主投入的管理工作量最小。DBB 为典型的自主型交易模式,PM 为典型的代理型交易模式。

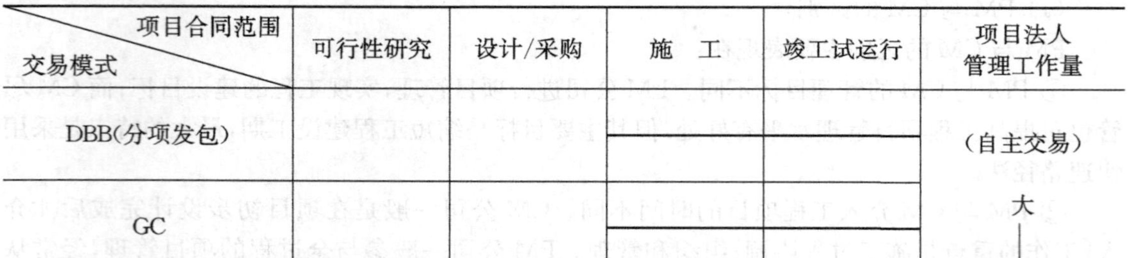

交易模式 项目合同范围	可行性研究	设计/采购	施 工	竣工试运行	项目法人管理工作量
DBB(分项发包)					(自主交易)
GC					大
DB					
EPC					
CM					
PMC					↓
PMT					小
PM					(代理交易)

注:PM、PMT 或 PMC 等模式也可从设计阶段开始,CM 一般从初步设计完成后开始。

图 9.1.1　建设工程不同交易模式对比分析图

(1) 自主型交易模式

组建项目管理机构委托工程设计,组织工程招标、采购、施工合同管理。在 DBB 方式下,业主在项目管理中起主导作用,各类中介公司为其提供项目管理服务。

(2) 代理型交易模式

业主不具体从事工程项目实施阶段的管理,甚至项目的前期工作也很少花精力。项目管理公司承担工程项目管理中除重大项目决策外的全部工作,包括工程设计、采购、施工、试运行,有时还包括工程项目的可行性研究工作。业主仅派很少人员对工程项目的实施进行监督。在图9.1中,从DBB、GC、DB、…到PM顺序,业主对项目管理的工作量在不断减少。

9.1.3 建设工程交易费用

1) 建设工程交易费用的概念

建设工程交易费用,是指为完成建设工程交易所发生的费用,包括收集和发布工程招标信息、对承包人进行资格审查、合同谈判和签订、合同履行过程中的监督和管理、处理工程变更、工程索赔和合同争端所发生的费用。建设工程交易过程具有时间长、处理交易纠纷复杂等特点,在许多工程上的交易费用很高。

2) 影响建设工程交易费用的因素

与影响一般交易费用的因素相似,影响建设工程交易费用的因素也分为下列三个方面:

(1) 建设工程中人的因素

① 有限理性。建设工程涉及的知识面广,现实社会中建设工程原材料、半成品施工过程存在着大量的不规范因素,人们很难将合同执行中可能遇到的问题全部在合同中作出合理的约定。

② 机会主义行为。建设工程实施过程中,人的机会主义行为普遍地存在。人的机会主义行为还有不确定性,若人的机会主义行为是确定的,那么在合同中就可包括应对某机会主义行为的内容了。此外,机会主义行为千差万别,人们无法预见到底发生何种具体的行为。可以认为,建设工程中的机会主义行为是影响交易费用的关键因素。

(2) 建设工程交易的特性因素

① 建设工程资产的专用性

建设工程资产专用性可以理解为支持特定的工程交易,承发包双方进行的耐久性投资。在工程上,这种专用性投资的类型很广泛。如工程建设地点专用性,包括土地占用、征地拆迁等;有形资产专用性,包括专用施工机械、办公和生活的专用设施等;人力资本专用性,包括各类专业人员、专业人员的培训等。

在工程建设领域,资产的专用性相当高。例如,工程有专门的地点,运到某一建设工地的建筑材料,若调配到其他工程上使用,其成本很高。

建设工程不仅投资规模很大,而且必须整个工程建成才有使用价值。工程建设过程中一旦交易中断,则这种专用性投资将几乎失去价值。

工程必须全部完工才能使用,而资金是有时间价值的。因此,影响建设工程交易费用的不仅是资产专用性,还应延伸到建设工程交易的周期,因而建设工期也是影响建设工程交易费用的一个因素。

② 建设工程交易的不确定性

a. 经济社会的不确定性。随着竞争日益激烈,市场越来越充满变数。在工程项目合同签订前要完全把握工程所在地的经济社会发展环境,并在合同中明确应对方案显然是不可能的。一个大型工程项目,工期为3年,3年中建筑材料价格的变化难以预测,在合同实施过程中只能考虑调价。而调价过程中有关建筑材料价格资料的收集需要发生成本。

　　b. 自然的不确定性。经常见到的有地质条件的不确定、气候条件引起的不确定性。这些不确定性一般是难以预测的,在合同中不可能作出详尽的处理方案,只能在不确定事件发生后进行协调解决。协调处理索赔等事项增加了交易费用。

　　c. 招投标双方信息不对称。在建设工程招标过程中,对招标人而言,信息具有不确定性。如投标人的经验、能力、信誉状况等,招标人难以完全把握。若要完全把握,其成本很高。一般而言,只能根据投标人提供的信息作出选择,并安排合同。当确定的中标人,即承包商的投标信息为真,且承包商按合同履行时,交易成本处于理想状态;当承包商的投标信息失真,且承包商又具有较强的机会主义动机时,在合同的履行过程中,招标人将要支付较高的交易成本。

　　③ 建设工程交易的频率

　　建设工程交易的频率是指发包人在单位时间里进行建设工程交易的次数。对于自主型交易,业主不可能有连续不断的工程需要交易,因而一般其交易过程中工作效率低,交易成本会较高;对于代理型交易,因代理方专职从事建设工程管理,具有建设工程交易经验,因而交易成本较低。

　　(3) 建设市场环境因素

　　① 在建设市场还不充分发育的阶段,建设市场环境对建设工程交易方式有决定性作用。目前我国工程项目管理企业、工程总承包企业还处在培育阶段,数量不多,经验不足,在这种情况下采用代理型交易模式,发包人风险较大;当建设市场发育充分时,仅需根据工程交易费用的大小选择或设计交易方式。

　　② 建设市场竞争对手多少,对交易成本有直接的影响。当市场竞争激烈时,在合同签订前,投标人会小心谨慎,以争取中标;在签订合同后,中标承包商也会把握机会,认真履行合同,为其后投标创造良好的条件。

　　在上述影响因素中,有限理性、机会主义行为和资产专用性起着决定性作用。三个因素同时存在才会增大交易成本。若完全理性,则合同尽善尽美,机会主义行为无机可乘;若不存在机会主义行为,则双方都不会"钻空子";若不存在资产专用性因素,则可依赖充分的市场竞争。在三个影响因素中,机会主义行为的影响最为深刻。

9.1.4　建设工程交易模式的选择

　　建设工程交易模式的选择主要受业主建设管理能力、建设项目的经济属性等因素的影响。

　　1) 业主建设管理能力

　　(1) 专业开发型业主。如房地产开发公司,具有较强的建设工程管理能力,在工程项目开发实践中积累了丰富的项目管理经验。这类业主一般采用自主型交易。

　　(2) 建设管理能力型业主。这类业主明显不具备工程项目管理能力。如,某医院要建设一幢门诊大楼,某中学要建设一幢教学大楼等,他们缺少从事项目管理的专业人员,不具备建设工程管理的能力。这类业主一般应采用代理型交易。

　　(3) 准专业型业主。准专业型业主的建设管理能力介于专业工程开发型和无项目管理能力型之间。这类业主在我国广泛存在,如一些传统的大中型企业设有工程建设管理部门,他们具有一定的项目管理能力,但还达不到专业化水平。这类业主要考虑工程项目技术复杂程度、工程规模、工程进度要求等因素决定交易模式。

2) 建设项目的经济属性

(1) 公益性工程项目。这类项目业主缺位,若由政府直接管理,将会派生庞大的政府机构,增加管理成本,甚至成为腐败的根源。因此,一般应采用代理型交易。这类项目是建设管理模式改革的重点,我国政府对这类项目大力推行代建制。

(2) 经营性工程项目。这类项目具有明确投入,并在建成后也有明确产出,即产生明显的经济效益,可用于生产经营。这类项目一般具有明确的投资方、项目业主或项目法人,采用自主型还是代理型交易要考虑项目法人的项目管理能力、项目技术复杂程度、项目管理成本等方面的因素。

(3) 准公益性工程项目。这类工程项目建成后部分能产生经济效益,即可用于经营,部分主要产生社会效益,为社会服务。这类工程可由政府和企业共同投资,一般应有明确的业主或项目法人。对准公益性项目,采用自主型还是代理型交易,与经营性工程项目类似,也需考虑多方面的因素。

3) 我国建设工程交易模式简析

20 世纪 80 年代初,我国工程建设才开始实施真正意义上的项目管理。经过多年的努力,在较短的时间内普遍推行了监理制,即传统的 DBB 模式。但我国幅员辽阔,经济社会发展差异大,各类工程复杂程度不同,各类工程的经济属性不同,采用统一的 DBB 模式不能适应经济建设的要求。近年来,我国也尝试推行 DB 模式,鼓励发展 PM 模式,2004 年又明确大力推行代建制,各地也进行了一定数量的探索,但目前 DBB 模式仍占绝对主导地位。

9.2 建筑市场体系

9.2.1 建筑市场概述

1) 建筑市场的概念

建筑市场可分为广义的建筑市场和狭义的建筑市场两个层次。广义的建筑市场是指承载与建筑生产经营活动相关的一切交易活动的总称。它包括有形市场和无形市场,包括与工程建设有关的技术、租赁、劳务等各种要素的市场;为工程建设提供专业服务的中介组织体系,包括靠广告、通讯、中介机构或经纪人等媒介沟通买卖双方或通过招标等多种方式成交的各种交易活动;还包括建筑商品生产过程及流通过程中的经济联系和经济关系。可以说,广义的建筑市场是工程建设生产和交易关系的总和。狭义的建筑市场一般指有形建筑市场,以工程承发包交易活动为主要内容,有固定的交易场所——工程交易中心。

2) 建筑市场的特点

由于建筑产品具有生产周期长,价值量大,生产过程中不同阶段对承包单位的能力和特点要求不同,决定了建筑市场交易贯穿于建筑产品生产的整个过程。从工程项目的咨询、设计、施工任务的发包开始,到工程竣工、保修期结束为止,发包方与承包方、分包方进行的各种交易以及相关的商品混凝土供应、配件生产、建筑机械租赁等活动,都是在建筑市场中进行的。生产活动和交易活动交织在一起,使得建筑市场在许多方面不同于其他产品市场。其特点可概括为:

(1) 交易方式为买方向卖方直接订货,并以招投标为主要方式。

(2) 交易价格以工程造价为基础,企业信誉、技术力量、施工质量是竞争的主要因素。

(3) 交易行为需受到严格的法律、规章、制度的约束和监督。

经过近年来的发展,建筑市场已形成以发包方、承包方和中介服务机构组成的市场主体;以建筑产品和建筑生产过程组成的市场客体;以招投标为主要交易形式的市场竞争机制;以资质管理为主要内容的市场监督管理体系;以及我国特有的有形建筑市场,工程交易中心等,构成了建筑市场体系。

9.2.2 建筑市场的主体

建筑市场的形成是市场经济的产物。从一般意义上观察,建筑市场交易是业主给付建设费、承包商交付工程的过程。实际上,建筑市场交易包括很复杂的内容,其交易贯穿于建筑产品生产的全过程。在这个过程中,不仅存在业主和承包商之间的交易,还有承包商与分包商、材料供应商之间的交易,业主还要同设计单位、设备供应单位、咨询单位进行交易,以及与工程建设相关的商品混凝土供应、构配件生产、建筑机械租赁等活动一同构成建筑市场生产和交易的总和。参与建设生产交易过程的各方构成建筑市场的主体。

1) 业主

业主是指既有某项工程建设需求,又有该项工程建设需要的建设资金和各种准建手续,在建筑市场中发包工程建设的勘察、设计、施工任务,并最终得到建筑产品的政府部门、企事业单位或个人。

在我国工程建设中,业主也称之为建设单位,只有在发包工程或组织工程建设时才成为市场主体。因此,业主作为市场主体具有不确定性。在我国,有些地方和部门曾提出要对业主实行技术资质管理制度,以改善当前业主行为不规范的问题。但无论是从国际惯例和国内实践看,对业主资格实行审查约束是不成立的,对其行为进行约束和规范,只能通过法律和经济的手段去实现。

项目法人责任制又称业主责任制,是在我国市场经济体制条件下,为了建立投资责任约束机制、规范项目法人行为提出的。由项目法人对项目建设全过程负责管理,主要包括进度控制、质量控制、投资控制、合同管理和组织协调。

2) 承包商

承包商是指拥有一定数量的建设装备、流动资金、工程技术经营管理人员、取得建筑资质证书和营业执照的、能够按照业主的要求提供不同形态的建筑产品并最终得到相应工程价款的施工企业。

按照其能提供的建筑产品,承包商可分为不同的专业,如铁路、公路、房建、水电、市政工程等专业公司;按照承包方式,也可分为承包商和分包商。相对于业主,承包商作为建筑市场主体,是长期和持续存在的。因此,无论是在国内还是按国际惯例,对承包商一般都要实行从业资格管理。建设部于2001年颁布了《建筑业企业资质管理规定》,对从业条件、资格管理、资格序列、经营范围、资格类别、等级等作了明确规定。

3) 工程咨询服务机构

工程咨询服务机构是指具有一定注册资金、工程技术、经营管理人员,取得建筑咨询证书和营业执照,能对工程建设提供估算测量、管理咨询、建设监理等智力型服务并获取相应费用的企业。

工程咨询服务企业可以开展勘察设计、工程造价、工程管理、招标代理、工程监理等多种业务。这类企业主要是向业主提供工程咨询和管理服务，弥补业主对工程建设过程不熟悉的缺陷。在国际上一般称为咨询公司。在我国，目前数量最多并有明确资质标准的是工程设计院、工程监理公司和工程造价事务所、招标代理、工程管理等咨询类企业。

咨询单位虽然不是工程承发包的当事人，但其受业主聘用，作为项目技术、经济咨询单位，对项目的实施负有相当重要的作用和责任。此外，咨询单位还因其独特的职业特点和在项目实施中所处的地位，要承担其自身的风险。据国际惯例，工程咨询服务机构只对其工程咨询所造成的直接后果负责，专业人士对民事责任的承担方式是购买专项责任保险。咨询单位与业主之间是契约关系，业主聘用工程师作为其技术、经济咨询人，为项目进行咨询、设计、监理、招标代理、管理和测量，许多情况下，咨询的任务贯穿于自项目可行性研究直至工程验收的全过程。

9.2.3 建筑市场的客体

建筑市场的客体，既包括有形建筑产品，也包括无形产品——各类智力型服务。

建筑产品不同于一般工业产品。在不同的生产交易阶段，建筑产品表现为不同的形态：可以是咨询公司提供的咨询报告、咨询意见或其他服务；可以是勘察设计单位提供的设计方案、施工图纸、勘察报告；可以是生产厂家提供的混凝土构件；当然也包括承包商生产的房屋和各类构筑物。

1) 建筑产品的特点

(1) 建筑生产和交易的统一性。建筑物与土地相连，不可移动，这就要求施工人员和施工机械只能随建筑物不断流动。从工程的勘察、设计、施工任务的发包，到工程竣工，发包方与承包方、咨询方进行的各种交易与生产活动交织在一起。

(2) 建筑产品的单件性。由于业主对建筑产品的用途、性能要求不同以及建筑地点的差异，决定了多数建筑产品不能批量生产，决定了建筑市场的买方只能通过选择建筑产品的生产单位来完成交易。业主选择的不是产品，而是产品的生产单位。

(3) 建筑产品的整体性和专业工程的相对独立性。这个特点决定了总承包、专业承包和劳务分包相结合的承包形式。随着经济的发展和建筑技术的进步，施工生产的专业性越来越强。在建筑生产中，由各种专业施工企业分别承担工程的土建、安装、装饰等专业工程和劳务分包，有利于施工生产技术和效率的提高。

(4) 建筑生产的不可逆性。建筑产品一旦进入生产阶段，其产品不可能退换，也难以重新建造，否则双方都将承受极大的损失。所以，建筑最终产品质量是由各阶段成果的质量决定的。设计、施工必须按照规范和标准进行，才能保证生产出合格的建筑产品。

(5) 建筑产品的社会性。绝大部分建筑产品都具有相当广泛的社会性，涉及到公众的利益和生命财产的安全，即使是私人住宅也都会影响到环境、人或靠近它的人员的生活和安全。政府作为公众利益的代表，加强对建筑产品的规划、设计、交易、建造的管理是非常必要的，有关建筑的市场行为都应受到管理部门的监督和审查。

2) 工程建设标准的法定性

建筑产品的质量不仅关系到承发包双方的利益，也关系到国家和社会的公共利益，正是由于建筑产品的这种特殊性，其质量标准是以国家标准、国家规范等形式颁布实施的。从事建筑产品生产必须遵守这些标准规范的规定,违反这些标准规范的将受到国家法律的制裁。

9.2.4 建筑市场宏观管理

政府建设主管部门的任务就是通过法律、行政、经济手段规范建筑市场,形成有序的建筑生产过程,确保建筑业的良性发展,达到满足国民经济发展和改善人民生活水平、提高生活质量的目标。建设主管部门的管理主要涉及以下几个方面:

1) 大型项目的建设

政府的建设主管部门除通过各直属机构管理一般的建筑业、土地规划、城市建设、住宅建设等方面的专项行政管理工作外,还把推进和指挥跨城市、跨地区和有着重大影响的项目的建设工作作为建设主管部门的工作重点,并根据不同项目的具体要求成立相应的工作部门。这些重大项目主要包括:国家级大型建设项目;跨城市、跨地区的"城市群"。

2) 住宅建设

保障住房、促进住宅建设、繁荣住宅市场是建设主管部门工作的重要任务。其工作范围主要是负责住宅建设领域内的住宅用地规划和住宅建设以及住宅经营方面的政策、方针,并指导和规范半官方或民营机构参与住宅建设。

政府对住宅建设管理的任务和工作目标主要集中在以下几方面:

(1) 制定住宅建设政策;
(2) 统一规划全社会住宅建设用地;
(3) 建立和完善住房市场机制;
(4) 建立住房社会保障制度。

其基本宗旨是:通过国家或地区立法来统一规划住宅建设用地;通过国家政策引导和市场调节机制,繁荣住房市场;通过政策投资,为无力购房的低收入民众提供社会保障房,以实现基本住房的社会保障。在管理方式上,以法规体系为基础的规范性管理是政府主管部门的主要管理方式。这些措施是指由建筑法、土地法、租赁法、税法、财产法等构成的规范住宅市场体制的法规框架,和政府执行这些法规的政策框架。

3) 教育和科研

教育和科研是提高行业水平、促进行业可持续发展的关键。政府设立专门机构管理建筑业的教育和科研工作。教育管理机构主要从事教育和培训方针的制定、专业资格审定、建筑业人力资源开发等任务。科研管理机构的重点是领导对行业意义重大的课题研究。科研范围涉及到建筑业、住宅、土地规划、城市建设等多个领域,参与科研的单位有国家科研机构、高等院校、建筑师事务所、工程师事务所、建筑企业的科研机构等。

4) 建筑业管理

建设主管部门应设立专门机构进行建筑业管理,主要有以下五方面的工作:

(1) 从政府角度规范行业行为。行业行为主要指行业服务质量。为提高行业信誉,规范行业行为,应制定必要的方针政策。如:

① 立法,对建筑法规进行修订、补充;
② 由地方建设主管部门提供"信得过企业名单",对不合格企业除名;
③ 提供"承包商数据库",供国内用户查询承包商历史记录;
④ 颁发企业资质管理证书;

⑤ 建立工程保证金制度；

⑥ 建立工程保险制度；

⑦ 推行质量标准，提高建造者的水平。

(2) 对专业人员和企业的管理。这种管理主要表现在以下几方面：

① 对专业人员或机构进行注册登记。对参与工程建设的专业人员（如建筑师、结构工程师等），通过注册制度对其资格进行认证。申请注册的人员都应有相应的学历和工作经验，且要经过严格考试。

② 规定专业组织和建筑企业的业务范围。例如测试机构、监督机构、认证机构等的从业范围都须由政府或政府指定的机构进行认定。只有政府主管部门许可，建筑企业才可开展相应业务。

(3) 制定建筑规范和标准。规范和标准是促进行业行为规范化、提高行业水平、促进与国际市场接轨和融合的重要手段。规范和标准是由政府设立的专门机构或委托行业组织制定的。

(4) 行业资料统计。行业资料统计是建筑业管理的一项重要工作。这项工作由政府的建筑管理机构进行，或委托专业组织进行。

(5) 安全管理和质量管理。政府设立专门负责安全和质量管理的分支机构。保证健康和安全已成为各国政府建设主管部门的重要任务之一。

9.2.5 建筑市场运行管理

建筑市场运行管理是指建筑工程项目立项后，对参与土木工程、建筑工程、线路管道和设备安装工程以及装修工程活动的各方进行勘察、设计、施工、监督、重要材料和相关设备采购等业务的发包、承包以及中介服务的交易行为和场所的管理。

水利、交通、电力、邮政、电信等部门按照各自的职责，负责有关专业建设工程项目的监督管理工作。

发改委、工商、经贸、财政、物价、审核、劳动、税务等部门按照各自的职责，做好建筑市场的有关监督管理工作。

从事建筑市场活动，实施建筑市场监督管理，应当遵循统一开放、竞争有序和公开、公正、平等竞争的原则。任何单位和个人不得违法限制或者排斥本地区、本系统以外的法人或者其他组织参加竞争，不得以任何方式扰乱建筑市场秩序。

1) 工程发包

(1) 招标发包与直接发包

严格遵守国家和各地政府的规定，确定应当招标发包的工程项目。

依法可以实行直接发包的，发包人应当具有与发包工程项目相适应的技术、经济管理人员，将工程项目发包给具有相应资质条件的承包人。发包人不具有与发包工程项目相适应的技术、经济管理人员的，应当委托具有相应人员的单位代理。

工程项目发包时，发包人应当有相应的资金或者资金来源已经落实。发包人发包时应当提供开户银行出具的到位资金证明、付款保函或者其他第三方出具的担保证明。

(2) 招标发包标段划分

工程项目的勘察、设计、施工、监理、重要材料和相关设备采购等业务的发包，需要划分若干部分或者标段的,应当合理划分;应当由一个承包人完成的,发包人不得将其肢解成若干部分发包给几个承包人。

设计业务的发包,除专项工程设计外,以工程项目的单项工程为允许划分的最小发包单位。发包人将设计业务分别发包给几个设计承包人的,必须选定一个设计承包人作为主承包人,负责整个工程项目设计的总体协调。

施工或者监理业务的发包,以工程项目的单位工程或者标段为允许划分的最小发包单位。

(3) 发包人不得实施的行为

① 强令承包人、中介服务机构从事损害公共安全、公共利益或者违反工程建设程序和标准、规范、规程的活动;

② 将工程发包给没有资质证书或不具有相应资质等级的承包人;

③ 要求承包人以低于发包工程成本的价格承包或者要求承包人以垫资、变相垫资或者其他不合理条件承包工程;

④ 将应当招标发包的工程直接发包,或者与承包人串通,进行虚假招标;

⑤ 泄露标底或者将投标人的投标文件等有关资料提供给其他投标人;

⑥ 强令总承包人实施分包,或者限定总承包人将工程发包给指定的分包人;

⑦ 施工图设计未经审查合格进行施工招标;

⑧ 未依法办理施工许可手续开工建设;

⑨ 擅自修改勘察设计文件、图纸;

⑩ 强行要求承包人购买其指定的生产厂、供应商的产品。

2) 工程承包

(1) 工程承包人

工程项目勘察、设计、施工、监理、重要材料和相关设备采购业务的承包人,必须以自己的名义,在其依法取得的资质证书许可的业务范围内,独立承包或者与其他承包人联合承包。

我国政府明文规定,禁止任何形式的工程转包和违法分包。转包,是指承包人承包建设工程后,将其承包的全部建设工程转给他人或者将其承包的全部建设工程肢解以后以分包的名义分别转给他人承包的行为。

有下列情形之一的,属于违法分包:

① 总承包人将建设工程分包给不具备相应资质条件的承包人的;

② 建设工程总承包合同中未有约定,又未经发包人认可,承包人将其承包的部分建设工程交由他人完成的;

③ 施工总承包人将建设工程主体结构的施工分包给他人的;

④ 分包人将其承包的建设工程再分包的。

(2) 施工现场管理

① 项目经理。施工承包人在承包工程时,必须从本企业选派具有相应资质的项目经理,组建与工程项目相适应的项目经理部。工程开工前,项目经理部的名单应当报工程项目所在地建设行政主管部门备案。一个工程项目经理部及其项目经理和主要技术人员,不得同时承担两个以上大中型工程主体部分的施工业务。

② 危险作业意外伤害保险。施工承包人必须为下列从事危险作业的人员办理意外伤害保险,支付保险费:高层建筑的架子工,塔吊安装工,爆破作业工,人工挖孔桩作业工,直接从事

水下作业的人员,法律、法规规定的其他人员。

③ 进场材料设备的要求。用于工程建设的材料设备,必须符合设计要求并具备下列条件:有产品名称、生产厂厂名、厂址和产地;有产品质量检验合格证明,产品包装和商标式样符合有关规定和标准要求,设备应当有详细的使用说明书。实施生产许可、准用管理或者实行质量认证的产品,应当具有相应的许可证、准用证或者认证证书。

(3) 承包人不得实施的行为

① 无资质证书、以欺骗手段取得资质证书或者擅自超越资质等级许可的范围承接工程业务;

② 以受让、借用、盗用资质证书、图章、图签等方式,使用他人名义承接工程业务;

③ 以转让、出借资质证书或者提供图章、图签等方式,允许他人以自己的名义承接工程业务;

④ 以伪造、涂改、复制资质证书、图章、图签等方式承接业务;

⑤ 串通投标,哄抬或者压低标价,或者采取贿赂、给回扣或者其他好处等影响公平竞争的手段承接工程业务;

⑥ 不按照原设计图纸、文件施工、偷工减料,或者使用不符合质量标准的建筑材料、建筑构配件和设备;

⑦ 将工程款挪作他用;

⑧ 使用未经培训或者考核不合格的技术工种和特殊作业工种的人员。

3) 中介服务

从事工程勘察设计、造价咨询、招标代理、建设监理、工程检测等中介服务活动的机构应当依法设立,不得与行政机关和其他国家机关存在隶属关系或者其他利益关系。

工程建设中介服务机构应当在资格(资质)证书许可的业务范围内承接业务并自行完成,不得转让。

从事中介服务活动的专业技术人员,应当具有与所承担的工程业务相适应的执业资格,并不得同时在两个以上的中介服务机构执业。中介服务人员承办业务,应由中介服务机构统一承接。

(1) 勘察设计

勘察设计承包人应当按照国家有关规定编制勘察设计文件,并由单位法定代表人、技术负责人及有关技术人员签字、盖章。设计图纸必须使用本单位专用图签,并加盖出图专用章。实行个人执业资格制度的专业,还需有本单位具有相应资格的注册执业人员签字并加盖执业专用章。

设计承包人提供的设计文件应当注明选用的建筑材料、构配件和设备的规格、型号、性能等技术指标。设计承包人不得指定生产厂、供应商,但有下列情形之一的除外:

市场上无同类替代产品的;属保密产品的;复建或者是修缮工程中需要购置原用产品的。

(2) 造价咨询

工程造价咨询应当以国家和省有关标准、规范、定额及有关技术资料为依据,力求使工程造价与市场的实际变化相吻合。

工程造价咨询单位接受委托编制标底时,不得向委托人以外的任何单位或者个人泄露标底和与标底有关的情况、资料。

(3) 招标代理

招标代理机构应当以招标人的名义,在招标人委托的范围内办理下列全部或者部分业务:拟订招标方案,编制招标文件;组织现场踏勘和答疑;拟订评标办法,组织开标、评标;草拟工程合同;依法可以由招标人委托的其他招标代理业务。

(4) 建设监理

工程建设监理实行总监理工程师负责制。监理单位应当派出具有相应执业资格的总监理工程师及其他监理人员进驻现场,从事监理业务。

工程监理人员在监理过程中发现设计文件不符合工程质量标准或者合同约定的质量要求的,应当报告建设单位要求设计单位改正;发现工程施工不符合施工技术标准和合同要求的,监理人员有权要求施工承包人改正;发现工程上使用不符合设计要求及国家质量标准的材料设备,有权通知施工承包人停止使用。

工程监理人员在进行工程施工监理时,监理工程师应当对监理工程实行全过程跟踪监理;对重要工序和关键部位实行旁站监理。

工程监理人员必须按照施工工序,在施工单位自检基础上,对分项、分部工程进行核查并验收签证。未经监理人员核验签证的,施工单位不得进行下道工序的施工,建设单位不拨付工程进度款。

(5) 工程检测

工程检测单位应当配备必要的设备和仪器,采用科学的检测方法,开展工程检测活动。

工程检测报告应当包括以下主要内容:

检测目的、检测内容和检测日期;检测仪器和设备、检测数据,必要的计算分析;对检测过程中出现的异常现象的说明;评定结论。

4) 建设行政主管部门实施监督管理

建设行政主管部门和其他有关部门依法对建设单位实施监督管理。

对实行项目法人责任制的工程项目,建设行政主管部门和其他有关部门应当对项目法人单位的人员素质、组织机构是否满足工程管理和技术上的要求加强监督管理。

建设行政主管部门应当严格勘察、设计、施工和中介服务等单位的资质认定,实行资质年度检验和动态管理制度。

建设行政主管部门和其他有关部门依法加强对建设工程招标投标活动的监督,完善开标、评标、定标等招标投标机制,查处建设工程招标投标活动中的违法行为。

建设行政主管部门应当加强对建设工程交易中心的规范和管理,监督建设工程交易中心为建设工程交易活动提供公平、高效、优质的服务。

建设工程交易中心必须制定章程和规则,及时、准确地发布工程信息,不得采取歧视性的措施限制或者排斥符合条件的单位参加竞争,不得取代招标投标等管理机构的监督职能,不得取代招标人依法组织招标的权利,也不得行使工程招标代理机构的职能。

建设行政主管部门应当加强对建筑市场从业人员的培训、考核和管理工作,依法实行持证上岗制度。

9.2.6 建筑市场资质管理

建筑企业资质是企业进入市场的准入证,资质管理制度的改革涉及到十几万个建筑企业的切身利益,关系到建筑业发展的全局。

中华人民共和国建设部颁布了《建筑业企业资质管理规定》，自2001年7月1日起施行。对建筑市场的资质管理工作起到很大的推动作用。

按照《建筑业企业资质管理规定》，全国建筑业企业资质管理办法和资质等级标准由国务院建设行政主管部门统一制订颁发，国务院铁道、交通、水利、信息产业、民航等有关部门配合国务院建设行政主管部门实施相关资质类别建筑业企业资质的管理工作。除省级建设行政主管部门可制订补充性的实施细则外，国务院其他部门和地方不得自行制订或修改资质标准，不另外再搞诸如资信登记、专项许可等市场准入限制。

《建筑业企业资质管理规定》将建筑业企业资质分为施工总承包、专业承包和劳务分包三大序列。施工总承包序列企业，是指对工程实行施工全过程承包或主体工程施工承包的建筑业企业。施工总承包序列企业资质设特级、一、二、三共4个等级，重新划分为12个资质类别。专业承包序列企业，是指具有专业化施工技术能力，主要在专业分包市场上承接专业施工任务的建筑业企业。专业承包序列资质设2~3个等级，划分为60个资质类别。劳务分包序列企业，是指具有一定数量的技术工人和工程管理人员、专门在建筑劳务分包市场上承接任务的建筑业企业。劳务分包序列资质设1~2个等级，划分为13个资质类别。

1) 主项资质和增项资质

建筑业企业可以申请一项资质或者多项资质。允许总承包企业选择一项资质作为主项，同时申请本序列内的其他类别作为增项，但从严控制专业承包和劳务分包资质企业的资质增项。凡涉及专业资质的，中间要再加一道初审，即审核—初审—审批。建设行政主管部门要充分尊重方方面面的意见，专业部门更了解其行业情况及其违规行为，相互配合才能共同把资质管理好。

企业的增项资质级别不得高于主项资质级别。施工总承包企业可以申请施工总承包序列内各类别资质，也可以申请不超过5项的专业承包类别资质，但不得申请劳务分包类别资质。专业承包企业除主项资质外，还可以申请不超过5项的相近专业类别资质，但不得申请施工总承包序列、劳务分包序列各类别资质。劳务分包企业可以申请本序列内各类别资质，但不得申请施工总承包序列、专业承包等各类别资质。

建筑业企业申请多项资质的，企业的资本金、净资产应达到各项资质条件最高的指标。企业的专业技术人员、工程业绩、机械设备等，应当满足各项资质标准中所要求的条件。

经资质审批部门批准，企业的主项资质可以与其同序列、同等级的增项资质互换。

2) 资质的审批

施工总承包序列特级和一级企业、专业承包序列一级企业资质经省级建设行政主管部门审核同意后，由国务院建设行政主管部门审批；其中铁道、交通、水利、信息产业、民航等方面的建筑业企业资质，由省级建设行政主管部门及同级有关部门审核同意后，报国务院建设行政主管部门，经国务院有关部门初审同意后，由国务院建设行政主管部门审批。审核部门应当对建筑业企业的资质条件和申请资质提供的资料审查核实。施工总承包序列和专业承包序列二级及二级以下企业资质，由企业注册所在地省、自治区、直辖市人民政府建设行政主管部门审批；其中交通、水利、通信等方面的建筑业企业资质，由省、自治区、直辖市人民政府建设行政主管部门征得同级有关部门初审同意后审批。劳务分包序列企业资质由企业所在地省、自治区、直辖市人民政府建设行政主管部门审批。新设立的建筑业企业资质等级，按照最低等级核定，并设一年的暂定期。

3) 资质年检制度

根据《建筑业企业资质管理规定》，建设行政主管部门对建筑业企业资质实行年检制度。施工总承包特级企业资质和一级企业资质、专业承包一级企业资质，由国务院建设行政主管部门负责年检；其中铁道、水利、信息产业、民航等方面的建筑业企业资质，由国务院建设行政主管部门会同国务院有关部门联合年检。施工总承包、专业承包二级及二级以下企业资质、劳务分包企业资质，由企业注册所在地省、自治区、直辖市人民政府建设行政主管部门负责年检；其中交通、水利、通信等方面的建筑业企业资质，由建设行政主管部门会同同级有关部门联合年检。

建筑业企业资质年检的内容是检查企业资质条件是否符合资质等级标准，是否存在质量、安全、市场行为等方面的违法违规行为。建筑业企业年检结论分为合格、基本合格、不合格三种。

9.3 推行经评审的最低投标价法

推行经评审的最低投标价法，对于控制工程造价有着十分重要的作用。

经评审的最低投标价法一般适用于具有通用技术、性能标准或者招标人对其技术、性能没有特殊要求的招标项目，实践中常将这种方法简称为低价中标。在低价中标的招标实践中，既体验到采用低价中标的显著优点，也充分地认识到我国现状离低价中标所要求的必要条件还有很大的距离。

低价中标存在的问题可概括为两个方面：一是支付不是报价的函数，即承包商以超低价中标，在实施中以变更、签证、索赔等名义抬高决算价，使低价中标失去意义；二是低价低质、"胡子工程"，甚至不讲信用，耍赖皮。

在现有条件下，推行低价中标应做好以下五方面的工作。

1) 完善招标信息系统，体现公开原则

基于网络平台的招标信息系统开通，实现全省甚至全国联网，有利于提高透明度，体现公开的原则。该系统应具备以下五项功能。

(1) 公开发布招标信息

招标投标活动应不受地区或者部门的限制，任何单位和个人不得违法限制或排斥本地区或本系统以外的法人或者其他组织参加投标，不得以任何方式非法干涉招标投标活动。依法必须招标的项目应在统一的招标信息系统内公开发布招标信息。

(2) 公布承包商资质及信誉状况

在网上公布承包商资质类别、资质等级、营业范围、管理人员名单、执业资格及注册情况、主要机械设备、资信等级、ISO 9000 认证情况、主要施工业绩等，为严格资格预审，防止挂靠行为打好基础。

(3) 为各相关单位提供主页空间

造价管理部门、造价咨询单位、招标代理机构、设备供应商、材料供应商、承包商、劳务公司等单位在网络平台上创建各自的主页，发布各类供应及基础价格信息。尤其要鼓励造价咨询单位发布各类价格信息，作为对造价管理部门价格信息的补充与平衡。

(4) 发布工程竣工报告

将竣工工程的实际工期、结算造价、竣工工程质量与合同目标对比分析并公布,对相应的变更、签证、索赔等可作出必要的说明。这不仅可以提高承包商承诺价值和违约成本,对业主行为也有一定的约束作用。

(5) 充分发挥舆论的监督作用

招标信息系统内设立举报信箱和BBS论坛,在一定的管理条件下,发挥舆论的监督作用。

2) 规范市场准入制度,体现公平原则

体现公平原则,对监管机构、招标人、投标人三方都提出了很高的要求,监管机构要基于现有条件,制定切实可行的预审办法;招标人要以工程利益为重;投标人要防止弄虚作假。

(1) 建立健全诚信体系

随着市场经济体制的不断完善,行政手段越来越多地被诚信建设、担保制度等市场手段所代替。在这些方面,已取得了一些成效。但如何把建筑市场诚信体系、工程担保制度与招标投标工作更紧密地联系起来?建立诚信体系需要一个电子平台发布信息,而有形建筑市场就有这个平台和条件。同时也更好地发挥了有形建筑市场的作用,向招标的业主提供投标单位的诚信情况。在诚信方面有劣迹的单位和个人,会在寻求担保单位和投标时付出更大的代价,从而有利于建筑市场的规范。

信用是市场经济的基石,没有信用,市场经济就不可能健康发展,并会导致社会市场秩序混乱。所以在通过各种立法为规范建筑活动确立一系列基本制度的基础上,还要共同营造一种相互信任和恪守信约的道德氛围:一方面加强企业合同的履约意识,在确保履约同时,要维护自己权益,不要轻易许诺危害企业的各种要求和行为;另一方面加快建立企业的信用档案,在建立企业信用评级的基础上,大力推行企业的品牌,并严格市场的准入和清出制度,真正体现诚实信用的价值和失信违约的代价,这样可以为推行最低价中标法夯实基础。

(2) 建立健全社会保障体系

由于建筑行业属于劳务密集型企业,现阶段劳动力严重过剩,竞争十分激烈,国有建筑企业应吸纳社会、个人资本,实现资产重组,按现代企业制度组建股份制企业集团;中小国有、集体企业可实行股份合作制,使经营者成为所有者,激发其积极性。在此基础上,建立健全社会保障体系,实行养老保险、失业保险、女工生育保险等一体化管理,可以减轻原国有建筑企业的沉重负担,使各类型的承包商处于同样的起跑线上。

(3) 改革建筑企业资质类别管理办法

现有的资质类别划分方法造成了不同素质和特点的企业在同一平台上竞争,结果是大的不强、小的不专、专的不精,难以发挥各自优势。按国际惯例和建设部新的资质管理办法,依照企业实力、规模、特点,划分为总承包、专业承包和劳务分包三个类别,不同类别和不同层次的企业可以发挥各自的优势,分别体现出强、专、精的特点。现阶段,工程肢解、转包、挂靠现象比较严重,借鉴国际惯例,实行总承包管理模式后,专业分包队伍通过竞争确定,形成分包对总包负责、总包对业主方负责的管理体制。

企业资质类别管理可借鉴有些国家的做法,将企业资质类别划分为较多的等级,如9级。各级企业仅能在本级及下一个等级相应的工程范围内承接工程,即1级企业仅能承接1、2级企业相应的工程,不能承接3级以下企业相应的工程,各企业可以安心地在本级别范围的工程上做好做精,而不是一味求大求全,这种管理方法可有效防范日趋严重的挂靠现象。

(4) 完善从业人员资格认证办法

按国际惯例，建设工程技术人员、经济管理人员等均应进行资格认证和注册管理，实行严格的市场准入制度。目前，我国已经开考了建筑师、结构工程师、监理工程师、造价工程师，项目经理、总监、现场十大员等也有相应的培养与考试制度。但有些岗位，如项目经理从业人员的素质还存在不少问题，今后应逐步建立重要岗位专家管理机制、法人与自然人相结合的责任机制。在此基础上，逐步建立职业责任险和索赔制度，从而提高管理水平，防范质量事故，确保工程安全，也促进从业人员重视个人信誉。

(5) 确定入围名单

确定入围名单是体现公平原则的重要阶段。长期以来，招投标监管机构不断改进入围名单的确定方法，其核心内容围绕招标人在确定入围名单工作中的作用、权力而展开。一方面，招标人权力太大，容易滋生腐败，监管机构不可能坐视不管；另一方面，监管机构统一资格预审办法，相对长期不变的资格预审办法容易导致不良投标人钻空子，资质挂靠、弄虚作假等时有发生。

3) 构筑竞争平台，体现公正原则

(1) 构筑充分竞争条件

低价中标是国际上通行的招标评标方法，在我国推行低价中标的实践中也表现出了显著的优点：一是有效降低工程造价；二是有较好的反腐倡廉效果，低价中标可以防止暗箱操作；三是对承包商有很大的促进作用，低价中标迫使承包商加强管理、提高质量、降低成本、提升企业信誉。

为充分发挥"低价中标"法的优势，使招投标达到令人满意的效果，构筑充分竞争的条件是非常关键和必要的前提。招投标的本质就是"竞争"，低价中标要求投标单位足够多，竞争足够充分，才能显现工程在市场中的真正价值，才能发挥最低价中标的优势。反之，竞争不充分，极易引起投标单位之间的联合，从而哄抬报价，造成中标价居高不下，与预算价、标底价相差无几甚至超出，"低价不低"，建设单位的利益受到损害。

(2) 防范不计成本的低价竞标现象

《招标投标法》明确规定，中标价不得低于成本。成本是指投标人自己的个别成本，而不是社会平均成本。如果投标人的价格低于自己的个别成本，则意味着投标人取得合同后，可能为了节省开支、避免亏损而想方设法偷工减料、粗制滥造，给招标人造成难以挽回的损失；如果投标人以排挤其他竞争对手为目的，待取得合同后以其他方式追求投资的增加，而以低于个别成本的价格投标，则构成低价倾销的不正当竞争行为，违反《价格法》和《反不正当竞争法》的有关规定。

企业在低价争得项目后，如因为资金缺乏而停工，虽然可能受到合同的制约，但这类制约的操作难度也不小。因为目前建设项目投资的70%来自于政府，如果业主真想对此采取措施也往往会受到许多来自政府、行业等方面的压力，因此，通常业主会采取变相追加投资的办法，如设置高额安全质量奖、工期进度奖等等，以使工程得以完成，这在无形中淡化了企业对"低价竞标"的风险意识而盲目低价竞标。

尽快完善市场准入机制，剔除差、乱、散的劣质施工队伍，引进强、硬、严的优秀施工企业，净化市场竞争环境，才能有效防止恶性竞争的发生，确保规范有序、公平、公正的建筑市场环境。

对于低价中标顺利实施来说，履约担保制度是一项不可缺少的、强有力的保障。若由于低价引起质量事故、工期延误等问题,履约担保可最大限度地挽回建设单位的损失。可是目前的履约担保(银行保函)因为手续的繁杂、法制的不健全,极少能发挥作用,对施工单位的威慑力、警示力也大大降低。因此应大力推进履约担保制度的建立与完善,使履约担保真正发挥其应有的作用。

(3) 建立工程担保和工程保险制度,完善风险转移体系

建筑业是个高风险行业,采用最低价中标的工程利润微薄,会降低投标方抵抗风险的能力。为了规避低价中标产生的风险,第一应该立法规定并强制执行;发包人必须提供付款保函;投标人必须提供投标保函、履约保函。以资金制约手段控制施工企业盲目低价投标的冲动和建设业主缺乏资金盲目投资的行为。实现建设主体相互制约的环境。第二要大力宣传实行工程保险制度,制订保险费用来源和分摊的措施,从根本上扭转缺乏保险意识的现状,使保险对工程风险起到事前控制作用。第三必须强调担保者必须是产权多元化的金融实体,如公开上市的银行、保险公司和专业担保公司承担,以此提高工程担保的有效性和严肃性。因此履约担保制度、工程保险制度是最低价中标法顺利实施的一项强有力保障。

(4) 培育一支公正廉明、业务精通的评标专家队伍

评标工作是招投标过程中的关键工作,而有一支公正廉明、业务精通的评标专家队伍是做好评标工作的保证。以往在专家评标中都是侧重对施工技术方案的评审,而商务标大多在开标后当场采用对标底标函以加减乘除的方式把投标报价在标底上下浮动一定范围内作为有效标,报价越接近标底,得分越高,中标可能性越大的简单方法,往往导致个别合理低标者被排斥在外,使国家的投资无故的增加。也可能由于标底的不准确,造成工程投资浪费或是投资不足工程无法完成的被动情况。所以要公正公平过细地做好每一项工程评标工作,就要有一支对法律知识理解深,对招投标知识熟悉、公正严明、技术精湛的施工技术和经济评标专家队伍,才能分别对施工技术方案和投标报价进行严格评审。

(5) 严格建立最低价中标评审说明制度

有了一支态度严谨、技术精湛的评标队伍,还应建立一套完整的规范性评标说明制度,强制性要求对每一项工程评标情况均要编写评审报告。首先在每一个工程开标后,应将最低报价的3~5家作为评审的重点,然后由招标单位(或是由委托的招标代理机构或工程造价咨询机构)的有资格人员先将招标工程的概况对评审专家进行介绍,然后由技术专家审查其施工组织方法与工艺是否合理,是否适用,由工程造价专家审查其总体报价内容是否响应招标文件的要求,报价低是否合理或有无为了中标任意压价的情况,最后推出评审价最低的单位,并将评标分析情况写出评审报告,向招标人推荐评审价最低的单位。招标人应选择评标价最低单位中标,如果不选择评标价最低的单位,必须向有关机构及投标人详细说明理由。

4) 提高招标工作质量,是推行最低价中标的有效途径

(1) 区分监管范围,严格监管到位

《中华人民共和国招标投标法》和建设部《房屋建筑和市政基础设施工程招标投标管理办法》中规定,我国实行公开招标和邀请招标两种方式。在公开招标中,法律法规界定的范围是全部使用国有资金投资或者国有资金投资占控股或主导地位的工程项目。许多工程项目可以采用邀请招标。

根据国家的有关要求,要进一步加强对政府投资工程的管理,对使用国家资金和纳税人的钱投资的工程要严格监管到位;对非政府投资工程,要尊重投资人的权利,节约政府行政资源,

在管理中依法抓住关键环节即可，必须有别于对政府投资工程的管理。

目前政府投资工程的管理仍然较粗放，现行监管办法主要适用于大中型工程，对应招标范围内的小规模工程，使用现行监管办法，浪费时间及其他资源，而对规模以下工程、暂定价材料与设备、分包工程等监管力度很弱，容易导致肢解工程、大量指令分包等现象。应对政府投资工程制定细分类别、内容全面、可操作性强的监管办法。

随着市场经济的发展，有形市场的发展有着广阔的空间。我们要进一步发挥它在招标投标工作中的"平台"和"抓手"作用，为工程招标投标"公开、公平、公正"提供更好的服务。同时，有形市场要根据国家和市场的需要，上水平，上台阶，其中一个重要的任务，就是建立健全劳务市场。据不完全统计，当前建筑市场有2 600多万农民工，通过成立劳务公司等方式，实现成建制地使用劳务队伍，对于保护农民工权益，建设和谐社会，规范建筑市场，提高工程质量和安全水平，都具有重要意义。有形市场要义不容辞地在管好劳务市场中发挥自己的作用。

(2) 规范招标人行为

招标人的代表是招标工作的核心。招标人代表必须完全代表招标人的利益，若招标人代表谋求个人利益或迫于某种压力而对投标人存有偏见，招标工作很难体现公正、公平的原则。可以认为，招标人及招标人代表有选择最优承包商的真实意愿是招标成功的关键。因此，对于政府投资或国有资产控股的工程项目，招标过程应有监察、纪检等部门介入，并充分发挥舆论的监督作用。低价中标对招标过程、招标文件提出了更高的要求，我国推行招标代理时间不长，许多业主对招标代理的意义和作用还存有偏见，有些业主甚至提出"若能让业主的意中人中标"就委托代理的错误要求，这就曲解了招标代理的真正意图。相信经过一段时间的实践和宣传，招标代理也能像监理一样为越来越多的业主接受。

随着投资体制的改革，市场化进程的加快，代理机构在组织招标投标工作中发挥着越来越重要的作用。特别是对政府投资工程而言，招标投标代理机构的责任越来越重要。他们的工作水平如何，行为是否规范对招标投标的公正性关系很大。进一步加强对代理机构的管理成为当前的一个重要课题。

(3) 提高设计质量

提高设计质量有两种思路。一是提高设计的精度与深度，从而为提高报价精度打下基础。为此可以建立设计赔偿和设计保险制度，以巨大的经济责任促使设计单位和设计人员提高设计质量。同时还可以实行严格的设计审查制度，杜绝因设计原因造成的工程质量问题。另一条思路是推行带施工图的总承包，由承包商绘制施工图，可以更切合工程实际，有效降低工程造价，避免因设计不当造成的大量浪费。

(4) 招标文件应细致周密

业主或招标代理机构在制定招标文件时，往往没有考虑工程项目本身的实际，制定一些不切实际的目标，如把质量目标定为国家"鲁班奖"、省级工程最高奖等。我们知道，要获得这些奖项是有条件的，如果工程项目的规模达不到一定的要求，就没有资格参加评选，所以招标文件中把质量目标定得过高没有意义。同时，投标单位按照这个质量目标填写就可以得该项的分，否则不得分，这也给招标投标中的舞弊提供了一个机会。比如邀请招标，业主可以让一个内定的投标单位填写该项目标，其他投标单位不填写，这样就可以拉开分值差距，让业主内定的投标单位中标。

采用低价中标方法的招标文件应努力为各投标人提供一个平等竞争的投标基础，除满足通常要求外,更应注重工程量清单的编制,对主要材料的品种、规格、质量要求,以及成品质量标准、施工工程范围、工程结算方式、付款方式等一切可能影响报价的因素均应作出明确规定,尽量少留活口,减少工程实施中的争议。

(5) 严格资格预审

建设部第89号令(2001)第十六条规定:招标人可要求投标人提供企业资质、业绩、技术、装备、财务状况和拟派出的项目经理及主要技术人员的简历、业绩等证明材料。实践中,防范挂靠十分困难。一是挂靠的核心人物——包工头一般在幕后操纵,预审时难以识别真面目;二是即使发现他是挂靠,但由于手续齐全,找不出不让其通过预审的正当理由。因为投标阶段,包工头仅需提供被挂靠单位法人委托书和项目经理证书,即可参加投标,中标后交纳一定的管理费就可以施工甚至转包。较为有效的防范措施是:

① 要求投标人的法人委托书提交工程所在地公证;

② 要求投标人提供项目经理及现场主要管理人员(5—7名)的真实身份证明及执业资格文件,并规定中标后施工期间上述人员均需到场并押证;

③ 要求投标人提供用于该投标工程的主要机械的详细资料(甚至照片),施工期间上述机械须按时进场;

④ 严格执行投标保函和履约保函制度。

(6) 实施价格评审

评标过程中,随机抽取的专家评委并不一定真正从事过施工管理,同时也没有到施工现场进行实地考察,因此,专家评委在查看投标单位的投标文件时,对其施工组织设计以及在施工中所采取的措施,很难给出一个正确的评价,往往是凭印象和感觉,不可能打出较为合理的分值,还容易为关系好的投标单位打出高分。

随着信息技术的广泛应用,应利用计算机进行现代化管理,提高工作效率和管理水平。要研究实行计算机评标,将来逐步发展到网上评标,甚至网上异地评标,用技术手段提高招标投标工作的公平性和效率。评标委员会依据招标文件中规定的评标价格调整方法,对所有投标人的投标报价以及投标文件的商务部分作必要的价格调整,工作内容有以下几个方面。

① 对工期、质量等非价格因素进行合理的折算

提前工期,相当于价格降低,反之相当于价格提高;提高工程质量,可以减少维修费用,增强使用功能或延长使用寿命,相当于价格降低。价格评审中,可以将这些非价格因素按既定的折算方法折算成价格。需要注意的事,投标人所报工期、质量只是一种预期,因此只有在有保证和担保措施的前提下,上述折算才有价值。

② 剔除报价中不合理因素

价格评审中,应对各投标人报价进行详细的对比分析,对个别材料品种、质量标准等与招标文件不符的内容调整到统一的口径,这就要求招标文件必须严密,同时也要求建筑产品进一步标准化。

③ 商务评价与调整

价格评审中,可对承包商有关商务方面的优惠条件,如支付、汇率、让利等进行恰当的评价与调整。在上述三项评价的基础上填写"标价比较表",汇总出各投标人经评审的最终投标价。

④ 认定投标人报价是否低于其成本价

招标投标法第四十一条规定:投标人投标价格低于成本价的不能成为中标人。认定投标

人报价是否低于成本价是价格评审的重要内容。由于影响成本的因素众多,且各企业成本均为个别成本,因此这项工作有相当的难度。笔者参与的工程评标中,曾经认定过一些投标人报价低于成本价,是因为报价中确实存在若干项单价远远低于市场价格。随着投标人不断积累报价经验,今后认定是否低于成本价将越来越困难。

5) 加强标后管理,是推行最低价中标的有效措施

很多业主反映:通过招标,我们选择了优秀的施工企业和项目经理,但工程干起来,人却变了。这是一种不诚信的行为。招标投标结束后,如何做好后续工作,让中标单位和项目经理真正履行合约,需要加以总结、采取措施,对中标后施工企业的行为进行跟踪管理。

(1) 严格监理行为

如果说招标是工程项目的"立法"过程,监理则是工程项目的"执法"过程。工程监理是工程项目质量的保证。工程项目质量不仅包括传统的工期、质量、造价三大指标,还应加上安全、环保和文明施工构成较完整的项目质量评价体系。为严格监理行为,工程监理应实行公开招标并推行区域回避制度,以监理队伍的信誉、能力、业绩、价格为依据,择优选择监理单位。

(2) 规范施工索赔

施工索赔已推行多年,实际工作中承包商往往以签证、变更等名义追加工程款,但不愿称之为索赔。原因之一是传统文化不崇尚索赔这个说法;二是业主的心态希望高人一等,承包商不敢称这种正当的要求为索赔。而低价中标必然与施工索赔相伴随,因此必须加强宣传,打破传统文化的障碍,使施工索赔名正言顺、理直气壮地展开,这也是规范业主行为的有效途径。

(3) 推行竣工报告制度

竣工报告制度是指竣工后将工程实际情况与中标情况、合同情况对比分析,填写规定表格并公开发布,对施工中的违约行为一并曝光,这是防范超低价中标后支付不是报价的函数的重要手段。

虽然现有条件离低价中标所要求的市场环境还有较大距离,但我们不能等有了一个完全市场化的环境才去推行低价中标,上述一切措施必然是一个立体推进的过程。我们必须在实践中不断摸索,不断创新,努力推动招标评标方法而不是阻碍市场化进程。

9.4 工程造价审核

工程造价审核主要是根据国家有关法规和政策,依据国家建设行政主管部门颁发的工程定额工料消耗标准、取费标准以及人工、材料、机械台班价格参数、设计图纸和工程实物量,工程造价的确认和控制进行有效的监督检查。在工程项目实施阶段,以承包合同为基础,在竣工验收后结合施工变更、工程签证的情况,作出符合施工实际的竣工造价审查结果,它是承发包双方结算的依据。

9.4.1 工程造价审核方法

造价真实性审核是投资审核工作的重中之重。审核部门要在建筑工程造价控制与管理的各个环节中充分发挥控制、把关与监督作用,既确保真实性、客观性,又能够达到工作快捷高效,以实现在提高审核质量的前提下,最大限度地节约审核成本,提高审核工作效率,根据建设项目的不同特点采取不同的审核方法显得尤为重要。

1) 全面审核法

是指按照国家或行业建筑工程预算定额的编制顺序或施工的先后顺序,逐一地全部进行审查的方法。其具体计算方法和审查过程与编制施工图预算基本相同。此方法的优点是全面、细致,经审核的工程造价差错比较少、质量比较高,但工作量较大,对于工程量比较小、工艺比较简单、造价编制或报价单位技术力量薄弱甚至信誉度较低的单位须采用全面审核法。

2) 标准图审核法

是指对于利用标准图纸或通用图纸施工的工程项目,先集中审核力量编制标准预算或决算造价,以此为标准进行对比审核的方法。按标准图纸设计或通用图纸施工的工程可集中审核力量细审一份预决算造价,作为这种标准图纸的标准造价,或用这种标准图纸的工程量为标准,对照审核,而对局部不同的部分和设计变更部分作单独审查即可。这种方法的优点是时间短、效果好、定案容易。缺点是只适用按标准图纸设计或施工的工程。

3) 分组计算审核法

这是一种加快工程量审核速度的方法。即把组成单位工程的最基本元素——分项工程划分为若干组,并把相邻且有一定内在联系的项目编为一组,审核计算同一组中某个分项工程量,利用工程量间具有相同或相似计算基础的关系,判断同组中其他几个分项工程量计算准确程度的方法。

4) 对比审核法

是指用已经审核的工程造价同拟审类似工程进行对比审核的方法。这种方法一般应根据工程的不同条件和特点区别对待。一是两工程采用同一个施工图,但基础部分和现场条件及变更不尽相同。其拟审核工程基础以上部分可采用对比审核法;不同部分可分别计算或采用相应的审核方法进行审核。二是两个工程设计相同,但建筑面积不同。可根据两个工程建筑面积之比与两个工程分部分项工程量之比基本一致的特点,将两个工程每平方米建筑面积造价以及每平方米建筑面积的各分部分项工程量进行对比审查,如果基本相同时,说明拟审核工程造价是正确的,或拟审核的分部分项工程量是正确的。反之,说明拟审造价存在问题,应找出差错原因,加以更正。三是拟审工程与已审工程的面积相同,但设计图纸不完全相同时,可把相同部分,如厂房中的柱子、房架、屋面、砖墙等进行工程量的对比审核,不能对比的分部分项工程按图纸或签证计算。

9.4.2 工程造价审核程序

1) 收集相关资料

由业主处取得以下资料:

(1) 施工合同;

(2) 招标文件、中标单位的投标书(针对招标项目);

(3) 工程预算(针对非招标项目);

(4) 施工单位的施工组织设计或施工方案;

(5) 设计图纸等设计文件;

(6) 设计变更、工程现场签证资料;

(7) 工程验收资料;

(8) 施工单位的结算报告;

(9) 与结算审核相关的其他资料。

2) 查勘工程现场

(1) 对于外露工程项目,检查已完项目是否与设计或签证资料在尺寸、规格型号、品种等方面有无明显的差异;

(2) 对于隐蔽工程,当有较大的疑问时,可采用局部解剖的方法加以验证。

3) 对结算资料初步分析

(1) 根据书面资料和现场查勘情况,对施工单位的结算报告作初步审查,确定结算报告中各项目的内容是否合理和有充分的依据;

(2) 检查施工单位的结算报告中哪些项目工程量或单价与投标书或预算中相比有较大差异;

(3) 根据以上分析,列出审查重点,作为后面详细审查的要点。

4) 详细审查

(1) 对结算报告中每个项目的工程量进行检查复核;

(2) 对结算报告中每个项目的单价进行检查复核,看其是否与项目内容及计价标准相一致;

(3) 检查复核结算报告中的各项费用计算标准是否符合施工合同及有关规定的要求;

(4) 检查复核结算报告中有无数字计算方面的错误;

(5) 检查复核结算报告中人工、材料、机械的价格是否符合施工合同及有关约定和规定的要求;

(6) 对于合同中无明确规定的部分,参照现行的国家及地方有关计价标准和本项目施工期间的市场信息,与业主共同商定处理方法。

5) 提交初步审核结论

(1) 整理出初步的审核结果,交业主审查;

(2) 详细列出主要核减(增)内容并说明依据;

(3) 对于结算审核中不能明确下结论的问题,向业主提出解决问题的设想和意见,并征求业主的处理意见;

(4) 根据业主对初步审核结论的意见,完善初步审核结论。

6) 在业主的参与和组织下,与施工单位进行核对

(1) 由业主将初步审核结果交与施工单位;

(2) 在业主的组织和参与下,与施工单位进行核对;对施工单位提出的疑问和不同意见进行解释、说明、论证;

(3) 核对结束后,对于确实是由于审核方的差错或疏忽造成的误差进行修正;对于不能达成一致的问题,找出问题的根源所在,提出处理方法,并征求业主的意见,本着公正、合理的原则进行处理,做到有根有据,最终得出合理的审核结论。

7) 提交正式的审核报告

(1) 根据初步审核结果、与施工单位核对的结果以及业主对审核的要求和意见,编制正式审核报告初稿;

(2) 审核报告初稿完成后由造价咨询公司负责该项目的技术负责人进行进一步审查和复核,对有疑问和不合理及无充分依据的部分,要求审核人员进行复查、核实、调整;

（3）审核报告初稿经造价咨询公司内部复核后，交由业主审查，并向业主提供详细、完整的审核报告，主要内容包括审核报告说明部分、审核项目汇总表、分项明细表、计算书及计算依据附件等；

（4）业主审查认可后，在业主组织下，进行审核报告的三方（业主方、施工单位、审核单位）签章、签字工作，形成最终的审核报告；

（5）整理相关的结算审核资料，将完整的审核资料装订成册。

复 习 思 考 题

1. 建设工程交易具有哪些特点？
2. 简介国内外较为流行的建设工程交易模式。
3. 影响建设工程交易费用的因素有哪些？
4. 建设工程交易模式的选择主要受哪些因素影响？
5. 推行经评审的最低投标价法须做好哪几方面的工作？
6. 如何根据建设项目的不同特点采取不同的审核方法？
7. 工程造价审核程序如何？

10 工程造价信息技术

10.1 概述

10.1.1 现状

工程造价信息技术是指由人和计算机组成的,能够对工程造价信息进行收集、加工、传输、应用和管理的技术,以系统为单位。

工程造价管理信息系统的用户可以是建筑工程造价管理部门、建设单位及其主管部门、设计单位、施工单位及咨询单位。建筑工程造价管理信息由计价依据管理系统、造价确定系统、造价控制系统和工程造价资料积累系统组成。

经过十几年的努力,计算机在工程造价领域取得了很大的成就,主要表现在三方面:

(1) 管理部门投入了一定的人力、财力、物力支持计算机在工程造价领域中的应用,并运用计算机技术对工程造价进行宏观管理。

(2) 计算机在建筑领域的应用越来越普及,大大提高了工程造价人员的工作效率。

(3) 工程造价软件作为一种软件产品,在市场需求的激励和市场竞争的冲击下,不断地完善和更新,更多、更好的应用软件不断涌现。

10.1.2 应用计算机编制工程造价的优点

造价的编制是一项相当繁琐的计算工作,耗用人力多,计算时间长,传统的手算不但速度慢、工效低,而且易出差错,往往难以适应现代管理的需要。在建筑市场采用招标投标方法后,更需要及时、迅速、准确地算出投标报价、合同预算、施工图预算和施工预算。电子计算机是一种运算速度快、精度高、存储能力强、具有很高逻辑判断能力的计算工具,应用计算机编制工程造价,是改善管理、提高工效的重要手段,也是建筑业实现现代化管理的主要环节之一。

应用计算机编制工程造价,具有以下优点:

(1) 不仅可以编制工程概预算,并且可以对概预算定额、单位估价表和材料价进行即时、动态的管理,提高对工程造价的动态管理水平。

(2) 数据完整、齐全,为工程项目的建设提供了有利条件。

(3) 计算结果准确,概预算的质量得到提高。

(4) 简化了概预算的审核过程。概预算的审核可不审核计算过程与输出结果,只审核输入的原始数据。

(5) 使用简便,节省了工程量计算、工料分析、统计核算、抄写报表的时间,加快了概预算的编制速度,极大地提高了工作效率。

总之,计算机编制工程造价的优点概括起来是:快速、准确、完整、简便。同时,计算机编制工程造价也为进一步应用计算机编制施工计划、实施成本控制等工作奠定了基础。

10.1.3 工程造价软件应具备的功能

工程造价软件要适应现行工程造价计价模式的需要,满足工程造价计价的全部功能。

在工程量清单计价模式下,用户需要把握好从"工程量计算"到"询价",到"组价",到"历史工程积累"的全过程操作,才能正确把握清单报价,才能适应在工程量清单计价模式下的竞争要求。

面向清单报价的要求,单一功能的工程造价软件已经无法适应新的竞争形势。在这种新形式下,工程造价软件应具备从计算工程量→投标报价→材料市场价询价→历史数据分析→形成企业定额等多功能组合。

10.2 工程造价计价依据管理

10.2.1 计价依据管理系统

1) 计价依据管理系统功能划分

根据系统调查和分析结果,可以将计价依据管理系统粗略地划分为如图10.2.1所示。

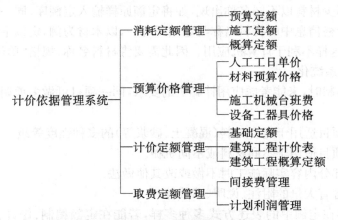

图 10.2.1 计价依据管理系统功能划分

2) 计价依据管理系统功能要求

(1) 促进建设定额体系的建立和完善

建设部于1996年印发《关于建立工程建设定额体系表的几点意见》(1996建标造字第20号),提出编制《全国工程建设定额体系表》,其目的是从总体上展示工程建设定额体系的种类、结构层次和各类定额的名称、适用范围及其相互关系,为工程造价管理的科学化、规范化奠定基础。按该体系表的规定:定额在纵向上划分为基础定额或预算定额、概算定额与概算指标、估算指标3个层次;在横向上划分为全国统一、行业统一和地区统一3个类别。应用计算机管理工程造价计价依据,便于各地区、各部门相互交流和借鉴,国家有关部门也可以加以对照和比较,从中反映出各地区的技术水平,并逐步扩大全国统一部分,防止同类定额之间的重复或脱节和定额水平的不协调,减少编制工作中的重复劳动。

(2) 应用计算机编制和修订定额

① 应用计算机可以在施工定额的基础上,自动汇总出预算定额、概算定额中的人工、材料及机械台班消耗量。由于建筑技术日新月异,新工艺、新材料、新结构不断涌现,应用计算机可对原有定额及时修订和补充,并以电子通信的方式迅速贯彻新定额。施工企业应用该功能可以编制企业定额。

② 依据消耗定额和预算价格管理系统提供的价格信息,各部门、各地区可以适时生成单位估价表、综合预算定额,方便设计、施工、咨询单位计算定额直接费。

③ 收集招投标市场的间接费费率和利润率,经过计算机比较分析,得出代表市场动态的指导性取费标准,及时修订取费定额或给出取费费率的上下限,以维护建筑市场的正常秩序。维护承发包双方利益,并对市场供需平衡进行有效的事前控制。

3) 计价依据管理系统初步设计

设计和实现计价依据管理系统,必须完成大量的基础工作,其主要任务包括:

(1) 基础定额标准化

按照量价分离,工程实体消耗和施工措施性消耗分离的原则,编制并不断完善《全国统一建筑工程基础定额》,在项目划分、计量单位、工程量计算规则统一的基础上实现消耗量基本统一。

(2) 统一材料名称

现行定额中不少材料以不同名称出现,如将定额原样输入定额库,同一材料因名称不同被分别汇总。材料价格信息中的材料名称与定额不统一,以木材为例,定额中和材料价格信息中的分类就不一样,这样不利于计算机应用。因此需要将材料名称、规格、单位等标准化。

(3) 定额项目系统化

现行定额在编制时,未能考虑应用计算机的要求,同一项目可做多项调整。这些调整可概括为以下四类:

① 同一定额项目适用于复合材料(混凝土、砂浆等)的多种强度等级。

② 同一定额项目适用于不同材料或不同机械。

③ 定额中的部分内容实际施工时不做或改其他做法。

④ 定额中包含有大量的附注、说明、系数等。

上述调整内容在定额中的表述方式多种多样,若能在定额编制、修订、增补时,将所有注解、说明纳入同一数据系统,不仅大大简化建库工作,更有利于自动套用定额。采用定额"分项目"是处理附注、说明、系数、换算的最佳有效方法,个别难以处理的问题可单列定额项目。当然,设立定额分项目号,采用"××－×××－××"定额编号方式,会加大定额库容量。但实践证明,按目前的计算机配置,不仅不会影响计算速度,还可大大简化定额换算工作,增大定额库的适应性。

4) 计价依据软件化

采用计算机编制、修订和增补消耗定额、计价定额、取费定额,定期调整人工、材料、机械价格,各类工程造价管理信息均发行软件版,从而彻底改变七八年修订一次定额的被动局面。

5) 价格信息网络化

人工、材料、机械价格随市场行情不断波动,材料的品种、规格也不断改变。一方面,目前从造价管理部门获得的价格信息往往难以满足投标报价的要求,许多设计、施工、咨询单位为收集整理材料价格信息投入了不少的人力和资金;另一方面,建筑材料生产厂家又迫切希望更多的用户了解其产品性能和价格。建立地区甚至全国范围的材料价格信息网络是解决两方面要求的最佳办法,目前计算机网络已日益普及,实现价格信息网络化已不是遥远的事。

10.2.2 造价确定系统

1) 造价确定系统功能划分

造价确定系统的功能划分如图 10.2.2。

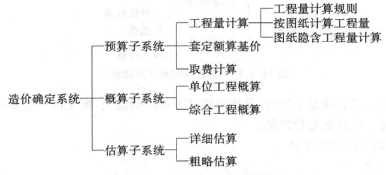

图 10.2.2 造价确定系统功能划分

造价确定系统包括预算、概算、估算 3 个层次,以下侧重说明预算子系统的初步设计。

2) 预算子系统初步设计

预算子系统的主要功能包括工程量计算、套用计价表和取费计算,现分别介绍如下。

(1) 工程量自动计算

工程量计算是工程造价确定的主要工作,工程量自动计算是研制预算子系统的难点。目前,扫描识读工程量仅适用于招标文件中已注明工程量的工程。直接扫描设计图纸,借助模式识别技术,通过数据转换计算工程量,该项研究虽有若干成果,但处理精度却难以使人放心。中国建筑科学研究院研制的系列软件,能在建筑结构、给排水、电气照明、暖通空调的设计过程中,将设计阶段 CAD 文件中的数据直接转换进入预算软件,并计算出工程量,虽已研制完成,但仅在小范围应用。目前条件下最为实际有效的方法是通过专用 CAD 软件输入图纸,自动计算工程量。三维算量更增加了操作的直观性,有利于提高工程量计算的准确性。

(2) 图纸隐含工程量专家系统

计算建筑工程量时,有许多内容在图纸上没有明确表示,仅靠上述专用 CAD 软件画出的图形不能计算这些项目的工程量,如脚手费、超高费等,这些项目也是普通预算员易漏的内容。如需应用计算机辅助计算隐含工程量及其计算方法,可从两方面入手,一是建立计算隐含工程量专家系统,列出可能发生的各种隐含工程量及其计算方法和相关资料;二是将隐含工程量相应定额单列一章,以方便查阅,谨防漏项。

(3) 套用计价表计算清单报价

套用计价表,计算分项工程单价,这是目前应用最普遍和较成熟的工程造价软件。

10.2.3 造价控制系统

1) 造价控制系统功能划分

造价控制系统的功能划分如图 10.2.3。

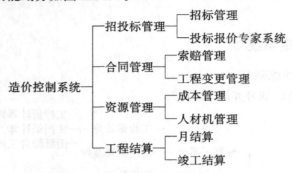

图 10.2.3 造价控制系统功能划分

造价控制贯穿建设项目全过程,设计阶段对造价影响最大,施工阶段需要做的工作最多,这里着重介绍施工阶段的造价控制。

2) 造价控制系统初步设计

(1) 招标管理

该部分应具备辅助编写招标文件、编制标底、存储投标单位标书、计算机辅助评标等功能。

① 计算机辅助评标

评标工作涉及面广,虽不能完全交由计算机完成,但可由计算机提供必要的决策支持信息。国外应用层次分析法(AHP 法)评标较为成功,国内也开展了这方面的研究工作。层次分析法是一种定量和定性因素相结合的处理复杂问题的决策方法,它将复杂问题分解成若干个层次,在比原问题简单得多的层次上进行分析,再逐步汇总,进而得出最优解。层次分析法的评标步骤包括:建立层次分析模型、构造并检验判断矩阵、层次单排序、层次总排序。这一设计计算过程很适合计算机工作,这样就可以将定性定量的内容综合分析,从而克服计分法的局限性和主观性缺陷。

② 投标报价专家系统

投标报价要求速度快,反映市场行情和本企业的优势,且常在投标截止日期临近时作出报价决策,传统的手工计算方法很难适应投标报价快速灵活的要求,国内已有大型施工企业开发出适用的投标报价专家系统。

(2) 合同管理

合同管理是施工管理的重要工作,为承发包双方所重视。合同管理中较为复杂的问题是索赔管理和工程变更管理。承包方的索赔管理模块,应具备下列功能:收集加工索赔证据、管理索赔文件、计算索赔金额和工期等。索赔及工程变更所带来的工期、预算和材料需求的变化,必须及时地反映到合同文件中,并依据变更调整进度计划和成本计划。材料、设备的供应计划和拨款计划也可能会发生变动,这些工作均可由计算机来自动完成。

(3) 资源管理

在进度计划的基础上,根据标后预算,可以计算出每月的成本需求和人、材、机需求。随着进度计划的调整,这些计划也可以重新编制。其中的材料可进一步应用于材料的采购、供应、运输、仓储等环节。

(4) 工程结算子系统的初步设计

工程结算是工程造价控制的重要环节,其主要工作是按实际工程情况计算工程直接费、材料价差及有关取费,最后汇总工程总造价。若合同管理和成本管理均由计算机正确完成,则月结算和工程竣工结算均可由计算机完成。

10.2.4 工程造价资料积累系统

1) 工程造价资料积累制度

建设部于1991年印发《建立工程造价资料积累制度的几点意见》,标志着我国工程造价资料积累制度进入了经常化、制度化阶段。

工程造价资料积累是基本建设管理的一项基础工作,全面、系统地积累和利用工程造价资料,建立稳定的造价资料积累制度,对加强工程造价管理,合理确定和有效控制工程造价,具有十分重要的意义,也是改进工程造价管理工作的重要内容。

工程造价资料必须具有真实性、合理性和适用性。工程造价资料的积累必须有量有价,区别造价资料的不同服务对象,做到有粗有细,所收集的造价基础资料应满足工程造价动态分析的需要。

造价资料的收集整理应做到规范化、标准化。各行业、各地区应区别不同专业工程做到工程项目划分、设备材料目录及编码、表现形式、不同层次资料收集深度和计算口径的五统一。既要注重工程造价资料的真实性,又要做好科学的对比分析,反映出造价的变动情况和合理造价。

应用通用性程序建立造价数据库,是提高资料适用性和可靠性的关键工作。

2) 工程造价资料积累系统初步设计

(1) 工程造价资料积累系统功能划分

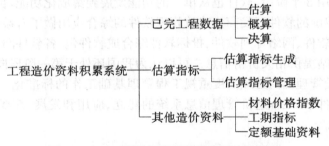

图 10.2.4 工程造价资料积累系统功能划分

(2) 已完工程数据

已完工程数据的积累范围包括:可行性研究报告、投资估算、初步设计概算、修正概算;经有关单位审定或签订的施工图预算、合同价、结算价和竣工决算。按照建设项目的组成,一般包括建设项目总造价、单项工程造价和单位工程造价资料。

已完工程数据应包括"量"和"价",以及工程概况、建设条件等。

① 建设项目总造价和单项工程造价资料

a. 对造价有主要影响的技术经济条件。如建设标准、建设工期、建设地点等。

b. 主要的工程量,主要材料用量,主要设备的名称、型号、规格、数量等。

c. 投资估算、概算、预算、竣工决算及造价指数等。

② 单位工程造价资料

a. 工程内容,建筑结构特征。

b. 主要工程量,主要设备和材料的用量、单价、人工工日和人工费。

c. 单位工程造价。

③ 其他造价资料

还应积累新材料、新工艺、新技术所在分部分项工程的人工工日和人工费、主要材料和单价、主要机械台班和单价以及相应的分部分项工程造价资料。

(3) 估算指标

估算指标可分为指标生成和指标调整两部分。为实现估算指标的生成,可由计算机完成下列工作:

① 典型工程预算、结算数据的汇总与分析。

② 主要材料的分析及价格的调整。

③ 取费及估算指标的计算。

④ 估算指标的检索与维护。

估算指标的调整是指依据工料机价格的变化及建筑市场行情的影响,及时发布新的估算指标。估算指标一般用金额表述。为使工程造价估算更符合实际情况,估算指标不应该像定额那样基本保持不变,而应当不断调整。这种调整用手工完成十分困难,计算机可以充分发挥作用。

市场经济的深化对建立工程造价管理信息系统提出了十分迫切的要求。可以认为,制约工程造价管理信息系统建立和应用的关键因素不是软件开发水平,而是工程造价管理基础工作的标准化。从计算机在建筑管理工程中应用的发展情况来看,国际上已经经历了单项应用、综合应用和系统应用3个阶段,软件也从单一的功能发展到集成化功能,目前许多国家已进入第二、第三阶段。我国的软件开发商为建筑管理软件的综合应用做了有益的尝试,如广联达慧中软件将工程造价软件、网络计划软件、投标软件综合成软件包,各软件间实现"无缝连接",并建立"数字建筑"网站提供相关价格信息。可以认为我国还处于第一阶段向第二阶段过渡的时期,当务之急是建设管理部门必须高度重视工程管理基础工作的标准化。在工程造价咨询未得到充分发挥的条件下,工程造价管理信息系统的建立、应用和发展,需要借助于建设行政主管部门的强力推动。

10.3 建筑工程计价软件应用示例

10.3.1 电子表格辅助编制工程造价

电子表格是计算机屏幕上由水平行及竖直列组成的一张大表格,其格式类似于财会人员所用的账目表格,以 Excel 为例,其工作表格形式如图 10.3.1 所示。

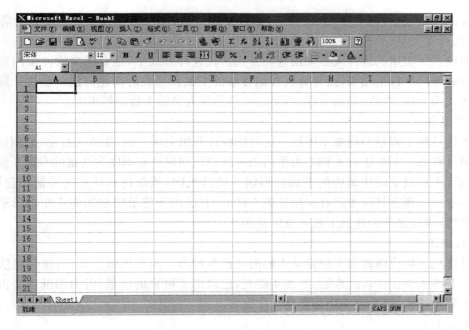

图 10.3.1　Excel 工作界面

Excel 工作表格的列以英文字母 A，B，C，…标记，行则以数字 1，2，3，…标记。每个行列相交处为一个"单元格"，单元格用一个字母(代表列)和一个数字(代表行)联合起来表示，如第 D 列与第 3 行相交处的单元格用 D3 表示。

电子表格的每个单元格中都可以输入文字、数字、函数或公式，而各个单元格中的数字之间的关系是由有关单元格中的函数或公式表示决定的，电子表格软件将自动对这些函数及公式进行计算，因为表格中的一切计算都是由电子计算机自动进行的，故称这种软件为"电子表格"。表格中各项的内容(文字、数字、函数、公式)可以很方便地修改、覆盖、拷贝、移动或删除，整个表格也可以方便地插入或删除行与列等等，所有变更、修改所引起的变化结果都可以即时地得出。

电子表格不需要高深的计算机知识就可成功地操作使用，用户只要按电子表格软件自带的示教课程就可学习、熟悉并掌握操作方法及命令。所以，用电子表格来进行辅助编制工程造价，只需将计价表格的格式输入，并录入对应的名称、数据，即可计算出对应的造价。虽然 Excel 能够帮助编制造价，但录入工作量大，使用不太方便。

10.3.2　工程计量的计算机应用

工程量计算是目前造价编制中花费手工时间最多的一项工作，因此如何借助于计算机进行工程量计算，一直是人们探究的问题，目前工程量计算电算化已有四种模式：公式计算法、图形法、扫描法和 CAD 法。

1) 公式计算法

公式计算法的优点是直观、简单、类似人工操作。可设置公共变量，可简化输入，可任意编辑增删调整数据，编辑的结果即可打印输出工程量计算书。

公式计算法的另一种表现形式是填表法。根据施工图纸及预算工程量计算规则，摘取工程量计算的基础数据,填写专门设计的初始数据表,包括套用的定额号及工程量计算原始数据、相应的计算类型(公式)等,然后输入计算机,由计算机自动运算生成预算书。

目前已进入实用的软件大多采用这类方式。在这种方式中,也有不少软件采用直接输入经人工计算好的工程量结果,由计算机自动套单价生成预算表的简化方法。公式计算法的特点是操作较为方便、直观、容易掌握,不足之处是预算人员输入数据量很大。

2) 图形法

图形法计算工程量是把施工图按一定规则在计算机上画一遍,生成工程量、套用定额和生成工程量计算书。图形法有人称之为采用统筹法原理和预算知识库为基础的专家系统。它的优点是预算人员只要将建筑物的平面图形输入计算机内,就能自动计算工程量和套用定额。目前有一批优秀预算软件中就有应用这类方法的,它适用于建筑物轴线为正交矩形平面的住宅或办公楼,对较复杂的建筑工程就难以适用。

3) 扫描法

由计算机直接读图算出工程量是人们向往已久的事。由于图纸不规范,这一想法一直未能实现。有些大学正在攻此难题,经多年研究,已取得了可喜的成果,可由图纸直接得到钢筋统计和工程量计算,但普遍应用还需进一步完善。

4) CAD 法

CAD 出图时直接得出工程量,这是解决此课题的根本途径。这是计算机辅助设计与预算相结合的系统。

在采用计算机辅助建筑工程设计时,对各分项工程图形进行属性定义,当设计完毕,同类分项工程量自动相加,套用定额编制预算书,这种方法编制预算能彻底解决工程量数据的输入问题,提高预算质量,能根据预算书及时地分析设计的合理性。但要真正实现上述功能,还有待进一步开发完善,就当前而言,比较成熟的可用的是前两种模式,后两种模式也正在趋于完善。

10.3.3 工程计价计算机应用

随着计价软件的不断完善,现在用计算机编制造价与手算的方法基本相似,造价人员只要依据手工计算造价的程序,对应上机操作,同时掌握对应的计价软件的功能及操作程序,即可算出对应的造价。用计算机编制工程造价,要保证填写和输入的工程初始数据正确无误。

应用计算机编制工程造价的一般步骤为:

熟悉计价软件→熟悉施工图纸→选用工程量计算系统→进行工程量计算→组合分部分项综合单价→计算措施项目单价→计算其他相关费用→输出打印各种表格数据。

10.3.4 招标投标计算机应用

所谓电子标书,是指以电子文档形式记录,通过可移动的电子存储介质或互联网传递工程量清单、标书文件等数据信息的一种技术。以往的书面投标文件,正本、副本的打印需花费较多的人力、财力,而电子标书的实施,对提高招投标工作效率,加强招投标管理部门、造价管理部门以及整个建设工程交易市场的信息化建设、管理和网上服务等,都有其深远意义。通过这一套系统的建立和运行可以实行网上招标、投标和评定标,保证招投标严格按《计价规范》规定的格式和内容进行;便于评标过程的单价分析工作;有利于数据信息的积累和循环使用;大幅度地提高招投标各方的工作效率;促进网上工程商务和网络服务体系的建立以及服务业务的开展。但要保证该类系统的广泛应用,还有待于系统功能的进一步完善,以及我们的使用者观念的转变和适应。

10.3.5 网络技术在工程造价管理中的应用

随着市场经济的发展,国家推行了量价分离、市场形成价格的"工程量清单"计价方法,这种计价模式的推行,对计价工作带来了巨大的挑战,其中人、材、机等生产要素市场价格的收集就是一个难题,为此数字建筑网站将应运产生。

行业信息的有效收集、分析、发布、获取等都全部网络化,有能力的网络信息供应商将在整个工程造价行业中扮演至关重要的角色。例如:通过网络搜集全国以至全球的建筑市场各类信息,予以整理和发布,为行业用户提供最准确及时的商机。网站可以分析各地的造价指标,为建筑市场的行情提供走势预测,为所有的行业用户提供工程造价参考。搜集各地的价格行情,为用户提供参考。网络的信息服务将发展成为未来工程造价行业的工作基础。

建筑市场的交易网络化(电子商务),随着网络的快速发展,网上的相关应用将无所不在,不久的将来,电子商务将得到全面的应用。届时,招投标工作将全部转移到网络平台,软件系统将会自动监测网上的信息,并及时告知用户网上的商机,供用户选择把握。网络化的电子招投标环境将有助于工程造价行业形成公平的竞争舞台,行业用户的交易成本将大幅降低,建筑材料的采购和交易也将在电子商务平台上进行。

资源的有效利用网络化,在工程造价的编制过程中,用户都可以充分地发掘和利用网络资源。网络的特点就是不受地区限制,可以让用户在全球的范围选择最低的成本和最佳的合作伙伴。例如面向全球的建筑设计方案招标,就可以充分利用网络资源进行全球范围选择,为你提供最优的设计方案。还有,在工程造价的计算过程中,可以利用网络寻找合适的专业人士,进行远程的服务和协同工作。

随着网络化和全过程的信息技术在工程造价行业的深入应用,信息技术的应用不会只集中在某个具体的工作环节或某一类具体的企业或单位身上。随着信息技术的快速发展,整个工程造价行业都将工作在以互联网为基础的信息平台上,无论是行业协会,还是甲方、乙方、中介等相关企业和单位,都将在信息技术的帮助下,重建自己的工作模式,以适应未来社会的竞争。从工作内容上,行业信息的发布、收集、获取,企业的商务交易模式,工程造价计算及分析,以及各个企业的全面内部管理都将全面借助信息技术。

复习思考题

1. 用电子表格编制一份工程预算书,并且上机实现。
2. 根据你的体会讨论工程预决算软件应该有哪些功能并进行功能设计。

主要参考文献

[1] 中国建设工程造价管理协会.中国建设工程造价管理协会章程.工程造价管理,1995(4)
[2] The International Cost Engineering Council,"The Definition of Cost Engineering", ICEC website,1997
[3] 中价协学术委员会.建设工程造价管理工作重点.工程造价管理,1997(1)
[4] 石秀武.构筑工程造价管理的新框架.工程造价管理,1996(4)
[5] 戚安邦.工程项目全面造价管理.天津:南开大学出版社,2000
[6] 建设部.建设工程工程量清单计价规范(GB 50500—2003),2003
[7] 江苏省建设厅颁发.江苏省建筑与装饰工程计价表.北京:知识产权出版社,2004
[8] 江苏省建设厅颁发.江苏省建设工程工程量清单计价项目指引.北京:知识产权出版社,2004
[9] 建设部标准定额研究所.《建设工程工程量清单计价规范》辅导教材.北京:中国计划出版社,2004
[10] 李希伦.建设工程工程量清单计价编制实用手册.北京:中国计划出版社,2003
[11] 田永复.建筑装饰工程概预算.北京:中国建筑工业出版社,2000
[12] 杜训.国际工程估价.北京:中国建筑工业出版社,1996
[13] 孙昌玲.土木工程造价.北京:中国建筑工业出版社,2000
[14] 倪俭等.建筑工程造价题解.南京:东南大学出版社,2000
[15] 沈杰.建筑工程定额与预算.南京:东南大学出版社,1999
[16] 唐连珏.工程造价人员必读.北京:中国建筑工业出版社,1997
[17] 蒋传辉.建设工程造价管理.南昌:江西高校出版社,1999
[18] 陈建国.工程计量与造价管理.上海:同济大学出版社,2001
[19] 刘钟莹.工程估价.南京:东南大学出版社,2004
[20] 刘钟莹.建筑工程造价与投标报价.南京:东南大学出版社,2002
[21] 上官子昌,杜贵成.招标工程师实务手册.北京:机械工业出版社,2006
[22] 王卓甫.工程项目管理模式及其创新.北京:中国水利水电出版社,2006
[23] 戚安邦.工程项目全面造价管理.天津:南开大学出版社,2000,12
[24] 刘钟莹等.建筑工程工程量清单计价.南京:东南大学出版社,2004
[25] 卜龙章等.装饰工程工程量清单计价.南京:东南大学出版社,2004